"十四五"高等职业教育公共课程新形态一体化系列教材

高等数学

（第三版）

王伟伟	赵 龙	主 编
尹树国	霍双双	副主编
陈 鸽 梁玉汝 毛 娟		
魏 潇 张 蕾	参 编	

中国铁道出版社有限公司
CHINA RAILWAY PUBLISHING HOUSE CO., LTD.

内 容 简 介

本书根据教育部制定的"高职高专教育数学课程教学基本要求"和高职高专数学教育改革的最新精神,在多轮教学实践的基础上编写而成。针对高职高专数学教学现状以及高职高专学生的学习基础和学习特点,本书选用简明、实用、易懂的最基本数学知识,采用通俗易懂、简明流畅、精练概括的语言来阐述理论和案例,力争使本书成为简明实用、易学乐学的高职高专数学教材。

本书主要内容包括函数、极限与连续,导数与微分,微分中值定理与导数的应用,不定积分,定积分,常微分方程,向量代数与空间解析几何,多元函数微积分和无穷级数。

本书适合作为高职高专院校理工类专业的"高等数学"课程的教材,也可作为应用型本科和成人教育相关课程的教材。

图书在版编目(CIP)数据

高等数学/王伟伟,赵龙主编.—3版.—北京:中国铁道出版社有限公司,2022.4(2024.9重印)

"十四五"高等职业教育公共课程新形态一体化系列教材

ISBN 978-7-113-28699-6

Ⅰ.①高… Ⅱ.①王… ②赵… Ⅲ.①高等数学-高等职业教育-教材 Ⅳ.①O13

中国版本图书馆 CIP 数据核字(2021)第 261893 号

书　　名:高等数学

作　　者:王伟伟　赵　龙

策　　划:祁　云　潘晨曦　　　　　　　　编辑部电话:(010)63549458

责任编辑:祁　云　徐盼欣

封面设计:刘　颖

责任校对:苗　丹

责任印制:樊启鹏

出版发行:中国铁道出版社有限公司(100054,北京市西城区右安门西街8号)

网　　址:https://www.tdpress.com/51eds/

印　　刷:三河市航远印刷有限公司

版　　次:2015年9月第1版　2022年4月第3版　2024年9月第3次印刷

开　　本:787 mm×1 092 mm　1/16　印张:16.5　字数:350千

书　　号:ISBN 978-7-113-28699-6

定　　价:49.80元

版权所有　侵权必究

凡购买铁道版图书,如有印制质量问题,请与本社教材图书营销部联系调换。电话:(010)63550836

打击盗版举报电话:(010)63549461

第三版前言

本书是在第二版的基础上，根据我们近几年的教学改革实践，结合使用者的建议，进行全面修订而成。

本书内容包括：一元函数微积分（包括函数、极限与连续，导数与微分，微分中值定理与导数的应用，不定积分，定积分）、常微分方程、向量代数与空间解析几何、多元函数微积分、无穷级数。

在保留第二版主要框架的前提下，本版编写有如下特点：

(1) 精心录制典型概念、例题的精讲微课，增加数字化资源，将纸质教材与数字资源有机融合，为学生自学提供丰富的网络教学资源，有利于激发学生自主学习，提高学生的学习兴趣。

(2) 对部分章节内容进行调整，并根据高职高专类学生升本的需求增加了向量代数与空间解析几何的内容。

(3) 习题配置是教材的重要组成部分，本书对课后习题做了较大的调整，增加了习题形式和习题总量，以满足不同程度学生的学习需求。

(4) 对教材的定位进行适当调整，修订后教材深广度的高限适合职业本科数学课程教学的基本要求，低限符合高职高专高等数学课程教学的基本要求，适合当前各学校各专业分层次教学的需要。书中标注 * 的为选讲内容。

(5) 教材编写中贯彻立德树人、培养具有社会主义核心价值观的新型人才的理念，增加融入思政元素的课后阅读内容，充分发挥数学的教育价值，为学生树立科学的世界观、人生观和价值观服务。

本书由王伟伟、赵龙任主编，尹树国、霍双双任副主编，陈鸽、梁玉汝、毛娟、魏潇、张蕾参与编写。具体编写分工如下：第1章由王伟伟编写，第2章由陈鸽编写，第3章由毛娟编写，第4章由尹树国编写，第5章由霍双双编写，第6章由张蕾编写，第7章由梁玉汝编写，第8章由赵龙编写，第9章由魏潇编写，附录由王伟伟、霍双双共同编写。

由于编者水平有限，书中难免存在不妥及疏漏之处，敬请广大读者批评指正。

编 者
2022 年 1 月

第一版前言

高等数学的思想和方法广泛应用于科学技术、经营管理、社会经济的各个领域，是高等教育理工科和管理学科各个专业的必修课程。

本书的编写以教育部"高职高专教育高等数学基础课程教学的基本要求"为指导思想，以服务于高职高专人才培养为宗旨，以培养学生的思维能力和基础运算能力为目的，以"必需，够用"为度；体现基础理论知识为根本，公共基础模块和专业模块相结合为特色，兼顾数学理论的完整性和专业对数学的要求。

本书内容有：一元函数微积分（包括函数的极限与连续、导数与微分、导数的应用、不定积分、定积分及其应用），多元函数微积分，微分方程和无穷级数。其中的一元函数微积分为基础模块（约用60课时），其余部分为专业选择模块（约用50课时）。

本书的编写有如下特点：

1. 结构紧凑、内容精练。书中既保留了高等数学的主要组成部分，又简化了绝大部分的定理证明，精选例题示范，体现职业教育的特点，适应学生的知识层次、理解能力、接受能力。

2. 突出基础，强调应用。书中增加了实例题目，体现数学的应用思想，为学生学习专业课程提供帮助。

3. 层次分明，兼顾两头。书中每章后增加了"延伸学习"的内容，让学有余力的学生能够提高数学学习的积极性。课后练习比较简单有利于更广泛的学生的学习。

4. 文化打头，兴趣助阵。书中增加了"阅读材料"，把数学文化和其他相关知识传授给学生，希望培养学生的学习兴趣和加深对数学思想方法的理解。

本书可作为高职高专学院的工科各个专业高等数学课程的教材和教学参考书。

本书由尹树国、顾鑫盈任主编，王伟伟、毛娟、赵龙任副主编。贾明斌教授主审。

具体编写分工为：第一章王伟伟、第二章毛娟、第三章尹树国、第四章赵龙、第五章贾明斌和顾鑫盈、第六章顾鑫盈，附录由顾鑫盈、毛娟编写。各章的延伸学习部分由尹树国、顾鑫盈编写。全书由主编统稿。

在编写过程中宋金丽老师、邱法玉老师、张蕾老师、崔家才老师提出了宝贵的建议和意见，在此表示感谢！

由于编者水平有限，加之时间较为仓促，不恰之处在所难免，敬请读者批评指正。

编 者
2015年6月

第二版前言

本书第一版出版已经三年,在使用过程中,读者提出了一些宝贵的建议。为适应高职高专教育的发展,在保持第一版的框架和特点不变的前提下,我们对部分内容做了修改并增加了部分内容。主要增加了两部分内容:一是组织年轻教师录制微课,为学生自学提供网络教学资源;二是根据毕业生就业单位的建议增加了统计初步知识。

本书共七章,主要内容包括函数、极限与连续,导数与微分,积分及应用,多元函数微积分,常微分方程,无穷级数,统计初步。其中第1~3章为基础必修部分(约用60课时),其余部分为专业选修部分(约用50课时)。本书中带*的为选学内容或选做题目。

本书由王伟伟、尹树国任主编,毛娟、赵龙任副主编,贾明斌教授主审。

具体编写分工为:第1、5章由王伟伟编写,第2章由毛娟编写,第3、6、7章由尹树国编写,第4章由赵龙编写,附录由尹树国、毛娟编写;各章的延伸学习部分由尹树国、王伟伟编写;微课由王伟伟、毛娟、张蕾录制。全书由王伟伟、尹树国统稿。

感谢宋金丽、邱法玉、张蕾、崔家才、崔延海、戴兴波等老师提出的宝贵建议和意见!

由于编者水平有限,加之时间有限,书中不妥与疏漏之处在所难免,敬请广大读者批评指正。

编 者

2018年6月

目 录

第1章 函数、极限与连续 ········· 1

§1.1 集合与函数 ········· 1
    1.1.1 集合 ········· 1
    1.1.2 函数 ········· 3
    同步习题 1.1 ········· 8

§1.2 极限 ········· 9
    1.2.1 数列的极限 ········· 9
    1.2.2 函数的极限 ········· 10
    1.2.3 无穷小与无穷大 ········· 13
    同步习题 1.2 ········· 14

§1.3 极限的运算 ········· 15
    1.3.1 极限的四则运算法则 ········· 15
    1.3.2 复合函数的极限 ········· 18
    同步习题 1.3 ········· 18

§1.4 两个重要极限与无穷小的比较 ········· 19
    1.4.1 第一重要极限 ········· 19
    1.4.2 第二重要极限 ········· 20
    1.4.3 无穷小的比较 ········· 21
    同步习题 1.4 ········· 23

§1.5 函数的连续性 ········· 23
    1.5.1 函数连续性的概念 ········· 23
    1.5.2 函数的间断点 ········· 25
    1.5.3 初等函数的连续性 ········· 26
    1.5.4 闭区间上连续函数的性质 ········· 26
    同步习题 1.5 ········· 27

本章小结 ········· 28
总复习题 ········· 29
课外阅读 ········· 30

第2章 导数与微分 ········· 32

§2.1 导数的概念 ········· 32
    2.1.1 两个实例 ········· 32
    2.1.2 导数的定义 ········· 33
    2.1.3 导数的几何意义 ········· 34

  2.1.4 可导与连续的关系 ·· 35
   同步习题 2.1 ·· 35
 §2.2 导数的运算 ··· 36
  2.2.1 基本初等函数的导数公式 ··· 36
  2.2.2 导数的四则运算法则 ·· 37
  2.2.3 复合函数的求导法则 ·· 38
  2.2.4 高阶导数 ·· 38
  2.2.5 隐函数的导数 ·· 39
   同步习题 2.2 ·· 40
 §2.3 微分 ·· 40
  2.3.1 引例 ·· 41
  2.3.2 微分的概念 ··· 41
  2.3.3 微分的运算 ··· 43
  2.3.4 微分在近似计算中的应用 ··· 44
   同步习题 2.3 ·· 45
本章小结 ··· 45
总复习题 ··· 46
课外阅读 ··· 47

第3章 微分中值定理与导数的应用 ·· 48

 §3.1 微分中值定理 ·· 48
  3.1.1 罗尔(Rolle)中值定理 ·· 48
  3.1.2 拉格朗日(Lagrange)中值定理 ·· 49
  3.1.3 柯西(Cauchy)中值定理 ·· 49
   同步习题 3.1 ·· 50
 §3.2 洛必达法则 ··· 50
  3.2.1 "$\frac{0}{0}$"型和"$\frac{\infty}{\infty}$"型未定式 ··· 50
  3.2.2 其他类型未定式 ··· 51
   同步习题 3.2 ·· 52
 §3.3 函数的单调性与极值 ··· 53
  3.3.1 函数的单调性 ·· 53
  3.3.2 函数的极值 ··· 54
  3.3.3 函数的最值及应用 ·· 56
   同步习题 3.3 ·· 57
 §3.4 曲线的凹凸性与曲率 ··· 58
  3.4.1 曲线的凹凸与拐点 ·· 58
  3.4.2 曲率 ·· 60
   同步习题 3.4 ·· 62
本章小结 ··· 62
总复习题 ··· 63

课外阅读 …………………………………………………………………………… 64

第4章 不定积分 ……………………………………………………………………… 66
§4.1 不定积分的概念与性质 ……………………………………………………… 66
4.1.1 不定积分的概念 …………………………………………………………… 66
4.1.2 不定积分的性质 …………………………………………………………… 68
4.1.3 基本积分公式 ……………………………………………………………… 68
4.1.4 直接积分法 ………………………………………………………………… 69
同步习题 4.1 ……………………………………………………………………… 70
§4.2 不定积分的换元积分法 ……………………………………………………… 71
4.2.1 第一换元积分法 …………………………………………………………… 71
4.2.2 第二换元积分法 …………………………………………………………… 74
同步习题 4.2 ……………………………………………………………………… 77
§4.3 不定积分的分部积分法及积分表的使用 …………………………………… 79
4.3.1 分部积分法 ………………………………………………………………… 79
4.3.2 积分表的使用 ……………………………………………………………… 82
同步习题 4.3 ……………………………………………………………………… 83
本章小结 …………………………………………………………………………… 83
总复习题 …………………………………………………………………………… 84
课外阅读 …………………………………………………………………………… 85

第5章 定积分 ………………………………………………………………………… 87
§5.1 定积分的概念与性质 ………………………………………………………… 87
5.1.1 定积分的概念 ……………………………………………………………… 87
5.1.2 定积分的性质 ……………………………………………………………… 91
同步习题 5.1 ……………………………………………………………………… 92
§5.2 微积分基本定理 ……………………………………………………………… 93
5.2.1 原函数存在定理 …………………………………………………………… 93
5.2.2 微积分基本定理 …………………………………………………………… 95
同步习题 5.2 ……………………………………………………………………… 96
§5.3 定积分的换元积分法和分部积分法 ………………………………………… 97
5.3.1 定积分的换元积分法 ……………………………………………………… 97
5.3.2 定积分的分部积分法 ……………………………………………………… 98
同步习题 5.3 ……………………………………………………………………… 99
§5.4 反常积分 ……………………………………………………………………… 99
同步习题 5.4 ……………………………………………………………………… 102
§5.5 定积分的应用 ………………………………………………………………… 102
5.5.1 微元法 ……………………………………………………………………… 102
5.5.2 几何应用 …………………………………………………………………… 103
*5.5.3 定积分的物理应用 ………………………………………………………… 106
同步习题 5.5 ……………………………………………………………………… 109
本章小结 …………………………………………………………………………… 109

总复习题 ·· 110
课外阅读 ·· 111

第6章 常微分方程 ·· 113

§6.1 微分方程的基本概念 ··· 113
6.1.1 引例 ·· 113
6.1.2 微分方程的定义 ·· 114
同步习题 6.1 ··· 115

§6.2 一阶微分方程 ·· 116
6.2.1 可分离变量的微分方程 ··· 116
6.2.2 一阶线性微分方程 ·· 117
6.2.3 齐次型微分方程 ··· 119
同步习题 6.2 ··· 120

§6.3 二阶常系数线性微分方程 ··· 121
6.3.1 二阶常系数线性齐次微分方程 ······································ 121
6.3.2 二阶常系数线性非齐次微分方程 ··································· 124
同步习题 6.3 ··· 126

§6.4 微分方程的简单应用 ··· 127
6.4.1 可分离变量微分方程应用举例 ······································· 127
6.4.2 一阶线性微分方程应用举例 ··· 128
6.4.3 二阶常系数线性微分方程应用举例 ································ 129
同步习题 6.4 ··· 130

本章小结 ·· 131
总复习题 ·· 132
课外阅读 ·· 133

第7章 向量代数与空间解析几何 ·· 134

§7.1 空间直角坐标系 ··· 134
7.1.1 空间直角坐标系的定义 ··· 134
7.1.2 空间点的直角坐标 ·· 135
7.1.3 两点间的距离公式和中点坐标表示 ································ 135
同步习题 7.1 ··· 136

§7.2 向量的线性运算 ··· 137
7.2.1 空间向量的概念 ··· 137
7.2.2 向量的线性运算 ··· 137
7.2.3 向量的坐标表示 ··· 139
同步习题 7.2 ··· 142

§7.3 向量的数量积和向量积 ·· 143
7.3.1 两向量的数量积 ··· 143
7.3.2 两向量的向量积 ··· 144
同步习题 7.3 ··· 147

§7.4 平面与空间直线 ··· 147

  7.4.1 曲面方程 ·················· 147
  7.4.2 平面 ······················ 148
  7.4.3 空间中的直线及其方程 ········ 152
  同步习题 7.4 ···················· 155
 §7.5 曲面与空间曲线 ················ 156
  7.5.1 几种特殊的曲面及其方程 ······ 156
  7.5.2 常见的二次曲面 ············ 158
  7.5.3 空间曲线 ·················· 161
  同步习题 7.5 ···················· 162
本章小结 ···························· 163
总复习题 ···························· 164
课外阅读 ···························· 165

第8章 多元函数微积分 167

 §8.1 多元函数的基本概念 ············ 167
  8.1.1 多元函数的概念 ············ 167
  8.1.2 二元函数的极限 ············ 169
  8.1.3 二元函数的连续性 ·········· 171
  同步习题 8.1 ···················· 171
 §8.2 多元函数的偏导数与全微分 ······ 172
  8.2.1 偏导数的概念 ·············· 172
  8.2.2 偏导数的计算 ·············· 173
  8.2.3 高阶偏导数 ················ 174
  8.2.4 多元函数的全微分 ·········· 175
  同步习题 8.2 ···················· 175
 §8.3 多元复合函数与隐函数的偏导数 ·· 176
  8.3.1 多元复合函数的偏导数 ······ 176
  8.3.2 隐函数的偏导数 ············ 178
  同步习题 8.3 ···················· 179
 §8.4 多元函数的极值与最值 ·········· 179
  8.4.1 多元函数的极值 ············ 179
  8.4.2 多元函数的最值 ············ 181
  同步习题 8.4 ···················· 182
 §8.5 二重积分的概念与性质 ·········· 183
  8.5.1 引例 ······················ 183
  8.5.2 二重积分的概念 ············ 184
  8.5.3 二重积分的性质 ············ 185
  同步习题 8.5 ···················· 186
 §8.6 二重积分的计算 ················ 186
  8.6.1 直角坐标系下二重积分的计算 ···· 187
  8.6.2 极坐标系下二重积分的计算 ······ 189

同步习题 8.6 ·· 191
　　本章小结 ··· 192
　　总复习题 ··· 193
　　课外阅读 ··· 195
第 9 章　无穷级数 ··· 198
　§9.1　常数项级数的概念与性质 ·· 198
　　9.1.1　常数项级数的概念 ·· 198
　　9.1.2　收敛级数的基本性质 ··· 200
　　同步习题 9.1 ·· 202
　§9.2　数项级数的审敛法 ··· 202
　　9.2.1　正项级数及其审敛法 ··· 202
　　9.2.2　交错级数及其审敛法 ··· 207
　　9.2.3　任意项级数及其审敛法 ·· 207
　　同步习题 9.2 ·· 209
　§9.3　幂级数 ·· 209
　　9.3.1　幂级数的概念 ·· 209
　　9.3.2　幂级数的收敛性 ·· 211
　　9.3.3　幂级数的和函数 ·· 213
　　9.3.4　函数的幂级数展开 ·· 214
　　同步习题 9.3 ·· 216
　§9.4　傅里叶级数 ··· 216
　　9.4.1　傅里叶级数的概念 ·· 217
　　9.4.2　函数展开为傅里叶级数 ·· 219
　　同步习题 9.4 ·· 221
　　本章小结 ··· 222
　　总复习题 ··· 223
　　课外阅读 ··· 224
附录 A　初等数学常用公式 ··· 226
附录 B　常用积分公式 ··· 229
同步习题与总复习题参考答案 ·· 237
参考文献 ·· 252

第 1 章

函数、极限与连续

函数是高等数学中最基本的概念之一.本章我们将在中学代数关于函数知识的基础上来进一步讨论函数,引出本教材主要讨论的初等函数.

极限与连续也是高等数学的基本概念.高等数学中的其他基本概念可用极限概念来表达,且解析运算(微分法、积分法)都可用极限运算来描述,所以掌握极限概念与极限运算是很重要的.而函数的连续性与函数的极限密切相关,这里要学习函数连续性概念和连续函数的重要性质.

§1.1 集合与函数

在我们的周围,变化无处不在.可以用数学有效地描述它们中的许多变化着的现象.事实上,任何一个变化着的现象都涉及以一定方式相互关联着的几个变量.可以说,一个量的变化本身就意味着这个量是随着其他量的变化而变化的.而变量之间的依赖关系通常可以用函数关系来描述.本节主要介绍函数的基本概念和性质.

1.1.1 集合

1. 集合及运算

(1)集合的定义

定义 1.1 我们常常研究某些事物组成的全体,例如,一班学生、一批产品、全体正整数等,这些事物组成的全体都是集合,或者说,某些指定的对象集在一起就成为一个集合,也简称集,通常用大写的拉丁字母表示,如 $A,B,C,P,Q,\cdots$ 构成集合的每个事物或者对象称为这个集合的元素,通常用小写的拉丁字母表示,如 $a,b,c,p,q,\cdots$.

(2)常用数集及记法

非负整数集(自然数集):全体非负整数的集合.记作 $\mathbf{N}=\{0,1,2,\cdots\}$.

正整数集:非负整数集内排除 0 的集合.记作 $\mathbf{N}^*=\{1,2,3,\cdots\}$.

整数集:全体整数的集合.记作 $\mathbf{Z}=\{0,\pm1,\pm2,\cdots\}$.

有理数集:全体有理数的集合.记作 $\mathbf{Q}=\{$整数与分数$\}$.

实数集:全体实数的集合.记作 $\mathbf{R}=\{$数轴上所有点所对应的数$\}$.

(3)元素对于集合的隶属关系

属于:如果 a 是集合 A 的元素,就说 a 属于 A,记作 $a\in A$.

不属于:如果 a 不是集合 A 的元素,就说 a 不属于 A,记作 $a\notin A$.

(4)集合中元素的特性

确定性:按照明确的判断标准给定一个元素或者在这个集合里,或者不在,不能模棱两可.

互异性:集合中的元素没有重复.

无序性:集合中的元素没有一定的顺序.

(5)集合运算

子集:如果集合 A 的任意一个元素都是集合 B 的元素(若 $a\in A$ 则 $a\in B$),则称集合 A 为集合 B 的子集,记为 $A\subseteq B$ 或 $B\supseteq A$;如果 $A\subseteq B$,并且 $A\neq B$,这时称集合 A 为集合 B 的真子集,记为 $A\subsetneqq B$ 或 $B\supsetneqq A$.

集合的相等:如果集合 A、B 同时满足 $A\subseteq B$,$B\supseteq A$,则 $A=B$.

补集:设 $A\subseteq S$,由 S 中不属于 A 的所有元素组成的集合称为 S 的子集 A 的补集,记为 $\complement_S A$.

交集:一般地,由所有属于集合 A 且属于 B 的元素构成的集合,称为 A 与 B 的交集,记作 $A\cap B$.

并集:一般地,由所有属于集合 A 或者属于 B 的元素构成的集合,称为 A 与 B 的并集,记作 $A\cup B$.

例 1.1 设 $A=\{1,2,3,4\}$,$B=\{3,4,5,6\}$,则 $A\cup B=\{1,2,3,4,5,6\}$,$A\cap B=\{3,4\}$.

例 1.2 设 A 为某单位会英语的人的集合,B 为该单位会日语的人的集合,则 $A\cup B$ 表示该单位会英语或会日语的人的集合,$A\cap B$ 表示该单位既会英语又会日语的人的集合.

2. 区间与邻域

(1)区间

定义 1.2 设 a 和 b 都是实数,且 $a<b$. 数集 $\{x\mid a<x<b\}$ 称为开区间,记作 (a,b),即 $(a,b)=\{x\mid a<x<b\}$,a 和 b 称为开区间 (a,b) 的端点.

数集 $\{x\mid a\leqslant x\leqslant b\}$ 称为闭区间,记作 $[a,b]$,即 $[a,b]=\{x\mid a\leqslant x\leqslant b\}$. a 和 b 称为闭区间 $[a,b]$ 的端点.

类似地,定义 $[a,b)=\{x\mid a\leqslant x<b\}$,$(a,b]=\{x\mid a<x\leqslant b\}$. $[a,b)$ 和 $(a,b]$ 都称为半开半闭区间.

数 $b-a$ 称为以上区间的长度. 长度有限的区间为有限区间.

同样,定义无限区间 $[a,+\infty)=\{x\mid x\geqslant a\}$,$(a,+\infty)=\{x\mid x>a\}$,$(-\infty,b)=\{x\mid x<b\}$,$(-\infty,b]=\{x\mid x\leqslant b\}$,$(-\infty,+\infty)=\{x\mid -\infty<x<+\infty\}=\mathbf{R}$(实数集).

(2)邻域

定义 1.3 设 a,δ 为两个实数,$\delta>0$,则不等式 $|x-a|<\delta$ 的解集称为点 a 的 δ 邻域. 点 a 称为该邻域的中心,δ 称为该邻域的半径. 它是以 a 为中心以 δ 为半径的开区间 $(a-\delta,a+\delta)$.

若把邻域 $(a-\delta,a+\delta)$ 中的中心点 a 去掉,就称它为点 a 的去心 δ 邻域,可表示为 $(a-\delta,a)\cup(a,a+\delta)$,或 $0<|x-a|<\delta$.

扫一扫

邻域的概念

1.1.2 函数

1. 函数概念

定义 1.4 设 x,y 是两个变量，D 是一个给定的非空数集. 若对于每一个数 $x\in D$，按照某一确定的对应法则 f，变量 y 都有唯一确定的值与之对应，那么就称 y 是 x 的函数，记作

$$y=f(x), \quad x\in D.$$

其中，x 称为自变量；y 称为因变量；自变量 x 的取值范围 D 称为函数的定义域；因变量的变化范围称为函数的值域.

函数的定义域和对应法则称为函数的两个要素. 判断两个函数相同，即看两个函数定义域和对应法则是否相同，而与其变量用什么字母表示无关，如 $y=x^2, s=t^2$ 为同一个函数；而 $y=\ln x^2, y=2\ln x$ 为不同的函数.

判定函数异同

若一个函数用一个数学式子给出，定义域是指使表达式有意义的一切实数组成的集合. 例如，若函数表达式中有分式，则分母一定不等于零；若函数表达式中有开偶次方根的，则根号内的变量不能为负值；若函数表达式中有对数，则真数只能为正值；……

例如，函数 $f(x)=\sqrt{x-2}$ 的定义域是 $D=\{x|x-2\geqslant 0\}=\{x|x\geqslant 2\}=[2,+\infty)$.

在考虑实际问题时，还应结合实际意义来确定函数的定义域.

例如，正方形的面积 S 是边长 x 的函数 $S=x^2$，边长值不可能为负值，所以其定义域为 $D=\{x|x\geqslant 0\}=[0,+\infty)$.

函数的表示方法有解析法、图像法、列表法，最常用的是解析法.

2. 函数的特性

(1) 单调性. 设函数 $y=f(x), x\in I$，若对任意两点 $x_1, x_2\in I$，当 $x_1<x_2$ 时，总有：

① $f(x_1)<f(x_2)$，则称函数 $f(x)$ 在 I 上是单调增加的，区间 I 称为单调增加区间；

② $f(x_1)>f(x_2)$，则称函数 $f(x)$ 在 I 上是单调减少的，区间 I 称为单调减少区间.

单调增加的函数和单调减少的函数统称单调函数，单调增加区间和单调减少区间统称单调区间.

单调增加函数的图形是沿 x 轴正向逐渐上升的，如图 1.1 所示；单调减少函数的图形是沿 x 轴正向逐渐下降的，如图 1.2 所示.

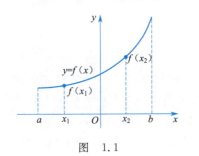

图 1.1

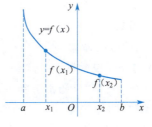

图 1.2

(2)奇偶性. 设函数 $y=f(x)$ 的定义域关于原点对称, 如果对于定义域内的 x 都有 $f(-x)=f(x)$, 则称函数 $f(x)$ 为偶函数; $f(-x)=-f(x)$, 则称函数 $f(x)$ 为奇函数. 偶函数的图像关于 y 轴对称, 如图 1.3 所示; 奇函数的图像关于原点对称, 如图 1.4 所示. 如果函数 $f(x)$ 既不是奇函数也不是偶函数, 则称为非奇非偶函数.

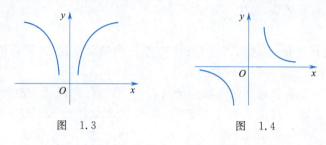

图 1.3　　　　　图 1.4

奇偶性的定义

例如, $f(x)=x$, $f(x)=x^3$, $f(x)=\sin x$ 为奇函数; $f(x)=x^2$, $f(x)=\cos x$ 为偶函数.

例 1.3 判别函数 $f(x)=\ln\dfrac{1-x}{1+x}$ 的奇偶性.

解 函数的定义域为 $\dfrac{1-x}{1+x}>0$, 即 $-1<x<1$.

又

$$f(-x)=\ln\dfrac{1-(-x)}{1+(-x)}=\ln\dfrac{1+x}{1-x}=\ln\left(\dfrac{1-x}{1+x}\right)^{-1}=-\ln\dfrac{1-x}{1+x}=-f(x),$$

所以函数 $f(x)=\ln\dfrac{1-x}{1+x}$ 为奇函数.

(3)有界性. 设函数 $y=f(x)$, $x\in D$, 如果存在一个正数 M, 使得对任意 $x\in D$, 均有 $|f(x)|\leqslant M$ 成立, 则称函数 $f(x)$ 在 D 上是有界的; 如果这样的 M 不存在, 则称函数 $f(x)$ 在 D 上是无界的. 即: 有界函数 $y=f(x)$ 的图像夹在 $y=-M$ 和 $y=M$ 两条直线之间.

例如, 函数 $y=\sin x$, 对任意的 $x\in(-\infty,+\infty)$, 存在正数 $M=1$, 恒有 $|\sin x|\leqslant 1$ 成立, 所以函数 $y=\sin x$ 在 $(-\infty,+\infty)$ 内是有界的. 而函数 $y=x^2$, 对任意的 $x\in(-\infty,+\infty)$, 不存在一个这样的正数 M, 使 $|x^2|\leqslant M$ 恒成立, 所以函数 $y=x^2$ 在 $(-\infty,+\infty)$ 内是无界的.

(4)周期性. 设函数 $y=f(x)$, $x\in D$, 如果存在常数 $T\neq 0$, 对任意 $x\in D$, 且 $x+T\in D$, $f(x+T)=f(x)$ 恒成立, 则称函数 $y=f(x)$ 为周期函数, 称 T 是它的一个周期. 通常所说函数的周期是指其最小正周期. 例如, $y=\sin x$、$y=\cos x$, 周期 $T=2\pi$; $y=\tan x$, 周期 $T=\pi$.

3. 反函数

(1)反函数的概念

定义 1.5 设函数 $y=f(x)$, $x\in D$, $y\in M$ (D 是定义域, M 是值域). 若对于任意一个 $y\in M$, D 中都有唯一确定的 x 与之对应, 这时 x 是以 M 为定义域的 y 的函数, 则称它为 $y=f(x)$ 的反函数, 记作 $x=f^{-1}(y)$, $y\in M$.

习惯上往往用字母 x 表示自变量, 字母 y 表示函数. 为了与习惯一致, 将

反函数 $x=f^{-1}(y), y \in M$ 的变量对调字母 x、y，改写成 $y=f^{-1}(x), x \in M$. 称 $y=f(x)$ 为直接函数.

今后凡不特别说明，函数 $y=f(x)$ 的反函数都是这种改写过的 $y=f^{-1}(x)$, $x \in M$ 形式.

在同一直角坐标系下，$y=f(x), x \in D$ 与反函数 $y=f^{-1}(x), x \in M$ 的图形关于直线 $y=x$ 对称.

(2) 反函数存在性及求法

定理 单调函数必有反函数，且单调增加（减少）的函数的反函数也是单调增加（减少）的.

例如，函数 $y=x^2$ 在定义域 $(-\infty,+\infty)$ 上没有反函数（它不是单调函数），但在 $[0,+\infty)$ 上存在反函数. 由 $y=x^2, x \in [0,+\infty)$，求得 $x=\sqrt{y}, y \in [0,+\infty)$，再对调字母 x、y，得其反函数为 $y=\sqrt{x}, x \in [0,+\infty)$. 它们的图像关于直线 $y=x$ 对称，如图 1.5 所示.

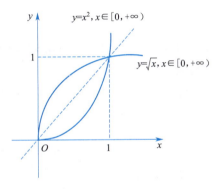

图 1.5

求函数 $y=f(x)$ 的反函数可以按以下步骤进行：

① 从方程 $y=f(x)$ 中解出唯一的 x，并写成 $x=f^{-1}(y)$.

② 将 $x=f^{-1}(y)$ 中的字母 x, y 对调，得到函数 $y=f^{-1}(x)$，这就是所求的函数的反函数.

4. 复合函数

在实际问题中，两个变量间的联系有时不是直接的，而是通过另一个变量联系起来的. 这样的函数就是复合函数. 一般地，有如下定义：

定义 1.6 设两个函数 $y=f(u), u=\varphi(x)$，与 x 对应的 u 值能使 $y=f(u)$ 有定义，将 $u=\varphi(x)$ 代入 $y=f(u)$，得到函数 $y=f(\varphi(x))$. 这个新函数 $y=f(\varphi(x))$ 称为由 $y=f(u)$ 和 $u=\varphi(x)$ 复合而成的复合函数，$u=\varphi(x)$ 称为内层函数，$y=f(u)$ 称为外层函数，u 称为中间变量.

例如，函数 $y=\sin u$ 与 $u=x^2+1$ 可以复合成复合函数 $y=\sin(x^2+1)$.

复合函数不仅可以由两个函数经过复合而成，也可以由多个函数相继进行复合而成. 例如，函数 $y=u^2, u=\ln v, v=2x$ 可以复合成复合函数 $y=\ln^2(2x)$.

注意 不是任何两个函数都能复合成复合函数. 由定义可知，只有当内层函数 $u=\varphi(x)$ 的值域与外层函数 $y=f(u)$ 的定义域的交集非空时，这两个函数才能复合成复合函数.例如,函数 $y=\ln u$ 和 $u=-x^2$ 就不能复合成一个复合函数.因为内层函数 $u=-x^2$ 的值域是 $(-\infty,0]$,而外层函数 $y=\ln u$ 的定义域是 $(0,+\infty)$,显然,$(0,+\infty)\cap(-\infty,0]=\varnothing$,函数 $y=\ln(-x^2)$ 无意义.

例 1.4 指出下列复合函数的复合过程.

(1) $y=\sin e^x$; (2) $y=\ln\ln x$; (3) $y=\tan^2\dfrac{x}{2}$.

解 (1)令 $u=e^x$,则 $y=\sin u$.所以 $y=\sin e^x$ 是由 $y=\sin u$ 与 $u=e^x$ 复合而成;

(2)令 $u=\ln x$,则 $y=\ln u$.所以 $y=\ln\ln x$ 是由 $y=\ln u$ 与 $u=\ln x$ 复合而成;

(3)令 $v=\dfrac{x}{2}$,$u=\tan v$,则 $y=u^2$.所以 $y=\tan^2\dfrac{x}{2}$ 是由 $y=u^2$,$u=\tan v$,$v=\dfrac{x}{2}$ 复合而成.

5. 初等函数

(1)基本初等函数

我们学过的六类函数:常函数、幂函数、指数函数、对数函数、三角函数、反三角函数统称基本初等函数.

为了便于应用,下面就其图像和性质作简要的复习,见表 1.1.

表 1.1

序号	函 数	图 像	性 质
1	幂函数 $y=x^a$,$a\in\mathbf{R}$		在第一象限,$a>0$ 时函数单增;$a<0$ 时函数单减.都过点 $(1,1)$
2	指数函数 $y=a^x$ ($a>0$ 且 $a\neq 1$)		$a>1$ 时函数单增;$0<a<1$ 时函数单减.共性:过 $(0,1)$ 点,以 x 轴为渐近线
3	对数函数 $y=\log_a x$ ($a>0$ 且 $a\neq 1$)		$a>1$ 时函数单增;$0<a<1$ 时函数单减.共性:过 $(1,0)$ 点,以 y 轴为渐近线

续表

序号	函数		图像	性质
4	三角函数	正弦函数 $y=\sin x$		奇函数,周期 $T=2\pi$,有界. $|\sin x|\leqslant 1$
		余弦函数 $y=\cos x$		偶函数,周期 $T=2\pi$,有界. $|\cos x|\leqslant 1$
		正切函数 $y=\tan x$		奇函数,周期 $T=\pi$,无界
		余切函数 $y=\cot x$		奇函数,周期 $T=\pi$,无界
5	反三角函数	反正弦函数 $y=\arcsin x$		$x\in[-1,1]$, $y\in\left[-\dfrac{\pi}{2},\dfrac{\pi}{2}\right]$,奇函数,单调增加,有界
		反余弦函数 $y=\arccos x$		$x\in[-1,1]$,$y\in[0,\pi]$,单调减少,有界
		反正切函数 $y=\arctan x$		$x\in(-\infty,+\infty)$, $y\in\left(-\dfrac{\pi}{2},\dfrac{\pi}{2}\right)$,奇函数,单调增加,有界, $y=\pm\dfrac{\pi}{2}$ 为两条水平渐近线
		反余切函数 $y=\operatorname{arccot} x$		$x\in(-\infty,+\infty)$, $y\in(0,\pi)$,单调减少,有界,$y=0$,$y=\pi$ 为两条水平渐近线

扫一扫

反正弦函数

扫一扫

反余弦函数

(2) 初等函数

由基本初等函数经过有限次四则运算和有限次复合运算所构成的并能用一个式子表示的函数,称为初等函数.

例如,函数 $f(x)=2^{\sqrt{x}}\ln(2x+5)$,$g(x)=\sqrt{\sin 2x}+e^{\arctan 3x}$ 等都是初等函数.

6. 分段函数与隐函数

分段函数:函数用解析法表示时,可能会出现对于自变量的某一部分数值,对于法则用某一解析式,对于另一部分数值用另一解析式,这种函数称为分段函数.分段函数的定义域是各段取值范围的并集.

$f(x)=\begin{cases} x+1, & -1<x<1, \\ 3x^2-2, & 1\leqslant x\leqslant 2 \end{cases}$ 是分段函数,其定义域为 $D=(-1,1)\cup[1,2]=(-1,2]$.

显函数与隐函数:一个函数如果能用 x 的具体表达式表示,则称此函数为显函数,如 $y=2x+3$,$y=e^{3x}$ 等是显函数;如果函数是通过方程来确定的,即函数 $y=f(x)$ 隐藏在方程 $F(x,y)=0$ 中,则称此函数为隐函数,如由方程 $x+y^3=1$,$x^2+y^3-e^{x+y}=3\sin y$ 等确定的函数为隐函数.

同步习题 1.1

【基础题】

1. 求下列函数的定义域.

(1) $y=\sqrt{2x+4}$; (2) $y=\dfrac{1}{x-3}+\sqrt{16-x^2}$;

(3) $y=\ln(x^2-2x-3)$.

2. 求下列函数的反函数.

(1) $y=x^3-1$; (2) $y=\dfrac{1-x}{1+x}$;

(3) $y=\sqrt{x+1}$.

3. 写出下列函数的复合过程.

(1) $y=\sin^2(x^3+1)$; (2) $y=\arctan(2x+3)$.

4. 判定函数 $y=\dfrac{e^x-e^{-x}}{2}$ 的奇偶性.

5. 设函数 $f(x)$ 的定义域为 $[1,5]$,求函数 $f(1+x^2)$ 的定义域.

【提高题】

1. 求下列函数的定义域.

(1) $y=\arcsin\sqrt{x^2-9}$;

(2) $y=\dfrac{\sqrt{x+2}}{x-1}+\ln(4-x^2)+\arccos\dfrac{2x-1}{3}$.

2. 设 $f\left(\dfrac{1}{x}\right)=x+\sqrt{1+x^2}$ $(x>0)$,求 $f(x)$.

3. 求 $y=\ln(5x+3)-2$ 的反函数.

4. 试讨论函数 $f(x)=\dfrac{1}{2^x-1}+\dfrac{1}{2}$ 的奇偶性.

5. 证明函数 $f(x)=\ln(x+\sqrt{x^2+1})$ 为奇函数.

§1.2 极　　限

1.2.1 数列的极限

引例 我国战国时代的哲学家庄周在《庄子·天下篇》里有这样的记载："一尺之棰,日取其半,万世不竭."此话的意思是:一根一尺长的棍子,第一天取去一半,第二天取去剩下的一半,以后每天都取去剩下的一半,这个过程可以无限地进行下去. 我们用数学语言来描述,就是:

第一天剩下 $\dfrac{1}{2}$,第二天剩下 $\dfrac{1}{2}\times\dfrac{1}{2}=\dfrac{1}{2^2}$,第三天剩下 $\dfrac{1}{2^2}\times\dfrac{1}{2}=\dfrac{1}{2^3}$……第 n 天剩下 $\dfrac{1}{2^{n-1}}\times\dfrac{1}{2}=\dfrac{1}{2^n}$……很显然,每一天剩下的数构成一个数列:

$$\dfrac{1}{2},\dfrac{1}{2^2},\dfrac{1}{2^3},\cdots,\dfrac{1}{2^n},\cdots$$

庄子——数列极限的引入

进一步观察,当天数 n 无限增大时,那个一尺长的棍子所剩无几了,即所剩下的长度 $\dfrac{1}{2^n}$ 无限趋近于零. 我们把天数 n 无限增大时,长度 $\dfrac{1}{2^n}$ 无限趋近于零,记为

$$n\to\infty(读作 n 趋于无穷大)时,\dfrac{1}{2^n}\to 0(读作 \dfrac{1}{2^n} 趋近于零).$$

类似地,观察下列数列的变化趋势:

(1) $\left\{\dfrac{1}{n}\right\}$：$1,\dfrac{1}{2},\dfrac{1}{3},\cdots,\dfrac{1}{n},\cdots$;

(2) $\{3\}$：$3,3,3,\cdots,3,\cdots$;

(3) $\{(-1)^n\}$：$-1,1,-1,1,\cdots,(-1)^n,\cdots$;

(4) $\left\{\dfrac{1+(-1)^n}{n}\right\}$：$0,1,0,\dfrac{1}{2},0,\dfrac{1}{3},\cdots$;

(5) $\{n^2\}$：$1,4,9,\cdots,n^2,\cdots$.

通过分析可知,数列(1)、(4)无限趋近于 0;数列(2)的项始终保持同一值 3;数列(3)总是在 -1 和 1 之间跳动;数列(5)当 n 逐渐增大时,$y_n=n^2$ 也越来越大,变化趋势是趋于无穷大.

对数列的这一现象,我们给出如下定义:

定义 1.7 对于数列 $\{y_n\}$,当 n 无限增大($n\to\infty$)时,y_n 无限趋近于一个确定的常数 A,则称 A 为 n 趋于无穷大时数列 $\{y_n\}$ 的极限(或称数列收敛于 A),记作

$$\lim_{n\to\infty} y_n=A \quad 或 \quad y_n\to A\ (n\to\infty).$$

此时,也称数列 $\{y_n\}$ 的极限存在;否则,称数列 $\{y_n\}$ 的极限不存在(或称数列是

发散的).

根据定义,上面引例中给出的数列 $\left\{\dfrac{1}{2^n}\right\}$ 的极限是 0,记作 $\lim\limits_{n\to\infty}\dfrac{1}{2^n}=0$. $y_n=n^2$ 的变化趋势是趋于无穷大,这时我们也说数列 $\{n^2\}$ 的极限是无穷大,记为 $\lim\limits_{n\to\infty}n^2=\infty$.

例 1.5 讨论数列 $y_n=q^n$ 的极限情况.

解 当 $q=1$ 时,$y_n=1$,所以 $\lim\limits_{n\to\infty}y_n=1$;

当 $q=-1$ 时,由上述数列(3)知,$\lim\limits_{n\to\infty}y_n=\lim\limits_{n\to\infty}(-1)^n$ 不存在;

当 $|q|<1$ 时,若 $n\to\infty$,则 $y_n=q^n\to0$,所以 $\lim\limits_{n\to\infty}y_n=\lim\limits_{n\to\infty}q^n=0$;

当 $|q|>1$ 时,若 $n\to\infty$,则 $y_n=q^n$ 的绝对值是趋于无穷大的,所以 $\lim\limits_{n\to\infty}y_n=\lim\limits_{n\to\infty}q^n=\infty$(不存在).

综上讨论,$\lim\limits_{n\to\infty}q^n=\begin{cases}0, & |q|<1,\\ 1, & q=1,\\ \text{不存在}, & q=-1,\\ \infty, & |q|>1.\end{cases}$

1.2.2 函数的极限

1. 当 x 的绝对值无限增大(记为 $x\to\infty$)时,函数 $f(x)$ 的极限

数列是一种特殊形式的函数,把数列极限的定义推广,可以给出函数极限的定义.例如,函数 $f(x)=\dfrac{1}{x}+1$,当 $x\to\infty$ 时,$f(x)$ 无限趋近于常数 1,如图 1.6 所示.

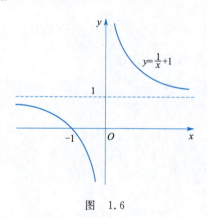

图 1.6

当 $x\to\infty$ 时,$f(x)=\dfrac{1}{x}+1\to1$,称常数 1 为 $x\to\infty$ 时函数 $f(x)=\dfrac{1}{x}+1$ 的极限,记为

$$\lim_{x\to\infty}\left(\dfrac{1}{x}+1\right)=1.$$

一般地,我们给出如下定义:

定义 1.8 设函数 $y=f(x)$,当 x 的绝对值无限增大($x\to\infty$)时,函数 $f(x)$ 无限趋近于一个确定的常数 A,则称常数 A 为 $x\to\infty$ 时函数 $f(x)$ 的极限.记作

$$\lim_{x\to\infty}f(x)=A \quad \text{或} \quad f(x)\to A(x\to\infty).$$

此时也称极限 $\lim\limits_{x\to\infty}f(x)$ 存在；否则，称极限 $\lim\limits_{x\to\infty}f(x)$ 不存在．

需要说明的是，这里的 $x\to\infty$，指的是 x 沿着 x 轴向正、负两个方向趋于无穷大．x 取正值且无限增大，记为 $x\to+\infty$，读作 x 趋于正的无穷大；x 取负值且绝对值无限增大，记为 $x\to-\infty$，读作 x 趋于负的无穷大．即 $x\to\infty$ 同时包含 $x\to+\infty$ 和 $x\to-\infty$．

根据定义 1.8，不难得出下列极限：

(1) $\lim\limits_{x\to\infty}\dfrac{1}{x}=0$；

(2) $\lim\limits_{x\to\infty}c=c$ (c 为常数)．

在研究实际问题的过程中，有时只需考察 $x\to+\infty$ 或 $x\to-\infty$ 时函数 $f(x)$ 的极限情形，因此，只需将定义 1.8 中的 $x\to\infty$ 分别换成 $x\to+\infty$ 或 $x\to-\infty$，即可得到 $x\to+\infty$ 或 $x\to-\infty$ 时函数 $f(x)$ 的极限定义，分别记作

$$\lim_{x\to+\infty}f(x)=A \quad \text{或} \quad \lim_{x\to-\infty}f(x)=A.$$

注意 极限 $\lim\limits_{x\to\infty}f(x)$ 存在的充分必要条件是 $\lim\limits_{x\to+\infty}f(x)$ 与 $\lim\limits_{x\to-\infty}f(x)$ 都存在且相等，即

$$\lim_{x\to\infty}f(x)=A \Leftrightarrow \lim_{x\to+\infty}f(x)=A=\lim_{x\to-\infty}f(x). \tag{1.1}$$

扫一扫

无穷大极限的充要条件

例 1.6 考察极限 $\lim\limits_{x\to\infty}\arctan x$ 与 $\lim\limits_{x\to\infty}e^x$ 是否存在？

解 如表 1.1 所示，因为

$$\lim_{x\to+\infty}\arctan x=\frac{\pi}{2}, \quad \lim_{x\to-\infty}\arctan x=-\frac{\pi}{2},$$

而 $\lim\limits_{x\to+\infty}\arctan x\neq\lim\limits_{x\to-\infty}\arctan x$，所以 $\lim\limits_{x\to\infty}\arctan x$ 不存在．

同理，因为 $\lim\limits_{x\to-\infty}e^x=0$，$\lim\limits_{x\to+\infty}e^x=+\infty$，所以 $\lim\limits_{x\to\infty}e^x$ 不存在．

极限 $\lim\limits_{x\to\infty}f(x)=A$ 的几何意义：若极限 $\lim\limits_{x\to\infty}f(x)=A$ ($\lim\limits_{x\to+\infty}f(x)=A$ 或 $\lim\limits_{x\to-\infty}f(x)=A$) 存在，则称直线 $y=A$ 为曲线 $y=f(x)$ 的水平渐近线．例如，如图 1.6 所示，因为极限 $\lim\limits_{x\to\infty}\left(\dfrac{1}{x}+1\right)=1$，所以直线 $y=1$ 是曲线 $y=\dfrac{1}{x}+1$ 的水平渐近线．又如，$\lim\limits_{x\to+\infty}\arctan x=\dfrac{\pi}{2}$，$\lim\limits_{x\to-\infty}\arctan x=-\dfrac{\pi}{2}$，所以直线 $y=-\dfrac{\pi}{2}$ 与 $y=\dfrac{\pi}{2}$ 是曲线 $y=\arctan x$ 的两条水平渐近线．

2. 当 $x\to x_0$（读作 x 趋近于 x_0）时，函数 $f(x)$ 的极限

首先考察当 x 无限趋近于 1 时，函数 $f(x)=2x+1$ 的变化趋势．

如图 1.7 所示，可以直观地看出，当 x 从左、右两侧无限地趋近于 1 时，函数 y 从下、上两侧无限地趋近于 3，即当 $x\to1$ 时，$f(x)=2x+1\to3$．称 3 为 $x\to1$ 时函数 $f(x)=2x+1$ 的极限，记作

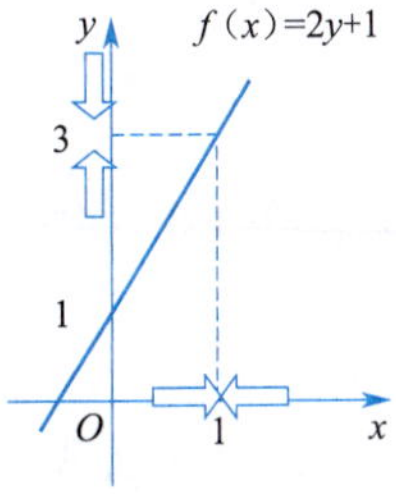

$$\lim_{x\to1}(2x+1)=3.$$

图 1.7

一般地，给出如下定义：

定义 1.9 设函数 $y=f(x)$，当 x 无限地趋近于 x_0（但 $x\neq x_0$）时，函数 $f(x)$ 无限地趋近于一个确定的常数 A，则称 A 为当 $x\to x_0$ 时函数 $f(x)$ 的极限. 记作：

$$\lim_{x\to x_0} f(x) = A \quad \text{或} \quad f(x)\to A(x\to x_0).$$

这时也称极限 $\lim\limits_{x\to x_0} f(x)$ 存在，否则称极限 $\lim\limits_{x\to x_0} f(x)$ 不存在.

由定义 1.9，易得下列函数的极限：

(1) $\lim\limits_{x\to x_0} x = x_0$；

(2) $\lim\limits_{x\to x_0} c = c$（$c$ 为常数）.

由于 $x\to x_0$，同时包含了 $\begin{cases} x\to x_0^-（\text{从 } x_0 \text{ 的左侧接近于 } x_0） \\ x\to x_0^+（\text{从 } x_0 \text{ 的右侧接近于 } x_0） \end{cases}$ 两种情况，分开讨论有如下定义：

定义 1.10 如果自变量 x 仅从小于（或大于）x_0 的一侧趋近于 x_0 时，函数 $f(x)$ 无限趋近于一个确定的常数 A，则称 A 为当 $x\to x_0$ 时函数 $f(x)$ 的左（右）极限，记作

$$\lim_{x\to x_0^-} f(x) = A.$$
$$(x\to x_0^+)$$

根据定义 1.9 和定义 1.10，极限 $\lim\limits_{x\to x_0} f(x)$ 与它的左右极限 $\lim\limits_{x\to x_0^-} f(x) = A$ $(x\to x_0^+)$ 有如下关系：

极限 $\lim\limits_{x\to x_0} f(x)$ 存在且等于 A 的充分必要条件是左极限 $\lim\limits_{x\to x_0^-} f(x)$ 与右极限 $\lim\limits_{x\to x_0^+} f(x)$ 都存在且等于 A. 即

$$\lim_{x\to x_0} f(x) = A \Leftrightarrow \lim_{x\to x_0^-} f(x) = \lim_{x\to x_0^+} f(x) = A. \tag{1.2}$$

分段函数
分段点处
极限例题

例 1.7 考察下列函数，当 $x\to 1$ 时，极限 $\lim\limits_{x\to 1} f(x)$ 是否存在.

(1) $f(x) = \dfrac{x^2-1}{x-1}$； 　　　　(2) $f(x) = \begin{cases} x, & x\leqslant 1, \\ 2x-1, & x>1; \end{cases}$

(3) $f(x) = \begin{cases} 2x, & x<1, \\ 0, & x=1, \\ x^2, & x>1. \end{cases}$

解 (1) 因为 $f(x) = \dfrac{x^2-1}{x-1} = x+1$（当 $x\neq 1$ 时），所以

$$\lim_{x\to 1} f(x) = \lim_{x\to 1} \frac{x^2-1}{x-1} = \lim_{x\to 1}(x+1) = 2.$$

(2) 该函数为分段函数，$x=1$ 为分段点，必须分别考察它的左右极限情况.

左极限 $\lim\limits_{x\to 1^-} f(x) = \lim\limits_{x\to 1^-} x = 1$，右极限 $\lim\limits_{x\to 1^+} f(x) = \lim\limits_{x\to 1^+}(2x-1) = 1$，可得 $\lim\limits_{x\to 1^-} f(x) = \lim\limits_{x\to 1^+} f(x) = 1.$

所以

$$\lim_{x\to 1} f(x) = 1.$$

(3)该函数也为分段函数,$x=1$ 是分段点.

因为左极限 $\lim\limits_{x\to 1^-} f(x) = \lim\limits_{x\to 1^-} 2x = 2$,右极限 $\lim\limits_{x\to 1^+} f(x) = \lim\limits_{x\to 1^+} x^2 = 1$,左、右极限都存在但不相等,即 $\lim\limits_{x\to 1^-} f(x) \neq \lim\limits_{x\to 1^+} f(x)$,所以极限 $\lim\limits_{x\to 1} f(x)$ 不存在.

说明 (1)极限 $\lim\limits_{x\to x_0} f(x)$ 是否存在,与函数 $f(x)$ 在 $x=x_0$ 处是否有定义无关.

(2)函数 $f(x)$ 在 $x=x_0$ 点处的左右两侧解析式不相同时,考察极限 $\lim\limits_{x\to x_0} f(x)$,必须先考察它的左、右极限.如分段函数的分段点处的极限问题,就属于这种情况.

1.2.3 无穷小与无穷大

1. 无穷小与无穷大的概念

定义 1.11 极限为零的变量称为无穷小量,简称无穷小.

也可以这样描述:在自变量的某种变化过程中,变量 $f(x)$ 的极限值是零,则称变量 $f(x)$ 为在该变化过程中的无穷小.例如,因为极限 $\lim\limits_{x\to\infty} \dfrac{1}{x} = 0$,所以变量 $\dfrac{1}{x}$ 是 $x\to\infty$ 时的无穷小;因为极限 $\lim\limits_{x\to 0} \sin x = 0$,所以变量 $\sin x$ 是 $x\to 0$ 时的无穷小;因为极限 $\lim\limits_{x\to 1}(x-1) = 0$,所以变量 $x-1$ 是 $x\to 1$ 时的无穷小.

值得注意的是:

(1)一个变量是否为无穷小,除了与变量本身有关外,还与自变量的变化趋势有关.例如,变量 $y=x-1$,当 $x\to 1$ 时为无穷小;而当 $x\to 2$ 时,$y\to 1$,极限是一个非零常数.因而,不能笼统地称某一变量为无穷小,必须明确指出变量在何种变化过程中是无穷小.

(2)在实数中,因为 0 的极限是 0,所以数 0 是无穷小,除此之外,即使绝对值很小很小的常数也不是无穷小.

有了无穷小的概念,自然会联想到无穷大的概念.什么是无穷大呢?

定义 1.12 绝对值无限增大的变量称为无穷大量,简称无穷大.即若 $\lim f(x) = \infty$,则称 $f(x)$ 为该变化趋势下的无穷大.

例如,由图 1.8 所示,当 $x\to 1$ 时,$f(x) = \dfrac{1}{x-1}$ 是无穷大,即

$$\lim_{x\to 1} \frac{1}{x-1} = \infty.$$

从几何上看,当 $x\to 1$ 时,曲线 $y = \dfrac{1}{x-1}$ 向上向下

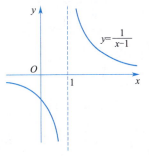

图 1.8

都无限延伸且越来越接近直线 $x=1$.通常称直线 $x=1$ 是曲线 $f(x) = \dfrac{1}{x-1}$ 的

竖直渐近线.

再如,因为$\lim\limits_{x\to\infty}x^2=\infty$,所以当$x\to\infty$时变量$x^2$是无穷大.

与无穷小类似,一个变量是否为无穷大,与自变量的变化过程有关.不能笼统地说某一变量为无穷大,必须明确指出变量在何种变化过程中是无穷大;也不能把一个绝对值很大的常数说成无穷大.

不难看出,在同一变化过程中,无穷大的倒数是无穷小,非零的无穷小的倒数是无穷大.

2. 无穷小与函数极限的关系

定理 1.1 $\lim\limits_{x\to x_0}f(x)=A\Leftrightarrow f(x)=A+\alpha$,其中$\lim\limits_{x\to x_0}\alpha=0$.

即具有极限的函数与它的极限值之间相差的仅仅是一个无穷小量.

在此,不予以证明.另外,该定理对$x\to\infty$时也是成立的.

3. 无穷小的性质

对同一变化过程中的无穷小与有界函数,它们具有下列性质:

性质1 有限个无穷小的代数和是无穷小;

性质2 有限个无穷小的乘积是无穷小;

性质3 有界函数与无穷小的乘积是无穷小;

推论 常数与无穷小的乘积是无穷小.

例 1.8 求极限$\lim\limits_{x\to 0}x\sin\dfrac{1}{x}$.

解 当$x\to 0$时,x是无穷小,而$\left|\sin\dfrac{1}{x}\right|\leqslant 1$,因此,$x\sin\dfrac{1}{x}$仍为无穷小,故
$$\lim_{x\to 0}x\sin\dfrac{1}{x}=0.$$

无穷小乘有界量

同步习题 1.2

【基础题】

1. 填空题.

$\lim\limits_{n\to\infty}\dfrac{(-1)^n}{n}=$ _____ ;$\lim\limits_{n\to\infty}\dfrac{1}{3^n}=$ _____ ;$\lim\limits_{n\to\infty}\left(-\dfrac{1}{3}\right)^n=$ _____ ;

$\lim\limits_{n\to\infty}e^{\frac{1}{n}}=$ _____ ;$\lim\limits_{n\to\infty}\left(\dfrac{3}{2}\right)^n=$ _____ ;$\lim\limits_{n\to\infty}\left(-\dfrac{3}{2}\right)^n=$ _____ ;

$\lim\limits_{n\to\infty}\dfrac{n+1}{n}=$ _____ ;$\lim\limits_{n\to\infty}\pi=$ _____ ;$\lim\limits_{x\to\infty}\dfrac{x^2}{x^2+1}=$ _____ .

2. 设函数$f(x)=\begin{cases}|x|, & x<0,\\ \dfrac{x}{2}, & 0\leqslant x<1,\\ x^2, & x\geqslant 1.\end{cases}$ 试讨论:在(1)$x=0$处;(2)$x=1$处函数$f(x)$的极限是否存在.

3. 设函数 $f(x)=\begin{cases}\sin x+1, & x<0,\\ 0, & x=0,\\ e^x-1, & x>0,\end{cases}$ 则 $\lim\limits_{x\to 0}f(x)=$ _____ .

A. 1　　　　　B. 0　　　　　C. -1　　　　　D. 不存在

4. 求极限 $\lim\limits_{x\to 0}x^2\cos\dfrac{1}{x}$.

5. 求极限 $\lim\limits_{x\to\infty}\dfrac{\arctan x}{x}$.

【提高题】

1. 求 $f(x)=\dfrac{x}{x}$, $g(x)=\dfrac{|x|}{x}$, 当 $x\to 0$ 时的左右极限, 并说明它们在 $x\to 0$ 时极限是否存在.

2. 若函数 $f(x)$ 在某点 x_0 极限存在, 则 _____ .

A. $f(x)$ 在 x_0 的函数值必存在且等于极限值

B. $f(x)$ 在 x_0 的函数值必存在, 但不一定等于极限值

C. $f(x)$ 在 x_0 的函数值可以不存在

D. 如果 $f(x_0)$ 存在必等于极限值

3. 下列函数中当 $x\to 0^+$ 时为无穷小的是 _____ .

A. $x\sin\dfrac{1}{x}$　　C. $e^{\frac{1}{x}}$　　C. $\ln x$　　D. e^x

4. 设 $f(x)=\begin{cases}x\sin\dfrac{1}{x}+a, & x>0,\\ 1+x^2, & x<0,\end{cases}$ 当 a 为何值时, $f(x)$ 在 $x=0$ 的极限存在.

§1.3 极限的运算

1.3.1 极限的四则运算法则

定理 1.2 （四则运算法则）设在同一变化过程中, $\lim f(x)=A$, $\lim g(x)=B$, 则：

(1) $\lim[f(x)\pm g(x)]=\lim f(x)\pm\lim g(x)=A\pm B$;

(2) $\lim[f(x)\cdot g(x)]=\lim f(x)\cdot\lim g(x)=AB$;

特别地, 有

① $\lim[Cf(x)]=C\lim f(x)=CA$ (C 为常数),

② $\lim[f(x)]^n=[\lim f(x)]^n=A^n$ (n 为正整数);

(3) $\lim\dfrac{f(x)}{g(x)}=\dfrac{\lim f(x)}{\lim g(x)}=\dfrac{A}{B}$ (其中 $B\neq 0$).

极限符号 lim 的下边不表明自变量的变化过程, 意思是说对 $x\to x_0$ 或 $x\to\infty$ 所建立的结论都成立.

说明 ① 运用法则求极限时, 参与运算的函数必须有极限, 否则将会得到错误的结论；

极限的运算法则

② 法则(1)和(2)均可以推广到有限个函数的情形.

例 1.9 求 $\lim\limits_{x \to 2}(x^2 - 2x + 3)$.

解 根据法则(1)和(2)

$$\lim_{x \to 2}(x^2 - 2x + 3) = \lim_{x \to 2} x^2 - \lim_{x \to 2} 2x + \lim_{x \to 2} 3 = \lim_{x \to 2} x^2 - 2\lim_{x \to 2} x + 3$$

$$= (\lim_{x \to 2} x)^2 - 2 \times 2 + 3 = 2^2 - 2 \times 2 + 3 = 3.$$

由此例可知,当 $x \to x_0$ 时,多项式 $a_0 x^n + a_1 x^{n-1} + \cdots + a_{n-1} x + a_n$ 的极限值就是这个多项式在点 x_0 处的函数值. 即

$$\lim_{x \to x_0}(a_0 x^n + a_1 x^{n-1} + \cdots + a_{n-1} x + a_n) = a_0 x_0^n + a_1 x_0^{n-1} + \cdots + a_{n-1} x_0 + a_n.$$

例 1.10 求 $\lim\limits_{x \to 2} \dfrac{2x+1}{x^2+5}$.

解 $\lim\limits_{x \to 2} \dfrac{2x+1}{x^2+5} = \dfrac{\lim\limits_{x \to 2}(2x+1)}{\lim\limits_{x \to 2}(x^2+5)} = \dfrac{2 \times 2 + 1}{2^2 + 5} = \dfrac{5}{9}$.

对于有理分式函数 $F(x) = \dfrac{p(x)}{q(x)}$,其中 $p(x), q(x)$ 均为 x 的多项式,并且 $\lim\limits_{x \to x_0} q(x) \neq 0$ 时,要求 $\lim\limits_{x \to x_0} F(x) = \lim\limits_{x \to x_0} \dfrac{p(x)}{q(x)}$,只需将 $x = x_0$ 代入即可.

以上例题在进行极限运算时,都直接使用了极限的运算法则.但有些函数做极限运算时,不能直接使用法则.

例 1.11 求 $\lim\limits_{x \to 2} \dfrac{2x+1}{x^2-4}$.

分析 当 $x \to 2$ 时,分母的极限为零,在这里不能直接运用商的极限法则.

解 因为 $\lim\limits_{x \to 2}(2x+1) = 5 \neq 0$,故可得 $\lim\limits_{x \to 2} \dfrac{x^2-4}{2x+1} = 0$,由无穷小与无穷大的关系得

$$\lim_{x \to 2} \frac{2x+1}{x^2-4} = \infty.$$

例 1.12 求 $\lim\limits_{x \to 2} \dfrac{x-2}{x^2-4}$.

解 $\lim\limits_{x \to 2} \dfrac{x-2}{x^2-4} = \lim\limits_{x \to 2} \dfrac{x-2}{(x+2)(x-2)}$

$$= \lim_{x \to 2} \frac{1}{x+2} = \frac{1}{4}.$$

"$\dfrac{0}{0}$"型极限的例题

例 1.13 求 $\lim\limits_{x \to 0} \dfrac{\sqrt{x+9}-3}{x}$.

解 $\lim\limits_{x \to 0} \dfrac{\sqrt{x+9}-3}{x} = \lim\limits_{x \to 0} \dfrac{(x+9)-9}{x(\sqrt{x+9}+3)} = \lim\limits_{x \to 0} \dfrac{1}{\sqrt{x+9}+3} = \dfrac{1}{6}$.

当分子分母的极限均为零(这类极限称为"$\dfrac{0}{0}$"型未定式)时,不能直接运用商的极限法则.先要对函数进行变形整理(分解因式或者有理化). 当 $x \to a$ 时,必有 $x \neq a$,所以可以先约去零因式 $x-a$(极限为零的因式称为零因式),化为非"$\dfrac{0}{0}$"型未定式再求极限.

例 1.14 求 $\lim\limits_{x\to\infty}\dfrac{4x^2+1}{3x^2+5x-2}$.

解 $\lim\limits_{x\to\infty}\dfrac{4x^2+1}{3x^2+5x-2}=\lim\limits_{x\to\infty}\dfrac{4+\dfrac{1}{x^2}}{3+\dfrac{5}{x}-\dfrac{2}{x^2}}=\dfrac{4+0}{3+0-0}=\dfrac{4}{3}$.

例 1.15 求 $\lim\limits_{x\to\infty}\dfrac{4x+1}{3x^2+5x-2}$.

解 $\lim\limits_{x\to\infty}\dfrac{4x+1}{3x^2+5x-2}=\lim\limits_{x\to\infty}\dfrac{\dfrac{4}{x}+\dfrac{1}{x^2}}{3+\dfrac{5}{x}-\dfrac{2}{x^2}}=\dfrac{0+0}{3+0-0}=0$.

例 1.16 求 $\lim\limits_{x\to\infty}\dfrac{2x^3+3x}{3x^2+5}$.

解 $\lim\limits_{x\to\infty}\dfrac{2x^3+3x}{3x^2+5}=\lim\limits_{x\to\infty}\dfrac{2x+\dfrac{3}{x}}{3+\dfrac{5}{x^2}}=\infty$.

"$\dfrac{\infty}{\infty}$"型极限的例题

当分子分母的极限均为 ∞（这类极限称为"$\dfrac{\infty}{\infty}$"型未定式）时，一般采用分子、分母同除以分母中变化最快的量（即分母的最高方幂）的方法来转化，使分母的极限存在，并且不为零，然后运用法则运算.

综上可得结论：当 $a_0\neq0$, $b_0\neq0$, m 和 n 为非负整数时，

$$\lim_{x\to\infty}\frac{a_0x^n+a_1x^{n-1}+\cdots+a_n}{b_0x^m+b_1x^{m-1}+\cdots+b_m}=\begin{cases}\dfrac{a_0}{b_0},&n=m,\\0,&n<m,\\\infty,&n>m.\end{cases}\qquad(1.3)$$

例 1.17 求 $\lim\limits_{x\to 1}\left(\dfrac{1}{1-x}-\dfrac{2}{1-x^2}\right)$.

解 $\lim\limits_{x\to 1}\left(\dfrac{1}{1-x}-\dfrac{2}{1-x^2}\right)=\lim\limits_{x\to 1}\dfrac{1+x-2}{1-x^2}=-\lim\limits_{x\to 1}\dfrac{1}{1+x}=-\dfrac{1}{2}$.

此类极限称为"$\infty-\infty$"型未定式，不能直接运用和差的极限法则，需要将函数变形.

例 1.18 求 $\lim\limits_{x\to+\infty}x(\sqrt{1+x^2}-x)$.

解 $\lim\limits_{x\to+\infty}x(\sqrt{1+x^2}-x)=\lim\limits_{x\to+\infty}\dfrac{x(\sqrt{1+x^2}-x)(\sqrt{1+x^2}+x)}{\sqrt{1+x^2}+x}$

$=\lim\limits_{x\to+\infty}\dfrac{x}{\sqrt{1+x^2}+x}=\lim\limits_{x\to+\infty}\dfrac{1}{\sqrt{\dfrac{1}{x^2}+1}+1}=\dfrac{1}{2}$.

此题属于"$0\cdot\infty$"型未定式，需要将函数变形.

例 1.19 求 $\lim\limits_{x\to\infty}\dfrac{\sin x}{x}$.

解 把 $\dfrac{\sin x}{x}$ 看作 $\sin x$ 与 $\dfrac{1}{x}$ 的乘积. 当 $x\to\infty$ 时 $\dfrac{1}{x}$ 为无穷小，而 $|\sin x|\leqslant 1$,

根据无穷小与有界量的乘积仍为无穷小,得
$$\lim_{x\to\infty}\frac{\sin x}{x}=0.$$

1.3.2 复合函数的极限

定理 1.3 (复合函数的极限)设函数 $y=f(\varphi(x))$ 是 $y=f(u)$ 与 $u=\varphi(x)$ 复合而成的复合函数.若 $\lim\limits_{u\to u_0}f(u)=A,\lim\limits_{x\to x_0}\varphi(x)=u_0$,则 $\lim\limits_{x\to x_0}f(\varphi(x))=A$.

特别地,当 $\lim\limits_{u\to u_0}f(u)=f(u_0),\lim\limits_{x\to x_0}\varphi(x)=u_0$ 时,极限 $\lim\limits_{x\to x_0}f(\varphi(x))=f(u_0)$,此时又可写为 $\lim\limits_{x\to x_0}f(\varphi(x))=f(\lim\limits_{x\to x_0}\varphi(x))$.即在一定条件下可以交换函数与极限的运算次序.

例 1.20 求 $\lim\limits_{x\to 0}\mathrm{e}^{\sin x}$.

解 因为 $\lim\limits_{x\to 0}\sin x=0,\lim\limits_{u\to 0}\mathrm{e}^u=\mathrm{e}^0=1$,所以
$$\lim_{x\to 0}\mathrm{e}^{\sin x}=\mathrm{e}^{\lim\limits_{x\to 0}\sin x}=\mathrm{e}^0=1.$$

同步习题 1.3

【基础题】

求下列极限.

1. $\lim\limits_{x\to 2}\dfrac{x^2-4}{x-2}$.
2. $\lim\limits_{x\to 0}\dfrac{x}{\sqrt{x+4}-2}$.
3. $\lim\limits_{x\to\infty}\dfrac{3x^3-2x^2+5}{2x^3+3x}$.
4. $\lim\limits_{x\to\infty}\dfrac{2x+1}{x^2-3}$.
5. $\lim\limits_{x\to 2}\left(\dfrac{1}{x-2}-\dfrac{4}{x^2-4}\right)$.
6. $\lim\limits_{x\to\infty}\dfrac{x+\sin x}{x}$.
7. $\lim\limits_{x\to 0}\dfrac{4x^3-2x^2+x}{3x^2+2x}$.
8. $\lim\limits_{n\to\infty}\sqrt{n}\left(\sqrt{n+1}-\sqrt{n-1}\right)$.
9. $\lim\limits_{x\to 1}\dfrac{x^2-3x+2}{x-1}$.
10. $\lim\limits_{x\to 2}\dfrac{2-\sqrt{x+2}}{2-x}$.

【提高题】

1. 若 $\lim\limits_{x\to 2}\dfrac{x^2-ax+b}{x^2-x-2}=2$,则 $a=$ _____,$b=$ _____.

2. 求下列极限.

(1) $\lim\limits_{n\to\infty}\dfrac{3^{n+1}+(-2)^{n+1}}{2^n+3^n}$;

(2) $\lim\limits_{n\to\infty}\left(1+\dfrac{1}{2}+\dfrac{1}{4}+\cdots+\dfrac{1}{2^n}\right)$;

(3) $\lim\limits_{x\to+\infty}\dfrac{\sqrt{5x}-1}{\sqrt{x+2}}$;

(4) $\lim\limits_{x\to+\infty}\dfrac{x\sin x}{\sqrt{1+x^3}}$;

(5) $\lim\limits_{x\to 1}\left(\dfrac{2}{1-x^2}-\dfrac{1}{1-x}\right)$;

(6) $\lim\limits_{x\to 1}\dfrac{\sqrt{5x-4}-\sqrt{x}}{x-1}$.

§1.4 两个重要极限与无穷小的比较

1.4.1 第一重要极限

极限
$$\lim_{x \to 0} \frac{\sin x}{x} = 1 \tag{1.4}$$
称为第一重要极限.

因为 $\frac{\sin x}{x}$ 是偶函数, 即 $\frac{\sin(-x)}{-x} = \frac{\sin x}{x}$, 所以, 只需讨论 $x \to 0^+$ 时的情形.

计算 $\frac{\sin x}{x}$ 得表 1.2.

表 1.2

x	$\frac{\sin x}{x}$
1	0.841 471
0.3	0.985 067
0.2	0.993 347
0.1	0.998 334
0.05	0.999 583
0.02	0.999 933
0.01	0.999 983
0.009	0.999 986
0.000 5	0.999 999

由表 1.2 容易看出, $x(x > 0)$ 取值越接近于 0, 则相应的 $\frac{\sin x}{x}$ 的取值越接近于 1, 从直观上可以得到 $\lim\limits_{x \to 0} \frac{\sin x}{x} = 1$.

例 1.21 求 $\lim\limits_{x \to 0} \frac{\sin 3x}{x}$.

解 令 $3x = u$, 则当 $x \to 0$ 时, $u \to 0$, 所以
$$\lim_{x \to 0} \frac{\sin 3x}{x} = \lim_{x \to 0} \left(\frac{\sin 3x}{3x} \times 3 \right) = 3 \lim_{x \to 0} \frac{\sin u}{u} = 3 \times 1 = 3.$$

在这里有必要强调一下, 第一重要极限具有两个特征:

(1) 它是 "$\frac{0}{0}$" 型;

(2) 分子记号 sin 后面的表达式与分母的表达式形式上完全相同.

今后遇到符合上述两个特征的极限, 可以不引入中间变量, 直接使用下面的公式即可. 也就是说, 将极限 $\lim\limits_{x \to 0} \frac{\sin x}{x} = 1$ 中的自变量 x 换成 x 的函数 $\varphi(x)$, 公式仍然成立, 即
$$\lim_{x \to a} \frac{\sin \varphi(x)}{\varphi(x)} = 1 \quad (x \to a \text{ 时 } \varphi(x) \to 0).$$

例 1.22 求 $\lim\limits_{x \to 0} \frac{\tan x}{x}$.

第一重要极限

解 $\lim\limits_{x\to 0}\dfrac{\tan x}{x}=\lim\limits_{x\to 0}\left(\dfrac{\sin x}{x}\cdot\dfrac{1}{\cos x}\right)=1\times 1=1.$

例 1.23 求 $\lim\limits_{x\to 0}\dfrac{1-\cos x}{x^2}$.

解 $\lim\limits_{x\to 0}\dfrac{1-\cos x}{x^2}=\lim\limits_{x\to 0}\dfrac{2\sin^2\dfrac{x}{2}}{x^2}=\lim\limits_{x\to 0}\dfrac{2\sin^2\dfrac{x}{2}}{4\left(\dfrac{x}{2}\right)^2}=\dfrac{1}{2}.$

例 1.24 求 $\lim\limits_{x\to 1}\dfrac{\sin(x^2-1)}{x-1}$.

解 $\lim\limits_{x\to 1}\dfrac{\sin(x^2-1)}{x-1}=\lim\limits_{x\to 1}\left[\dfrac{\sin(x^2-1)}{x^2-1}\cdot(x+1)\right]$
$=\lim\limits_{x\to 1}\dfrac{\sin(x^2-1)}{x^2-1}\lim\limits_{x\to 1}(x+1)=1\times 2=2.$

例 1.25 求 $\lim\limits_{x\to 0}\dfrac{\sin 3x}{\tan 5x}$.

解 $\lim\limits_{x\to 0}\dfrac{\sin 3x}{\tan 5x}=\lim\limits_{x\to 0}\left(\dfrac{\sin 3x}{3x}\cdot\dfrac{5x}{\tan 5x}\cdot\dfrac{3}{5}\right)=1\times 1\times\dfrac{3}{5}=\dfrac{3}{5}.$

1.4.2 第二重要极限

极限 $\lim\limits_{n\to\infty}\left(1+\dfrac{1}{n}\right)^n=\mathrm{e}$ 称为第二重要极限.

数 e 是一个无理数,e=2.718 281 828 459…,它是一个十分重要的常数,无论在科学技术中,还是在经济领域都有许多应用. 例如,树木的增长规律、人口增长的模型、物品的衰减模型以及复利问题等,都要用到它.

将数列 $\left(1+\dfrac{1}{n}\right)^n$ 的值列成表 1.3,观察其变化规律.

表 1.3

n	1	2	3	4	5	10	100	1 000	10^4	10^5	10^6	…
$\left(1+\dfrac{1}{n}\right)^n$	2	2.250	2.370	2.441	2.488	2.594	2.705	2.717	2.718	2.718 268	2.718 280	…

由表 1.3 可见,这个数列是单调增加的,其加速度是越来越慢,趋于稳定. 即极限 $\lim\limits_{n\to\infty}\left(1+\dfrac{1}{n}\right)^n$ 是存在的(理论上不再给予证明),通常用字母 e 表示这个极限值. 即

$$\lim_{n\to\infty}\left(1+\dfrac{1}{n}\right)^n=\mathrm{e} \tag{1.5}$$

第二重要极限具有两个特征:

(1)当 n 无限增大时,函数 $\left(1+\dfrac{1}{n}\right)^n$ 呈"1^∞"型;

(2)括号内是 1 加一个极限为零的变量,第一项是 1,第二项是括号外指数的倒数.

例 1.26 求 $\lim\limits_{n\to\infty}\left(1+\dfrac{2}{n}\right)^n$.

解 因为 $n\to\infty$ 时，$\dfrac{2}{n}\to 0$，所以

$$\lim_{n\to\infty}\left(1+\dfrac{2}{n}\right)^n = \lim_{n\to\infty}\left(1+\dfrac{2}{n}\right)^{\frac{n}{2}\times 2} = \lim_{n\to\infty}\left[\left(1+\dfrac{2}{n}\right)^{\frac{n}{2}}\right]^2 = \left[\lim_{n\to\infty}\left(1+\dfrac{2}{n}\right)^{\frac{n}{2}}\right]^2 = \mathrm{e}^2.$$

通常使用第二重要极限公式求极限时，不需要引入中间变量，只需将指数的变量凑成底中第二项的倒数与一个常数（或极限存在的变量）的乘积.

实际上，极限 $\lim\limits_{n\to\infty}\left(1+\dfrac{1}{n}\right)^n = \mathrm{e}$ 可以推广到函数 $\left(1+\dfrac{1}{x}\right)^x$，即

$$\lim_{x\to\infty}\left(1+\dfrac{1}{x}\right)^x = \mathrm{e}.$$

如果令 $t=\dfrac{1}{x}$，当 $x\to\infty$ 时，$t\to 0$，则有公式

$$\lim_{t\to 0}(1+t)^{\frac{1}{t}} = \mathrm{e}.$$

综上所述，符合上述两个特征的极限均为 e，即

$$\lim_{x\to a}\left(1+\dfrac{1}{\varphi(x)}\right)^{\varphi(x)} = \mathrm{e} \quad (\lim_{x\to a}\varphi(x)=\infty),$$

或

$$\lim_{x\to a}(1+\varphi(x))^{\frac{1}{\varphi(x)}} = \mathrm{e} \quad (\lim_{x\to a}\varphi(x)=0).$$

第二重要极限

例 1.27 求 $\lim\limits_{x\to\infty}\left(1-\dfrac{1}{x}\right)^x$.

解 $\lim\limits_{x\to\infty}\left(1-\dfrac{1}{x}\right)^x = \lim\limits_{x\to\infty}\left(1-\dfrac{1}{x}\right)^{-x\times(-1)} = \lim\limits_{x\to\infty}\left[\left(1-\dfrac{1}{x}\right)^{-x}\right]^{-1} = \mathrm{e}^{-1}.$

例 1.28 求 $\lim\limits_{x\to 0}(1+3x)^{\frac{1}{x}}$.

解 $\lim\limits_{x\to 0}(1+3x)^{\frac{1}{x}} = \lim\limits_{x\to 0}(1+3x)^{\frac{1}{3x}\times 3} = \lim\limits_{x\to 0}\left[(1+3x)^{\frac{1}{3x}}\right]^3 = \mathrm{e}^3.$

例 1.29 求 $\lim\limits_{x\to\infty}\left(\dfrac{x+1}{x-3}\right)^x$.

解 $\lim\limits_{x\to\infty}\left(\dfrac{x+1}{x-3}\right)^x = \lim\limits_{x\to\infty}\left(\dfrac{1+\dfrac{1}{x}}{1-\dfrac{3}{x}}\right)^x = \dfrac{\lim\limits_{x\to\infty}\left(1+\dfrac{1}{x}\right)^x}{\lim\limits_{x\to\infty}\left(1-\dfrac{3}{x}\right)^{-\frac{x}{3}\times(-3)}} = \dfrac{\mathrm{e}}{\mathrm{e}^{-3}} = \mathrm{e}^4.$

1.4.3 无穷小的比较

极限为零的变量为无穷小，而不同的无穷小趋近于零的"快慢"是不同的. 例如，当 $x\to 0$ 时，x^2，x^3 都是无穷小，很显然 $x^3\to 0$ 比 $x^2\to 0$ 快. 为了刻画这种快慢程度，引入无穷小阶的概念.

定义 1.13 设 α 和 β 是同一变化过程中的两个无穷小，即 $\lim\alpha=0$，$\lim\beta=0$，且 $\alpha\neq 0$.

(1) 若 $\lim\dfrac{\beta}{\alpha}=0$，则称 β 是 α 的高阶的无穷小，记为 $\beta=o(\alpha)$；

(2) 若 $\lim\dfrac{\beta}{\alpha}=\infty$，则称 β 是 α 的低阶的无穷小；

(3)若 $\lim \dfrac{\beta}{\alpha}=C\neq 0$,则称 β 与 α 是同阶无穷小.

特别地,当 $C=1$,即 $\lim \dfrac{\beta}{\alpha}=1$ 时,称 β 与 α 是等价无穷小,记为 $\alpha\sim\beta$,读作 α 等价于 β.

例1.30 当 $x\to 0$ 时,比较下列各组无穷小.

(1) $1-\cos 2x$ 与 x^2; (2) $\ln(1+x)$ 与 x.

解 (1)因为 $\lim\limits_{x\to 0}\dfrac{1-\cos 2x}{x^2}=\lim\limits_{x\to 0}\dfrac{2\sin^2 x}{x^2}=2$,

所以,当 $x\to 0$ 时,$1-\cos 2x$ 与 x^2 是同阶无穷小.

(2)因为 $\lim\limits_{x\to 0}\dfrac{\ln(1+x)}{x}=\lim\limits_{x\to 0}\dfrac{1}{x}\ln(1+x)=\lim\limits_{x\to 0}\ln(1+x)^{\frac{1}{x}}=\ln e=1$,

所以,当 $x\to 0$ 时,$\ln(1+x)\sim x$.

等价无穷小具有如下重要的性质:

定理1.4 (等价无穷小的替换性质)在自变量的同一变化过程中,若 $\alpha,\alpha',\beta,\beta'$ 均为无穷小,且 $\alpha\sim\alpha',\beta\sim\beta'$,则 $\lim \dfrac{\alpha}{\beta}=\lim \dfrac{\alpha'}{\beta'}$.

在极限的运算中,若能用上该定理,将简化计算.

为了使读者尽快地掌握和使用这一性质,下面给出一些常用的等价无穷小:

扫一扫

等价无穷小的替换

当 $x\to 0$ 时,(1) $\sin x\sim x$; (2) $\tan x\sim x$; (3) $\arcsin x\sim x$; (4) $1-\cos x\sim \dfrac{1}{2}x^2$;

(5) $\ln(1+x)\sim x$; (6) $e^x-1\sim x$; (7) $\sqrt[n]{1+x}-1\sim \dfrac{1}{n}x$.

例1.31 求 $\lim\limits_{x\to 0}\dfrac{e^{\sin x}-1}{\ln(1+2x)}$.

解 当 $x\to 0$ 时,$\sin x\to 0$,$e^{\sin x}-1\sim \sin x\sim x$,$\ln(1+2x)\sim 2x$,所以

$$\lim_{x\to 0}\dfrac{e^{\sin x}-1}{\ln(1+2x)}=\lim_{x\to 0}\dfrac{\sin x}{2x}=\lim_{x\to 0}\dfrac{x}{2x}=\dfrac{1}{2}.$$

例1.32 求 $\lim\limits_{x\to 0}\dfrac{\tan x-\sin x}{\sin^3 x}$.

解 因为当 $x\to 0$ 时,$\sin x\to 0$,$\tan x\sim x$,$1-\cos x\sim \dfrac{1}{2}x^2$,所以

$$\lim_{x\to 0}\dfrac{\tan x-\sin x}{\sin^3 x}=\lim_{x\to 0}\dfrac{\tan x(1-\cos x)}{\sin^3 x}=\lim_{x\to 0}\dfrac{x\cdot\dfrac{x^2}{2}}{x^3}=\dfrac{1}{2}.$$

一般地,在运用等价无穷小代换时,不能用于和差运算.例如:

$$\lim_{x\to 0}\dfrac{\tan x-\sin x}{\sin^3 x}=\lim_{x\to 0}\dfrac{x-x}{x^3}=0,$$

显然,这种解法是错误的.

同步习题 1.4

【基础题】

求下列极限.

1. $\lim\limits_{x \to 0} \dfrac{\sin 5x}{3x}$.

2. $\lim\limits_{x \to 0} \dfrac{3x}{\tan 2x}$.

3. $\lim\limits_{x \to 0} \dfrac{\tan 3x}{\sin 2x}$.

4. $\lim\limits_{x \to 0} (1+3x)^{\frac{2}{x}}$.

5. $\lim\limits_{x \to \infty} \left(1 - \dfrac{1}{2x}\right)^x$.

6. $\lim\limits_{x \to \infty} \left(\dfrac{x+2}{x-1}\right)^x$.

7. $\lim\limits_{x \to 0} \dfrac{\ln(1-2x)}{\sin 3x}$.

8. $\lim\limits_{x \to 0} \dfrac{(e^{3x}-1)\tan x}{1-\cos 2x}$.

【提高题】

求下列极限.

1. $\lim\limits_{n \to \infty} 2^n \sin \dfrac{x}{2^n}$.

2. $\lim\limits_{x \to \infty} \left(\dfrac{x+3}{x+2}\right)^{2x+1}$.

3. $\lim\limits_{x \to 0} \dfrac{\sqrt{1+6\sin x}-1}{e^x-1}$.

4. $\lim\limits_{x \to \infty} \left(1 - \dfrac{1}{x^2}\right)^x$.

§1.5 函数的连续性

与函数的极限概念密切联系的另一基本概念是函数的连续性. 连续性是函数的重要性态之一, 它反映了人们所观察到的许多自然现象的共同特性. 例如, 生物的连续生长, 流体的连续流动, 以及气温的连续变化等. 本节将根据极限概念给出函数连续性的定义, 并讨论连续函数的性质和初等函数的连续性.

1.5.1 函数连续性的概念

如图 1.9 所示, 曲线 $y = f(x)$ 在区间 $[a,b]$ 上由点 A 到点 B 能一笔画出, 则称这条曲线为连续曲线.

设变量 u 从它的初值 u_0 改变到终值 u_1, 终值与初值之差 $u_1 - u_0$ 称为变量 u 在 u_0 点处的增量(或该变量), 记作

$$\Delta u = u_1 - u_0.$$

注意 增量 Δu 可以是正的、负的, 也可以为零.

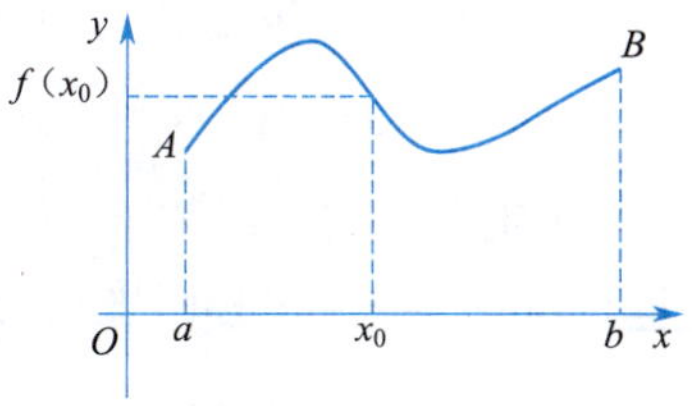

对函数 $y = f(x)$, 当自变量 x 在 x_0 处有增量 Δx, 即 x 是由 x_0 变到 $x_0 + \Delta x$ 时, 此时函数 $f(x)$ 相应地从 $f(x_0)$ 变到 $f(x_0 + \Delta x)$, 则 $f(x_0 + \Delta x) - f(x_0)$ 称为函数 $f(x)$ 在 x_0 处的相应增量, 记作 Δy, 即

$$\Delta y = f(x_0 + \Delta x) - f(x_0).$$

图 1.9

定义 1.14 (点连续)设函数 $y = f(x)$ 在点 x_0 的某邻域内有定义, 若当自

变量 x 在点 x_0 处的增量 $\Delta x \to 0$ 时,相应的函数增量 $\Delta y \to 0$,即 $\lim\limits_{\Delta x \to 0} \Delta y = 0$,则称函数 $y = f(x)$ 在点 x_0 处连续,如图 1.10 所示.

若记 $x = x_0 + \Delta x$,则 $\Delta x = x - x_0$,显然,当 $\Delta x \to 0$ 时,$x \to x_0$,所以极限
$$\lim_{\Delta x \to 0} \Delta y = \lim_{\Delta x \to 0} [f(x_0 + \Delta x) - f(x_0)] = 0.$$
可以改写为
$$\lim_{x \to x_0} [f(x) - f(x_0)] = 0,$$
即
$$\lim_{x \to x_0} f(x) = f(x_0). \tag{1.6}$$

因此,函数 $y = f(x)$ 在点 x_0 处连续又可如下表述:

定义 1.15 设函数 $y = f(x)$ 在点 x_0 的某邻域内有定义,若极限 $\lim\limits_{x \to x_0} f(x) = f(x_0)$,则称函数 $y = f(x)$ 在点 x_0 处连续,如图 1.11 所示.

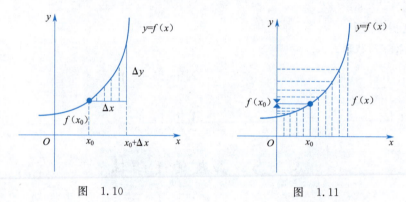

图 1.10　　　　　　　　　图 1.11

连续的三个条件

由定义 1.15 可知,函数 $y = f(x)$ 在点 x_0 处连续必须满足三个条件:(1) 函数值 $f(x_0)$ 存在;(2) 极限 $\lim\limits_{x \to x_0} f(x)$ 存在;(3) $\lim\limits_{x \to x_0} f(x) = f(x_0)$.

例 1.33 设函数 $f(x) = \begin{cases} \dfrac{x^2-1}{x-1}, & x \neq 1, \\ 3, & x = 1, \end{cases}$ 试讨论 $f(x)$ 在点 $x = 1$ 处是否连续.

解 由题设知,$f(1) = 3$,又
$$\lim_{x \to 1} f(x) = \lim_{x \to 1} \frac{x^2-1}{x-1} = \lim_{x \to 1} (x+1) = 2,$$
但 $\lim\limits_{x \to 1} f(x) = 2 \neq f(1)$,所以函数 $f(x)$ 在点 $x = 1$ 处不连续.

有时需要讨论函数 $y = f(x)$ 在点 x_0 处的左极限与右极限情形.如果左极限 $\lim\limits_{x \to x_0^-} f(x) = f(x_0)$,就称函数 $y = f(x)$ 在点 x_0 处左连续;如果右极限 $\lim\limits_{x \to x_0^+} f(x) = f(x_0)$,就称函数 $y = f(x)$ 在点 x_0 处右连续.

根据定义 1.15 不难推导出,函数 $y = f(x)$ 在点 x_0 处连续的充要条件是函数 $y = f(x)$ 在点 x_0 处既左连续又右连续.

例 1.34 讨论函数 $f(x) = \begin{cases} 2x+1, & x \leq 1, \\ x^2+2, & x > 1 \end{cases}$ 在 $x = 1$ 处的连续性.

解 因为 $f(1)=2\times1+1=3$,

$\lim\limits_{x\to1^-}f(x)=\lim\limits_{x\to1^-}(2x+1)=3=f(1)$,函数 $f(x)$ 在 $x=1$ 处左连续;

$\lim\limits_{x\to1^+}f(x)=\lim\limits_{x\to1^+}(x^2+2)=3=f(1)$,函数 $f(x)$ 在 $x=1$ 处右连续,

所以函数 $f(x)$ 在 $x=1$ 处连续.

如果函数 $y=f(x)$ 在开区间 (a,b) 内的每一点都连续,则称函数 $f(x)$ 在区间 (a,b) 内连续;如果函数 $y=f(x)$ 在开区间 (a,b) 内连续,且在左端点 a 处右连续,在右端点 b 处左连续,则称函数 $f(x)$ 在闭区间 $[a,b]$ 上连续. 此时称函数 $f(x)$ 为区间 (a,b)(或 $[a,b]$)上的连续函数. 区间 (a,b)(或 $[a,b]$)称为函数的连续区间.

1.5.2 函数的间断点

定义 1.16 (间断点)如果曲线 $y=f(x)$ 不能一笔画出来,在 x_0 点处断开,则称这条曲线不连续,$x=x_0$ 点为曲线 $y=f(x)$ 的间断点. 即,定义 1.15 中的三个条件至少有一条不满足的点称为间断点.

间断点主要分为两类:

(1)在 x_0 处左、右极限都存在,即 $\lim\limits_{x\to x_0^-}f(x)$、$\lim\limits_{x\to x_0^+}f(x)$ 都存在,称 $x=x_0$ 为第一类间断点.

①若 $\lim\limits_{x\to x_0^-}f(x)=\lim\limits_{x\to x_0^+}f(x)$,即极限 $\lim\limits_{x\to x_0}f(x)$ 存在,但 $\lim\limits_{x\to x_0}f(x)\neq f(x_0)$,或者极限 $\lim\limits_{x\to x_0}f(x)=A$ 存在但 $f(x_0)$ 无意义,则称点 $x=x_0$ 为函数 $f(x)$ 的可去间断点;

②若 $\lim\limits_{x\to x_0^-}f(x)\neq\lim\limits_{x\to x_0^+}f(x)$,则称点 $x=x_0$ 为函数 $f(x)$ 的跳跃间断点.

(2) $\lim\limits_{x\to x_0^-}f(x)$、$\lim\limits_{x\to x_0^+}f(x)$ 至少有一个不存在,称 $x=x_0$ 为第二类间断点.

第二类间断点中,若 $\lim\limits_{x\to x_0^-}f(x)=\infty$(或 $\lim\limits_{x\to x_0^+}f(x)=\infty$),则称点 $x=x_0$ 为 $f(x)$ 的无穷间断点. 此时直线 $x=x_0$ 为曲线 $y=f(x)$ 的竖直渐近线.

间断点的分类

例 1.35 设函数 $f(x)=\begin{cases}0, & x\leq 0,\\ x+1, & x>0,\end{cases}$ 求间断点,并说明其类型.

解 这里 $\lim\limits_{x\to 0^-}f(x)=0$,$\lim\limits_{x\to 0^+}f(x)=\lim\limits_{x\to 0^+}(x+1)=1$,显然
$$\lim\limits_{x\to 0^-}f(x)\neq\lim\limits_{x\to 0^+}f(x).$$

所以 $x=0$ 是跳跃间断点.

例如,函数 $f(x)=\sin\dfrac{1}{x}$,因为 $\lim\limits_{x\to 0}\sin\dfrac{1}{x}$ 不存在,所以 $x=0$ 是它的第二类间断点.

例 1.36 设函数 $f(x)=\dfrac{x^2+x-2}{x^2-1}$,求间断点,并说明其类型.

解 因为 $x=\pm 1$ 时函数没有意义,所以 $x=\pm 1$ 为它的间断点;
又因为

$$\lim_{x\to 1}f(x)=\lim_{x\to 1}\frac{x^2+x-2}{x^2-1}=\lim_{x\to 1}\frac{x+2}{x+1}=\frac{3}{2},$$

$$\lim_{x\to -1}f(x)=\lim_{x\to -1}\frac{x^2+x-2}{x^2-1}=\lim_{x\to -1}\frac{x+2}{x+1}=\infty,$$

所以,$x=1$ 是 $f(x)$ 的可去间断点,$x=-1$ 是 $f(x)$ 的无穷间断点.

1.5.3 初等函数的连续性

可以证明,基本初等函数在其定义域内都是连续的.

定理 1.5 (四则运算法则) 如果函数 $f(x),g(x)$ 在 x_0 点连续,则 $f(x)\pm g(x)$, $f(x)\cdot g(x)$, $\dfrac{f(x)}{g(x)}(g(x_0)\neq 0)$ 在 x_0 处也连续.

定理 1.6 (复合函数的连续性) 如果函数 $u=g(x)$ 在点 x_0 连续,$g(x_0)=u_0$,而且函数 $y=f(u)$ 在点 u_0 连续,则复合函数 $y=f(g(x))$ 在 x_0 点连续,即

$$\lim_{x\to x_0}f(g(x))=f(g(x_0)).$$

定理 1.7 (反函数的连续性) 设函数 $y=f(x)$ 在某区间上连续,且单调增加(减少),则它的反函数 $y=f^{-1}(x)$ 在对应的区间上连续且单调增加(减少).

定理 1.8 (初等函数的连续性) 初等函数在其定义区间上连续.

该结论为求初等函数的极限提供了一个简便的方法,只要 x_0 是初等函数 $f(x)$ 定义区间内的一点,则

$$\lim_{x\to x_0}f(x)=f(x_0).$$

即将函数的极限运算转化为求函数值的问题.

例如,极限 $\lim\limits_{x\to 1}e^{x^2+1}$,因为 $x=1\in D=(-\infty,+\infty)$,所以

$$\lim_{x\to 1}e^{x^2+1}=e^{1^2+1}=e^2.$$

1.5.4 闭区间上连续函数的性质

闭区间上连续函数具有下列定理:

定理 1.9 (最值定理) 若函数 $f(x)$ 在闭区间 $[a,b]$ 上连续,则 $f(x)$ 在 $[a,b]$ 上必能取得最大值和最小值.也就是说,存在 $x_1,x_2\in[a,b]$ 使 $f(x_1)=M$, $f(x_2)=m$,且对任意的 $x\in[a,b]$,都有

$$m\leqslant f(x)\leqslant M.$$

如图 1.12 所示.

需要强调的是,函数在闭区间 $[a,b]$ 上连续是其具有最大最小值的充分条件,但不是必要条件.另外,开区间上的连续函数不一定有最大值和最小值,如 $y=x$ 在区间 $(0,1)$ 上就没有最大最小值.

定理 1.10 (有界定理) 若函数 $f(x)$ 在闭区间 $[a,b]$ 上连续,则 $f(x)$ 在 $[a,b]$ 上有界,如图 1.12 所示.

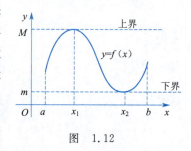

图 1.12

函数在闭区间 $[a,b]$ 上连续是其有界的充分条件而不是必要条件.开区间

上的连续函数不一定有界.

定理 1.11 （介值定理）若函数 $f(x)$ 在闭区间 $[a,b]$ 上连续，m 和 M 分别为 $f(x)$ 在 $[a,b]$ 上的最小值和最大值，则对于任何介于 m 和 M 的常数 c，(a,b) 内至少存在一点 ξ，使得 $f(\xi)=c$，如图 1.13 所示.

推论 （零点定理）若函数 $f(x)$ 在闭区间 $[a,b]$ 上连续，$f(a)f(b)<0$，则在 (a,b) 内至少存在一点 ξ，使得 $f(\xi)=0$，如图 1.14 所示.

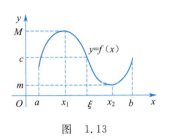

图 1.13   图 1.14

零点定理

例 1.37 证明方程 $e^{2x}-x-2=0$ 至少有一个小于 1 的正实根.

证 设 $f(x)=e^{2x}-x-2$，区间 $[a,b]=[0,1]$，显然函数 $f(x)$ 在闭区间 $[0,1]$ 上连续.

又因为 $f(0)=-1<0$，$f(1)=e^2-3>0$，$f(0)f(1)<0$.

根据零点定理，则至少存在一点 $\xi\in(0,1)$，使 $f(\xi)=0$，故方程 $e^{2x}-x-2=0$ 至少有一个小于 1 的正实根.

基于零点定理，得到求函数零点近似解的一种计算方法——二分法，即：对于在区间 $[a,b]$ 上连续，且满足 $f(a)f(b)<0$ 的函数 $f(x)$，通过不断地把函数 $f(x)$ 的零点所在的区间二等分，使区间的两个端点逐步逼近零点，进而得到零点近似值的方法.

同步习题 1.5

【基础题】

1．填空题.

（1）设函数 $f(x)$ 在 x_0 点处连续，且 $f(x_0)=2$，则 $\lim\limits_{x\to x_0}[3f(x)+2]=$ _____ ；

（2）函数 $f(x)=\dfrac{x+5}{x^2+4x-5}$ 的连续区间是 _____，其间断点是 _____，其中可去间断点是 _____，无穷间断点是 _____ ；

（3）点 $x=1$ 是函数 $f(x)=\begin{cases}3x-1, & x<1,\\ 1, & x=1,\\ 3-x, & x>1\end{cases}$ 的 _____ 间断点.

2．设函数 $f(x)=\begin{cases}\dfrac{\sin kx}{2x}, & x<0,\\ (2x+3)^2, & x\geq 0,\end{cases}$ 则常数 k 为何值时该函数为连续函数.

3. 讨论函数 $f(x)=\begin{cases} x^2\sin\dfrac{1}{x}, & x>0, \\ e^x-1, & x\leqslant 0 \end{cases}$ 在 $x=0$ 处的连续性.

4. 求函数 $f(x)=\dfrac{x^2-1}{(x-1)x}$ 的间断点,并判断其类型.

5. 试证三次代数方程 $x^3-4x^2+1=0$ 至少有一个小于1的正实根.

【提高题】

1. $f(x)=\begin{cases} e^{\frac{1}{x-1}}, & x>0, \\ \ln(x+1), & -1<x\leqslant 0, \end{cases}$ 求 $f(x)$ 的间断点,并说明其类型.

2. 设函数 $f(x)=\begin{cases} x+2, & x\leqslant 0, \\ x^2+a, & 0<x<1, \\ bx, & x\geqslant 1 \end{cases}$ 在 $(-\infty,+\infty)$ 内连续,求常数 a,b.

3. 求函数 $f(x)=\dfrac{\ln|x|}{x^2-3x+2}$ 的间断点,并指出其类型.

4. 设 $f(x)$ 在 $[0,1]$ 上连续,且 $0\leqslant f(x)\leqslant 1$,证明:至少存在一点 $\xi\in[0,1]$,使得 $f(\xi)=\xi$.

本章小结

一、主要知识点

函数、基本初等函数、初等函数、极限、无穷小与无穷大、无穷小的比较、函数连续性与间断点.

二、主要数学思想和方法

1. 函数的思想:是指用运动和变化的观点、集合与对应的思想,去分析和研究数学问题中的数量关系,建立函数关系或构造函数,去分析问题、转化问题,从而使问题获得解决.

2. 极限思想:是指用极限概念分析问题和解决问题的一种数学思想,是近代数学的一种重要思想.简单地说,极限思想即是用无限逼近的方式从有限中认识无限,用无限去探求有限,从近似中认识精确,用极限去逼近准确,从量变中认识质变的思想.

三、主要题型及解法

1. 求函数定义域.

2. 求复合函数的复合过程.

3. 求极限:四则运算法则;"$\dfrac{0}{0}$"型,先消去分子分母中共同的零因子,"$\dfrac{\infty}{\infty}$"型,同除以分母中变化最快的量;复合函数的极限;两个重要极限;有界量与无穷小的乘积仍为无穷小;等价无穷小的替换;函数的连续性定义.

4. 求函数在一点处的连续性:利用连续定义的三个条件,逐一验证.

5. 求函数的间断点及间断点类型:初等函数的间断点处在使得函数无意义的点;分段函数的间断点可能在分段点处.根据间断点处左右极限的情况对间

断点进行分类.

6.零点定理判定根的存在性.

总复习题

一、填空题

1. 函数 $y=e^{\sin 2x}$ 是由 _____、_____、_____ 复合而成的.

2. 函数 $y=\ln(1-x^2)$ 的定义域是 _____ (用区间表示).

3. 函数 $y=x^2-\cos x$ 是 _____ (填"奇"、"偶"或"非奇非偶")函数.

4. 极限 $\lim\limits_{x\to 0}(1-3x)^{\frac{1}{x}+5}=$ _____.

5. 设函数 $f(x)=\begin{cases}\dfrac{\sin ax}{3x}, & x<0, \\ b, & x=0, \\ \dfrac{3\ln(1+x)}{x}, & x>0\end{cases}$ 在 $x=0$ 处连续,则常数 $a=$ _____,$b=$ _____.

6. 函数 $f(x)=\dfrac{x^2-1}{x^2-2x-3}$ 的间断点有 _____,其中 _____ 是可去间断点,_____ 是无穷间断点.

7. 若 $x\to 0$ 时,无穷小 $\alpha=e^{Ax}-1$ 与 $\beta=\sin 2x$ 等价,则 $A=$ _____.

二、选择题

1. 下列函数中不能复合成复合函数的一组是 _____.

   A. $y=u^2$ 与 $u=-3x^2+2$ B. $y=\sqrt{u}$ 与 $u=-3x^2+2$
   C. $y=\ln u$ 与 $u=-2-x^2$ D. $y=\sin u$ 与 $u=-3x^2-2$

2. 设 $y=\dfrac{\sqrt{9-x^2}}{\ln(x+2)}$,则函数 y 的定义域为 _____.

   A. $(-2,3]$ B. $(-2,-1)\cup(-1,3]$
   C. $[-3,3]$ D. $(-2,1)\cup(1,3]$

3. 函数 $f(x)=x^2\sin x$ 是 _____.

   A. 奇函数 B. 偶函数 C. 有界函数 D. 周期函数

4. 函数 $y=\dfrac{x-1}{x+1}$ 的反函数为 _____.

   A. $y=\dfrac{x-1}{x+1}$ B. $y=\dfrac{1-x}{1+x}$ C. $y=\dfrac{x+1}{x-1}$ D. $y=\dfrac{1+x}{1-x}$

5. 设 $f(x)=\dfrac{|x-1|}{x-1}$,则 $\lim\limits_{x\to 1}f(x)$ _____.

   A. 等于零 B. 等于1 C. 等于-1 D. 不存在

6. 下列等式错误的是 _____.

   A. $\lim\limits_{x\to 0}x\sin\dfrac{1}{x}=0$ B. $\lim\limits_{x\to \infty}x\sin\dfrac{1}{x}=0$
   C. $\lim\limits_{x\to \infty}\dfrac{\sin x}{x}=0$ D. $\lim\limits_{x\to 0}\dfrac{\sin x}{x}=1$

三、计算题

1. $\lim\limits_{x\to\infty}\left(\dfrac{x-3}{x+2}\right)^x$.

2. $\lim\limits_{x\to -3}\dfrac{x^2+x-6}{x^2-9}$.

3. $\lim\limits_{x\to 2}\left(\dfrac{4}{x^2-4}-\dfrac{1}{x-2}\right)$.

4. $\lim\limits_{x\to 0}\dfrac{(e^{3x}-1)\sin 2x}{\ln(1+x^2)}$.

5. $\lim\limits_{x\to\infty}\left(x\tan\dfrac{1}{x}+\dfrac{3-x+3x^2}{x^2-x}\right)$.

6. $\lim\limits_{n\to\infty}\dfrac{3n^2+5}{5n+3}\sin\dfrac{2}{n}$.

四、证明题

证明方程 $x^5-7x=4$ 在区间 $(1,2)$ 内至少有一个实根.

课外阅读

连续复利·校园贷的可怕

设本金为 A_0,年利率为 r,有以下几种复利计算方法(这里不考虑扣税问题):

(1)若以 1 年为期计算利息,年末的本利和为
$$A_1=A_0(1+r),$$
两年末的本利和为
$$A_2=A_1(1+r)=A_0(1+r)^2,$$
……

t 年末的本利和为
$$A_t=A_0(1+r)^t.$$

(2)若每半年计算一次利息,相当于一年计算两次利息,每次利率为 $\dfrac{r}{2}$,那么年末的本利和为
$$A_2=A_0\left(1+\dfrac{r}{2}\right)^2,$$
t 年末的本利和为(总共计息 $2t$ 次)
$$A_t=A_0\left(1+\dfrac{r}{2}\right)^{2t}.$$

(3)若每季度计算一次利息,相当于一年计算四次利息,每次利率为 $\dfrac{r}{4}$,那么年末的本利和为
$$A_4=A_0\left(1+\dfrac{r}{4}\right)^4,$$
t 年末的本利和为
$$A_t=A_0\left(1+\dfrac{r}{4}\right)^{4t}.$$

(4)若将一年分为相等的 m 个时间间隔,每时段上按利率 $\dfrac{r}{m}$ 计算利息,相当于一年计算 m 次利息,那么年末的本利和为
$$A_m=A_0\left(1+\dfrac{r}{m}\right)^m,$$

t 年末的本利和为

$$A_t = A_0 \left(1 + \frac{r}{m}\right)^{mt}.$$

这就是一年计息 m 次的本利和的复利计算公式.

(5) 对于同样的本金数目,随着 m 增加,年末本利和会缓慢地增加(但不是无限的). 从极限的现象来看,有

$$\lim_{m \to \infty} A_0 \left(1 + \frac{r}{m}\right)^m = A_0 e^r.$$

也就是说,如果将一年分为相等的 m 个时间段,每时段上按利率 $\frac{r}{m}$ 计算利息,当计息的时间间隔无限缩短,那么计息的次数 $m \to \infty$,这种情况称为连续复利.这时,年末的本利和为

$$A = \lim_{m \to \infty} A_0 \left(1 + \frac{r}{m}\right)^m = A_0 e^r,$$

t 年末的本利和为

$$A_t = \lim_{m \to \infty} A_0 \left(1 + \frac{r}{m}\right)^{tm} = A_0 e^{tr}.$$

这就是连续复利计息的本利和计算公式. 连续复利计息的计算公式是指数函数,指数函数的增长非常迅速.

"校园贷"平台往往都不公布年息,只公布日息或者每期还款金额,利息按日计取,一般为 $0.1\% \sim 0.2\%$,看似很低,但与连续复利"无限缩短计期"有着相似的道理,累加下来的效果类似于指数增长.由此可以看出,校园贷实质是高利贷,利息增长速度非常可怕.所以,希望同学们都能学会用知识保护自己,远离"校园贷"风险.

第 2 章

导数与微分

研究导数理论,求函数的导数与微分的方法及其应用的科学称为微分学. 微分学的基本思想在于考虑函数在小范围内是否可以用线性函数或多项式函数来任意近似表示. 这种近似,使对复杂函数的研究在局部上得到简化,运用到了许多数学分支中,渗透自然科学、工程技术、经济科学等众多领域.

本章将从实际问题出发,引入导数与微分的概念,讨论其计算方法.

§2.1 导数的概念

2.1.1 两个实例

1. 曲线切线的斜率

设曲线的方程为 $y=f(x)$,求曲线上任意一点处切线的斜率.

如图 2.1 所示,设 $M_0(x_0, y_0)$ 为曲线 $y=f(x)$ 上的任意一点,在曲线上再取 M_0 附近的一个点 $M(x_0+\Delta x, y_0+\Delta y)$,作曲线的割线 M_0M,当点 M 沿曲线向 M_0 靠近时,割线 M_0M 绕点 M_0 转动,当点 M 无限靠近点 M_0($M\to M_0$)时,割线 M_0M 的极限位置 M_0T 称为曲线 $y=f(x)$ 在点 M_0 处的切线.

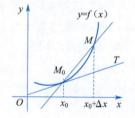

图 2.1

设割线 M_0M 的倾斜角为 φ,切线 M_0T 的倾斜角为 α,则割线 M_0M 的斜率为

$$\tan \varphi = \frac{\Delta y}{\Delta x} = \frac{f(x_0+\Delta x)-f(x_0)}{\Delta x}.$$

当 $M\to M_0$ 时,$\Delta x\to 0$,割线 $M_0M\to$ 切线 M_0T,$\varphi\to\alpha$,则切线 M_0T 的斜率为

$$k=\tan\alpha=\lim_{\varphi\to\alpha}\tan\varphi=\lim_{\Delta x\to 0}\frac{\Delta y}{\Delta x}=\lim_{\Delta x\to 0}\frac{f(x_0+\Delta x)-f(x_0)}{\Delta x} \quad (若存在).$$

即先作割线,求出割线的斜率,然后通过取极限,从割线过渡到切线,从而求得切线斜率.

2. 变速直线运动的瞬时速度

若物体做匀速直线运动,以 t 表示经历的时间,s 表示所走过的路程,则运动的速度

$$v=\frac{\text{所走路程}}{\text{经历时间}}=\frac{s}{t}.$$

现假设物体做变速直线运动,所走过的路程 s 是经历时间 t 的函数,其运

动方程为 $s=f(t)$.

我们的问题是:已知物体做变速直线运动,运动方程为 $s=f(t)$,要确定物体在时刻 t_0 的速度.

为此,可取邻近于 t_0 的时刻 $t=t_0+\Delta t$,在 Δt 这一段时间内,物体走过的路程为

$$\Delta s = f(t_0+\Delta t)-f(t_0),$$

物体运动的平均速度为

$$\bar{v}=\frac{\Delta s}{\Delta t}=\frac{f(t_0+\Delta t)-f(t_0)}{\Delta t},$$

用 Δt 这一段时间内的平均速度表示物体在时刻 t_0 的运动速度,这是近似值;显然,Δt 越小,即时刻越接近于时刻 t_0,其近似程度越好.

现令 $\Delta t \to 0$,平均速度 $\bar{v}$ 的极限自然就是物体在时刻 t_0 运动的瞬时速度

$$v(t_0)=\lim_{\Delta t \to 0}\frac{\Delta s}{\Delta t}=\lim_{\Delta t \to 0}\frac{f(t_0+\Delta t)-f(t_0)}{\Delta t}.$$

即先在局部范围内求平均速度,然后通过取极限,由平均速度过渡到瞬时速度.

上面我们研究了平面曲线的切线的斜率和变速直线运动的速度,虽然它们的具体意义不同,但是从数学结构上看,却有完全相同的形式.在自然科学和工程领域内,还有许多其他量,如电流强度、线密度等也具有这种形式,即函数的增量与自变量增量之比(当自变量增量趋于零时)的极限.事实上,研究这种形式的极限不仅是解决科学技术等各种实际问题的需要,而且对于数学中许多问题的探讨也不可缺少.为此,对于这种共性的抽象引出函数的导数概念.

2.1.2 导数的定义

1. 定义

定义 2.1 设函数 $y=f(x)$ 在点 x_0 的某邻域内有定义,当自变量 x 在 x_0 处取得增量 Δx 时,相应的函数取得增量 $\Delta y=f(x_0+\Delta x)-f(x_0)$,如果当 $\Delta x \to 0$ 时,比值 $\dfrac{\Delta y}{\Delta x}$ 极限存在,则称函数 $y=f(x)$ 在点 x_0 处可导,并称此极限值为函数 $f(x)$ 在 x_0 处的导数,记为 $f'(x_0)$ 或 $y'|_{x=x_0}$ 或 $\dfrac{\mathrm{d}y}{\mathrm{d}x}\Big|_{x=x_0}$ 或 $\dfrac{\mathrm{d}f}{\mathrm{d}x}\Big|_{x=x_0}$,即

$$f'(x_0)=\lim_{\Delta x \to 0}\frac{\Delta y}{\Delta x}=\lim_{\Delta x \to 0}\frac{f(x_0+\Delta x)-f(x_0)}{\Delta x}. \tag{2.1}$$

导数的定义

如果 $\lim\limits_{\Delta x \to 0}\dfrac{\Delta y}{\Delta x}$ 不存在,则称 $f(x)$ 在 x_0 处不可导.

在上面的定义中,若记 $x=x_0+\Delta x$,则 $f'(x_0)=\lim\limits_{x \to x_0}\dfrac{f(x)-f(x_0)}{x-x_0}$.

若函数 $y=f(x)$ 在开区间 I 内的每点都可导,则称函数 $f(x)$ 在开区间 I 内可导.这时,对于任意 $x \in I$,都对应着 $f(x)$ 的一个确定的导数值.这样就构成了一个新的函数,这个函数称为函数 $f(x)$ 的导函数,简称导数,记作 $f'(x)$ 或 y' 或 $\dfrac{\mathrm{d}y}{\mathrm{d}x}$ 或 $\dfrac{\mathrm{d}f}{\mathrm{d}x}$.

由于导数本身是极限,而极限存在的充分必要条件是左右极限存在且相等,因此 $f'(x_0)$ 存在的充分必要条件是左、右极限

$$f'_-(x_0) = \lim_{\Delta x \to 0^-} \frac{f(x_0+\Delta x)-f(x_0)}{\Delta x} \text{ 及 } f'_+(x_0) = \lim_{\Delta x \to 0^+} \frac{f(x_0+\Delta x)-f(x_0)}{\Delta x}$$

都存在且相等. 这两个极限分别称为函数 $f(x)$ 在点 x_0 的左导数和右导数,记作 $f'_-(x_0)$ 和 $f'_+(x_0)$. 即有下面的结论:

$$f'(x_0) = A \Leftrightarrow f'_-(x_0) = A = f'_+(x_0).$$

2. 用定义求导数举例

我们将利用导数定义,推导出导数的若干基本公式.用导数的定义求函数的导数,一般分三步进行:

(1)求函数的改变量:$\Delta y = f(x+\Delta x) - f(x)$;

(2)计算比值:$\dfrac{\Delta y}{\Delta x} = \dfrac{f(x+\Delta x)-f(x)}{\Delta x}$;

(3)求比值的极限:$y' = \lim\limits_{\Delta x \to 0} \dfrac{\Delta y}{\Delta x} = \lim\limits_{\Delta x \to 0} \dfrac{f(x+\Delta x)-f(x)}{\Delta x}$.

熟练以后,(2)、(3)可以合为一步.

例 2.1 求 $y = x^2$ 的导数 y',并求 $y'|_{x=2}$.

解 先求函数的导数. 对任意点 x,设自变量的改变量为 Δx.

(1)函数的改变量 $\Delta y = (x+\Delta x)^2 - x^2 = 2x\Delta x + (\Delta x)^2$;

(2)计算比值 $\dfrac{\Delta y}{\Delta x} = \dfrac{2x\Delta x + (\Delta x)^2}{\Delta x} = 2x + \Delta x$;

(3)求极限 $y' = \lim\limits_{\Delta x \to 0} \dfrac{\Delta y}{\Delta x} = 2x$.

由导函数再求指定点的导数值:$y'|_{x=2} = 2x|_{x=2} = 4$.

可以证明,幂函数 $y = x^\alpha$(α 为任意实数)的导数公式为

$$(x^\alpha)' = \alpha x^{\alpha-1}.$$

例 2.2 求 $y = \sin x$ 的导数.

解 (1)求函数的改变量 $\Delta y = \sin(x+\Delta x) - \sin x$;

(2)计算比值 $\dfrac{\Delta y}{\Delta x} = \dfrac{\sin(x+\Delta x) - \sin x}{\Delta x} = \dfrac{2\sin\dfrac{\Delta x}{2}\cos\left(x+\dfrac{\Delta x}{2}\right)}{\Delta x}$;

(3)求极限 $(\sin x)' = \lim\limits_{\Delta x \to 0} \dfrac{\Delta y}{\Delta x} = \lim\limits_{\Delta x \to 0} \dfrac{\sin\dfrac{\Delta x}{2}}{\dfrac{\Delta x}{2}} \cdot \lim\limits_{\Delta x \to 0} \cos\left(x+\dfrac{\Delta x}{2}\right) = \cos x.$

同理可得 $(\cos x)' = -\sin x$.

类似可由定义法推得:

$$(a^x)' = a^x \ln a;$$

$$(\log_a x)' = \dfrac{1}{x}\log_a e = \dfrac{1}{x\ln a} \quad (a>0, a\neq 1);$$

$$(C)' = 0.$$

2.1.3 导数的几何意义

函数 $y = f(x)$ 在点 x_0 的导数 $f'(x_0)$ 在几何上表示曲线 $y = f(x)$ 在 $(x_0, f(x_0))$

的切线斜率,由此可分别得到曲线在该点的切线方程和法线方程.

切线方程: $y-f(x_0)=f'(x_0)(x-x_0)$;

法线方程: $y-f(x_0)=-\dfrac{1}{f'(x_0)}(x-x_0), f'(x_0)\neq 0.$

若 $f'(x_0)=0$,则切线平行 x 轴,法线平行 y 轴.

例 2.3 求曲线 $y=\cos x$ 在点 $\left(\dfrac{\pi}{3}, \dfrac{1}{2}\right)$ 处的切线方程和法线方程.

解 由 $(\cos x)'=-\sin x$ 知

$$y'|_{x=\frac{\pi}{3}}=-\sin x|_{x=\frac{\pi}{3}}=-\dfrac{\sqrt{3}}{2},$$

故所求切线方程为 $y-\dfrac{1}{2}=-\dfrac{\sqrt{3}}{2}\left(x-\dfrac{\pi}{3}\right)$;

法线方程为 $y-\dfrac{1}{2}=\dfrac{2\sqrt{3}}{3}\left(x-\dfrac{\pi}{3}\right).$

导数的几何意义

2.1.4 可导与连续的关系

若函数 $y=f(x)$ 在点 x_0 可导,由导数定义 $\lim\limits_{\Delta x\to 0}\dfrac{\Delta y}{\Delta x}$ 存在,所以, $\lim\limits_{\Delta x\to 0}\Delta y=\lim\limits_{\Delta x\to 0}\left(\dfrac{\Delta y}{\Delta x}\cdot \Delta x\right)=0$,由连续的定义知 $y=f(x)$ 在点 x_0 连续,即有以下结论:

若函数 $f(x)$ 在点 x_0 可导,则它在点 x_0 必连续.

需要注意的是,上述结论反之则不成立,即函数 $f(x)$ 在点 x_0 连续,只是它在点 x_0 可导的必要条件而不是充分条件.

例如,函数 $y=|x|$ 在 $x=0$ 处连续,但是不可导.

事实上, $\lim\limits_{\Delta x\to 0}\dfrac{|0+\Delta x|-0}{\Delta x}=\lim\limits_{\Delta x\to 0}\dfrac{|\Delta x|}{\Delta x},$

当 $\Delta x<0$ 时, $\lim\limits_{\Delta x\to 0^-}\dfrac{|\Delta x|}{\Delta x}=\lim\limits_{\Delta x\to 0^-}\dfrac{-\Delta x}{\Delta x}=-1$;

当 $\Delta x>0$ 时, $\lim\limits_{\Delta x\to 0^+}\dfrac{|\Delta x|}{\Delta x}=\lim\limits_{\Delta x\to 0^+}\dfrac{\Delta x}{\Delta x}=1.$

由于左右导数不相等,所以 $y=|x|$ 在 $x=0$ 处不可导.

综合上面的讨论可知,函数的可导和连续的关系是:可导必连续,连续不一定可导.

同步习题 2.1

【基础题】

1. 填空题.

(1) $\left(\dfrac{1}{x}\right)'=$ _____; (2) $\left(\dfrac{x\sqrt[3]{x}}{\sqrt{x}}\right)'=$ _____;

(3) $(\sqrt{x})'=$ _____; (4) $(x^{-2})'=$ _____.

2. 已知 $f(x)=2x+3$,用导数定义求 $f'(2), f'(x)$.

3. 设 $f'(x_0)=A$，用导数定义求下列极限.

(1) $\lim\limits_{\Delta x \to 0}\dfrac{f(x_0+2\Delta x)-f(x_0)}{\Delta x}$；　　(2) $\lim\limits_{\Delta x \to 0}\dfrac{f(x_0+\Delta x)-f(x_0-\Delta x)}{\Delta x}$.

4. 求下列曲线在指定点的切线方程和法线方程.

(1) $y=x^2$ 在点 $(-3,9)$ 处；　　(2) $y=\cos x$ 在点 $(0,1)$ 处.

5. 讨论函数 $y=f(x)=\begin{cases}\dfrac{1}{x}\sin^2 x, & x\neq 0 \\ 0, & x=0\end{cases}$ 在 $x=0$ 处的连续性、可导性.

【提高题】

1. 设 $f(x)=x\sqrt{\dfrac{1-x+x^2}{4+x^2-x^3}}$，求 $f'(0)$.

2. 设 $f(x)$ 在 $x=1$ 处连续，且 $\lim\limits_{x \to 1}\dfrac{f(x)}{x-1}=5$，求 $f'(1)$.

3. 讨论下列函数在 $x=0$ 处的可导性.

(1) $f(x)=\begin{cases}\dfrac{x}{1+e^{\frac{1}{x}}}, & x\neq 0, \\ 0, & x=0;\end{cases}$　　(2) $f(x)=\begin{cases}e^x, & x\geqslant 0, \\ \cos x, & x<0.\end{cases}$

4. 设函数 $f(x)=\begin{cases}ax+1, & x\leqslant 1, \\ x^2+b, & x>1\end{cases}$ 处处可导，试确定 a 与 b 的值，并求出 $f'(x)$.

§2.2　导数的运算

用导数定义可以求一些基本初等函数的导数，但是，如果每一个函数都用导数的定义求导数，计算将会比较复杂，因此，需要建立一些基本的求导公式和求导法则，并运用它们进行求导运算.

2.2.1　基本初等函数的导数公式

(1) $(C)'=0$；　　(2) $(x^\alpha)'=\alpha x^{\alpha-1}$；

(3) $(a^x)'=a^x \ln a$　$(a>0, a\neq 1)$；　　(4) $(e^x)'=e^x$；

(5) $(\log_a x)'=\dfrac{1}{x}\log_a e=\dfrac{1}{x \ln a}$　$(a>0, a\neq 1)$；

(6) $(\ln x)'=\dfrac{1}{x}$；　　(7) $(\sin x)'=\cos x$；

(8) $(\cos x)'=-\sin x$；　　(9) $(\tan x)'=\sec^2 x=\dfrac{1}{\cos^2 x}$；

(10) $(\cot x)'=-\csc^2 x=-\dfrac{1}{\sin^2 x}$；　　(11) $(\sec x)'=\sec x \cdot \tan x$；

(12) $(\csc x)'=-\csc x \cdot \cot x$；　　(13) $(\arcsin x)'=\dfrac{1}{\sqrt{1-x^2}}$；

(14) $(\arccos x)'=-\dfrac{1}{\sqrt{1-x^2}}$；　　(15) $(\arctan x)'=\dfrac{1}{1+x^2}$；

(16) $(\operatorname{arccot} x)' = -\dfrac{1}{1+x^2}$.

2.2.2 导数的四则运算法则

定理 2.1 设函数 $u=u(x), v=v(x)$ 都是可导函数,则:

(1) $u(x) \pm v(x)$ 可导,且 $[u(x) \pm v(x)]' = u'(x) \pm v'(x)$.

(2) $u(x)v(x)$ 可导,且 $[u(x)v(x)]' = u'(x)v(x) + u(x)v'(x)$.

(3) 若 $v(x) \neq 0$,则 $\dfrac{u(x)}{v(x)}$ 可导,且 $\left[\dfrac{u(x)}{v(x)}\right]' = \dfrac{u'(x)v(x) - u(x)v'(x)}{v^2(x)}$.

我们只证明乘积的导数运算法则,其他法则可类似证明.

证 设函数 $y=u(x)v(x)$ 在点 x 取得改变量 Δx,相应的 y 的改变量

$$\Delta y = u(x+\Delta x)v(x+\Delta x) - u(x)v(x)$$
$$= u(x+\Delta x)v(x+\Delta x) - u(x)v(x+\Delta x) + u(x)v(x+\Delta x) - u(x)v(x)$$
$$= [u(x+\Delta x) - u(x)]v(x+\Delta x) + u(x)[v(x+\Delta x) - v(x)].$$

因为 $u=u(x), v=v(x)$ 都可导,且可导必连续,于是

$$y' = \lim_{\Delta x \to 0} \dfrac{\Delta y}{\Delta x}$$
$$= \lim_{\Delta x \to 0} \dfrac{u(x+\Delta x) - u(x)}{\Delta x} \lim_{\Delta x \to 0} v(x+\Delta x) + u(x) \lim_{\Delta x \to 0} \dfrac{v(x+\Delta x) - v(x)}{\Delta x}$$
$$= u'(x)v(x) + u(x)v'(x).$$

加法、乘积法则可推广到有限个函数的情形.

导数的四则运算

例 2.4 设 $f(x) = 2x^3 + 3x - \sin\dfrac{\pi}{7}$,求 $f'(x), f'(2)$.

解 $f'(x) = \left(2x^3 + 3x - \sin\dfrac{\pi}{7}\right)' = (2x^3)' + (3x)' - \left(\sin\dfrac{\pi}{7}\right)'$
$= 2(x^3)' + 3(x)' - 0 = 6x^2 + 3$,

所以 $f'(2) = 27$.

例 2.5 设 $y = (\sin x - 2\cos x)\ln x$,求 y'.

解 $y' = (\sin x - 2\cos x)'\ln x + (\sin x - 2\cos x)(\ln x)'$
$= (\cos x + 2\sin x)\ln x + \dfrac{1}{x}(\sin x - 2\cos x)$.

例 2.6 设 $y = \tan x$,求 y'.

解 $y' = (\tan x)' = \left(\dfrac{\sin x}{\cos x}\right)' = \dfrac{(\sin x)'\cos x - \sin x(\cos x)'}{\cos^2 x}$
$= \dfrac{\cos x \cos x - \sin x(-\sin x)}{\cos^2 x} = \dfrac{1}{\cos^2 x} = \sec^2 x$.

同理可得:

$$(\cot x)' = -\csc^2 x = -\dfrac{1}{\sin^2 x};$$

$$(\sec x)' = \sec x \cdot \tan x;$$

$$(\csc x)' = -\csc x \cdot \cot x.$$

2.2.3 复合函数的求导法则

定理 2.2 设函数 $u=\varphi(x),y=f(u)$ 都可导,则复合函数 $y=f(\varphi(x))$ 可导,且

$$\frac{dy}{dx}=\frac{dy}{du}\cdot\frac{du}{dx},$$

或记作 $[f(\varphi(x))]'=f'(u)\varphi'(x)=f'(\varphi(x))\varphi'(x).$

复合函数的求导法则

证 设变量 x 有改变量 Δx,相应地,变量 u 有改变量 Δu,从而变量 y 有改变量 Δy.由于函数 $u=\varphi(x)$ 可导,故必连续,即有 $\lim\limits_{\Delta x\to 0}\Delta u=0$.因为

$$\frac{\Delta y}{\Delta x}=\frac{\Delta y}{\Delta u}\cdot\frac{\Delta u}{\Delta x}\quad(\Delta u\neq 0),$$

所以

$$\lim_{\Delta x\to 0}\frac{\Delta y}{\Delta x}=\lim_{\Delta x\to 0}\frac{\Delta y}{\Delta u}\cdot\frac{\Delta u}{\Delta x}=\lim_{\Delta x\to 0}\frac{\Delta y}{\Delta u}\cdot\lim_{\Delta x\to 0}\frac{\Delta u}{\Delta x}=\lim_{\Delta u\to 0}\frac{\Delta y}{\Delta u}\cdot\lim_{\Delta x\to 0}\frac{\Delta u}{\Delta x},$$

即

$$\frac{dy}{dx}=\frac{dy}{du}\cdot\frac{du}{dx}.$$

以上是在 $\Delta u\neq 0$ 时证明的. 当 $\Delta u=0$ 时,可以证明上式仍然成立.

例 2.7 设 $y=e^{\sin x}$,求 y'.

解 设 $y=f(u)=e^u,u=\varphi(x)=\sin x$,于是

$$y'=f'(u)\varphi'(x)=(e^u)'(\sin x)'=e^{\sin x}\cdot\cos x.$$

例 2.8 设 $y=\ln|x|$,求 y'.

解 $x\in(0,+\infty)$ 时,$y=\ln x,y'=(\ln x)'=\dfrac{1}{x}$;

$x\in(-\infty,0)$ 时,$y=\ln(-x),y'=[\ln(-x)]'=\dfrac{1}{-x}\cdot(-x)'=\dfrac{1}{x}.$

因此 $(\ln|x|)'=\dfrac{1}{x},\quad x\in(-\infty,0)\cup(0,+\infty).$

例 2.9 某餐饮供应商在一个圆形区域内提供服务,并且在其服务半径达到 5 km 的那个时刻,其半径 r 以每年 2 km 的速度在扩展,在该时刻,服务范围以多快的速度在增长?

解 面积与半径的函数关系为

$$A=\pi r^2,$$

两边关于时间求导,得

$$\frac{dA}{dt}=\frac{dA}{dr}\times\frac{dr}{dt}=2\pi r\times\frac{dr}{dt},$$

由题意知 $\dfrac{dr}{dt}=2,r=5$,所以

$$\frac{dA}{dt}=2\pi\times 5\times 2=20\pi\approx 63(\text{平方千米/年}).$$

2.2.4 高阶导数

高阶导数

一般来说,函数 $y=f(x)$ 的导数 $y'=f'(x)$ 仍是 x 的函数,若导函数 $f'(x)$ 还可以对 x 求导数,则称 $f'(x)$ 的导数为函数 $y=f(x)$ 的二阶导数,记作

$$y'' \text{ 或 } f''(x) \text{ 或 } \frac{d^2y}{dx^2} \text{ 或 } \frac{d^2f}{dx^2}.$$

这时,也称函数 $y=f(x)$ 二阶可导. 按照导数的定义,函数 $f(x)$ 的二阶导数应表示为

$$f''(x) = \lim_{\Delta x \to 0} \frac{f'(x+\Delta x) - f'(x)}{\Delta x}.$$

函数 $y=f(x)$ 在某点 x_0 的二阶导数,记作

$$y''\big|_{x=x_0} \text{ 或 } f''(x_0) \text{ 或 } \frac{d^2y}{dx^2}\bigg|_{x=x_0} \text{ 或 } \frac{d^2f}{dx^2}\bigg|_{x=x_0}.$$

同样,函数 $y=f(x)$ 的二阶导数 $f''(x)$ 的导数称为函数 $f(x)$ 的三阶导数,记作

$$y''' \text{ 或 } f'''(x) \text{ 或 } \frac{d^3y}{dx^3} \text{ 或 } \frac{d^3f}{dx^3}.$$

一般地,导数 $f^{(n-1)}(x)$ 的导数称为函数 $y=f(x)$ 的 n 阶导数,记作

$$y^{(n)} \text{ 或 } f^{(n)}(x) \text{ 或 } \frac{d^ny}{dx^n} \text{ 或 } \frac{d^nf}{dx^n}.$$

二阶及二阶以上的导数统称为高阶导数,函数 $f(x)$ 的导数 $f'(x)$ 则称为一阶导数.

根据高阶导数的定义可知,求函数的高阶导数只需对函数一次一次地求导即可.

例 2.10 设 $y = x^4 + 4x^3 + 8x^2 - x + \frac{\pi}{4}$,求 y''',$y^{(4)}$,$y^{(5)}$.

解 $y' = 4x^3 + 12x^2 + 16x - 1$,
$y'' = 12x^2 + 24x + 16$,
$y''' = 24x + 24$,
$y^{(4)} = 24$,
$y^{(5)} = 0$.

一般地,对于 n 次多项式 $y = a_0 x^n + a_1 x^{n-1} + \cdots + a_{n-1} x + a_n$,有

$$y^{(n)} = a_0 n!, \quad y^{(n+1)} = 0.$$

例 2.11 设 $y = e^{-2x}$,求 $y^{(n)}$.

解 $y' = -2e^{-2x}$,
$y'' = (-2)^2 e^{-2x}$,
$y''' = (-2)^3 e^{-2x}$,$\cdots$

则 $y^{(n)} = (-2)^n e^{-2x}$.

2.2.5 隐函数的导数

对隐函数求导数通常有两种方法:

(1) 如果能从 $F(x,y)=0$ 中解出 $y=f(x)$,则可以用前面对显函数求导数的方法处理. 但是,因为某些隐函数的复杂性,这种方法难以解决问题.

(2) 一般隐函数求导数常用下面的方法:将 $F(x,y)=0$ 两边各项同时对 x 求导数,同时将 y 看作 x 的函数 $y=f(x)$,若遇到 y 的函数,利用复合函数的求导法则,先对 y 求导,再乘以 y 对 x 的导数 y',得到一个含有 y' 的方程,然后从方程里面解出 y' 即可.

隐函数的导数

例 2.12 设 $y=f(x)$ 由方程 $x^2+y^2=1$ 确定，求 y'.

解 将方程 $x^2+y^2=1$ 两边同时对 x 求导得
$$2x+2y \cdot y'=0,$$
所以
$$y'=-\frac{x}{y}.$$

例 2.13 求曲线 $e^{x+y}-xy=1$ 在 $x=0$ 处的切线方程.

解 将方程 $e^{x+y}-xy=1$ 两边同时对 x 求导得
$$e^{x+y}(1+y')-(y+xy')=0,$$
所以
$$y'=\frac{e^{x+y}-y}{x-e^{x+y}}.$$
因为 $x=0$ 时 $y=0$，即
$$y'|_{x=0}=-1.$$
从而所求切线方程为 $y=-x$.

同步习题 2.2

【基础题】

1. 求下列函数的导数.
   (1) $y=3x^3+3^x+\log_3 x+3^3$； (2) $y=e^x\sin x$；
   (3) $y=\dfrac{\ln x+x}{x^2}$； (4) $y=\sin\sqrt{x^2+1}$.

2. 求下列方程确定的隐函数的导数 $\dfrac{dy}{dx}$.
   (1) $x^2+2xy-y^2=2x$； (2) $xe^y+y=1$.

3. 求由隐函数所确定的曲线的切线方程.
   (1) $x^2+xy+y^2=4$ 在点 $(-2,2)$ 处；
   (2) $e^x+xe^y-y^2=0$ 在点 $(0,1)$ 处.

4. 求下列函数的 n 阶导数.
   (1) $y=e^{ax}$； (2) $y=\ln(x+1)$.

【提高题】

1. 求下列方程确定的隐函数的导数.
   (1) $x+y=e^{xy}$； (2) $\arctan\dfrac{y}{x}=\ln\sqrt{x^2+y^2}$；
   (3) $e^y+xy=e$，求 $y''(0)$.

2. 求下列函数的二阶导数.
   (1) $y=e^x(\sin x-\cos x)$； (2) $y=x^2 e^x$；
   (3) $y=x\arccos x$.

§2.3 微 分

前面讨论了函数的导数，本节讨论微分学中的另一个基本概念——微分.

2.3.1 引例

引例 一块正方形金属薄片受温度变化影响时,其边长由 x_0 变到 $x_0+\Delta x$,问此薄片的面积改变了多少?

解 设边长为 x,面积为 A,则 A 是 x 的函数: $A=x^2$,薄片受温度变化影响时,面积改变量可以看作当自变量 x 自 x_0 取得增量 Δx 时,函数 A 相应的增量 ΔA,即

$$\Delta A = (x_0+\Delta x)^2 - x_0^2 = 2x_0 \Delta x + (\Delta x)^2.$$

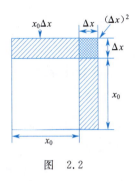

从上式可以看出,ΔA 由两部分组成:第一部分 $2x_0\Delta x$,它是 Δx 的线性函数,即图 2.2 中带有斜线的两个矩形面积之和;第二部分 $(\Delta x)^2$,在图 2.2 中是带有交叉线的小正方形的面积. 显然如图 2.2 所示,$2x_0\Delta x$ 是面积增量 ΔA 的主要部分,而 $(\Delta x)^2$ 是次要部分,当 $|\Delta x|$ 很小时,面积增量 ΔA 可以近似地用 $2x_0\Delta x$ 表示,即

图 2.2

$$\Delta A \approx 2x_0 \Delta x.$$

又因为

$$A'(x_0) = (x^2)'|_{x=x_0} = 2x_0,$$

所以

$$\Delta A \approx A'(x_0)\Delta x.$$

上述结论对于一般的函数是否成立呢?下面说明对于可导函数都有此结论. 一般地,若函数 $f(x)$ 在 x 处可导,由导数的定义

$$f'(x) = \lim_{\Delta x \to 0} \frac{f(x+\Delta x)-f(x)}{\Delta x} = \lim_{\Delta x \to 0} \frac{\Delta y}{\Delta x}$$

及根据极限与无穷小的关系,有

$$\frac{\Delta y}{\Delta x} = f'(x) + \alpha,$$

其中 $\lim_{\Delta x \to 0} \alpha = 0$,即 $\Delta y = f'(x)\Delta x + \alpha \Delta x$. 因为 α 是 $\Delta x \to 0$ 时的无穷小,所以 $\alpha \Delta x$ 是 Δx 的高阶无穷小,

$$\Delta y \approx f'(x)\Delta x.$$

2.3.2 微分的概念

1. 微分的定义

定义 2.2 设函数 $y=f(x)$ 在点 x 的某邻域内有定义,若函数 $f(x)$ 在点 x 的改变量 $\Delta y = f(x+\Delta x) - f(x)$ 可以表示为

$$\Delta y = A\Delta x + o(\Delta x), \tag{2.2}$$

其中 A 与 Δx 无关,$o(\Delta x)$ 是较 Δx 高阶的无穷小,则称 $f(x)$ 在点 x 处可微,并称 $A\Delta x$ 为 $y=f(x)$ 在 x 处的微分,记作 dy 或 $df(x)$,即

$$dy = A\Delta x.$$

函数 $y=f(x)$ 在点 x 可导与可微有下述关系:

定理 2.3 函数 $y=f(x)$ 在点 x 可微的充分必要条件是函数 $f(x)$ 在点 x 处可导,且 $f'(x)=A$.

微分的定义

证 必要性. 函数 $y=f(x)$ 在点 x 可微,由微分的定义,有
$$\Delta y = A\Delta x + o(\Delta x),$$
等式两端同除 Δx,并令 $\Delta x \to 0$ 取极限,有
$$\lim_{\Delta x \to 0} \frac{\Delta y}{\Delta x} = \lim_{\Delta x \to 0}\left[A + \frac{o(\Delta x)}{\Delta x}\right] = A.$$
上式说明函数 $f(x)$ 在点 x 处可导,且
$$f'(x) = A.$$
充分性. 函数 $f(x)$ 在点 x 处可导,即有
$$\lim_{\Delta x \to 0} \frac{\Delta y}{\Delta x} = f'(x),$$
由极限与无穷小的关系,有
$$\frac{\Delta y}{\Delta x} = f'(x) + \alpha \quad (\alpha \to 0),$$
从而
$$\Delta y = f'(x)\Delta x + \alpha \Delta x.$$

因 $f'(x)$ 依赖 x,与 Δx 无关. 对确定的 x 而言, $f'(x)\Delta x$ 是 Δx 的线性函数. 当 $\Delta x \to 0$ 时, $\alpha \Delta x$ 是较 Δx 高阶的无穷小,根据 $y=f(x)$ 在点 x 可微的定义,函数 $y=f(x)$ 在点 x 可微,且
$$\mathrm{d}y = f'(x)\Delta x.$$

该定理表明,一元函数的可导性和可微性是等价的,且 $y=f(x)$ 在点 x 的微分为 $\mathrm{d}y = f'(x)\Delta x$.

对函数 $y=x$ 的微分是 $\mathrm{d}y = \mathrm{d}x = (x)' \cdot \Delta x = \Delta x$,即自变量 x 的微分 $\mathrm{d}x$ 就是自变量 x 的改变量 Δx,因此,函数的微分可记作
$$\mathrm{d}y = f'(x)\mathrm{d}x, \tag{2.3}$$
上式可改写成
$$\frac{\mathrm{d}y}{\mathrm{d}x} = f'(x). \tag{2.4}$$

式(2.4)表明函数 $y=f(x)$ 的导数是函数的微分 $\mathrm{d}y$ 与自变量的微分 $\mathrm{d}x$ 之商,因此导数又称微商.

若函数 $y=f(x)$ 在区间 I 上的每一点都可微,则称 $f(x)$ 为区间 I 上的可微函数. 若 $x_0 \in I$,则函数 $y=f(x)$ 在点 x_0 处的微分记作
$$\mathrm{d}y|_{x=x_0} = f'(x_0)\mathrm{d}x.$$

例 2.14 设 $y=x^2$,求:(1) $\mathrm{d}y$;(2) $\mathrm{d}y|_{x=1}$;(3) $\mathrm{d}y\left|_{\substack{x=1 \\ \Delta x=0.1}}\right.$.

解 (1) $\mathrm{d}y = (x^2)'\mathrm{d}x = 2x\mathrm{d}x$;

(2) $\mathrm{d}y|_{x=1} = 2x\mathrm{d}x|_{x=1} = 2\mathrm{d}x$;

(3) $\mathrm{d}y\left|_{\substack{x=1 \\ \Delta x=0.1}}\right. = y'|_{x=1} \cdot \Delta x|_{\Delta x=0.1}$
$= 2 \times 0.1 = 0.2.$

2. 微分的几何意义

由于 $\mathrm{d}y|_{x=x_0} = f'(x_0)\Delta x$,而由导数的几何意义可知, $f'(x_0) = \tan\alpha$, α 为曲线 $y=f(x)$ 在 x_0 处的切线的倾斜角,如图 2.3 可得, $\mathrm{d}y = \tan\alpha \cdot \Delta x = PQ$.

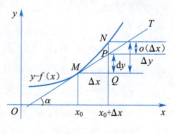

图 2.3

微分的几何意义

由此可知，函数 $y=f(x)$ 在 x_0 点的微分的几何意义是曲线 $y=f(x)$ 在点 $(x_0,f(x_0))$ 处的切线的纵坐标的改变量. 用 $\mathrm{d}y$ 代替 Δy, 就是用切线的纵坐标的改变量近似代替曲线的纵坐标的改变量, 这正是微分的数学思想：以直线段代替曲线段, 所产生的误差就是 $PN=\Delta y-\mathrm{d}y$, $\mathrm{d}x$ 越小, $\mathrm{d}y$ 与 Δy 的近似程度越高, 即当 Δx 很小时, $\Delta y\approx \mathrm{d}y$.

2.3.3 微分的运算

由函数 $y=f(x)$ 的微分 $\mathrm{d}y=f'(x)\mathrm{d}x$ 可知, 只要能计算出函数的导数, 便可写出函数的微分. 正因为微分与导数之间有这样的关系, 由求导公式与求导法则可直接得到微分基本公式与微分运算法则.

1. 微分的基本公式

(1) $\mathrm{d}C=0$ （C 为常数）； (2) $\mathrm{d}x^{\alpha}=\alpha x^{\alpha-1}\mathrm{d}x$；

(3) $\mathrm{d}a^x=a^x\ln a\,\mathrm{d}x$ （$a>0, a\neq 1$）； (4) $\mathrm{d}e^x=e^x\mathrm{d}x$；

(5) $\mathrm{d}\log_a x=\dfrac{1}{x\ln a}\mathrm{d}x$ （$a>0, a\neq 1$）； (6) $\mathrm{d}\ln x=\dfrac{1}{x}\mathrm{d}x$；

(7) $\mathrm{d}\sin x=\cos x\,\mathrm{d}x$； (8) $\mathrm{d}\cos x=-\sin x\,\mathrm{d}x$；

(9) $\mathrm{d}\tan x=\sec^2 x\,\mathrm{d}x$； (10) $\mathrm{d}\cot x=-\csc^2 x\,\mathrm{d}x$；

(11) $\mathrm{d}\sec x=\sec x\cdot\tan x\,\mathrm{d}x$； (12) $\mathrm{d}\csc x=-\csc x\cdot\cot x\,\mathrm{d}x$；

(13) $\mathrm{d}\arcsin x=\dfrac{1}{\sqrt{1-x^2}}\mathrm{d}x$； (14) $\mathrm{d}\arccos x=-\dfrac{1}{\sqrt{1-x^2}}\mathrm{d}x$；

(15) $\mathrm{d}\arctan x=\dfrac{1}{1+x^2}\mathrm{d}x$； (16) $\mathrm{d}\mathrm{arccot}\, x=-\dfrac{1}{1+x^2}\mathrm{d}x$.

2. 微分的四则运算法则

(1) $\mathrm{d}[u(x)\pm v(x)]=\mathrm{d}u(x)\pm\mathrm{d}v(x)$；

(2) $\mathrm{d}[u(x)v(x)]=v(x)\mathrm{d}u(x)+u(x)\mathrm{d}v(x)$；

(3) $\mathrm{d}\left[\dfrac{u(x)}{v(x)}\right]=\dfrac{v(x)\mathrm{d}u(x)-u(x)\mathrm{d}v(x)}{[v(x)]^2}$.

例 2.15 求下列函数的微分.

(1) $y=x^3+\ln x$；

(2) $y=x^3\cos x$.

解 (1) $\mathrm{d}y=\mathrm{d}(x^3)+\mathrm{d}(\ln x)=3x^2\mathrm{d}x+\dfrac{1}{x}\mathrm{d}x=\left(3x^2+\dfrac{1}{x}\right)\mathrm{d}x$；

(2) $\mathrm{d}y=\mathrm{d}(x^3\cos x)=\cos x\,\mathrm{d}(x^3)+x^3\mathrm{d}(\cos x)=3x^2\cos x\,\mathrm{d}x-x^3\sin x\,\mathrm{d}x$
$=x^2(3\cos x-x\sin x)\mathrm{d}x$.

3. 微分形式不变性

设函数 $y=f(u)$ 是可微的, 显然：

(1) 如果 u 是自变量时, 由于 $y=f(u)$ 可导, 则 $\mathrm{d}y=f'(u)\mathrm{d}u$；

(2) 如果 u 是中间变量且 $u=\varphi(x)$ 可导, 则有 $\mathrm{d}u=\varphi'(x)\mathrm{d}x$. 由 $y=f(u)$ 与 $u=\varphi(x)$ 得到复合函数 $y=f(\varphi(x))$ 的微分为

$$\mathrm{d}y=f'(\varphi(x))\varphi'(x)\mathrm{d}x=f'(u)\mathrm{d}u.$$

扫一扫

微分的运算

以上可知函数 $y=f(u)$，不论 u 是自变量还是中间变量，函数的微分 dy 总是可以写成 $dy=f'(u)du$，这一特性称为微分形式不变性。

例 2.16 求函数 $y=\sqrt{1-x^2}$ 的微分 dy。

解 设 $u=1-x^2$，于是

$$dy=d(\sqrt{u})=\frac{1}{2\sqrt{u}}du=\frac{1}{2\sqrt{1-x^2}}d(1-x^2)$$

$$=\frac{-2x}{2\sqrt{1-x^2}}dx=-\frac{x}{\sqrt{1-x^2}}dx.$$

4. 参数方程的求导法则

定理 2.4 若函数 $y=f(x)$ 由参数方程 $\begin{cases} x=\varphi(t), \\ y=\phi(t) \end{cases}$ 确定，其中 $\varphi(t)$ 与 $\phi(t)$ 可导且 $\varphi'(t)\neq 0$，则函数 $y=f(x)$ 可导且

$$\frac{dy}{dx}=\frac{\dfrac{dy}{dt}}{\dfrac{dx}{dt}}=\frac{\phi'(t)}{\varphi'(t)}. \tag{2.5}$$

例 2.17 求摆线 $\begin{cases} x=2(t-\sin t), \\ y=2(1-\cos t) \end{cases}$ 在 $t=\dfrac{\pi}{2}$ 处的切线方程。

解 摆线上 $t=\dfrac{\pi}{2}$ 的对应点是 $(\pi-2,2)$，又因为

$$\frac{dy}{dx}=\frac{2\sin t}{2(1-\cos t)}=\frac{\sin t}{1-\cos t},$$

所以
$$\left.\frac{dy}{dx}\right|_{t=\frac{\pi}{2}}=1,$$

从而所求切线方程为 $y-2=x-(\pi-2)$，即 $x-y-\pi+4=0$。

2.3.4 微分在近似计算中的应用

由微分定义可知，函数 $y=f(x)$ 在点 x_0 处可导，且 $|\Delta x|$ 很小时，

$$\Delta y \approx dy = f'(x_0)\Delta x, \tag{2.6}$$

从而

$$f(x_0+\Delta x) \approx f(x_0)+f'(x_0)\Delta x. \tag{2.7}$$

式(2.6)可用来求函数改变量的近似值，式(2.7)可用来求函数的近似值。

例 2.18 有一批直径为 10 cm 的球，为了提高球面的光洁度，要镀上一层厚度为 0.01 cm 的铜，已知铜的密度为 8.9 g/cm³，估算一下，每个球需要镀铜多少克？

解 球的体积 $V=\dfrac{4}{3}\pi R^3$，所以 $dV=\left(\dfrac{4}{3}\pi R^3\right)'dR=4\pi R^2 dR$。

根据题意，$R=5$ cm，$dR=0.01$ cm，于是，由式(2.6)得

$$\Delta V \approx dV = 4\times 3.14\times 5^2\times 0.01 = 3.14 (\text{cm}^3)$$

所以每个球需要镀铜约为

$$8.9\times 3.14 \approx 27.59(\text{g}).$$

扫一扫

微分在近似计算中的应用

同步习题 2.3

【基础题】

1. 设函数 $y = \arctan x$,求:(1)$\mathrm{d}y$;(2)$\mathrm{d}y\big|_{x=2}$;(3)$\mathrm{d}y\big|_{\substack{x=2 \\ \Delta x=0.05}}$.

2. 求下列函数的微分 $\mathrm{d}y$.

(1) $y = x^2 \ln x$;　　　　　　　　(2) $y = \dfrac{x+1}{x^2+1}$;

(3) $y = e^{\cos x}$;　　　　　　　　(4) $y = \sin[\ln(x^2+1)]$.

3. 求由下列各参数方程所确定的函数 $y = f(x)$ 的导数 $\dfrac{\mathrm{d}y}{\mathrm{d}x}$.

(1) $\begin{cases} x = \dfrac{1}{t+1}, \\ y = \dfrac{t}{(t+1)^2}; \end{cases}$　　　　(2) $\begin{cases} x = e^t \cos t, \\ y = e^t \sin t, \end{cases}$ 求 $\dfrac{\mathrm{d}y}{\mathrm{d}x}\bigg|_{t=\frac{\pi}{2}}$.

4. 一金属圆管,其内半径为 5 cm,壁厚为 0.02 cm,求该圆管截面面积的近似值.

【提高题】

1. 求下列函数的微分 $\mathrm{d}y$.

(1) 设 $y = e^{\sin x}$,则 $\mathrm{d}y = $ ＿＿＿＿＿;

(2) 设 $y = x^2 \sin e^x$,则 $\mathrm{d}y = $ ＿＿＿＿＿;

(3) 设 $y = \arcsin \sqrt{x+1}$,则 $\mathrm{d}y = $ ＿＿＿＿＿;

(4) $xy = e^{x+y}$,则 $\mathrm{d}y = $ ＿＿＿＿＿;

(5) 设函数由 $x^2 + xy^2 + 2y = 1$ 确定,则 $\mathrm{d}y = $ ＿＿＿＿＿.

2. 求摆线 $\begin{cases} x = a(t - \sin t), \\ y = a(1 - \cos t) \end{cases}$ 在 $t = \dfrac{\pi}{2}$ 处的切线方程.

本章小结

一、主要知识点

导数,导数的几何意义,可导与连续的关系;导数的四则运算法则,复合函数的求导法则,高阶导数,隐函数的导数;微分,微分的几何意义,微分的运算,微分在近似计算中的应用.

二、主要的数学思想和方法

数形结合的思想和方法,通过观察图像理解导数的几何意义与微分的几何意义;近似代替的思想和方法,考虑函数在小范围内用线性函数或多项式函数来任意近似表示.

三、主要的题型及解法

1. 求导数.可考虑用以下方法求解:导数定义的方法;导数基本公式;四则运算法则;复合函数求导法则;隐函数求导法则.

2. 求高阶导数:具体阶数的高阶导数,从一阶开始,逐阶求得所求阶数;n 阶导数,从一阶开始,逐阶求导,从其中的导数中,归纳出 n 阶导数.

3. 求曲线的切线方程和法线方程：利用导数的几何意义，求出斜率，再由点斜式写出方程．

4. 求微分．可以考虑以下方法：微分定义；微分基本公式；四则运算法则；微分形式不变性．

总复习题

一、选择题

1. 函数 $f(x)$ 在点 x_0 处连续是在该点可导的 _____．
   A. 必要条件　　B. 充分条件　　C. 充要条件　　D. 无关条件

2. 下列函数中，其导数为 $\sin 2x$ 的是 _____．
   A. $\cos 2x$　　B. $\cos^2 x$　　C. $-\cos 2x$　　D. $\sin^2 x$

3. 已知 $f(x)$ 为奇函数，则 $f'(x)$ 是 _____．
   A. 奇函数　　B. 偶函数　　C. 非奇非偶函数　　D. 不确定

4. 设 $y=f(\sin x)$ 且函数 $f(x)$ 可导，则 $\mathrm{d}y=$ _____．
   A. $f'(\sin x)\mathrm{d}x$　　　　　　　B. $f'(\cos x)\mathrm{d}x$
   C. $f'(\sin x)\cos x\mathrm{d}x$　　　　D. $f'(\cos x)\cos x\mathrm{d}x$

5. 设 $F(x)=\begin{cases} \dfrac{f(x)}{x}, & x\neq 0 \\ f(0), & x=0 \end{cases}$，其中 $f(x)$ 在 $x=0$ 点可导，且 $f'(0)\neq 0$，$f(0)=0$，则 $x=0$ 是 $F(x)$ 的 _____．
   A. 连续点　　　　　　　　B. 可去间断点
   C. 第二类间断点　　　　　D. 哪类间断点难以确定

6. 若 $f(x)=\begin{cases} x^2, & x\leqslant 1 \\ ax+b, & x>1 \end{cases}$，在 $x=1$ 处可导，则 a,b 的值为 _____．
   A. $a=1,b=2$　　B. $a=2,b=-1$　　C. $a=-1,b=2$　　D. $a=-2,b=1$

二、填空题

1. 曲线 $y=(1+x)\ln x$ 在点 $(1,0)$ 处的切线方程为 _____．

2. 设 $f'(x_0)=A$，则极限 $\lim\limits_{\Delta x\to 0}\dfrac{f(x_0+\alpha\Delta x)-f(x_0-\beta\Delta x)}{\Delta x}=$ _____．

3. 曲线 $y=x^4-4x$ 上切线平行于 x 轴的点是 _____．

4. 设 $f(x)=\begin{cases} \dfrac{\mathrm{e}^x-1}{x}, & x\neq 0 \\ 1, & x=0 \end{cases}$，则 $f'(0)=$ _____．

5. 设 $y=\mathrm{e}^{x^2}$ 则 $y^{(101)}(0)=$ _____．

三、求下列函数的导数

1. $y=(x^3-x)^5$．　　　　　　　2. $y=\ln(x+\sqrt{1+x^2})$．

四、解答题

1. 求由方程 $x^2+xy-y^3=0$ 确定的隐函数的导数 $\dfrac{\mathrm{d}y}{\mathrm{d}x}$．

2. 已知函数 $f(x)=\begin{cases} e^x, & x\leqslant 0 \\ ax+b, & x>0 \end{cases}$ 在 $x=0$ 处可导，求 a,b.

课外阅读

中国数学家的微积分思想

微积分的发展可以分为三个阶段：极限概念、求积的无限小方法、积分与微分及其互逆关系．最后一个阶段是由牛顿和莱布尼兹分别独立完成的．前两个阶段的工作，欧洲的大批数学家一直追溯到古希腊的阿基米德等都做出了各自的贡献．然而，在这方面的工作，中国古代是毫不逊色于西方的．极限思想在古代中国早有萌芽，甚至是古希腊数学都不能比拟．

比如，早在公元前 7 世纪，《庄子·天下篇》中就记有"一尺之棰，日取其半，万世不竭"．公元前 4 世纪，《墨经》中就有有穷、无穷、无限小（最小无内）、无穷大（最大无外）的定义和极限以及瞬时等概念．三国时期的刘徽在他的割圆术中提到"割之弥细，所失弥小，割之又割，以至于不可割，则与圆周和体而无所失矣"．这些都是朴素的也是很典型的极限概念．

南宋数学家秦九韶于 1274 年撰写了划时代巨著《数书九章》十八卷，创举世闻名的"大衍求一术"——增乘开方法解任意次数字（高次）方程近似解，比西方早 500 多年．北宋科学家沈括的《梦溪笔谈》独创了"隙积术"、"会圆术"和"棋局都数术"，开创了对高阶等差级数求和的研究．

特别是 13 世纪 40 年代到 14 世纪初，各主要（数学）领域都达到了中国古代数学的高峰，出现了现通称贾宪三角形的"开方作法本源图"和增乘开方法、"正负开方术"、"大衍求一术"、"大衍总数术"（一次同余式组解法）、"垛积术"（高阶等差级数求和）、"招差术"（高次差内差法）、"天元术"（数字高次方程一般解法）、"四元术"（四元高次方程组解法）、勾股数学、弧矢割圆术、组合数学、计算技术改革和珠算等，这些都是在世界数学史上有重要地位的杰出成果．中国古代数学家做了关于微积分前两个阶段的出色工作，其中许多都是微积分得以创立的关键．

中国几乎具备了 17 世纪发明微积分的全部内在条件，已经接近了微积分的大门．可惜中国元朝以后，八股取士制度造成了学术上的倒退，封建统治的文化专制和盲目排外致使包括数学在内的科学水平日渐衰落，在微积分创立的最关键一步落伍了．

但是，从长时段、大范围的角度来看，中国古代数学思想和方法的西传对近代微积分的影响是不容忽视的．这种影响具体表现在"拟经验"数学范式的确立、微积分基本概念的酝酿、新数学学科的启迪以及创新型认知方式的转换等方面，具有深沉性、关键性、持久性和启发性等特征．正如我国著名数学家吴文俊先生早在 20 世纪 70 年代中期所指出的："到西欧 17 世纪以后才出现的解析几何与微积分，乃是通向所谓近代数学的主要的两大创造，一般认为这些创造纯粹是西欧数学的成就．但是中国的古代数学决不是不起着重大作用（甚至还是决定性的作用）的．"

第 3 章

微分中值定理与导数的应用

在上一章里引进了导数和微分的概念,我们可以利用导数来研究函数在一点附近的局部特性.本章内容是上一章的延续,将应用导数来了解函数在区间上的整体性态.我们将首先介绍微分学基本定理——中值定理.它是从函数局部性质推导整体性态的有力工具.然后通过导数来研究函数及其曲线的某些性态,包括函数的单调性和凹凸性,求函数极限、极值和最值,并利用相关知识解决实际问题.

§3.1 微分中值定理

导数是刻画函数在某一点处变化率的数学模型,它反映了函数在这一点处的局部变化性态.而函数的变化趋势以及图像特征是函数在某区间上的整体变化性态.微分中值定理是在理论上给出函数在某区间的整体性质与该区间内部一点的导数之间的关系.由于这些性质都与区间内部的某个中间值有关,因此统称中值定理.

3.1.1 罗尔(Rolle)中值定理

定理 3.1 若函数 $f(x)$ 满足以下条件:

(1) 在闭区间 $[a,b]$ 上连续;
(2) 在开区间 (a,b) 内可导;
(3) $f(a)=f(b)$.

则在 (a,b) 内至少存在一点 ξ,使得 $f'(\xi)=0$.

罗尔定理的几何意义是:如果连续曲线除端点外处处都有不垂直于 x 轴的切线,且两端点处的纵坐标相等,那么其上至少有一条平行于 x 轴的水平切线(见图 3.1).

罗尔定理

注意 罗尔定理的三个条件只是充分条件,不是必要条件.若满足定理中三个条件,结论一定是成立的;反之,若不满足定理的条件,结论仍然有可能成立.

例 3.1 验证函数 $f(x)=x^2-3x-4$ 在区间 $[-1,4]$ 上是否满足罗尔定理的条件,若满足,试求罗尔定理中 ξ 的值.

解 $f(x)=x^2-3x-4$ 在 $[-1,4]$ 上连续,且在

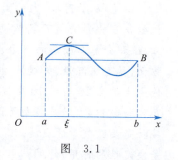

图 3.1

$(-1,4)$ 内可导，又 $f(-1)=f(4)=0$. 所以 $f(x)$ 在 $[-1,4]$ 上满足罗尔定理条件.

由于 $f'(x)=2x-3$，令 $f'(x)=2x-3=0$，解得 $x=\dfrac{3}{2}\in(-1,4)$，即 $\xi=\dfrac{3}{2}$.

在罗尔定理中，条件 $f(a)=f(b)$ 比较特殊，若把这个条件去掉并相应地改变结论，就得到了微分学中十分重要的拉格朗日中值定理.

3.1.2 拉格朗日(Lagrange)中值定理

定理 3.2 若函数 $f(x)$ 满足以下条件：

(1) 在闭区间 $[a,b]$ 上连续；

(2) 在开区间 (a,b) 内可导.

则在 (a,b) 内至少存在一点 ξ，使得 $f'(\xi)=\dfrac{f(b)-f(a)}{b-a}$.

拉格朗日中值定理的几何意义：如果连续曲线除端点外处处都有不垂直于 x 轴的切线，那么其上至少有一条平行于连接两端点的直线的切线(见图3.2).

推论 1 若函数 $f(x)$ 在区间 (a,b) 内可导，且 $f'(x)\equiv 0$，则在 (a,b) 内，$f(x)$ 是一个常数.

证 在区间 (a,b) 内任取两点 $x_1,x_2(x_1<x_2)$，则 $f(x)$ 在 $[x_1,x_2]$ 上满足拉格朗日中值定理条件，所以

$$f(x_2)-f(x_1)=f'(\xi)(x_2-x_1) \quad (x_1<\xi<x_2)$$

拉格朗日中值定理

图 3.2

又因 $f'(\xi)=0$，所以 $f(x_2)-f(x_1)=0$，即 $f(x_2)=f(x_1)$.

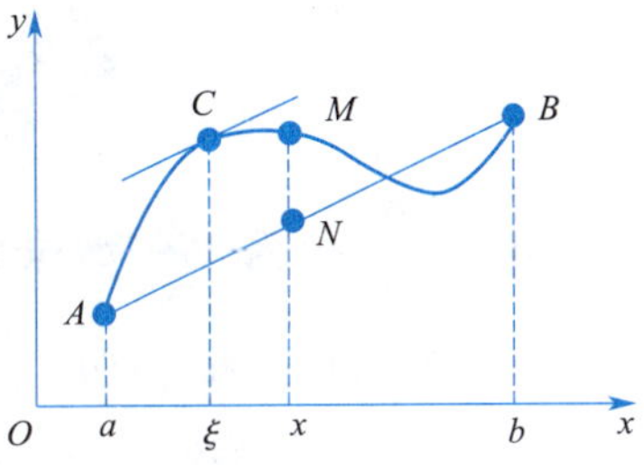

由 x_1,x_2 的任意性可知，函数 $f(x)$ 在区间 (a,b) 内是一个常数.

推论 2 若函数 $f(x),g(x)$ 在区间 (a,b) 内可导，且对任意的 $x\in(a,b)$，有 $f'(x)\equiv g'(x)$，则在 (a,b) 内，$f(x)=g(x)+C$，其中 C 为常数.

证 由假设条件知，对任意的 $x\in(a,b)$，有 $[f(x)-g(x)]'=0$，由推论1，有 $f(x)-g(x)=C$(常数)，即 $f(x)=g(x)+C$.

3.1.3 柯西(Cauchy)中值定理

定理 3.3 如果函数 $f(x)$ 及 $F(x)$ 满足以下条件：

(1) 在闭区间 $[a,b]$ 上连续；

(2) 在开区间 (a,b) 内可导；

(3) 对任意的 $x\in(a,b)$，$F'(x)\neq 0$，

则在 (a,b) 内至少有一点 ξ，使得

$$\dfrac{f(b)-f(a)}{F(b)-F(a)}=\dfrac{f'(\xi)}{F'(\xi)}.$$

显然，如果取 $F(x)=x$，那么 $F(b)-F(a)=b-a$，$F'(x)=1$，因而柯西中值公式就可以写成

$$f(b)-f(a)=f'(\xi)(b-a)\quad(a<\xi<b).$$

这样就变成了拉格朗日中值公式了，所以柯西定理是拉格朗日定理的推广.

柯西中值定理

同步习题 3.1

【基础题】

1. 验证下列函数满足罗尔定理的条件,并求出定理中的 ξ.
   (1) $f(x)=x^2-x-5$, $x\in[-2,3]$;
   (2) $f(x)=x\sqrt{3-x}$, $x\in[0,3]$.

2. 验证下列函数满足拉格朗日中值定理的条件,并求出定理中的 ξ.
   (1) $f(x)=\ln x$, $x\in[1,e]$; (2) $f(x)=1-x^2$, $x\in[0,3]$.

【提高题】

1. 若 $0<a<b$, 证明 $\dfrac{b-a}{b}<\ln\dfrac{b}{a}<\dfrac{b-a}{a}$.

2. 证明 $\arcsin x+\arccos x=\dfrac{\pi}{2}$.

§3.2 洛必达法则

3.2.1 "$\dfrac{0}{0}$"型和"$\dfrac{\infty}{\infty}$"型未定式

在某一变化过程中,两个无穷小之比或两个无穷大之比的极限可能存在,也可能不存在,我们称这类极限为未定式.记为"$\dfrac{0}{0}$"或"$\dfrac{\infty}{\infty}$".应用初等方法求这类极限有的会比较困难.本节给出一种有效的求"$\dfrac{0}{0}$"或"$\dfrac{\infty}{\infty}$"的极限方法,即洛必达法则.

定理 3.4 如果函数 $f(x)$ 及 $g(x)$ 满足以下条件:
(1) $\lim\limits_{x\to a}f(x)=0$, $\lim\limits_{x\to a}g(x)=0$;
(2) 在点 a 的某去心邻域内可导,且 $g'(x)\neq 0$;
(3) $\lim\limits_{x\to a}\dfrac{f'(x)}{g'(x)}=A(\text{或}\infty)$,

则必有
$$\lim_{x\to a}\dfrac{f(x)}{g(x)}=\lim_{x\to a}\dfrac{f'(x)}{g'(x)}=A(\text{或}\infty). \tag{3.1}$$

这种在一定条件下通过分子分母分别求导数再求极限来确定未定式极限值的方法称为洛必达法则.

"$\dfrac{0}{0}$"型洛必达

例 3.2 求 $\lim\limits_{x\to 1}\dfrac{x^3-3x+2}{x^3-x^2-x+1}$.

解 原式 $=\lim\limits_{x\to 1}\dfrac{3x^2-3}{3x^2-2x-1}=\lim\limits_{x\to 1}\dfrac{6x}{6x-2}=\dfrac{3}{2}$.

说明 使用一次洛必达法则后,如果 $\dfrac{f'(x)}{g'(x)}$ 仍是满足定理条件的未定式,则可继续使用洛必达法则,而且可以连续多次使用,但是务必验证是否满足定理条件.

例 3.3 求 $\lim\limits_{x\to 0}\dfrac{\ln(1+x)}{x^2}$.

解 $\lim\limits_{x\to 0}\dfrac{\ln(1+x)}{x^2}=\lim\limits_{x\to 0}\dfrac{\dfrac{1}{1+x}}{2x}=\infty$.

说明 (1) 定理 3.4 中的条件(1)改为 $\lim\limits_{x\to a}f(x)=\infty$, $\lim\limits_{x\to a}g(x)=\infty$, 则 $\lim\limits_{x\to a}\dfrac{f(x)}{g(x)}$ 是 "$\dfrac{\infty}{\infty}$" 型未定式, 定理仍成立.

(2) 定理中 $x\to a$, 若改为 $x\to\infty$, $x\to +\infty$, $x\to -\infty$, $x\to a^+$, $x\to a^-$, 只需将定理中条件(2)进行相应修改, 定理仍成立.

例 3.4 求 $\lim\limits_{x\to +\infty}\dfrac{\ln x}{x^n}$ $(n>0)$.

解 $\lim\limits_{x\to +\infty}\dfrac{\ln x}{x^n}=\lim\limits_{x\to +\infty}\dfrac{\dfrac{1}{x}}{nx^{n-1}}=\lim\limits_{x\to +\infty}\dfrac{1}{nx^n}=0$.

说明 (1) 洛必达法则只适用于 "$\dfrac{0}{0}$" 或 "$\dfrac{\infty}{\infty}$" 型, 但是定理的条件是充分非必要的, 换句话说, 在 "$\dfrac{0}{0}$" 或 "$\dfrac{\infty}{\infty}$" 型未定式中, 若 $\lim\limits_{x\to a}\dfrac{f'(x)}{g'(x)}$ 不存在, 不能说明 $\lim\limits_{x\to a}\dfrac{f(x)}{g(x)}$ 不存在. 例如

$$\lim\limits_{x\to\infty}\dfrac{\sin x - x}{x}=-1,$$

而 $\lim\limits_{x\to\infty}\dfrac{(\sin x - x)'}{(x)'}=\lim\limits_{x\to\infty}\dfrac{\cos x - 1}{1}=\lim\limits_{x\to\infty}(\cos x - 1)$ 极限不存在.

"$\dfrac{\infty}{\infty}$" 型洛必达

(2) 在运用洛必达法则求未定式极限时, 还可以结合使用无穷小等价代换的方法, 可能使得运算变得简单. 例如

$$\lim\limits_{x\to 0}\dfrac{x-\sin x}{\tan^3 x}=\lim\limits_{x\to 0}\dfrac{x-\sin x}{x^3}=\lim\limits_{x\to 0}\dfrac{1-\cos x}{3x^2}=\lim\limits_{x\to 0}\dfrac{\dfrac{1}{2}x^2}{3x^2}=\dfrac{1}{6}.$$

在该例中用到的等价代换, $x\to 0$ 时, $\tan x\sim x$, $1-\cos x\sim\dfrac{1}{2}x^2$.

3.2.2 其他类型未定式

对于 "$0\cdot\infty$" 和 "$\infty-\infty$" 型未定式的求极限问题, 可以经过适当的初等变换将它们转化为 "$\dfrac{0}{0}$" 或 "$\dfrac{\infty}{\infty}$" 型未定式来计算. 一般方法是:

(1) "$0\cdot\infty$" 型转化为 "$\dfrac{0}{0}$" 或 "$\dfrac{\infty}{\infty}$" 型;

(2) "$\infty-\infty$" 型用通分法.

例 3.5 求 $\lim\limits_{x\to 0^+}x^n\ln x$ $(n>0)$.

解 $\lim\limits_{x\to 0^+}x^n\ln x=\lim\limits_{x\to 0^+}\dfrac{\ln x}{x^{-n}}=\lim\limits_{x\to 0^+}\dfrac{\dfrac{1}{x}}{-nx^{-n-1}}=\lim\limits_{x\to 0^+}\dfrac{-x^n}{n}=0$.

例 3.6 求 $\lim\limits_{x\to\frac{\pi}{2}}(\sec x-\tan x)$.

其他类型
未定式

解 $\lim\limits_{x\to\frac{\pi}{2}}(\sec x - \tan x) = \lim\limits_{x\to\frac{\pi}{2}}\frac{1-\sin x}{\cos x} = \lim\limits_{x\to\frac{\pi}{2}}\frac{-\cos x}{\sin x} = 0.$

对于幂指函数 $f(x)^{g(x)}$ 的极限：若 $\lim f(x) = 0, \lim g(x) = 0$，这是"$0^0$"型未定式；若 $\lim f(x) = 1, \lim g(x) = \infty$，这是"$1^\infty$"型未定式；若 $\lim f(x) = \infty, \lim g(x) = 0$，这是"$\infty^0$"型未定式. 由于

$$f(x)^{g(x)} = e^{g(x)\ln f(x)},$$

而 $\lim g(x)\ln f(x)$ 是"$0 \cdot \infty$"型未定式，可化为"$\frac{0}{0}$"或"$\frac{\infty}{\infty}$"型，再用洛必达法则即可.

例 3.7 求 $\lim\limits_{x\to 0^+} x^x$.

解 $\lim\limits_{x\to 0^+} x^x = \lim\limits_{x\to 0^+} e^{x\ln x} = e^{\lim\limits_{x\to 0^+} x\ln x} = e^{\lim\limits_{x\to 0^+}\frac{\ln x}{\frac{1}{x}}} = e^{\lim\limits_{x\to 0^+}\frac{\frac{1}{x}}{-\frac{1}{x^2}}} = e^0 = 1.$

例 3.8 求 $\lim\limits_{x\to 1} x^{\frac{1}{1-x}}$.

解 $\lim\limits_{x\to 1} x^{\frac{1}{1-x}} = \lim\limits_{x\to 1} e^{\frac{1}{1-x}\ln x} = e^{\lim\limits_{x\to 1}\frac{1}{1-x}\ln x} = e^{\lim\limits_{x\to 1}\frac{\frac{1}{x}}{-1}} = e^{-1}.$

例 3.9 求 $\lim\limits_{x\to\infty}(1+x^2)^{\frac{1}{x}}$.

解 $\lim\limits_{x\to\infty}(1+x^2)^{\frac{1}{x}} = \lim\limits_{x\to\infty} e^{\frac{1}{x}\ln(1+x^2)} = e^{\lim\limits_{x\to\infty}\frac{1}{x}\ln(1+x^2)} = e^{\lim\limits_{x\to\infty}\frac{\ln(1+x^2)}{x}}$

$= e^{\lim\limits_{x\to\infty}\frac{\frac{2x}{1+x^2}}{1}} = e^0 = 1.$

同步习题 3.2

【基础题】

1. 用洛必达法则求下列极限.

(1) $\lim\limits_{x\to 0}\frac{\ln(x+1)}{x}$；

(2) $\lim\limits_{x\to\pi}\frac{\sin 3x}{\tan 5x}$；

(3) $\lim\limits_{x\to+\infty}\frac{e^x}{x^3}$；

(4) $\lim\limits_{x\to 0^+}\frac{\ln x}{\ln\sin x}$；

(5) $\lim\limits_{x\to\infty} x(e^{\frac{1}{x}}-1)$；

(6) $\lim\limits_{x\to 0}\left(\frac{1}{x} - \frac{1}{e^x-1}\right)$；

(7) $\lim\limits_{x\to 0^+} x^{\sin x}$；

(8) $\lim\limits_{x\to e}(\ln x)^{\frac{1}{1-\ln x}}$；

(9) $\lim\limits_{x\to+\infty}(1+x)^{\frac{1}{x}}$.

2. 设函数 $f(x)$ 二阶连续可导，且 $f(0) = 0, f'(0) = 1, f''(0) = 2$，试求 $\lim\limits_{x\to 0}\frac{f(x)-x}{x^2}$.

【提高题】

用洛必达法则求下列极限.

(1) $\lim\limits_{x\to 0}\frac{x-\ln(1+x)}{x^2}$；

(2) $\lim\limits_{x\to 0}\frac{e^x - e^{\sin x}}{x-\sin x}$；

(3) $\lim\limits_{x \to \frac{\pi}{6}} \dfrac{1-2\sin x}{\cos 3x}$;

(4) $\lim\limits_{x \to 0}\left[\dfrac{1}{\ln(1+x)} - \dfrac{1}{x}\right]$;

(5) $\lim\limits_{x \to +\infty}\left(\dfrac{\pi}{2} - \arctan x\right)^{\frac{1}{\ln x}}$;

(6) $\lim\limits_{x \to 0}(1+x^2)^{\frac{1}{x}}$.

§3.3 函数的单调性与极值

前面学过函数单调性的概念,这里将介绍利用函数的一阶导数来判定函数单调性的方法.

3.3.1 函数的单调性

从几何上可以看出,曲线的单调性与其上各点的切线的斜率密切相关,如果 $y=f(x)$ 在 $[a,b]$ 上单调增加(单调减少),那么它的图形是一条沿 x 轴正向上升(下降)的曲线,这时,如图 3.3 和图 3.4 所示,曲线上各点处的切线斜率是非负的(非正的),即 $y'=f'(x) \geqslant 0 (y'=f'(x) \leqslant 0)$.

函数的单调性

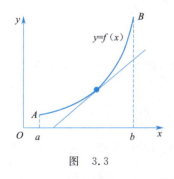

图 3.3

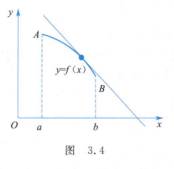

图 3.4

那么,能否用导数的符号来判定函数的单调性呢? 我们有下述判断函数单调性的充分条件.

定理 3.5 (函数单调性的判定定理)设函数 $y=f(x)$ 在 $[a,b]$ 上连续,在 (a,b) 内可导.

(1) 如果在 (a,b) 内 $f'(x)>0$,那么函数 $y=f(x)$ 在 $[a,b]$ 上单调增加;

(2) 如果在 (a,b) 内 $f'(x)<0$,那么函数 $y=f(x)$ 在 $[a,b]$ 上单调减少.

说明 (1) 将判定法中的闭区间换成其他区间,如开区间、半开半闭区间甚至无穷区间,结论仍然成立.

(2) 若函数在区间 I 内仅仅个别点处导数为零,而其他点仍满足定理条件,则定理的结论仍然成立.

例 3.10 讨论函数 $f(x)=2x^3+3x^2-12x$ 的单调性.

解 函数的定义域为 $(-\infty, +\infty)$,$y'=6(x^2+x-2)=6(x-1)(x+2)$.

令 $y'=0$,得 $x_1=-2, x_2=1$.

在 $(-\infty, -2)$ 内,$f'(x)>0$;在 $(-2,1)$ 内,$f'(x)<0$;在 $(1,+\infty)$ 内,$f'(x)>0$.

由此可知,在 $(-\infty,-2)$ 与 $(1,+\infty)$ 内,所给函数单调增加,在 $(-2,1)$ 内,所给函数单调减少.

例 3.11 讨论函数 $f(x)=1-(x-2)^{\frac{2}{3}}$ 的单调性.

解 函数的定义域为 $(-\infty,+\infty)$. 当 $x\neq 2$ 时, $f'(x)=-\dfrac{2}{3}(x-2)^{-\frac{1}{3}}$, 当 $x=2$ 时, $f'(x)$ 不存在.

以 2 为分点, 将定义域 $(-\infty,+\infty)$ 分成两部分: $(-\infty,2)$, $(2,+\infty)$.

在 $(-\infty,2)$ 内, $f'(x)>0$; 在 $(2,+\infty)$ 内, $f'(x)<0$.

由此可知, 在 $(-\infty,2)$ 内, 所给函数单调增加, 在 $(2,+\infty)$ 内, 所给函数单调减少.

说明 从上面两个例子可以看出, 函数导数等于零的点, 一阶导数不存在的点都可能成为连续函数单调区间的分界点.

综合上述说明, 可以总结出判别函数单调性的步骤如下:

(1) 确定函数的定义域;

(2) 求出使 $f'(x)=0$ 和 $f'(x)$ 不存在的点, 并以这些点为分界点, 将定义域分割成几个子区间;

(3) 确定 $f'(x)$ 在各个子区间内的符号, 从而判定函数 $y=f(x)$ 的单调性.

3.3.2 函数的极值

1. 极值的定义

函数的极值

定义 3.1 设函数 $f(x)$ 在区间 (a,b) 内有定义, $x_0\in(a,b)$. 如果在 x_0 的某一去心邻域内恒有:

(1) $f(x)<f(x_0)$, 则称 $f(x_0)$ 是函数 $f(x)$ 的一个极大值, x_0 称为 $f(x)$ 的极大值点;

(2) $f(x)>f(x_0)$, 则称 $f(x_0)$ 是函数 $f(x)$ 的一个极小值, x_0 称为 $f(x)$ 的极小值点.

函数的极大值与极小值统称为函数的极值, 极大值点、极小值点统称为函数的极值点.

说明 (1) 函数的极值仅仅是在某一点的近旁而言的, 它是局部性概念. 在一个区间上, 函数可能有几个极大值与几个极小值, 甚至有的极小值可能大于某个极大值. 从图 3.5 可看出, 极小值 $f(x_6)$ 就大于极大值 $f(x_2)$.

(2) 极值与水平切线的关系: 在函数取得极值处(该点可导), 曲线上的切线是水平的. 但曲线上有水平切线的地方, 函数不一定取得极值(见图 3.5).

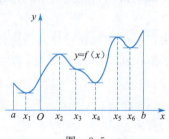

图 3.5

2. 极值的判别法

定理 3.6 (极值存在的必要条件) 设函数 $f(x)$ 在点 x_0 处可导, 且在 x_0

处取得极值,那么函数在点 x_0 处的导数为零,即 $f'(x_0)=0$.

使 $f'(x)$ 为零的点(即方程 $f'(x)=0$ 的实根)称为函数 $f(x)$ 的驻点.

从定理 3.6 可知,可导函数 $f(x)$ 的极值点必定是函数的驻点.但反过来,函数 $f(x)$ 的驻点却不一定是极值点.

例如,$f(x)=x^3$,在点 $x=0$ 处有 $f'(0)=0$,但 $x=0$ 并不是函数 $f(x)=x^3$ 的极值点.

此外,函数在不可导的点,也可能取得极值.例如,$y=x^{\frac{2}{3}}$ 有 $y'=\frac{2}{3}x^{-\frac{1}{3}}$,$y'|_{x=0}$ 不存在,但是在 $x=0$ 处函数却有极小值 $f(0)=0$,如图 3.6 所示.

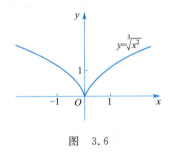

图 3.6

又如,$y=x^{\frac{1}{3}}$ 有 $y'=\frac{1}{3}x^{-\frac{2}{3}}$,$y'|_{x=0}$ 也不存在,但在 $x=0$ 处函数没有极值.

下面给出函数取得极值的充分条件,以及函数求极值的具体方法.

定理 3.7 (极值存在的第一充分条件)设函数 $f(x)$ 在点 x_0 的某一邻域内可导.

(1)当 $x<x_0$ 时,$f'(x)>0$,而当 $x>x_0$ 时,$f'(x)<0$,那么函数 $f(x)$ 在 x_0 处取得极大值;

(2)当 $x<x_0$ 时,$f'(x)<0$,而当 $x>x_0$ 时,$f'(x)>0$,那么函数 $f(x)$ 在 x_0 处取得极小值;

(3)当 $x<x_0$ 与 $x>x_0$ 时,$f'(x)$ 不变号,那么函数 $f(x)$ 在 x_0 处没有极值.

证明 (1)因为当 $x<x_0$ 时,$f'(x)>0$,所以在 x_0 的左邻域内函数单调增加;当 $x>x_0$ 时,$f'(x)<0$,函数在 x_0 的右邻域内函数单调减少,因而在 x_0 的邻域内总有 $f(x)<f(x_0)$,故函数 $f(x)$ 在 x_0 处取得极大值.

同理可证(2).

因为函数 $f(x)$ 在 x_0 的邻域内 $f'(x)$ 不变号,因此函数在 x_0 的左、右邻域内都是单调增加或单调减少,故函数 $f(x)$ 在 x_0 处没有极值.

综上所述,求函数 $f(x)$ 极值的步骤如下:

(1)求出函数的定义域及导数 $f'(x)$;

(2)令 $f'(x)=0$,求出 $f(x)$ 的全部驻点和导数不存在的点;

(3)列表判断(用上述各点将定义域分成若干子区间,判定各子区间内 $f'(x)$ 的正、负,以便确定该点是否是极值点);

(4)求出各极值点处的函数值,确定出函数的所有极值点和极值.

例 3.12 求函数 $f(x)=(x-4)\sqrt[3]{(x+1)^2}$ 的极值.

解 (1) $f(x)$ 在 $(-\infty, +\infty)$ 内连续,$f'(x) = \dfrac{5(x-1)}{3\sqrt[3]{x+1}}$.

(2) 令 $f'(x) = 0$,得驻点 $x=1$;而当 $x=-1$ 时,$f'(x)$ 不存在. 这两个点将函数 $f(x)$ 的定义区间分成三部分.

(3) 列表判断(见表 3.1).

表 3.1

x	$(-\infty, -1)$	-1	$(-1, 1)$	1	$(1, +\infty)$
$f'(x)$	$+$	不存在	$-$	0	$+$
$f(x)$	↑	0	↓	$-3\sqrt[3]{4}$	↑

(4) 极大值为 $f(-1) = 0$,极小值为 $f(1) = -3\sqrt[3]{4}$.

3.3.3 函数的最值及应用

在工农业生产、工程技术及科学实验中,常常会遇到这样一类问题:在一定条件下,怎样使"产品最多""用料最省""成本最低""效率最高"等,这类问题在数学上有时可归结为求某一函数(通常称为目标函数)的最大值或最小值问题,简称最值问题. 函数的最大值和最小值统称函数的最值,对应的点为最值点. 不同于函数的极值,最值是一个整体性概念.

一般地,若函数 $f(x)$ 在闭区间 $[a,b]$ 上连续,则函数在闭区间 $[a,b]$ 上必有最值. 显然,连续函数 $f(x)$ 的最值只可能在极值点和区间的端点处取得,而函数的极值点只能在驻点和导数不存在的点取得,因此,只要求出函数在驻点,导数不存在的点和区间端点的函数值,然后加以比较即可求出函数的最值.

求函数 $f(x)$ 在连续区间 $[a,b]$ 上最值的一般步骤如下:

(1) 求出函数 $f(x)$ 在 (a,b) 内的驻点和不可导点以及端点处的函数值;

(2) 比较这些函数值的大小,其中最大的和最小的就是函数 $f(x)$ 的最大值和最小值.

函数的最值

例 3.13 求函数 $f(x) = 2x^3 + 3x^2 - 12x + 14$ 在 $[-3, 4]$ 上的最大值与最小值.

解 因为 $f'(x) = 6(x+2)(x-1)$,令 $f'(x) = 0$,解得 $x_1 = -2, x_2 = 1$. 又 $f(-3) = 23, f(-2) = 34, f(1) = 7, f(4) = 142$. 故函数的最大值和最小值分别为 142 和 7.

求函数的最值时,常遇到下述情况:

(1) $f(x)$ 在 $[a,b]$ 内单调增加(或减少),则 $f(a)$(或 $f(b)$)为最小值,$f(b)$(或 $f(a)$)为最大值.

(2) 若函数在讨论的区间(有限或无限,开或闭)内仅有一个极值点,则当它是函数的极大值或极小值时,它就是该函数的最大值或最小值.

在实际问题中,由实际意义分析确实存在最大值或最小值,又因为所讨论的问题在它所对应的区间内只有一个驻点 x_0,所以不必讨论 $f(x_0)$ 是否是极值,一般就可以断定 $f(x_0)$ 是问题所需要的最大值或最小值.

例 3.14 直流电路的电阻匹配问题. 已知电源电压为 E,内阻为 r,如图 3.7

所示,问:负载电阻 R 多大时,输出功率最大?

图 3.7

解 E 和 r 均为常数,由欧姆定律,通过电路的电流 $i(R)=\dfrac{E}{R+r}$,输出功率是 $P(R)=i^2 R=\dfrac{E^2 R}{(R+r)^2}$.

由 $P'(R)=\dfrac{E^2(r-R)}{(R+r)^3}=0$,得唯一解 $R=r$.

又 $P'(R)=\dfrac{E^2(r-R)}{(R+r)^3}$,当 $R<r$ 时,$P'(R)>0$,当 $R>r$ 时,$P'(R)<0$. 所以函数 $P(R)$ 在点 r 处取唯一极大值.

这就是说,当负载电阻与电源内阻相等时,输出功率最大,为 $P_{\max}(R)=\dfrac{E^2}{4R}$.

当负载电阻与电源内阻相等时,负载获得最大功率,这种工作状态称为负载与电源的匹配. 此时电源内阻上消耗的功率和负载获得的功率相等,故电源效率只有 50%.

电力系统中,传输的功率大,要求效率高、能量损失小,所以不能工作在匹配状态;电信系统中,传输的功率小,效率居于次要地位,常设法达到匹配状态,使负载获得最大功率.

同步习题 3.3

【基础题】

1. 求下列函数的单调增减区间.

    (1) $y=x^3-3x^2+5$； (2) $y=x-\ln(1+x)$.

2. 求下列函数的极值.

    (1) $f(x)=x^3-9x^2-27$； (2) $f(x)=x-\dfrac{3}{2}x^{\frac{2}{3}}$.

3. 求下列函数的最大值与最小值.

    (1) $f(x)=(x^2-3)(x^2-4x+1)$, $x\in[-2,4]$；

    (2) $f(x)=1-\dfrac{2}{3}(x-2)^{\frac{2}{3}}$, $x\in[0,3]$.

4. 欲做一个容积为 300 m³ 的无盖圆柱形蓄水池,已知池底单位造价为周围单位造价的两倍,问蓄水池的尺寸怎样设计才能使总造价最低.

5. 欲用长 $l=6$ m 的木料加工一日字形的窗框,问它的边长和边宽分别为多少时,才能使窗框的面积最大,并求出最大面积为多少.

【提高题】

1. 已知函数 $f(x)$ 二阶可导,有 $f''(x)>0, f(0)=0$,证明:函数

$$F(x)=\begin{cases} \dfrac{f(x)}{x}, & x\neq 0, \\ f(0), & x=0 \end{cases}$$

是单调增函数.

2. 求函数 $y=2e^x+e^{-x}$ 的极值.

3. 当 a 为何值时,$y=a\sin x+\dfrac{1}{3}\sin 3x$ 在 $x=\dfrac{\pi}{3}$ 处有极值? 求此极值,并说明是极大值还是极小值.

§3.4 曲线的凹凸性与曲率

3.4.1 曲线的凹凸与拐点

在研究函数图形特性时,只知道它的上升和下降性质是不够的,还要研究曲线的弯曲方向问题. 讨论曲线的凹凸性就是讨论曲线的弯曲方向问题.

例如,函数 $y=x^2$ 与 $y=\sqrt{x}$,虽然它们在 $(0,+\infty)$ 内都是增加的,但图形却有显著的不同,$y=\sqrt{x}$ 是向下弯曲的(或凸的)的曲线,而 $y=x^2$ 是向上弯曲的(或凹的)的曲线.

定义 3.2 若曲线弧位于它每一点的切线的上方,则称此曲线弧是凹的;若曲线弧位于它每一点的切线的下方,则称此曲线弧是凸的. 如图 3.8 所示,图中(a)为凹的,(b)为凸的.

扫一扫

凹凸性与
拐点定义

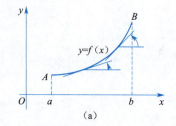

图 3.8

如何判别曲线在某一区间上的凹凸性呢? 如图 3.8 所示,若曲线是凹弧,切线的斜率是递增的;若曲线是凸弧,切线的斜率是递减的. 从而可以根据原来函数的二阶导数是正的还是负的来判别曲线弧的凹凸性,即有下面的曲线凹凸性的判定定理.

定理 3.8 (曲线凹凸性的判别法)设 $f(x)$ 在区间 (a,b) 内具有二阶导数 $f''(x)$,那么:

(1) 若在 (a,b) 内 $f''(x)>0$,则 $f(x)$ 在 (a,b) 上的图形是凹的;

(2) 若在 (a,b) 内 $f''(x)<0$,则 $f(x)$ 在 (a,b) 上的图形是凸的.

例 3.15 讨论函数 $f(x)=(x-2)^{\frac{5}{3}}$ 的凹凸性.

解 函数的定义域为 $(-\infty,+\infty)$,$f'(x)=\dfrac{5}{3}(x-2)^{\frac{2}{3}}$,$f''(x)=\dfrac{10}{9}(x-2)^{-\frac{1}{3}}$,

所以当 $x<2$ 时,$f''(x)<0$,$f(x)=(x-2)^{\frac{5}{3}}$ 在 $(-\infty,2)$ 上是凸的;当 $x>2$ 时,$f''(x)>0$,$f(x)=(x-2)^{\frac{5}{3}}$ 在区间 $(2,+\infty)$ 上是凹的.

例 3.16 讨论函数 $f(x)=x^3$ 的凹凸性.

解 函数的定义域 $(-\infty,+\infty)$,又 $f'(x)=3x^2$,$f''(x)=6x$,所以当 $x<0$ 时,$f''(x)<0$,$f(x)=x^3$ 在 $(-\infty,0)$ 上是凸的;当 $x>0$ 时,$f''(x)>0$,$f(x)=x^3$ 在 $(0,+\infty)$ 上是凹的.

连续曲线 $y=f(x)$ 凹弧与凸弧的分界点称为该曲线的拐点.

由上面的例子知道,二阶导数不存在的点有可能是拐点(例 3.15);二阶导数为零时所对应的曲线上的点也有可能是拐点(例 3.16),但是这两种点也不一定就是拐点,根据拐点定义和定理 3.8,还要看点两侧 $f''(x)$ 的符号——必须异号.

结合上述内容,总结出确定曲线 $y=f(x)$ 的凹凸区间和拐点的步骤:
(1) 求出函数 $y=f(x)$ 的定义域;
(2) 求出 $f''(x)=0$ 的点和 $f''(x)$ 不存在的点;
(3) 以上各点,把 $f(x)$ 的定义域划分成若干子区间,观察各子区间上 $f''(x)$ 的符号,确定凹凸区间和拐点.

例题解析

例 3.17 求曲线 $y=(x-1)\sqrt[3]{x^5}$ 的凹凸区间及拐点.

解 函数 $f(x)$ 的定义域为 $(-\infty,+\infty)$,
$$f(x)=x^{\frac{8}{3}}-x^{\frac{5}{3}},$$
$$f'(x)=\frac{8}{3}x^{\frac{5}{3}}-\frac{5}{3}x^{\frac{2}{3}},$$
$$f''(x)=\frac{40}{9}x^{\frac{2}{3}}-\frac{10}{9}x^{-\frac{1}{3}}=\frac{10(4x-1)}{9\sqrt[3]{x}}.$$

由 $f''(x)=0$,解得 $x=\frac{1}{4}$,又 $x=0$,$f''(x)$ 不存在.

点 $x=\frac{1}{4}$,$x=0$ 把定义域分成三个部分区间:$(-\infty,0)$,$\left(0,\frac{1}{4}\right)$,$\left(\frac{1}{4},+\infty\right)$,列表讨论见表 3.2.

表 3.2

x	$(-\infty,0)$	0	$\left(0,\frac{1}{4}\right)$	$\frac{1}{4}$	$\left(\frac{1}{4},+\infty\right)$
$f''(x)$	+	不存在	−	0	+
$f(x)$	凹	拐点	凸	拐点	凹

由上面的讨论可知曲线 $f(x)$ 在区间 $(-\infty,0)$ 及 $\left(\frac{1}{4},+\infty\right)$ 上是凹的,在区间 $\left(0,\frac{1}{4}\right)$ 上是凸的,曲线上有两个拐点:$(0,0)$ 和 $\left(\frac{1}{4},-\frac{3}{16\sqrt[3]{16}}\right)$.

3.4.2 曲率

1. 弧微分

设一条平面曲线 $y=f(x)$ 的弧长 s 由某一点 A 算起,弧长 $\widehat{MN}$ 是某一点 $M(x,y)$ 起弧长的改变量 Δs,而 Δx 和 Δy 是相应的 x 和 y 的改变量,由图 3.9 得到 $(\widehat{MN})^2=(\Delta x)^2+(\Delta y)^2$,由此 $\left(\dfrac{\widehat{MN}}{\Delta x}\right)^2=1+\left(\dfrac{\Delta y}{\Delta x}\right)^2$,对 $\Delta x \to 0$ 取极限,得 $\Delta s=\widehat{MN}=\overline{MN}$,$\left(\dfrac{\mathrm{d}s}{\mathrm{d}x}\right)^2=1+\left(\dfrac{\mathrm{d}y}{\mathrm{d}x}\right)^2$,由于弧长 s 是 x 的单调增加函数,故 $\dfrac{\mathrm{d}s}{\mathrm{d}x}>0$,于是 $\mathrm{d}s=\sqrt{1+(y')^2}\,\mathrm{d}x$,称 $\mathrm{d}s$ 为弧长的微分,简称弧微分.

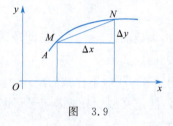

图 3.9

例 3.18 求曲线 $y=\sqrt{a^2-x^2}\,(a>0)$ 的弧微分.

解 当 $x\neq \pm a$ 时,有 $y'=\dfrac{-x}{\sqrt{a^2-x^2}}$.

$$\mathrm{d}s=\sqrt{1+(y')^2}\,\mathrm{d}x=\sqrt{1+\left(\dfrac{-x}{\sqrt{a^2-x^2}}\right)^2}\,\mathrm{d}x=\dfrac{a}{\sqrt{a^2-x^2}}\,\mathrm{d}x.$$

2. 曲率

如图 3.10 所示的小弧段 $\widehat{MN}$,若其弧长是 Δs,设有一动点从 M 沿着弧段移到 N 点,相应地这动点的切线也沿着弧段转动,在弧段两端点的切线构成了一个角 $\Delta \alpha$,该角称为转角.

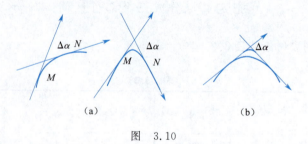

图 3.10

从图 3.10(a)可以看出,曲线弯曲程度大的,转角也大;从图 3.10(b)可以看出,在转角相等的情况下,曲线弧长较短的,弯曲程度较大.

结论 曲线的弯曲程度与转角成正比,与弧长成反比.

设曲线弧 $\widehat{MN}$ 的切线转角为 $\Delta \alpha$,弧 $\widehat{MN}$ 的长度为 Δs,则称 $\left|\dfrac{\Delta \alpha}{\Delta s}\right|$ 为曲线弧 $\widehat{MN}$ 的平均曲率.平均曲率表示曲线的平均弯曲程度,显然,点 N 越接近点 M,

曲线弧$\widehat{MN}$的平均曲率越接近曲线弧在点M处的曲率. 因此, 用弧$\widehat{MN}$的平均曲率当点N沿曲线接近点M(即$\Delta s\to 0$)时的极限来定义曲线弧在点M处的曲率. 即如果$\lim\limits_{\Delta s\to 0}\dfrac{\Delta\alpha}{\Delta s}$存在, 则定义

$$K=\left|\lim_{\Delta s\to 0}\frac{\Delta\alpha}{\Delta s}\right|=\left|\frac{\mathrm{d}\alpha}{\mathrm{d}s}\right|$$

为曲线$y=f(x)$在点M的曲率.

设函数$y=f(x)$具有二阶导数, 如图 3.11 所示, 曲线$y=f(x)$在点$M(x,f(x))$处切线的倾斜角为α, 则有

$$y'=\tan\alpha,\ \alpha=\arctan y',\quad \mathrm{d}\alpha=\frac{y''}{1+(y')^2}\mathrm{d}x.$$

又弧长的微分$\mathrm{d}s=\sqrt{1+(y')^2}\,\mathrm{d}x$, 因此曲线$y=f(x)$在点$M(x,f(x))$处曲率为

$$K=\left|\frac{\mathrm{d}\alpha}{\mathrm{d}s}\right|=\frac{|y''|}{[1+(y')^2]^{\frac{3}{2}}}. \qquad (3.2)$$

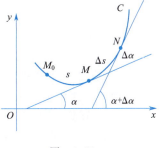

图 3.11

例 3.19 求直线上任一点处的曲率.

解 设直线的方程为$y=ax+b$. 可得$y'=a, y''=0$. 由曲率公式可知, 直线在任一点处的曲率$K=0$.

例 3.20 求圆周$(x-a)^2+(x-b)^2=R^2$上任一点处的曲率.

解 设$M(x,y)$为圆周上任一点, 由平面几何知识可知

$$\Delta s=R\Delta\alpha.$$

因此
$$K=\left|\lim_{\Delta s\to 0}\frac{\Delta\alpha}{\Delta s}\right|=\lim\frac{1}{R}=\frac{1}{R}.$$

即圆周上各点处的曲率相同, 等于该圆半径的倒数.

例 3.21 求曲线$y=\sqrt{x}$在点$\left(\dfrac{1}{4},\dfrac{1}{2}\right)$处的曲率.

解 $y'=\dfrac{1}{2\sqrt{x}}, y'|_{x=\frac{1}{4}}=1, y''=-\dfrac{1}{4\sqrt{x^3}}, y''|_{x=\frac{1}{4}}=-2.$

所以代入$K=\left|\dfrac{\mathrm{d}\alpha}{\mathrm{d}s}\right|=\dfrac{|y''|}{(1+(y')^2)^{\frac{3}{2}}}$得曲率为$K=\dfrac{\sqrt{2}}{2}.$

3. 曲率圆

如果曲线$y=f(x)$上点$M(x,y)$处的曲率$K\neq 0$, 则称曲率的倒数$\dfrac{1}{K}$为该曲线在点$M(x,y)$处的曲率半径, 记为R, 即

$$R=\frac{1}{K}=\frac{[1+(y')^2]^{\frac{3}{2}}}{|y''|}. \qquad (3.3)$$

以下设$K\neq 0$. 过曲线$y=f(x)$上点$M(x,y)$作曲线的切线, 如图 3.12 所示. 在法线上沿曲线的凹向的一侧取点D, 使$|MD|=\dfrac{1}{K}=R$, 以D为圆心, 以$R=\dfrac{1}{K}$为半径作圆, 称此圆为曲线$y=f(x)$点$M(x,y)$曲率圆, 此圆的半径为曲线$y=f(x)$在

此点的曲率半径,曲率圆的圆心 D 为曲线 $y=f(x)$ 在点 M 处的曲率中心.

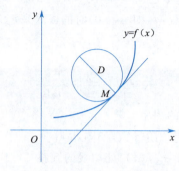

图 3.12

由上述定义可知曲率圆有如下的性质:
(1)它与曲线 $y=f(x)$ 在点 M 处相切;
(2)点 M 处,曲率圆与 $y=f(x)$ 有相同的曲率;
(3)点 M 处,曲率圆与 $y=f(x)$ 凹向相同.

例 3.22 试判定曲线 $y=ax^2+bx+c$ 在哪一点的曲率半径最小.

解 由 $y=ax^2+bx+c$,可得 $y'=2ax+b$,$y''=2a$. 因此

$$R=\frac{[1+(y')^2]^{\frac{3}{2}}}{|y''|}=\frac{[1+(2ax+b)^2]^{\frac{3}{2}}}{|2a|}.$$

由于分母为常数,可知当 $2ax+b=0$ 时,即 $x=-\dfrac{b}{2a}$ 时,R 最小. 此时 $R=\dfrac{1}{2|a|}$,曲线上相应点为 $\left(-\dfrac{b}{2a},\dfrac{4ac-b^2}{4a}\right)$. 这是抛物线的顶点,直观上容易得到抛物线在顶点处的曲率最大.

同步习题 3.4

【基础题】

1. 讨论下列曲线的凹凸与拐点.
   (1) $y=2x^2-x^3$;   (2) $y=\ln(1+x^2)$.

2. 求下列曲线在指定点的曲率.
   (1) $y=x^3$ 在点 $(-1,-1)$ 处;   (2) $y=\ln x$ 在点 $(e,1)$ 处.

3. 求抛物线 $y=x^2-4x+3$ 曲率半径最小的点及相应的曲率半径.

【提高题】

1. 试证明曲线 $y=\dfrac{x-1}{x^2+1}$ 有三个拐点位于同一直线上.

2. 求函数 $y=(x-1)\sqrt[3]{x^2}$ 的单调增减区间及曲线的凹凸区间与拐点.

本章小结

一、主要知识点

微分中值定理;洛必达法则;函数的单调性、极值及最值;曲线凹凸性,拐

点,曲率及求法.

二、主要数学思想方法

数形结合的思想和方法,通过观察图像理解极值点,拐点的定义及探索如何求解.

三、主要题型及解法

1. 用微分中值定理证明:只要满足定理条件,即可得相应结论.

2. 用洛必达法则求未定式极限:对于"$\frac{0}{0}$"和"$\frac{\infty}{\infty}$"型未定式,只要满足洛必达法则条件,可直接运用法则来求;对于"$0 \cdot \infty$"、"$\infty-\infty$"、"0^0"、"1^∞"和"∞^0"型未定式,可先化为"$\frac{0}{0}$"或"$\frac{\infty}{\infty}$"型,再用洛必达法则即可.

3. 求函数的单调区间,极值和极值点:利用导数求驻点,再根据驻点和不可导点左右导数的符号变化确定该点是否为极值点.

4. 求函数的最值和最值点:求一阶导数,再求所有的驻点、不可导点、函数端点的函数值,比较可得最值点和相应的最值.

5. 求函数凹凸区间和曲线拐点:求二阶导数,找出可能的拐点(一般为二阶导数为零的点、二阶导数不存在的点),然后根据这些点两侧二阶导数符号的变化判断是否为拐点.

6. 求曲线的曲率:利用曲率的定义;若曲线函数二阶可导,也可用曲率的公式 $K=\dfrac{|y''|}{(1+(y')^2)^{\frac{3}{2}}}$.

总复习题

一、填空题

1. 函数 $f(x)=x\sqrt{3-x}$ 在 $[0,3]$ 上满足罗尔定理的条件,由罗尔定理确定的 $\xi=$ _____.

2. $y=\sqrt[3]{6x^2-x^3}$ 在区间 _____ 内单调减少,在区间 _____ 内单调增加.

3. $y=x2^x$ 在 $x=$ _____ 处取得极小值.

4. $y=x+\sqrt{1-x}$ 在 $[-5,1]$ 的最大值点为 _____.

5. 等双曲线 $xy=1$ 在点 $(1,1)$ 处的曲率为 _____.

二、选择题

1. 函数 $f(x)=\dfrac{1}{x}$ 满足拉格朗日中值定理条件的区间是 _____.

A. $[-2,2]$ B. $[-2,0]$ C. $[1,2]$ D. $[0,1]$

2. 若对任意 $x\in(a,b)$,有 $f'(x)=g'(x)$,则 _____.

A. 对任意 $x\in(a,b)$,有 $f(x)=g(x)$

B. 存在 $x_0\in(a,b)$,使 $f(x_0)=g(x_0)$

C. 对任意 $x\in(a,b)$,有 $f(x)=g(x)+C_0$(C_0 是某个常数)

D. 对任意 $x\in(a,b)$,有 $f(x)=g(x)+C$(C 是任意常数)

3. 函数 $f(x)=2x^3-6x^2-18x+7$ 的极大值是 _____.

A. 17 B. 11 C. 10 D. 9

4. 曲线 $y=(x-5)^{\frac{5}{3}}+2$ _____.

A. 有极值点 $x=5$,但无拐点   B. 有拐点 $(5,2)$,但无极值点

C. $x=5$ 有极值点且 $(5,2)$ 是拐点   D. 既无极值点,又无拐点

5. 以下关于抛物线 $y=x^2-4x+3$ 在顶点处的曲率及曲率半径说法正确的是 _____.

A. 顶点 $(2,-1)$ 处的曲率为 $\frac{1}{2}$,曲率半径为 2

B. 顶点 $(2,-1)$ 处的曲率为 2,曲率半径为 $\frac{1}{2}$

C. 顶点 $(-1,2)$ 处的曲率为 1,曲率半径为 1

D. 顶点 $(-1,2)$ 处的曲率为 $\frac{1}{2}$,曲率半径为 2

三、计算题

1. $\lim\limits_{x\to 0}\dfrac{x-\sin x}{\sin^3 x}$.

2. $\lim\limits_{x\to 0}\dfrac{\tan x-x}{x-\sin x}$.

3. $\lim\limits_{x\to 0}\dfrac{e^x-e^{\sin x}}{x-\sin x}$.

4. 已知 $y=ax^3+bx^2+cx$ 在点 $(1,2)$ 处有水平切线,且原点为该曲线的拐点,试确定 a,b,c 的值,并写出曲线的方程.

5. 证明:若 $x>0$,则 $e^x>1+x$.

6. 利用原有的一面墙,再围成三面墙成一个面积为 $a^2(a>0)$ 矩形院子(见图 3.13),其中,侧面墙每米的造价是正面墙造价的一半,问矩形的长与宽分别是多少的时候,矩形院墙的造价最低?

图　3.13

课外阅读

曲折人生

函数的极值和最值是局部和整体的关系,极值仅仅是一个小区间内的结果,而最值才是整体最终的结果.局部的极小并不是整体的最小,局部的极大也未必是整体的最大;极小值并不一定比极大值小,极大值也未必会比极小值大.通过观察函数图形(见图 3.14)可以发现,极小值是一段递减函数的结束,也是一段递增函数的开始;同样,极大值是一段递增函数的结束,也是一段递减函数

的开始.

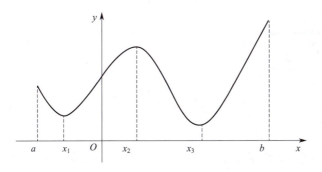

图 3.14

将人生看作函数,就像一条蜿蜒连绵的曲线(见图 3.15),不可能一帆风顺,起起落落是成长的必经之路.暂时的成功并不代表一生的成功,暂时的失败也不代表未来一事无成.现实生活中的"低谷"和"高峰"都是暂时的,在遭遇挫折处于"低谷"的时候不能悲观绝望,因为"低谷"意味着一段低潮的结束和一段新生活的开始;而在获得成功处于"高峰"的时候也不应骄傲自满,要谦虚谨慎,要警惕"高峰"之后随之而来的低潮.人生道路虽然崎岖,但是前途是光明的.我们要坚持不懈,勇往直前,让人生的"高峰"多一些,"低谷"少一些,奔赴目标,不负梦想!

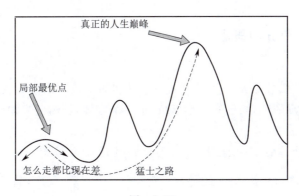

图 3.15

第 4 章

不定积分

在第 2 章中,我们学习了如何求一个函数的导函数或者微分,以后我们将讨论导数和微分运算的逆运算,即找到一个可导函数,使它的导函数等于已知函数,这是积分学要解决的问题.不定积分和定积分是一元函数的积分学,是高等数学的重要组成部分.不定积分是作为微分的逆运算引入的.本章主要介绍不定积分的概念、性质、计算方法.

§4.1 不定积分的概念与性质

数学中几乎每一种计算都有它的逆运算,比如乘法运算有逆运算除法,乘方运算的逆运算是开方运算,高等数学中的微分法也是有逆运算的,这就是积分法.

4.1.1 不定积分的概念

1. 原函数

我们知道,微分法是研究如何从一个已知的函数求出其导数.但是有时候会遇到与之相反的问题:已知一个函数,求一个未知函数,使未知函数的导数恰好等于已知函数.

例如,设物体做变速直线运动,若已知其运动方程 $s=s(t)$,求物体在时刻 t 的瞬时速度,就是 s 对 t 的导数:$v(t)=s'(t)=\dfrac{\mathrm{d}s}{\mathrm{d}t}$.反之,若已知物体的运动速度 $v=v(t)$,怎样求出物体的运动方程 $s(t)$?即:要求一个函数 $s(t)$,使得 $s'(t)=v(t)$.

我们有如下定义:

定义 4.1 已知函数 $f(x)$ 在某区间 I 上有定义,如果存在函数 $F(x)$,使得在该区间 I 上都有

$$F'(x)=f(x) \quad \text{或} \quad \mathrm{d}F(x)=f(x)\mathrm{d}x, \tag{4.1}$$

则称函数 $F(x)$ 是函数 $f(x)$ 在区间 I 上的一个原函数.

例 4.1 求以下函数的原函数.

(1) $f(x)=\cos x$; (2) $f(x)=3x^2$.

解 (1) 因为 $(\sin x)'=\cos x$ 在 $(-\infty,+\infty)$ 内都成立,所以 $F(x)=\sin x$ 是 $f(x)=\cos x$ 在 $(-\infty,+\infty)$ 内的一个原函数.

(2) 因为 $(x^3)'=3x^2$ 在 $(-\infty,+\infty)$ 内都成立,所以 x^3 是 $3x^2$ 在 R 内的一个

原函数
定义

原函数. 实际上对于任意常数 C,$(x^3+C)'=3x^2$,所以 x^3+C 是 $3x^2$ 在 $(-\infty,+\infty)$ 内的原函数,取定一个 C 值,就得到 $3x^2$ 的一个原函数.

一般地,若函数 $F(x)$ 是函数 $f(x)$ 的一个原函数,则:

(1)对任意常数 C,函数 $F(x)+C$ 也是函数 $f(x)$ 的一个原函数. 即一个函数如果有一个原函数,则一定有无穷多个原函数.

(2)函数 $f(x)$ 的任意两个原函数 $F(x)$ 与 $G(x)$ 之间最多只相差一个常数. 即

$$F(x)-G(x)=C.$$

要想求出函数 $f(x)$ 的所有原函数,只需求出一个原函数 $F(x)$,再加上任意常数,就得到函数 $f(x)$ 的所有(全部)原函数,称之为 $f(x)$ 的原函数族. 若函数 $f(x)$ 在区间 I 上连续,则它在该区间上一定存在原函数.

2. 不定积分

定义 4.2 设函数 $f(x)$ 在区间 I 上有原函数 $F(x)+C$,则称它的全部原函数 $F(x)+C$ 为 $f(x)$ 在区间 I 上的不定积分,记为 $\int f(x)\mathrm{d}x$,即

$$\int f(x)\mathrm{d}x = F(x)+C.$$

式中,$\int$ 为积分号;x 称为积分变量;$f(x)$ 称为被积函数;$f(x)\mathrm{d}x$ 称为被积表达式;C 称为积分常数. 这就是说,要求函数 $f(x)$ 的不定积分,只需要找出它的一个原函数,再加上积分常数 C 即可. 如

$$\int \cos x\mathrm{d}x = \sin x + C, \quad \int 3x^2\mathrm{d}x = x^3+C.$$

例 4.2 计算 $\int \dfrac{1}{1+x^2}\mathrm{d}x$.

解 因为 $(\arctan x)' = \dfrac{1}{1+x^2}$,所以 $\arctan x$ 是 $\dfrac{1}{1+x^2}$ 的一个原函数,于是

$$\int \dfrac{1}{1+x^2}\mathrm{d}x = \arctan x + C.$$

若 $F(x)$ 是 $f(x)$ 的一个原函数,则称 $y=F(x)$ 的图像为 $f(x)$ 的一条积分曲线,将其沿 Oy 上下平行移动,就得到一族曲线,因此不定积分的几何意义是 $f(x)$ 的全部积分曲线所组成的积分曲线族. 其方程是 $y=F(x)+C$,显然,每一条曲线在横坐标 x_0 点处的切线是平行的,如图 4.1 所示.

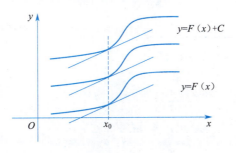

图 4.1

4.1.2 不定积分的性质

1. 不定积分的基本性质

不定积分和导数(或微分)是互逆运算关系：

(1) $\left(\int f(x)\mathrm{d}x\right)' = f(x)$ 或 $\mathrm{d}\int f(x)\mathrm{d}x = f(x)\mathrm{d}x$ ； (4.2)

(2) $\int F'(x)\mathrm{d}x = F(x) + C$ 或 $\int \mathrm{d}F(x) = F(x) + C$. (4.3)

例 4.3 已知 $\int x^2 f(x)\mathrm{d}x = \arctan x + C$ ，求 $f(x)$.

解 在原式两边对 x 求导得 $x^2 f(x) = \dfrac{1}{1+x^2}$ ，于是 $f(x) = \dfrac{1}{x^2(1+x^2)}$.

2. 不定积分的运算性质

(1) 被积函数中的非零常数可以提到积分号外

$$\int kf(x)\mathrm{d}x = k\int f(x)\mathrm{d}x .\qquad(4.4)$$

(2) 函数和差的积分等于函数积分的和差

$$\int (f(x) \pm g(x))\mathrm{d}x = \int f(x)\mathrm{d}x \pm \int g(x)\mathrm{d}x .\qquad(4.5)$$

函数和差的积分等于函数积分的和差可以推广到有限个函数的情况．

4.1.3 基本积分公式

由于不定积分是导数(或微分)的逆运算，由基本初等函数的导数公式便可以得到相对应的基本积分公式．列出如下：

1. $\int 0\mathrm{d}x = C$ ；

2. $\int x^\alpha \mathrm{d}x = \dfrac{1}{\alpha+1}x^{\alpha+1} + C\,(\alpha \neq -1)$ ，

   特别地，$\int 1\mathrm{d}x = x + C$ ，$\int \dfrac{1}{\sqrt{x}}\mathrm{d}x = 2\sqrt{x} + C$ ；

3. $\int \dfrac{1}{x}\mathrm{d}x = \ln|x| + C$ ；

4. $\int a^x \mathrm{d}x = \dfrac{a^x}{\ln a} + C\ (0 < a \neq 1)$ ；

5. $\int \mathrm{e}^x \mathrm{d}x = \mathrm{e}^x + C$ ；

6. $\int \cos x\mathrm{d}x = \sin x + C$ ；

7. $\int \sin x\mathrm{d}x = -\cos x + C$ ；

8. $\int \sec^2 x\mathrm{d}x = \int \dfrac{1}{\cos^2 x}\mathrm{d}x = \tan x + C$ ；

9. $\int \csc^2 x\mathrm{d}x = \int \dfrac{1}{\sin^2 x}\mathrm{d}x = -\cot x + C$ ；

不定积分基本性质

10. $\int \sec x \tan x \, dx = \sec x + C$；

11. $\int \csc x \cot x \, dx = -\csc x + C$；

12. $\int \dfrac{1}{\sqrt{1-x^2}} dx = \arcsin x + C$；

13. $\int \dfrac{1}{1+x^2} dx = \arctan x + C$.

以上 13 个基本积分公式是积分运算的基础，只有把被积函数化成基本积分公式中的形式才能求积分. 公式中的积分变量可以是其他字母. 如

$$\int \dfrac{1}{u} du = \ln|u| + C, \quad \int e^t dt = e^t + C, \quad \int \cos y \, dy = \sin y + C.$$

4.1.4 直接积分法

直接用基本积分公式和不定积分的性质，可以求一些函数的积分，有时候需要先将函数变形后，再用公式和性质就可以求一些函数的积分，这种方法称为直接积分法.

例 4.4 求 $I = \int \left(x^2 - 2^x + 2\sin x - \dfrac{1}{\sqrt{1-x^2}} \right) dx$. （这里用 I 表示所求的积分，以后也是如此）

解 $I = \int x^2 dx - \int 2^x dx + 2 \int \sin x \, dx - \int \dfrac{1}{\sqrt{1-x^2}} dx$

$= \dfrac{1}{3} x^3 - \dfrac{2^x}{\ln 2} - 2\cos x - \arcsin x + C.$

可以先代数变形再用公式求积分.

例 4.5 求 $\int \dfrac{6^x + 2^x - 1}{2^x} dx$.

解 $I = \int \left[3^x + 1 - \left(\dfrac{1}{2} \right)^x \right] dx = \dfrac{3^x}{\ln 3} + x - \dfrac{\left(\dfrac{1}{2} \right)^x}{\ln \dfrac{1}{2}} + C$

$= \dfrac{3^x}{\ln 3} + x + \dfrac{2^{-x}}{\ln 2} + C.$

例 4.6 求 $\int \dfrac{x^4 + 2x^2}{x^2 + 1} dx$.

解 $I = \int \dfrac{x^2(x^2+1) + (x^2+1) - 1}{x^2+1} dx = \int \left(x^2 + 1 - \dfrac{1}{x^2+1} \right) dx$

$= \dfrac{1}{3} x^3 + x - \arctan x + C.$

可以先三角变形再用公式求积分.

例 4.7 求 $\int \dfrac{1}{\sin^2 x \cos^2 x} dx$

解 $I = \int \dfrac{\sin^2 x + \cos^2 x}{\sin^2 x \cos^2 x} dx = \int \left(\dfrac{1}{\cos^2 x} + \dfrac{1}{\sin^2 x} \right) dx = \tan x - \cot x + C.$

直接积分法——三角变换

例 4.8 求 $\int \sin^2 \dfrac{x}{2} \mathrm{d}x$.

解 $I = \int \dfrac{1-\cos x}{2} \mathrm{d}x = \dfrac{1}{2}\int (1-\cos x)\mathrm{d}x = \dfrac{1}{2}(x-\sin x) + C$.

从以上几例可以看出,当被积函数不能直接用公式积分时,要先进行恒等变形,把被积函数变成基本积分公式中有的形式再积分.常用的变形方法有:分解因式、乘法公式、加项减项拆项后分组,含有三角函数一般会用到同角关系、二倍角公式、半角公式等.

例 4.9 一个质量为 m 的质点,在变力 $F = A\sin t$(A 为常数)的作用下,由静止开始做直线运动,试求质点的运动速度.

解 根据牛顿第二定律,质点的运动速度是 $a(t) = \dfrac{F}{m} = \dfrac{A}{m}\sin t$.

又 $v'(t) = a(t)$,所以 $v'(t) = = \dfrac{A}{m}\sin t$,积分得

$$v(t) = \int \dfrac{A}{m}\sin t \mathrm{d}t = -\dfrac{A}{m}\cos t + C.$$

再由题意得出 $v(0) = 0$,求得 $C = \dfrac{A}{m}$,则有 $v(t) = -\dfrac{A}{m}\cos t + \dfrac{A}{m}$.

同步习题 4.1

【基础题】

1. 填空题.

(1) 设 $f(x) = \sin x - \cos x$,则 $\int f'(x)\mathrm{d}x = $ _____,$\int f(x)\mathrm{d}x = $ _____;

(2) e^{-x} 是 $f(x)$ 的一个原函数,则 $\int f(x)\mathrm{d}x = $ _____,$f'(x) = $ _____;

(3) $\mathrm{d}\int \sin x \ln x \mathrm{d}x = $ _____;

(4) $f(x) = \ln x$,则 $\int \mathrm{e}^x f'(\mathrm{e}^x)\mathrm{d}x = $ _____.

2. 求下列积分.

(1) $\int \left(3 + x^3 + 3^x + \dfrac{1}{1+x^2}\right)\mathrm{d}x$;   (2) $\int 3^x \mathrm{e}^x \mathrm{d}x$;

(3) $\int \dfrac{x^4}{1+x^2}\mathrm{d}x$;   (4) $\int \dfrac{(x-2)^3}{x^2}\mathrm{d}x$;

(5) $\int \dfrac{2+x^2}{x^2(1+x^2)}\mathrm{d}x$;   (6) $\int \left(1 - \dfrac{1}{x^2}\right)\sqrt{x\sqrt{x}}\mathrm{d}x$.

3. 求下列积分.

(1) $\int \tan^2 x \mathrm{d}x$;   (2) $\int \dfrac{\mathrm{d}x}{\cos 2x + \sin^2 x}$.

4. 已知曲线上任意一点处的切线斜率是 $f'(x) = 3x^2$,求满足此条件的所有的曲线方程,并求过 $(-1, 1)$ 点的曲线方程.

【提高题】

1. 填空题.

(1) 设 $\sin x$ 是 $xf(x)$ 的一个原函数,则 $f'(x)=$ _____ ;

(2) 若 $f(x)$ 的一个原函数是 $\sin 2x$,则 $f'(x)=$ _____ ;

(3) 若 $\int f(x)\mathrm{e}^{-\frac{1}{x}}\mathrm{d}x = -\mathrm{e}^{-\frac{1}{x}}+C$,则 $f(x)=$ _____ .

2. 求下列积分.

(1) $\int 2^x \mathrm{e}^{2x}\mathrm{d}x$;

(2) $\int \dfrac{x^3-x^2+x+2}{1+x^2}\mathrm{d}x$;

(3) $\int \dfrac{1}{x^4+x^2}\mathrm{d}x$;

(4) $\int \dfrac{1+\sin 2x}{\sin x+\cos x}\mathrm{d}x$;

(5) $\int \dfrac{1}{1+\cos x}\mathrm{d}x$;

(6) $\int \dfrac{\cos 2x}{\cos^2 x - \cos^4 x}\mathrm{d}x$.

3. 如果 $\int x^2 f(x)\mathrm{d}x = \arctan x + C$,求 $\int f(x)\mathrm{d}x$.

4. 已知 $\int xf(x)\mathrm{d}x = \arcsin x + C$,求 $\int \dfrac{1}{f(x)}\mathrm{d}x$.

§4.2 不定积分的换元积分法

直接利用基本积分公式和不定积分的性质所能进行的积分是很有限的. 本节介绍的换元积分法是把复合函数求导法则反过来用于不定积分,通过适当的变量代换,把某些不定积分化成不定积分基本公式中列出的形式来求积分.

4.2.1 第一换元积分法

例 4.10 求 $\int 2x\mathrm{e}^{x^2+1}\mathrm{d}x$.

解 因为 $(x^2+1)'=2x$,设 $x^2+1=u$,所以 $\mathrm{d}u=\mathrm{d}(x^2+1)=2x\mathrm{d}x$.

$I = \int \mathrm{e}^{x^2+1}(x^2+1)'\mathrm{d}x = \int \mathrm{e}^{x^2+1}\mathrm{d}(x^2+1) = \int \mathrm{e}^u\mathrm{d}u = \mathrm{e}^u + C = \mathrm{e}^{x^2+1}+C$.

扫一扫

不定积分
第一换元法

此解法具有普遍性:通过引入中间变量,把被积函数化为基本积分公式的形式. 这是针对复合函数的导数求其积分的一种重要方法:第一换元积分法.

定理 4.1(第一换元积分法)设 $u=\varphi(x)$ 可导,且

$$\int f(u)\mathrm{d}u = F(u) + C,$$

则

$$\int f(\varphi(x))\varphi'(x)\mathrm{d}x = \int f(\varphi(x))\mathrm{d}\varphi(x) = \int f(u)\mathrm{d}u \qquad (4.6)$$
$$= F(u) + C = F(\varphi(x)) + C.$$

由上式可以看出,第一换元积分法正是复合函数求导公式的逆用. 实际上,就是将积分公式中的自变量 x 换成可导函数 $\varphi(x)=u$,积分公式仍成立.

运用第一换元积分法,被积函数一定是 $f(\varphi(x))\varphi'(x)$ 的形式才行,它是 $F(\varphi(x))$ 的导数,其一部分是复合函数 $F(\varphi(x))$ 对中间变量的导数 $F'(\varphi(x))=f(\varphi(x))$,另一部分是中间变量的导数 $\varphi'(x)$. 如果给出积分的被积函数正好具有

这样的形式,就直接换元求积分.但是更多的情况下,被积函数不完全是 $f(\varphi(x))\varphi'(x)$ 的形式,那就需要将被积函数"凑"成上述形式,因此第一换元积分法也称凑微分法.先给出几个满足 $f(\varphi(x))\varphi'(x)$ 形式的情形:

$$\int [\varphi(x)]^\alpha \varphi'(x)dx = \int [\varphi(x)]^\alpha d\varphi(x) \xrightarrow{\varphi(x)=u} \int u^\alpha du$$

$$= \frac{1}{\alpha+1}u^{\alpha+1} + C \xrightarrow{u=\varphi(x)} \frac{1}{\alpha+1}[\varphi(x)]^{\alpha+1} + C;$$

$$\int e^{f(x)}f'(x)dx = \int e^{f(x)}df(x) \xrightarrow{f(x)=u} \int e^u du = e^u + C \xrightarrow{u=f(x)} e^{f(x)} + C;$$

$$\int \frac{g'(t)}{g(t)}dt = \int \frac{1}{g(t)}dg(t) \xrightarrow{g(t)=u} \int \frac{1}{u}du = \ln|u| + C \xrightarrow{u=g(t)} \ln|g(t)| + C;$$

$$\int \cos\varphi(x)\varphi'(x)dx = \int \cos\varphi(x)d\varphi(x) \xrightarrow{\varphi(x)=u} \int \cos u du$$

$$= \sin u + C \xrightarrow{u=\varphi(x)} \sin\varphi(x) + C;$$

$$\int \frac{g'(x)}{1+[g(x)]^2}dx = \int \frac{1}{1+[g(x)]^2}dg(x) \xrightarrow{g(x)=u} \int \frac{1}{1+u^2}du$$

$$= \arctan u + C \xrightarrow{u=g(x)} \arctan g(x) + C.$$

例 4.11 求 $\int 2xe^{x^2}dx$.

解 $\int 2xe^{x^2}dx = \int e^{x^2}(x^2)'dx = \int e^{x^2}dx^2 \xrightarrow{x^2=u} \int e^u du = e^u + C = e^{x^2} + C.$

例 4.12 求 $\int \cos 2x dx$.

解 $\int \cos 2x dx = \frac{1}{2}\int \cos 2x d2x \xrightarrow{2x=u} \frac{1}{2}\int \cos u du$

$$= \frac{1}{2}\sin u + C = \frac{1}{2}\sin 2x + C.$$

不定积分
换元法——
幂函数

例 4.13 求 $\int -\frac{1}{x^2}e^{\frac{1}{x}}dx$.

解 $I = \int \left(\frac{1}{x}\right)'e^{\frac{1}{x}}dx = \int e^{\frac{1}{x}}d\frac{1}{x} \xrightarrow{\frac{1}{x}=u} \int e^u du = e^u + C \xrightarrow{u=\frac{1}{x}} e^{\frac{1}{x}} + C.$

不定积分
换元法——
三角函数

例 4.14 求 $\int \frac{2x}{\sqrt{1+x^2}}dx$.

解 $I = \int \frac{(1+x^2)'}{\sqrt{1+x^2}}dx = \int \frac{d(1+x^2)}{\sqrt{1+x^2}} \xrightarrow{1+x^2=u} \int \frac{du}{\sqrt{u}} = 2\sqrt{u} + C$

$$\xrightarrow{u=1+x^2} 2\sqrt{1+x^2} + C.$$

例 4.15 求 $\int e^x \sin e^x dx$.

解 $I = \int \sin e^x (e^x)'dx = \int \sin e^x de^x \xrightarrow{e^x=u} \int \sin u du$

$$= -\cos u + C \xrightarrow{u=e^x} -\cos e^x + C.$$

不定积分
换元法——
对数函数

例 4.16 求 $\int \frac{\ln^2 x}{x}dx$.

解 $I = \int \ln^2 x (\ln x)' dx = \int \ln^2 x d\ln x \xrightarrow{\ln x = u} \int u^2 du$

$= \frac{1}{3} u^3 + C \xrightarrow{u = \ln x} \frac{1}{3} \ln^3 x + C.$

熟练了之后可以省去换元和还原回代的过程,就是"只凑微分不换元". 以下例题皆是如此.

例 4.17 求 $\int \frac{1}{3x+2} dx$.

解 由于 $d(3x+2) = 3dx$,即 $\frac{1}{3} d(3x+2) = dx$,所以

$$I = \frac{1}{3} \int \frac{(3x+2)'}{3x+2} dx = \frac{1}{3} \int \frac{d(3x+2)}{3x+2} = \frac{1}{3} \ln|3x+2| + C.$$

例 4.18 求 $\int x \sin(2x^2 - 1) dx$.

解 $I = \frac{1}{4} \int \sin(2x^2 - 1) 4x dx = \frac{1}{4} \int \sin(2x^2 - 1) d(2x^2 - 1)$

$= -\frac{1}{4} \cos(2x^2 - 1) + C.$

例 4.19 求 $\int \sin^3 x \cos x dx$.

解 $I = \int \sin^3 x (\sin x)' dx = \int \sin^3 x d\sin x = \frac{1}{4} \sin^4 x + C.$

例 4.20 求 $\int \sin^2 x dx$.

解 $I = \int \frac{1 - \cos 2x}{2} dx = \frac{1}{4} \int (1 - \cos 2x) d2x = \frac{1}{4} (2x - \sin 2x) + C.$

例 4.21 求 $\int \cot x dx$.

解 $I = \int \frac{\cos x}{\sin x} dx = \int \frac{1}{\sin x} d\sin x = \ln|\sin x| + C.$

类似可得: $\int \tan x dx = -\ln|\cos x| + C.$

以下列出几个常用的以基本初等函数为中间变量的凑微分类型:

$\int f(ax+b) dx = \frac{1}{a} \int f(ax+b) d(ax+b) \quad (a \neq 0);$

$\int x f(ax^2+b) dx = \frac{1}{2a} \int f(ax^2+b) d(ax^2+b) \quad (a \neq 0);$

$\int \frac{1}{x^2} f\left(\frac{1}{x}\right) dx = -\int f\left(\frac{1}{x}\right) d\left(\frac{1}{x}\right);$

$\int x^{n-1} f(x^n) dx = \frac{1}{n} \int f(x^n) dx^n;$

$\int e^x f(e^x) dx = \int f(e^x) de^x;$

$\int \frac{1}{x} f(\ln x) dx = \int f(\ln x) d\ln x;$

$$\int \cos x f(\sin x) \mathrm{d}x = \int f(\sin x) \mathrm{d}\sin x ;$$

$$\int \sin x f(\cos x) \mathrm{d}x = -\int f(\cos x) \mathrm{d}\cos x ;$$

$$\int \sec^2 x f(\tan x) \mathrm{d}x = \int f(\tan x) \mathrm{d}\tan x ;$$

$$\int \sec x \tan x f(\sec x) \mathrm{d}x = \int f(\sec x) \mathrm{d}\sec x ;$$

$$\int \frac{1}{\sqrt{1-x^2}} f(\arcsin x) \mathrm{d}x = \int f(\arcsin x) \mathrm{d}\arcsin x ;$$

$$\int \frac{1}{1+x^2} f(\arctan x) \mathrm{d}x = \int f(\arctan x) \mathrm{d}\arctan x .$$

例 4.22 求 $\int \frac{1}{a^2+x^2} \mathrm{d}x$.

解 $I = \int \frac{1}{a^2+x^2} \mathrm{d}x = \frac{1}{a} \int \frac{1}{1+\left(\frac{x}{a}\right)^2} \mathrm{d}\frac{x}{a} = \frac{1}{a} \arctan \frac{x}{a} + C.$

类似可得:$\int \frac{1}{\sqrt{a^2-x^2}} \mathrm{d}x = \arcsin \frac{x}{a} + C.$

例 4.23 求 $\int \frac{1}{a^2-x^2} \mathrm{d}x$.

解 $I = \int \frac{1}{a^2-x^2} \mathrm{d}x = \frac{1}{2a} \int \frac{(a-x)+(a+x)}{(a-x)(a+x)} \mathrm{d}x$

$= \frac{1}{2a} \int \left(\frac{1}{a+x} + \frac{1}{a-x}\right) \mathrm{d}x = \frac{1}{2a} (\ln|a+x| - \ln|a-x|) + C$

$= \frac{1}{2a} \ln \left|\frac{a+x}{a-x}\right| + C.$

例 4.24 求 $\int \sec x \mathrm{d}x$.

解 $I = \int \sec x \mathrm{d}x = \int \frac{1}{\cos x} \mathrm{d}x = \int \frac{\cos x}{\cos^2 x} \mathrm{d}x$

$= \int \frac{1}{1-\sin^2 x} \mathrm{d}\sin x = \frac{1}{2} \ln \left|\frac{1+\sin x}{1-\sin x}\right| + C$

$= \frac{1}{2} \ln \left|\frac{(1+\sin x)^2}{1-\sin^2 x}\right| + C = \ln \left|\frac{1+\sin x}{\cos x}\right| + C$

$= \ln|\sec x + \tan x| + C.$

类似可得:$\int \csc x \mathrm{d}x = \ln|\csc x - \cot x| + C.$

例 4.21 至例 4.24 的结论均可作为公式使用.

4.2.2 第二换元积分法

第一换元积分在计算不定积分时应用比较广泛,但对于一些无理函数的积分,则需要应用第二换元积分法求解.

例 4.25 求 $\int \frac{\sqrt{x-1}}{x} \mathrm{d}x$.

分析 被积函数中含有无理式 $\sqrt{x-1}$. 如用 t 代替 $\sqrt{x-1}$ 就可消去无理式.

解 设 $t=\sqrt{x-1}$, 于是 $x=t^2+1$, $dx=2tdt$, 代入原式得

$$I=\int \frac{t}{t^2+1} 2t dt = 2\int \frac{(t^2+1)-1}{t^2+1} dt = 2\int \left(1-\frac{1}{t^2+1}\right) dt$$
$$= 2(t-\arctan t)+C$$
$$= 2(\sqrt{x-1}-\arctan \sqrt{x-1})+C.$$

实际上,这里作的变换是:设 $x=t^2+1$, 即把原积分变量 x 用函数 t^2+1 代替. 这种积分法就是第二换元积分法.

定理 4.2 (第二换元积分法) 设 $x=\varphi(t)$ 及其反函数 $t=\varphi^{-1}(x)$ 可导, $\varphi'(t)$ 连续且 $\varphi'(t) \neq 0$, 若

$$\int f(\varphi(t))\varphi'(t) dt = F(t)+C,$$

则

$$\int f(x) dx = \int f(\varphi(t))\varphi'(t) dt = F(t)+C = F(\varphi^{-1}(x))+C. \quad (4.7)$$

第二换元积分法的换元过程与第一换元积分法的换元过程恰恰相反:第一换元积分法是把一个函数 $\varphi(x)$ 用一个变量 u 来代替, $\int f(\varphi(x))\varphi'(x) dx = \int f(\varphi(x)) d\varphi(x) = \int f(u) du$; 第二换元积分法则是把一个变量 x 设成一个函数 $\varphi(t)$, $\int f(x) dx = \int f(\varphi(t))\varphi'(t) dt$, 其原因是原积分 $\int f(x) dx$ 不易求其原函数, 换元后 $\int f(\varphi(t))\varphi'(t) dt$ 化简整理就容易求得原函数. 还需注意的是, 第一换元积分法中的 $\varphi(x)$ 是积分表达式中所含有的, 第二换元积分法的 $\varphi(t)$ 却不是 $\int f(x) dx$ 中含有, 需要根据 $\int f(x) dx$ 的形式设立, 再就是第二换元积分法必须换元, 所以也称"变量替换法".

运用第二换元积分法求不定积分, 主要步骤如下:

(1)换元. 选取适当的变量代换 $x=\varphi(t)$, $\varphi(t)$ 单调且有连续的导数, 又 $\varphi'(t) \neq 0$, 则

$$\int f(x) dx = \int f(\varphi(t))\varphi'(t) dt.$$

(2)积分. 将换元后的积分 $\int f(\varphi(t))\varphi'(t) dt$ 用适当的积分方法求出其原函数 $F(t)$, 即得

$$\int f(\varphi(t))\varphi'(t) dt = F(t)+C.$$

(3)还原. 由 $x=\varphi(t)$ 求出其反函数 $t=\varphi^{-1}(x)$, 并代回求出的原函数中, 得到最后结果

$$\int f(x) dx = F(\varphi^{-1}(x))+C.$$

例 4.26 求积分 $\int x\sqrt{2x-1}\,dx$.

解 设 $\sqrt{2x-1}=t$, 则 $x=\frac{1}{2}(t^2+1)$, $dx=tdt$,

$$I = \int \frac{1}{2}(t^2+1)t^2\,dt = \frac{1}{2}\left(\frac{1}{5}t^5+\frac{1}{3}t^3\right)+C$$

$$= \left[\frac{1}{10}(2x-1)^2+\frac{1}{6}(2x-1)\right]\sqrt{2x-1}+C.$$

例 4.27 计算积分 $\int \frac{1}{\sqrt{x}+\sqrt[4]{x}}\,dx$.

第二换元法—幂代换法

解 设 $\sqrt[4]{x}=t$, 即 $x=t^4$, 则 $dx=4t^3\,dt$,

$$\int \frac{1}{\sqrt{x}+\sqrt[4]{x}}\,dx = \int \frac{1}{t^2+t}4t^3\,dt = 4\int\left(t-1+\frac{1}{1+t}\right)dt$$

$$= 2t^2-4t+4\ln|t+1|+C$$

$$= 2\sqrt{x}-4\sqrt[4]{x}+4\ln(\sqrt[4]{x}+1)+C.$$

以上代换法称为幂代换法.

例 4.28 求 $\int \sqrt{a^2-x^2}\,dx$ $(a>0)$.

解 根据被积函数的定义域和三角函数同角关系式 $\sin^2 t+\cos^2 t=1$ 来选取函数去掉根号.

设 $x=a\sin t$, $dx=a\cos t\,dt$, $\sqrt{a^2-x^2}=\sqrt{a^2(1-\sin^2 t)}=a\cos t$ $\left(-\frac{\pi}{2}<t<\frac{\pi}{2}\right)$, 则

$$I = \int a^2\cos^2 t\,dt = a^2\int \frac{1+\cos 2t}{2}\,dt = \frac{a^2}{2}\left(t+\frac{1}{2}\sin 2t\right)+C$$

$$= \frac{a^2}{2}(t+\sin t\cos t)+C.$$

因为 $x=a\sin t$, 得 $\sin t=\frac{x}{a}$, $\cos t=\frac{\sqrt{a^2-x^2}}{a}$, $t=\arcsin\frac{x}{a}$, 代入得

$$I=\frac{a^2}{2}(t+\sin t\cos t)+C=\frac{a^2}{2}\arcsin\frac{x}{a}+\frac{x}{2}\sqrt{a^2-x^2}+C.$$

上例中的换元法称为三角代换法. 常见的有三种形式, 一起列出:

$$\int R(x,\sqrt{a^2-x^2})\,dx,$$

令 $x=a\sin t$, $dx=a\cos t\,dt$, $\sqrt{a^2-x^2}=a\cos t$;

$$\int R(x,\sqrt{a^2+x^2})\,dx,$$

令 $x=a\tan t$, $dx=a\sec^2 t\,dt$, $\sqrt{a^2+x^2}=a\sec t$;

$$\int R(x,\sqrt{x^2-a^2})\,dx,$$

令 $x=a\sec t$, $dx=a\sec t\tan t\,dt$, $\sqrt{x^2-a^2}=a\tan t$.

其中 $R(x,\sqrt{a^2-x^2})$ 表示由 x 和 $\sqrt{a^2-x^2}$ 的积或商构成的无理函数, 三角代换的目的是去掉被积函数中的根号.

在还原成原积分变量 x 时，还可根据直角三角形的边角关系（见图 4.2）直接写出三种情形下的各三角函数：

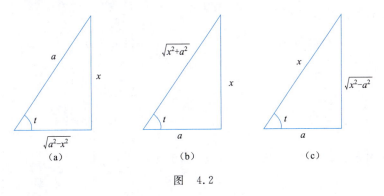

图 4.2

例 4.29 求积分 $\int \dfrac{\mathrm{d}x}{\mathrm{e}^x + \mathrm{e}^{3x}}$.

解 设 $\mathrm{e}^x = t, x = \ln t, \mathrm{d}x = \dfrac{1}{t}\mathrm{d}t$,

$$\int \dfrac{\mathrm{d}x}{\mathrm{e}^x + \mathrm{e}^{3x}} = \int \dfrac{1}{t^2 + t^4}\mathrm{d}t = \int \left(\dfrac{1}{t^2} - \dfrac{1}{1+t^2}\right)\mathrm{d}t$$

$$= -\dfrac{1}{t} - \arctan t + C = -\mathrm{e}^{-x} - \arctan \mathrm{e}^x + C.$$

下面将本节讲过的一些例题的结论列出，作为积分公式的补充，以后可直接引用（序号接 4.1.3 节列出的基本积分公式）：

14. $\int \tan x \mathrm{d}x = -\ln|\cos x| + C$;

15. $\int \cot x \mathrm{d}x = \ln|\sin x| + C$;

16. $\int \sec x \mathrm{d}x = \ln|\sec x + \tan x| + C$;

17. $\int \csc x \mathrm{d}x = \ln|\csc x - \cot x| + C$;

18. $\int \dfrac{1}{a^2 + x^2}\mathrm{d}x = \dfrac{1}{a}\arctan \dfrac{x}{a} + C$;

19. $\int \dfrac{1}{\sqrt{a^2 - x^2}}\mathrm{d}x = \arcsin \dfrac{x}{a} + C$;

20. $\int \dfrac{1}{a^2 - x^2}\mathrm{d}x = \dfrac{1}{2a}\ln\left|\dfrac{a+x}{a-x}\right| + C$.

同步习题 4.2

【基础题】

1. 填空题.

(1) $x\mathrm{d}x = \underline{\qquad} \mathrm{d}(1 - x^2)$；　　(2) $\cos 2x \mathrm{d}x = \underline{\qquad} \mathrm{d}\sin 2x$；

(3) $\dfrac{1}{\sqrt{x}}\mathrm{d}x = \underline{\qquad} \mathrm{d}\sqrt{x}$；　　(4) $x\mathrm{d}x = \underline{\qquad} \mathrm{d}(a^2 + x^2)$；

(5) $\int \dfrac{\mathrm{d}x}{9+x^2} = $ _____ ;　　(6) $\int \dfrac{1}{\sqrt{4-x^2}} \mathrm{d}x = $ _____ .

2. 求下列不定积分.

(1) $\int (3x+1)^5 \mathrm{d}x$;　　(2) $\int \sin(1-2x) \mathrm{d}x$;

(3) $\int \dfrac{x}{x^2+4} \mathrm{d}x$;　　(4) $\int \dfrac{\mathrm{e}^x}{\sqrt{1-\mathrm{e}^{2x}}} \mathrm{d}x$;

(5) $\int \dfrac{1}{x \ln^3 x} \mathrm{d}x$;　　(6) $\int \sin^2 x \cos x \mathrm{d}x$;

(7) $\int x\cos(x^2-a^2) \mathrm{d}x$;　　(8) $\int \dfrac{\mathrm{e}^x}{\sqrt{\mathrm{e}^x+1}} \mathrm{d}x$;

(9) $\int \mathrm{e}^{3x^2+\ln x} \mathrm{d}x$;　　(10) $\int \dfrac{\mathrm{e}^x}{1+\mathrm{e}^{2x}} \mathrm{d}x$;

(11) $\int \dfrac{x-1}{\sqrt{1-x^2}} \mathrm{d}x$;　　(12) $\int \dfrac{\mathrm{d}x}{(x^2+1)x}$.

3. 求下列不定积分.

(1) $\int \dfrac{\sqrt{x}}{x+1} \mathrm{d}x$;　　(2) $\int \dfrac{\mathrm{d}x}{\sqrt{x}(1+x)}$;

(3) $\int \dfrac{\mathrm{d}x}{\sqrt{x}+\sqrt[4]{x}}$;　　(4) $\int \dfrac{1}{\sqrt{x}\,\mathrm{e}^{\sqrt{x}}} \mathrm{d}x$.

【提高题】

1. 填空题.

(1) 已知 $\int f(x)\mathrm{d}x = F(x)+C$,则 $\int \dfrac{f(\ln x)}{x} \mathrm{d}x = $ _____ ;

(2) $\dfrac{\cos x}{x}$ 是 $f(x)$ 的一个原函数,则 $\int f(x) \dfrac{\cos x}{x} \mathrm{d}x = $ _____ ;

(3) $\int \dfrac{f'(x)}{\sqrt{1-f^2(x)}} \mathrm{d}x = $ _____ ;

(4) $\int \dfrac{f'(x)}{f^2(x)} \mathrm{d}x = $ _____ .

2. 求下列不定积分.

(1) $\int \mathrm{e}^{\mathrm{e}^x+x} \mathrm{d}x$;　　(2) $\int \dfrac{\mathrm{d}x}{(x^8+1)x}$;

(3) $\int \dfrac{x+3}{x^2+2x} \mathrm{d}x$;　　(4) $\int \dfrac{x+1}{x^2-2x+5} \mathrm{d}x$;

(5) $\int \sin^2 x \cos^3 x \mathrm{d}x$;　　(6) $\int \sec^4 x \tan x \mathrm{d}x$;

(7) $\int \sin 2x \sin x \mathrm{d}x$;　　(8) $\int \dfrac{\mathrm{d}x}{x^2 \sqrt{1-x^2}}$;

(9) $\int \dfrac{1}{x^2 \sqrt{4+x^2}} \mathrm{d}x$;　　(10) $\int \dfrac{x^2}{(1+x^2)^2} \mathrm{d}x$.

§4.3 不定积分的分部积分法及积分表的使用

4.3.1 分部积分法

分部积分法也是求不定积分的主要方法. 当被积函数是两个不同的基本初等函数的乘积的时候, 如 $\int x\mathrm{e}^x \mathrm{d}x, \int x\cos x\mathrm{d}x, \int x^2\ln x\mathrm{d}x, \int x\arctan x\mathrm{d}x, \int \mathrm{e}^x\sin x\mathrm{d}x$ 等, 通常用分部积分法.

由乘积函数的导数进行讨论. 对于 $\int x\mathrm{e}^x \mathrm{d}x$, 由于

$$(x\mathrm{e}^x)' = \mathrm{e}^x + x\mathrm{e}^x,$$

移项得

$$x\mathrm{e}^x = (x\mathrm{e}^x)' - \mathrm{e}^x,$$

两端同时求不定积分, 得

$$\int x\mathrm{e}^x \mathrm{d}x = x\mathrm{e}^x - \int \mathrm{e}^x \mathrm{d}x,$$

这样, 把求 $\int x\mathrm{e}^x \mathrm{d}x$ 转化为求 $\int \mathrm{e}^x \mathrm{d}x$, 而后者可由积分公式得出. 于是原积分可求得

$$\int x\mathrm{e}^x \mathrm{d}x = x\mathrm{e}^x - \int \mathrm{e}^x \mathrm{d}x = x\mathrm{e}^x - \mathrm{e}^x + C.$$

这种方法就是不定积分的分部积分法.

定理 4.3 (分部积分法) 设函数 $u(x), v(x)$ 具有连续的一阶导数, 由乘积函数导数公式

$$[u(x)v(x)]' = u'(x)v(x) + u(x)v'(x),$$

移项得

$$u(x)v'(x) = [u(x)v(x)]' - u'(x)v(x),$$

两端同时积分, 得

$$\int v'(x)u(x)\mathrm{d}x = \int [u(x)v(x)]'\mathrm{d}x - \int u'(x)v(x)\mathrm{d}x,$$

$$\int v'(x)u(x)\mathrm{d}x = u(x)v(x) - \int v(x)u'(x)\mathrm{d}x.$$

简记为

$$\int v'u\mathrm{d}x = uv - \int vu'\mathrm{d}x \quad \text{或} \quad \int u\mathrm{d}v = uv - \int v\mathrm{d}u. \tag{4.8}$$

式(4.8)称为分部积分公式, 利用分部积分公式求积分的方法称为分部积分法. 分部积分法就是把不易求解的积分 $\int v'u\mathrm{d}x$ 转化为容易求解的积分 $\int vu'\mathrm{d}x$.

一般地, 求积分 $\int f(x)g(x)\mathrm{d}x$, 将被积函数 $f(x)$、$g(x)$ 选为 u 与 v', 应考虑如下两点:

分部积分
选取原则

(1) 选作 v' 的函数必须容易求其原函数 v;($v'(x)\mathrm{d}x = \mathrm{d}v(x)$ 是求原函数的计算)

(2) $\int v\mathrm{d}u$ 要比 $\int u\mathrm{d}v$ 更容易求解.

例 4.30 求不定积分.

(1) $\int x\mathrm{e}^{2x}\mathrm{d}x$； (2) $\int x^2 \mathrm{e}^x \mathrm{d}x$.

解 (1) 取 $u = x, v' = \mathrm{e}^{2x}$，则 $u' = 1, v = \dfrac{1}{2}\mathrm{e}^{2x}$，于是

$$I = \int x\mathrm{d}\left(\dfrac{1}{2}\mathrm{e}^{2x}\right) = \dfrac{1}{2}x\mathrm{e}^{2x} - \int \dfrac{1}{2}\mathrm{e}^{2x}\mathrm{d}x = \dfrac{1}{2}x\mathrm{e}^{2x} - \dfrac{1}{4}\mathrm{e}^{2x} + C.$$

再看另一种选取方式：取 $u = \mathrm{e}^{2x}, v' = x$，则 $u' = 2\mathrm{e}^{2x}, v = \dfrac{1}{2}x^2$，于是

$$I = \int \mathrm{e}^{2x}\mathrm{d}\left(\dfrac{1}{2}x^2\right) = \dfrac{1}{2}x^2 \mathrm{e}^{2x} - \int \dfrac{1}{2}x^2 2\mathrm{e}^{2x}\mathrm{d}x = \dfrac{1}{2}x^2 \mathrm{e}^{2x} - \int x^2 \mathrm{e}^{2x}\mathrm{d}x.$$

不难发现，上式右端的积分反而比原积分更难以计算. 因此，恰当地选取 u 与 v' 是解题的关键.

(2) $I = \int x^2 \mathrm{d}\mathrm{e}^x = x^2 \mathrm{e}^x - \int \mathrm{e}^x 2x\mathrm{d}x = x^2 \mathrm{e}^x - 2\int x\mathrm{d}\mathrm{e}^x$

$\quad = x^2 \mathrm{e}^x - 2x\mathrm{e}^x + 2\int \mathrm{e}^x \mathrm{d}x = x^2 \mathrm{e}^x - 2x\mathrm{e}^x + 2\mathrm{e}^x + C.$

说明 当使用一次分部积分公式后被积函数仍是乘积的形式，可再一次使用分部积分公式.

例 4.31 求不定积分 $\int x\cos x \mathrm{d}x$.

解 取 $u = x, v' = \cos x$，则 $u' = 1, v = \sin x$，于是

$$I = \int x\mathrm{d}\sin x = x\sin x - \int \sin x\mathrm{d}x = x\sin x + \cos x + C.$$

读者可以自己去尝试选取 $u = \cos x, v' = x$，试一试用分部积分公式后的积分是否比原积分更容易计算.

由上述例题得知，形如 $\int x^n \mathrm{e}^{ax} \mathrm{d}x$，$\int x^n \sin ax \mathrm{d}x$，$\int x^n \cos ax \mathrm{d}x$（$n$ 是正整数，a 是常数）的积分，通常将 x^n 选为 $u = u(x)$，余下部分凑成 $\mathrm{d}v$，用分部积分法即可求得结果.

例 4.32 求下列不定积分.

(1) $\int x^2 \ln x \mathrm{d}x$； (2) $\int \ln(x^2 + 1)\mathrm{d}x$.

解 (1) 取 $u = \ln x, v' = x^2$，则 $u' = \dfrac{1}{x}, v = \dfrac{1}{3}x^3$，于是

$$I = \int \ln x\mathrm{d}\dfrac{1}{3}x^3 = \dfrac{1}{3}x^3 \ln x - \int \dfrac{1}{3}x^3 \dfrac{1}{x}\mathrm{d}x = \dfrac{1}{3}x^3 \ln x - \dfrac{1}{9}x^3 + C.$$

(2) 取 $u = \ln(x^2 + 1), v' = 1$，则 $u' = \dfrac{2x}{x^2 + 1}, v = x$，于是

不定积分——分部积分法

$$I = x\ln(x^2+1) - \int \frac{2x^2}{x^2+1}dx = x\ln(x^2+1) - 2\int\left(1 - \frac{1}{x^2+1}\right)dx$$
$$= x\ln(x^2+1) - 2x + 2\arctan x + C.$$

例 4.33 求下列不定积分.

(1) $\int x\arctan x\,dx$; (2) $\int \arcsin x\,dx$.

解 (1)取 $u = \arctan x, v' = x$,则 $u' = \frac{1}{1+x^2}, v = \frac{1}{2}x^2$,于是

$$I = \int \arctan x\,d\left(\frac{1}{2}x^2\right) = \frac{1}{2}x^2\arctan x - \int \frac{1}{2}x^2 \cdot \frac{1}{1+x^2}dx$$
$$= \frac{1}{2}x^2\arctan x - \frac{1}{2}\int \frac{(x^2+1)-1}{1+x^2}dx$$
$$= \frac{1}{2}x^2\arctan x - \frac{1}{2}x + \frac{1}{2}\arctan x + C.$$

(2)取 $u = \arcsin x, v' = 1$,则 $u' = \frac{1}{\sqrt{1-x^2}}, v = x$,于是

$$I = \int \arcsin x\,dx = x\arcsin x - \int \frac{1}{\sqrt{1-x^2}}x\,dx$$
$$= x\arcsin x + \frac{1}{2}\int \frac{1}{\sqrt{1-x^2}}d(1-x^2)$$
$$= x\arcsin x + \sqrt{1-x^2} + C.$$

由上述例题得知,形如 $\int x^n \ln x\,dx(n \neq -1), \int x^n \arcsin x\,dx, \int x^n \arctan x\,dx$ (n 是正整数)的积分,通常将 $\ln x, \arcsin x, \arctan x$ 选为 $u = u(x)$,余下部分凑成 dv,用分部积分法即可求得结果.

例 4.34 求不定积分 $\int \sin\sqrt{x}\,dx$.

解 设 $\sqrt{x} = t, x = t^2, dx = 2t\,dt$,则
$$\int \sin\sqrt{x}\,dx = \int \sin t \cdot 2t\,dt = -2\int t\,d\cos t = -2t\cos t + 2\int \cos t\,dt$$
$$= -2t\cos t + 2\sin t + C = -2\sqrt{x}\cos\sqrt{x} + 2\sin\sqrt{x} + C.$$

例 4.35 求不定积分 $\int e^x\cos x\,dx$.

解 $\int e^x\cos x\,dx = \int \cos x\,de^x = \cos x \cdot e^x - \int e^x(-\sin x)dx$
$$= \cos x \cdot e^x + \int \sin x\,de^x = e^x\cos x + e^x\sin x - \int e^x\,d\sin x$$
$$= e^x\cos x + e^x\sin x - \int e^x\cos x\,dx,$$

移项后除以系数得
$$\int e^x\cos x\,dx = \frac{1}{2}e^x(\cos x + \sin x) + C.$$

例 4.35 中的方法称为间接法,也称循环法.

不定积分
分部积分法
——间接法

4.3.2 积分表的使用

不定积分的计算要比导数的计算灵活、复杂. 为了实用的方便, 往往把常用到的积分按不同被积函数的类型汇集成表, 这种表称为积分表(见附录 B). 求积分时, 可根据被积函数的类型或者经过简单变形后, 在积分表内查询所需要的结果.

例 4.36 求积分 $\int \dfrac{\mathrm{d}x}{x(2x+3)^2}$.

解 被积函数中含有 $ax+b$, 在积分表(一)中查得公式(9)

$$\int \frac{\mathrm{d}x}{x(ax+b)^2} = \frac{1}{b(ax+b)} - \frac{1}{b^2}\ln\left|\frac{ax+b}{x}\right| + C.$$

代入 $a=2, b=3$, 于是

$$\int \frac{\mathrm{d}x}{x(2x+3)^2} = \frac{1}{3(2x+3)} - \frac{1}{9}\ln\left|\frac{2x+3}{x}\right| + C.$$

例 4.37 求积分 $\int \dfrac{\mathrm{d}x}{x^3(2x^2+1)}$.

解 被积函数中含有 ax^2+b, 在积分表(四)中查得公式(27)

$$\int \frac{\mathrm{d}x}{x^3(ax^2+b)} = \frac{a}{2b^2}\ln\frac{|ax^2+b|}{x^2} - \frac{1}{2bx^2} + C.$$

代入 $a=2, b=1$, 于是

$$\int \frac{\mathrm{d}x}{x^3(2x^2+1)} = \ln\frac{|2x^2+1|}{x^2} - \frac{1}{2x^2} + C.$$

例 4.38 求积分 $\int \dfrac{x^2}{\sqrt{4x^2-9}}\mathrm{d}x$.

解 这个积分不能直接在积分表中查到, 需要变换. 设 $2x=u, \mathrm{d}x=\dfrac{1}{2}\mathrm{d}u$,

$$\int \frac{x^2}{\sqrt{4x^2-9}}\mathrm{d}x = \frac{1}{2}\int \frac{u^2}{\sqrt{u^2-3^2}}\mathrm{d}u.$$

含有 $\sqrt{u^2-a^2}$, 在积分表(七)中查得公式(49)

$$\int \frac{u^2}{\sqrt{u^2-a^2}}\mathrm{d}u = \frac{u}{2}\sqrt{u^2-a^2} + \frac{a^2}{2}\ln\left|x+\sqrt{u^2-a^2}\right| + C.$$

代入 $a=3$, 于是

$$\int \frac{u^2}{\sqrt{u^2-3^2}}\mathrm{d}u = \frac{u}{2}\sqrt{u^2-3^2} + \frac{9}{2}\ln\left|x+\sqrt{u^2-3^2}\right| + C,$$

则

$$\int \frac{x^2}{\sqrt{4x^2-9}}\mathrm{d}x = \frac{1}{2}\int \frac{u^2}{\sqrt{u^2-3^2}}\mathrm{d}u = \frac{1}{2}\int \frac{u^2}{\sqrt{u^2-3^2}}\mathrm{d}u$$

$$= \frac{u}{4}\sqrt{u^2-3^2} + \frac{9}{4}\ln\left|x+\sqrt{u^2-3^2}\right| + C$$

$$= \frac{x}{2}\sqrt{4x^2-3^2} + \frac{9}{4}\ln\left|x+\sqrt{4x^2-3^2}\right| + C.$$

同步习题 4.3

【基础题】

1. 填空题.

(1) $\int \ln x \, dx = \underline{\qquad}$;

(2) $\int x e^x \, dx = \underline{\qquad}$;

(3) 设 $\dfrac{\ln x}{x}$ 是 $f(x)$ 的一个原函数, 则 $\int x f'(x) \, dx = \underline{\qquad}$;

(4) 设 $f(x)$ 的一个原函数是 $\dfrac{\sin x}{x}$, 则 $\int x f'(x) \, dx = \underline{\qquad}$.

2. 求下列不定积分.

(1) $\int x^2 e^x \, dx$;

(2) $\int x e^{-x} \, dx$;

(3) $\int x \sin x \, dx$;

(4) $\int (x+1) \cos x \, dx$;

(5) $\int x^2 \ln x \, dx$;

(6) $\int \dfrac{\ln x}{x^2} \, dx$;

(7) $\int \arctan x \, dx$;

(8) $\int x^2 \arctan x \, dx$.

【提高题】

求下列不定积分.

(1) $\int x^2 \cos 2x \, dx$;

(2) $\int x \sin^2 x \, dx$;

(3) $\int e^{2x}(x+1) \, dx$;

(4) $\int x \ln(x^2 - 1) \, dx$;

(5) $\int x \ln^2 x \, dx$;

(6) $\int \sin \ln x \, dx$.

本章小结

一、主要知识点

不定积分概念与性质；不定积分的基本公式，直接积分法；换元积分法；分部积分法.

二、主要的数学思想方法

1. 抽象法：结合实例，抽象得出概念.

2. 公式法：熟记公式并会代入运用，或者变形后代用公式.

3. 变换法：变换是高等数学重要的思想方法，本章介绍的换元积分法、分部积分法、微元法都是变换的具体应用，通过变换将复杂形式化为简单形式来解决问题.

4. 数学建模：把实际问题设计为数学问题，建立数学模型并对模型进行求解，最后分析模型、改进模型、指导实践. 不定积分可以运用在工程技术、经济管理、社会管理以及力学、电学、几何学等各个领域中.

三、主要题型及解法

本章主要计算是求不定积分:根据被积函数的形式特点,在直接积分法、换元积分法、分部积分法中选取适当的方法求解.要明确常见的不同形式的被积函数所用到的积分法,只有选择对了,计算才会方便.

直接积分法是利用基本积分公式求积分,主要是了解公式、熟悉公式,有的先变形才能积分,这些技巧在换元法和分部法中仍有运用,这也是积分的基础问题.

第一换元积分法重点是解决在被积函数中复合函数及其导数乘积形式的积分,不少题目还要凑微分,这是个多做练习才能熟练的过程,凑微分是这里的重点,对于一些常见的凑微分必须熟练掌握起来,一旦熟练了就可以"只凑微分不换元".

第二换元法主要是用于解决无理式函数的积分,也就是含有根式函数的积分问题.本书主要介绍幂代换(多项式代换)求无理式的积分.对于三角代换(三角代换是固定的)仅作了解.

分部积分法是解决两个基本初等函数乘积形式的积分,通过分部积分,实现积分的转化.要做到转化后的比转化前的更为简单,如何选择是非常重要的,其规律也是非常清楚地.

总复习题

一、选择题

1. $\sqrt{x}$ 是 _____ 的一个原函数.

   A. $\dfrac{1}{2x}$ B. $\dfrac{1}{2\sqrt{x}}$ C. $\ln x$ D. $x\sqrt{x}$

2. $(\int \arcsin x \, dx)' = $ _____ .

   A. $\dfrac{1}{\sqrt{1-x^2}}+C$ B. $\dfrac{1}{\sqrt{1-x^2}}$ C. $\arcsin x + C$ D. $\arcsin x$

3. 若 $F(x)$ 是 $f(x)$ 的一个原函数,则 _____ .

   A. $\int f(x)dx = F(x)$ B. $\int F(x)dx = f(x)+C$

   C. $\int f(x)dx = F(x)+C$ D. $\int F(x)dx = f(x)$

4. 下列凑微分正确的是 _____ .

   A. $\ln x \, dx = d\dfrac{1}{x}$ B. $\sqrt{x}\, dx = d\sqrt{x}$

   C. $\dfrac{1}{x^2}dx = d\left(-\dfrac{1}{x}\right)$ D. $\sin x \, dx = d\cos x$

5. $\int f(x)dx = x+C$,则 $\int f(1-x)dx = $ _____ .

   A. $x+C$ B. $-x+C$ C. $\dfrac{x}{2}+C$ D. $-\dfrac{1}{2}(1-x)+C$

二、填空题

1. $\int \dfrac{1}{2\sqrt{x}} \mathrm{d}x =$ _____ ;

2. $\int \mathrm{e}^{3x} \mathrm{d}x =$ _____ ;

3. $\int \tan^2 x \mathrm{d}x =$ _____ ;

4. $\int f(x) \mathrm{d}x = x^2 + C$，则 $f'(x) =$ _____ ;

5. $\int \dfrac{\mathrm{e}^x}{\mathrm{e}^x + 1} \mathrm{d}x =$ _____ .

三、计算积分

1. $\int (\tan x + \cot x)^2 \mathrm{d}x$;

2. $\int \dfrac{1}{x \ln x} \mathrm{d}x$;

3. $\int x\sqrt{5 - 3x^2} \mathrm{d}x$;

4. $\int \dfrac{1}{\sqrt{x} - 1} \mathrm{d}x$;

5. $\int \dfrac{1}{x^2} \cos \dfrac{1}{x} \mathrm{d}x$;

6. $\int \dfrac{\ln x - 1}{x^2} \mathrm{d}x$;

7. $\int \dfrac{x}{\sin^2 x} \mathrm{d}x$;

8. $\int \dfrac{\sqrt{x^2 - 1}}{x} \mathrm{d}x$.

课外阅读

学习不定积分的启示

不定积分是一个数学问题，同时也是一个思想方法问题，学习这些方法的过程中，我们可以品味到很多人生道理.

1."万事由简到难由少到多直至无穷"的道理

我们知道，不定积分只有13个基本的积分公式(见4.1节)，这些基本公式就像指引我们人生道路的灯塔一样，虽然不多但是十分重要，人生中我们只要做好一些最基本的事情，如提高自己的政治修养、思想修养、文化修养、专业修养，其他复杂的各种事情，都会因为基本功修炼的好变得容易解决.积分也是如此，首先要熟记基本的积分公式，因为它们可以用于各种积分问题的计算中，不管是直接积分法还是换元积分法，积分函数千差万别，只有把积分函数变为公式的形式才能求积分.公式很简单，只有13个，这是"少和简"，但是我们遇到的题目有很多，这是"多和难"，实际上，只需要将积分函数变形和换元化为公式的形式就可以求积分，一旦掌握了变形和换元，就可以将一个题目衍生出更多的题目，就可以解决"无穷"多的题目.

2."出发点不同道路就会不同，但结局可能都正确"的道理

我们在看待同一个问题时，由于所处的位置不同，会得出一些不尽相同的结论，我们不能说这些结论就是不对的，有可能不同的结论都是正确的，只是表示形式有所不同.同样是上大学，毕业后有的人从事教学，有的人从事科研，有的人从事工程技术，有的人从事技工，有的人从事公务员，每一种工作都是正确

的选择,都值得尊重.

这个问题在积分中表现得十分明显,比如:

$\int \sin x \cos x \mathrm{d}x = \int \sin x \mathrm{d}\sin x = \frac{1}{2}\sin^2 x + C$,看成是 $\sin x$ 为内层函数的复合函数,用凑微分求解;

$\int \sin x \cos x \mathrm{d}x = -\int \cos x \mathrm{d}\cos x = -\frac{1}{2}\cos^2 x + C$,看成是 $\cos x$ 为内层函数的复合函数,用凑微分求解;

$\int \sin x \cos x \mathrm{d}x = \frac{1}{2}\int \sin 2x \mathrm{d}2x = -\frac{1}{4}\cos 2x + C$,先用三角公式,再看成是 $2x$ 为内层函数的复合函数,用凑微分求解.

三种解法选择内层函数不一样,解题过程和答案的呈现形式也不一样,但是每一种解法都是正确的.

3. "换一种思路考虑问题会更好"的道理

在人的一生中我们会遇到各种问题,有时候会被一个问题的表面现象所迷惑,费了很多时间和精力,却找不到合理的解决问题的方法,那么此时就需要换一种思路考虑,也许就会豁然开朗,问题就会迎刃而解.我们学习不定积分的分部积分法就很好地诠释了这样的思想.

比如要求积分 $\int x\mathrm{e}^x \mathrm{d}x$,用所学的直接积分法和换元积分法都不能求出,而积分 $\int \mathrm{e}^x \mathrm{d}x$ 是比较容易求出的,这就需要我们转变思路,而不定积分的分部积分法,正是给我们提供了这样一个转换,把一个不容易求解的积分 $\int x\mathrm{e}^x \mathrm{d}x$,转变为一个容易求解的积分 $\int \mathrm{e}^x \mathrm{d}x$.有些问题甚至还可以使用循环法来解决.

学数学,真的就像在学习人生的教科书,里面的精华不是肤浅的,是需要用心去反复揣摩感悟的.数学中蕴含的丰富人生哲理,犹如富含营养的心灵鸡汤,指引我们探究人生的目的、意义、价值,树立正确的人生观、世界观、价值观.

第 5 章

定 积 分

定积分是微积分的重要内容,在自然科学、工程技术及经济管理等领域中有着广泛的应用,上述领域的很多实际问题都是转化为数学上的定积分问题而解决的.不定积分是作为微分的逆运算引入的,而定积分则是从实例问题中抽象出来的,是计算无穷和式的极限.本章从解决曲边梯形面积计算入手,给出定积分的概念,讨论定积分的性质、计算及应用等问题.

§5.1 定积分的概念与性质

定积分的概念产生于计算封闭曲线围成区域的面积.在计算过程中把问题归结为具有特定结构的和式的极限.这种特定的和式的极限,不仅是计算数学面积的工具,也是计算其他许多实际问题的数学工具,因此,定积分是从实际问题和工程技术中抽象出来的,在各个领域中有广泛的应用,是高等数学的重要概念之一.本节首先从解决几何中的面积问题和物理中的路程问题引入定积分的概念,然后介绍定积分几何意义以及定积分的性质.

5.1.1 定积分的概念

1. 引例

引例 1 曲边梯形的面积问题

如图 5.1 所示,由连续曲线 $y=f(x)$ 与竖直线 $x=a, x=b(a<b)$ 及 x 轴所围成的平面图形称为曲边梯形.线段 ab 为底边,$y=f(x)$ 的曲线弧为曲边.

如何计算曲边梯形的面积呢?

不难看出,其面积取决于区间 $[a,b]$ 和定义在该区间上的函数 $f(x)$. 由于 $f(x)$ 在区间 $[a,b]$ 上是变化的,不能用已知的面积公式计算.又由于函数是连续函数,当 x 变化不大时,$f(x)$ 的变化也不大.因此将区间 $[a,b]$ 分成许多个小区间,相应地把曲边梯形分成许多小曲边梯形,每个小曲边梯形可以近似看成小的矩形,这样所有的小矩形面积之和就是整个曲边梯形面积的近似值.而且分割得越细,近似程度就越好.当把区间 $[a,b]$ 无限细分下去,并使每个小区间的长度都趋向零时,小矩形面积之和的极限就是曲边梯形的面积.

根据以上分析,求曲边梯形的面积的具体做法如下:

(1) 分割. 在 (a,b) 内任意插入 $n-1$ 个分点:

$$a=x_0<x_1<x_2<\cdots<x_{i-1}<x_i<\cdots<x_{n-1}<x_n=b,$$

把区间 $[a,b]$ 分成 n 个小区间 $[x_{i-1},x_i]$ $(i=1,2,\cdots,n)$,每个小区间长度记为

$\Delta x_i (i=1,2,\cdots,n)$，过分点作 x 轴的垂线，把整个曲边梯形分成 n 个小的曲边梯形. 其面积为 $\Delta A_i (i=1,2,\cdots,n)$.

(2)近似. 在小区间 $[x_{i-1},x_i]$ 上任取一点 ξ_i，以 $[x_{i-1},x_i]$ 为底，以 $f(\xi_i)$ 为高作小矩形，用小矩形的面积近似代替小曲边梯形的面积(见图 5.2)，即
$$\Delta A_i \approx f(\xi_i)\Delta x_i \quad (i=1,2,\cdots,n).$$

定积分概念——曲边梯形面积

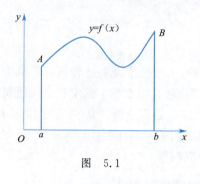

图 5.1

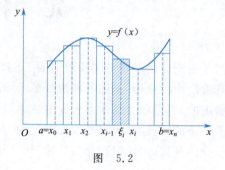

图 5.2

(3)求和. 把各个小矩形面积加起来得整个曲边梯形面积的近似值，即
$$A = \sum_{i=1}^{n} \Delta A_i \approx \sum_{i=1}^{n} f(\xi_i)\Delta x_i.$$

(4)取极限. 让分点的个数 n 无限增大，记所有的小区间长度的最大值为 $\lambda = \max\limits_{1 \leqslant i \leqslant n}\{\Delta x_i\}$，当 $\lambda \to 0$ 时和式 $\sum\limits_{i=1}^{n} f(\xi_i)\Delta x_i$ 的极限就是曲边梯形的面积，即
$$A = \lim_{\lambda \to 0} \sum_{i=1}^{n} f(\xi_i)\Delta x_i.$$

引例 2 变速直线运动的路程问题

如果物体做变速直线运动，速度 v 是时间 t 的函数 $v=v(t)$，如何求物体由时刻 $t=a$ 到时刻 $t=b(b>a)$ 的这一段时间内所运动的路程？

如果是匀速直线运动，那么"路程＝速度×时间". 由于物体做变速直线运动，在整段时间内不能直接用上述公式求总的路程，但是在一小段上可以近似看成匀速直线运动. 可按以下步骤进行计算.

(1)分割. 把整段路程分成 n 小段路程. 如图 5.3 所示，任取分点
$$a=t_0<t_1<t_2<\cdots<t_{i-1}<t_i<\cdots<t_{n-1}<t_n=b,$$
把时间段 $[a,b]$ 分成 n 个小段 $[t_{i-1},t_i](i=1,2,\cdots,n)$，每个小段的时间长度记为 $\Delta t_i (i=1,2,\cdots,n)$.

在各小时间段上的路程记为 $\Delta s_i (i=1,2,\cdots,n)$，则整段路程
$$s = \sum_{i=1}^{n} \Delta s_i.$$

图 5.3

(2)近似. 在各小段上以匀速直线运动代替变速直线运动. 在 $[t_{i-1},t_i]$ 任取

一时刻 τ_i,假设物体是以该时刻的速度做匀速直线运动,则得该小段路程的近似值

$$\Delta s_i \approx v(\tau_i)\Delta t_i \quad (i=1,2,\cdots,n).$$

(3)求和.再把各小段路程的近似值加在一起,得到整段路程的近似值

$$s = \sum_{i=1}^{n}\Delta s_i \approx \sum_{i=1}^{n}v(\tau_i)\Delta t_i.$$

(4)求极限.由近似值过渡到精确值.分割的段数越多,即 n 越大,且每个小时间段的时间长度 Δt_i 越短,上述和式越接近变速直线运动路程.令 n 无限增大,且使每个小段的时间长度 $\Delta t_i(i=1,2,\cdots,n)$ 最大值趋向于零,即 $\lambda = \max\limits_{1 \leq i \leq n}\{\Delta t_i\} \to 0$,上述和式的极限就是变速直线运动的路程,即

$$s = \lim_{\lambda \to 0}\sum_{i=1}^{n}v(\tau_i)\Delta t_i.$$

以上两个实例的意义不同,但是解决问题的数学思想方法相同,即分割、近似代替、求和、求极限的方法,最后都是通过求无穷和式的极限得到的.实际上还有很多实际问题的解决可以采用类似方法.这个无穷和式的极限,在数学上定义为定积分.

2. 定积分的定义

定义 5.1 设函数 $y=f(x)$ 在 $[a,b]$ 上有定义,任取 $n-1$ 个分点

$$a=x_0<x_1<x_2<\cdots<x_{i-1}<x_i<\cdots<x_{n-1}<x_n=b,$$

把区间 $[a,b]$ 分成 n 个小区间 $[x_{i-1},x_i](i=1,2,\cdots,n)$,每个小区间长度记为 $\Delta x_i(i=1,2,\cdots,n)$,记 $\lambda = \max\limits_{1 \leq i \leq n}\{\Delta x_i\}$.在每个小区间 $[x_{i-1},x_i]$ 上任取一点 ξ_i,作和式

$$\sum_{i=1}^{n}f(\xi_i)\Delta x_i.$$

如果当 $\lambda \to 0$ 时,上述和式的极限存在,则称函数 $f(x)$ 在区间 $[a,b]$ 上可积(否则不可积),并称其极限值为函数 $f(x)$ 在区间 $[a,b]$ 上的定积分.记作 $\int_a^b f(x)\mathrm{d}x$,即

$$\int_a^b f(x)\mathrm{d}x = \lim_{\lambda \to 0}\sum_{i=1}^{n}f(\xi_i)\Delta x_i. \tag{5.1}$$

式中,x 称为积分变量;$f(x)$ 称为被积函数;$f(x)\mathrm{d}x$ 称为被积表达式;$\int$ 为积分号;a 称为积分下限;b 称为积分上限;$[a,b]$ 称为积分区间.

根据定积分的定义,两个引例可以用定积分来表示面积或路程:

$$A = \int_a^b f(x)\mathrm{d}x, \quad s = \int_a^b v(t)\mathrm{d}t.$$

关于定积分,需要注意以下几点:

(1)定积分是一个常数,这个常数只与被积函数和积分区间有关,与区间的分割方法和 ξ_i 的取法无关.而且与字母无关,即

$$\int_a^b f(x)\mathrm{d}x = \int_a^b f(t)\mathrm{d}t.$$

(2) 定义中有 $a<b$，实际上这一条可以改变，并且
$$\int_b^a f(x)dx = -\int_a^b f(x)dx.$$

特别地，$\int_a^a f(x)dx = 0.$

(3) 函数满足什么条件可积呢？在这里只给出结论：连续函数是可积的；只有有限个第一类间断点的函数是可积的.

3. 定积分的几何意义

定积分的
几何意义

(1) 由引例 1 可知，当 $f(x) \geqslant 0$ 时，定积分是曲边梯形的面积 $\int_a^b f(x)dx = A$；特别地，当 $f(x) \equiv 1$ 时，$\int_a^b dx = b - a$；

(2) 当 $f(x) \leqslant 0$ 时（见图 5.4），定积分是负数，等于曲边梯形面积的相反数 $\int_a^b f(x)dx = -A$；

(3) 当函数在 $[a,b]$ 上有正也有负时（见图 5.5），定积分的值可能为正也可能为负，等于曲线 $y = f(x), x = a, x = b$，以及 x 轴围成的在 x 轴上边和下边各块面积的代数和. 即

$$\int_a^b f(x)dx = A_1 - A_2 + A_3.$$

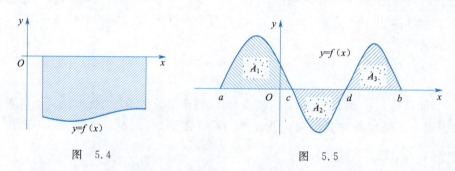

图 5.4　　　　　　　图 5.5

例 5.1 由定积分的几何意义计算下列积分.

(1) $\int_0^3 (3-x)dx$；　　(2) $\int_{-1}^1 \sqrt{1-x^2}\,dx.$

解 (1) 由几何意义得知，$\int_0^3 (3-x)dx$ 的值是直线 $y = 3-x$ 与 x 轴、y 轴所围成三角形的面积，如图 5.6 所示，则

$$\int_0^3 (3-x)dx = A = \frac{9}{2}.$$

(2) 由几何意义得知，$\int_{-1}^1 \sqrt{1-x^2}\,dx$ 的值是半圆 $y = \sqrt{1-x^2}$ 与 x 轴所围成上半个圆的面积，如图 5.7 所示，则

$$\int_{-1}^1 \sqrt{1-x^2}\,dx = A = \frac{\pi}{2}.$$

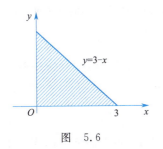

图 5.6

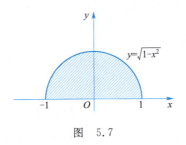

图 5.7

5.1.2 定积分的性质

扫一扫

定积分的性质——可加性

首先假定所讨论的函数在给定区间上是可积的.

性质 1 常数因子可以提到积分号前边,即

$$\int_a^b kf(x)\mathrm{d}x = k\int_a^b f(x)\mathrm{d}x. \tag{5.2}$$

性质 2 有限个函数和差的定积分等于各个函数定积分的和差,即

$$\int_a^b [f(x) \pm g(x)]\mathrm{d}x = \int_a^b f(x)\mathrm{d}x \pm \int_a^b g(x)\mathrm{d}x. \tag{5.3}$$

性质 3 (定积分对区间的可加性)对任意常数 c,有

$$\int_a^b f(x)\mathrm{d}x = \int_a^c f(x)\mathrm{d}x + \int_c^b f(x)\mathrm{d}x. \tag{5.4}$$

性质 3 的几何解释:假设函数非负(负的也有相应解释),当 $a<c<b$ 时,易得出等式成立.当 $c\notin(a,b)$时,不妨设 $c>b$,如图 5.8 所示,则

$$\begin{aligned}\int_a^c f(x)\mathrm{d}x &= \int_a^b f(x)\mathrm{d}x + \int_b^c f(x)\mathrm{d}x \\ &= \int_a^b f(x)\mathrm{d}x - \int_c^b f(x)\mathrm{d}x,\end{aligned}$$

图 5.8

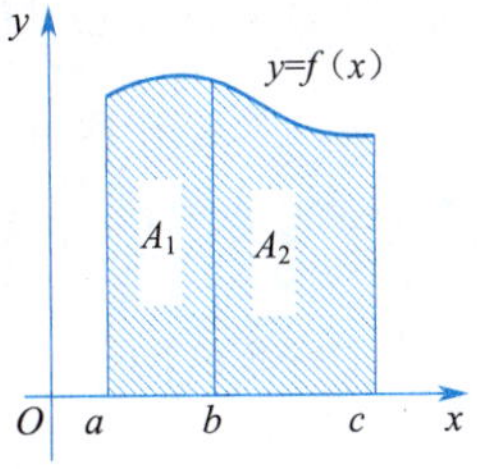

移项得

$$\int_a^b f(x)\mathrm{d}x = \int_a^c f(x)\mathrm{d}x + \int_c^b f(x)\mathrm{d}x.$$

以上三条性质主要用于计算.

由几何意义和定积分对区间的可加性,容易得出:

(1)若 $f(x)$是在$[-a,a]$连续的奇函数,则有 $\int_{-a}^a f(x)\mathrm{d}x = 0$;

(2)若 $f(x)$是在$[-a,a]$连续的偶函数,则有 $\int_{-a}^a f(x)\mathrm{d}x = 2\int_0^a f(x)\mathrm{d}x$.

例 5.2 计算 $\int_{-1}^1 (1-x)\sqrt{1-x^2}\,\mathrm{d}x$ 的值.

解
$$\begin{aligned}\int_{-1}^1 (1-x)\sqrt{1-x^2}\,\mathrm{d}x &= \int_{-1}^1 \sqrt{1-x^2}\,\mathrm{d}x - \int_{-1}^1 x\sqrt{1-x^2}\,\mathrm{d}x \\ &= \frac{\pi}{2} - 0 = \frac{\pi}{2}.\end{aligned}$$

性质 4 (比较性质)如果在$[a,b]$上总有 $f(x)\leqslant g(x)$,则

$$\int_a^b f(x)\mathrm{d}x \leqslant \int_a^b g(x)\mathrm{d}x.$$

性质 5 （估值定理）设函数 $f(x)$ 有最大值 M 和最小值 m，则
$$m(b-a) \leqslant \int_a^b f(x)\mathrm{d}x \leqslant M(b-a).$$

性质 6 （中值定理）如果函数 $f(x)$ 在 $[a,b]$ 上连续，则至少存在一个点 ξ，使得
$$f(\xi)(b-a) = \int_a^b f(x)\mathrm{d}x. \tag{5.5}$$

这个公式称为积分中值公式，其几何意义是：曲边梯形的面积等于一个同底宽、高是函数在某一点的函数值的矩形的面积。可以将上式改写为
$$f(\xi) = \frac{1}{b-a}\int_a^b f(x)\mathrm{d}x,$$

通常称 $f(\xi)$ 为函数在 $[a,b]$ 上的平均值。

以上三个性质可由几何意义解释，不作证明，如图 5.9~图 5.11 所示。

定积分的
性质——
估值定理

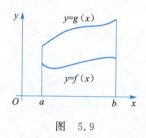
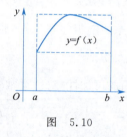
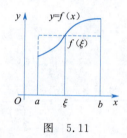

图 5.9　　　　　　　图 5.10　　　　　　　图 5.11

例 5.3 比较下列积分的大小。

(1) $\int_1^2 \ln x\,\mathrm{d}x$ 与 $\int_1^2 \ln^2 x\,\mathrm{d}x$；　　(2) $\int_0^1 \mathrm{e}^x\,\mathrm{d}x$ 与 $\int_0^1 \mathrm{e}^{x^2}\,\mathrm{d}x$。

解 (1) 在区间 $[1,2]$ 上因为 $0 \leqslant \ln x \leqslant 1$，所以 $0 \leqslant \ln^2 x \leqslant \ln x \leqslant 1$，故
$$\int_1^2 \ln x\,\mathrm{d}x \geqslant \int_1^2 \ln^2 x\,\mathrm{d}x.$$

(2) 在区间 $[0,1]$ 上因为 $x \geqslant x^2$，而 e^x 是增函数，所以 $\mathrm{e}^x \geqslant \mathrm{e}^{x^2}$，故
$$\int_0^1 \mathrm{e}^x\,\mathrm{d}x \geqslant \int_0^1 \mathrm{e}^{x^2}\,\mathrm{d}x.$$

例 5.4 估计定积分 $\int_0^1 \mathrm{e}^{x^2}\,\mathrm{d}x$ 的值。

解 在区间 $[0,1]$ 上 $0 \leqslant x^2 \leqslant 1$，所以 $1 \leqslant \mathrm{e}^{x^2} \leqslant \mathrm{e}$，故 $1 \leqslant \int_0^1 \mathrm{e}^{x^2}\,\mathrm{d}x \leqslant \mathrm{e}$。

同步习题 5.1

【基础题】

1. 用定积分的几何意义说明下列各式。

(1) $\int_0^2 x\,\mathrm{d}x = 2$；　　(2) $\int_0^a \sqrt{a^2-x^2}\,\mathrm{d}x = \frac{\pi}{4}a^2$；

(3) $\int_{-\pi}^{\pi} \sin x\,\mathrm{d}x = 0$；　　(4) $\int_{-\frac{\pi}{2}}^{\frac{\pi}{2}} \cos x\,\mathrm{d}x = 2\int_0^{\frac{\pi}{2}} \cos x\,\mathrm{d}x$。

2. 不计算, 比较下列各式的大小.

(1) $\int_1^2 x^2 \mathrm{d}x$ 与 $\int_1^2 x^3 \mathrm{d}x$；

(2) $\int_1^e \ln x \mathrm{d}x$ 与 $\int_1^e \ln^2 x \mathrm{d}x$.

3. 利用几何意义计算定积分.

(1) $\int_0^3 |2-x| \mathrm{d}x$；

(2) 设 $f(x) = \begin{cases} 1+x, & -1 \leqslant x < 0, \\ \sqrt{1-x^2}, & 0 \leqslant x \leqslant 1, \end{cases}$ 求 $\int_{-1}^1 f(x) \mathrm{d}x$；

(3) $\int_{-3}^3 \sqrt{9-x^2} \mathrm{d}x$；

(4) $\int_{-2}^4 \left(\dfrac{x}{2} + 3\right) \mathrm{d}x$.

4. 估计定积分 $\int_0^1 e^{-x^2} \mathrm{d}x$ 的范围.

5. 设 $a < b$, 问 a, b 取什么值时, 积分 $\int_a^b (x - x^2) \mathrm{d}x$ 取得最大值.

【提高题】

1. 估计下列各定积分的范围.

(1) $\int_1^4 (x^2 + 1) \mathrm{d}x$；

(2) $\int_{\frac{\pi}{4}}^{\frac{5}{4}\pi} (1 + \sin^2 x) \mathrm{d}x$.

2. 设 $\int_{-1}^1 3f(x) \mathrm{d}x = 18$, $\int_{-1}^3 f(x) \mathrm{d}x = 4$, $\int_{-1}^3 g(x) \mathrm{d}x = 3$, 求下列各定积分的值.

(1) $\int_{-1}^1 f(x) \mathrm{d}x$；

(2) $\int_1^3 f(x) \mathrm{d}x$；

(3) $\int_3^{-1} g(x) \mathrm{d}x$；

(4) $\int_{-1}^3 \dfrac{1}{5}[4f(x) + 3g(x)] \mathrm{d}x$.

§5.2 微积分基本定理

用定义法求定积分必须求一个和式的极限, 这种方法只能求极少数的函数的定积分, 而且对不同的函数要用不同的技巧, 这样就大大限制了定积分的计算和应用. 本节通过揭示导数、不定积分、定积分的关系, 把求定积分的问题转化为求原函数的增量问题, 从而简便地计算定积分.

5.2.1 原函数存在定理

引例 在变速直线运动中, 有以下问题

(1) 已知物体的运动速度是连续函数 $v = v(t)$, 求物体由时刻 $t = a$ 到时刻 $t = b (b > a)$ 的这一段时间内所运动的路程.

(2) 已知物体的运动方程 $s = s(t)$, 求物体由时刻 $t = a$ 到时刻 $t = b (b > a)$ 的这一段时间内所运动的路程.

解 (1) 由引入定积分的引例 2 得知 $s = \int_a^b v(t) \mathrm{d}t$；

(2) 由物理知识得知 $s=s(b)-s(a)$.

由于这是同一个运动过程中的路程问题,以上两种方法得出的数值是相同的,因此得到

$$s = \int_a^b v(t)dt = s(b) - s(a).$$

我们知道,$s'(t)=v(t)$,即 $s(t)$ 是 $v(t)$ 的一个原函数.故上述等式可以描述为:连续函数在区间 $[a,b]$ 上的定积分的值,等于它的一个原函数在整个区间上的增量.

那么,这个结论是否具有一般性? 我们首先学习下面一个函数——变上限的定积分函数.

如图 5.12 所示,设 $f(x)$ 在 $[a,b]$ 上连续,在 $[a,b]$ 上任取一点 x,则 $f(x)$ 在 $[a,x]$ 上的定积分 $\int_a^x f(x)dx$ 一定存在,考虑到定积分与字母无关,为了明确起见,改写为 $\int_a^x f(t)dt$. 当 x 在区间 $[a,b]$ 上任意变动时,每取定一个 x 值,定积分有一个对应值,因此它是定义在区间 $[a,b]$ 上的一个函数,记作 $\Phi(x)$,

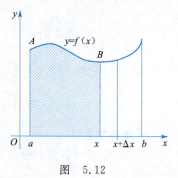

图 5.12

$$\Phi(x) = \int_a^x f(t)dt \quad (a \leqslant x \leqslant b).$$

称之为变上限的积分函数,简称变上限函数,也称变上限的定积分.

这个函数有如下重要的性质:

定理 5.1 若函数 $f(x)$ 在 $[a,b]$ 上连续,则变上限函数在 $[a,b]$ 上可导,且导数等于被积函数:

$$\Phi'(x) = \left(\int_a^x f(t)dt\right)' = \frac{d}{dx}\left(\int_a^x f(t)dt\right) = f(x) \quad (a \leqslant x \leqslant b). \quad (5.6)$$

事实上,设在 x 点给出增量 Δx,对应的函数增量为

$$\Delta \Phi = \int_a^{x+\Delta x} f(t)dt - \int_a^x f(t)dt = \int_a^x f(t)dt + \int_x^{x+\Delta x} f(t)dt - \int_a^x f(t)dt$$
$$= \int_x^{x+\Delta x} f(t)dt,$$

对上式最右端用积分中值定理得

$$\int_x^{x+\Delta x} f(t)dt = f(\xi)\Delta x \quad (\xi \text{ 介于 } x \text{ 和 } x+\Delta x \text{ 之间}),$$

即

$$\Delta \Phi = f(\xi)\Delta x,$$

两端同除以 Δx,令 $\Delta x \to 0$,取极限得

$$\lim_{\Delta x \to 0} \frac{\Delta \Phi}{\Delta x} = \lim_{\Delta x \to 0} f(\xi).$$

当 $\Delta x \to 0$ 时,$x+\Delta x \to x$,又 ξ 介于 x 和 $x+\Delta x$ 之间,从而 $\xi \to x$,故

$$\lim_{\Delta x \to 0} \frac{\Delta \Phi}{\Delta x} = \lim_{\Delta x \to 0} f(\xi) = \lim_{\xi \to x} f(\xi) = f(x).$$

因此

变上限积分函数

$$\Phi'(x) = \left(\int_a^x f(t)\mathrm{d}t\right)' = f(x) \quad (a \leqslant x \leqslant b).$$

即:连续函数必有原函数,且变上限的积分函数就是它的一个原函数,这称为原函数存在性定理.

例 5.5 求下列各式的导数.

(1) $\Phi(x) = \int_a^x t\sin t\mathrm{d}t$;　　　　(2) $\Phi(x) = \int_a^{x^2} \mathrm{e}^{-t}\mathrm{d}t$.

解 (1) $\Phi'(x) = x\sin x$.

(2) 把 x^2 看成 u,则 $\int_a^{x^2} \mathrm{e}^{-t}\mathrm{d}t$ 是由 $\int_a^u \mathrm{e}^{-t}\mathrm{d}t$ 和 $u = x^2$ 复合而形成的,则

$$\Phi'(x) = \frac{\mathrm{d}}{\mathrm{d}u}\int_a^u \mathrm{e}^{-t}\mathrm{d}t \cdot \frac{\mathrm{d}u}{\mathrm{d}x} = \mathrm{e}^{-u} \cdot 2x = \mathrm{e}^{-x^2} \cdot 2x.$$

一般地,如 $\varphi(x)$ 可导,则

$$\left(\int_a^{\varphi(x)} f(t)\mathrm{d}t\right)' = f(\varphi(x)) \cdot \varphi'(x).$$

例 5.6 求极限 $\lim\limits_{x \to 0} \dfrac{\int_0^x \sin t^2 \mathrm{d}t}{x^3}$.

解 $\lim\limits_{x \to 0} \dfrac{\int_0^x \sin t^2 \mathrm{d}t}{x^3} = \lim\limits_{x \to 0} \dfrac{\sin x^2}{3x^2} = \dfrac{1}{3}$.

变上限积分——求极限

5.2.2　微积分基本定理

定理 5.2 (微积分基本定理)若函数 $f(x)$ 在区间 $[a,b]$ 上连续,$F(x)$ 是 $f(x)$ 在 $[a,b]$ 上的一个原函数,则

$$\int_a^b f(x)\mathrm{d}x = F(b) - F(a). \tag{5.7}$$

证 已知 $F(x)$ 是 $f(x)$ 在 $[a,b]$ 上的一个原函数,$\Phi(x) = \int_a^x f(t)\mathrm{d}t$ 也是 $f(x)$ 在 $[a,b]$ 上的一个原函数,因此它们之间仅相差一个常数 C,即

$$\int_a^x f(t)\mathrm{d}t = F(x) + C.$$

令 $x = a$,得 $C = -F(a)$,再令 $x = b$,则有

$$\int_a^b f(t)\mathrm{d}t = F(b) - F(a).$$

牛顿-莱布尼茨公式

这个公式称为牛顿-莱布尼茨公式.它是微积分学中的一个重要公式,称为微积分基本公式.通常以 $F(x)\big|_a^b$ 表示 $F(b) - F(a)$,故公式又可以记为

$$\int_a^b f(t)\mathrm{d}t = F(x)\big|_a^b = F(b) - F(a).$$

这个公式明确了定积分与不定积分(原函数)之间的关系,它表明:连续函数 $f(x)$ 在 $[a,b]$ 上的定积分就等于它的任意一个原函数 $F(x)$ 在区间 $[a,b]$ 上的增量,简化了定积分的计算.

例 5.7 计算下列定积分.

(1) $\int_0^1 x^2 \mathrm{d}x$;　　　　(2) $\int_{-1}^{\sqrt{3}} \dfrac{1}{1+x^2}\mathrm{d}x$.

解 (1) 由于 $\frac{1}{3}x^3$ 是 x^2 的一个原函数，所以由牛顿-莱布尼茨公式得

$$\int_0^1 x^2 \,dx = \frac{1}{3}x^3 \Big|_0^1 = \frac{1}{3}.$$

(2) 由于 $\arctan x$ 是 $\frac{1}{1+x^2}$ 的一个原函数，所以由牛顿-莱布尼茨公式得

$$\int_{-1}^{\sqrt{3}} \frac{1}{1+x^2}\,dx = \arctan x \Big|_{-1}^{\sqrt{3}} = \arctan\sqrt{3} - \arctan(-1) = \frac{\pi}{3} - \left(-\frac{\pi}{4}\right) = \frac{7\pi}{12}.$$

例 5.8 计算 $\int_0^2 |1-x|\,dx$.

解 分割区间去掉绝对值符号，用积分对区间的可加性计算.

$$\int_0^2 |1-x|\,dx = \int_0^1 |1-x|\,dx + \int_1^2 |1-x|\,dx = \int_0^1 (1-x)\,dx + \int_1^2 (x-1)\,dx$$

$$= \left(x - \frac{1}{2}x^2\right)\Big|_0^1 + \left(\frac{1}{2}x^2 - x\right)\Big|_1^2$$

$$= \left(1 - \frac{1}{2}\right) + \left[-\left(\frac{1}{2} - 1\right)\right] = 1.$$

例 5.9 一列高速列车以 216 km/h 的速度行驶，即将进站时以 3 m/s² 的制动加速度刹车. 问安全的制动距离是多少.

解 开始刹车的时刻 $t=0$ 时，列车的速度为 $v_0 = 60$ m/s，制动后速度为

$$v(t) = v_0 - at = 60 - 3t,$$

到列车停止共用时

$$v(t) = 60 - 3t = 0,$$

解得 $t = 20$,

于是，制动过程中运行的路程，即列车的安全制动距离为

$$s = \int_0^{20} v(t)\,dt = \int_0^{20} (60 - 3t)\,dt = \left(60t - \frac{3}{2}t^2\right)\Big|_0^{20} = 600 \text{ (m)}.$$

同步习题 5.2

【基础题】

1. 填空题.

(1) 设 $F(x) = \int_0^x \sin t\,dt$，则 $F(0) = $ _____，$F'\left(\dfrac{\pi}{2}\right) = $ _____；

(2) $\left(\int_0^x t\sin^2 t\,dt\right)' = $ _____.

2. 求导数.

(1) $\int_1^{x^2} \dfrac{\ln t}{t}\,dt$； (2) $\int_x^1 t^2\sqrt{t+1}\,dt$.

3. 求极限.

(1) $\lim\limits_{x\to 0} \dfrac{\int_0^x e^{t^2}\,dt}{x}$； (2) $\lim\limits_{x\to 0} \dfrac{\int_0^{2x} \ln(1+t)\,dt}{x\sin x}$.

4. 求定积分.

(1) $\int_0^{\frac{\pi}{4}} \tan^2 x \, dx$; (2) $\int_0^1 \frac{1}{1+x} \, dx$.

【提高题】

1. 求极限.

(1) $\lim\limits_{x \to 0} \dfrac{\int_0^x \cos t^2 \, dt}{x}$; (2) $\lim\limits_{x \to 0} \dfrac{x - \int_0^x e^{t^2} \, dt}{x^2 \sin 2x}$.

2. 求定积分.

(1) $\int_0^{\pi} (\sin 2x + e^{-3x}) \, dx$; (2) $\int_0^1 \dfrac{x}{\sqrt{1+x^2}} \, dx$;

(3) $\int_0^{2\pi} |\sin x| \, dx$; (4) $\int_{-1}^0 \dfrac{3x^4 + 3x^2 + 1}{x^2 + 1} \, dx$;

(5) $\int_4^9 \sqrt{x}(1 + \sqrt{x}) \, dx$; (6) $\int_0^{\sqrt{3}a} \dfrac{1}{a^2 + x^2} \, dx$.

§5.3 定积分的换元积分法和分部积分法

5.3.1 定积分的换元积分法

有了牛顿-莱布尼茨公式,定积分的运算就归结为求被积函数的原函数问题. 由此,定积分的运算法也有换元法和分部法,思路与不定积分的基本相同. 但也要注意计算上的不同.

例 5.10 计算定积分.

(1) $\int_0^{\frac{\pi}{2}} \sin^2 x \cos x \, dx$; (2) $\int_0^2 x e^{x^2} \, dx$.

这都是用第一换元法的题目,可以"只凑微分不换元".

解 (1) $\int_0^{\frac{\pi}{2}} \sin^2 x \cos x \, dx = \int_0^{\frac{\pi}{2}} \sin^2 x \, d\sin x = \dfrac{1}{3} \sin^3 x \Big|_0^{\frac{\pi}{2}} = \dfrac{1}{3}$.

(2) $\int_0^2 x e^{x^2} \, dx = \dfrac{1}{2} \int_0^2 e^{x^2} \, dx^2 = \dfrac{1}{2} e^{x^2} \Big|_0^2 = \dfrac{1}{2}(e^4 - 1)$.

例 5.11 计算定积分 $\int_0^4 \dfrac{1}{1 + \sqrt{x}} \, dx$.

定积分的
换元积分法

解 由不定积分的换元积分法知,作换元 $x = t^2 \, (t > 0), \sqrt{x} = t, dx = 2t \, dt$, 由于

$$\int \dfrac{1}{1 + \sqrt{x}} \, dx = \int \dfrac{2t}{1+t} \, dt = 2 \int \dfrac{(t+1) - 1}{1+t} \, dt = 2(t - \ln|t+1|) + C$$
$$= 2(\sqrt{x} - \ln|\sqrt{x} + 1|) + C,$$

所以

$$\int_0^4 \dfrac{1}{1 + \sqrt{x}} \, dx = \left[2(\sqrt{x} - \ln|\sqrt{x} + 1|)\right]_0^4 = 2(2 - \ln 3) = 4 - 2\ln 3.$$

注意 换元后,积分限改用变量 t,由关系式 $x=t^2$ 易知,当 x 从 0 变到 4,t 对应的从 0 变到 2,将上述两个步骤合并为一个步骤,就要做到"换元同时对应换限"(当 $x=0$ 时 $t=0$,当 $x=4$ 时 $t=2$),则

$$\int_0^4 \frac{1}{1+\sqrt{x}}dx = \int_0^2 \frac{2t}{1+t}dt = 2\int_0^2 \frac{(t+1)-1}{1+t}dt$$

$$= 2[t-\ln|t+1|]_0^2 = 2(2-\ln 3)$$

$$= 4-2\ln 3.$$

不定积分的换元积分,要将积分变量还原成原积分变量. 由于定积分是求一个常数,换元后用新变量的原函数和它的积分限代入公式计算就行,不必还原成原积分变量了.

定积分的换元积分法,具体如下:

定理 5.3 设 $f(x)$ 在 $[a,b]$ 上连续,函数 $x=\varphi(t)$ 满足条件:

(1) $\varphi(\alpha)=a, \varphi(\beta)=b$;

(2) 当 t 在 α 与 β 之间变化时,$\varphi(t)$ 在 $[a,b]$ 上取值,且有连续的导数. 则有

$$\int_a^b f(x)dx = \int_\alpha^\beta f[\varphi(t)]\varphi'(t)dt. \tag{5.8}$$

例 5.12 计算 $\int_0^{\ln 2} \sqrt{e^x-1}\,dx$.

解 设 $\sqrt{e^x-1}=t$,则 $x=\ln(t^2+1), dx=\dfrac{2t}{1+t^2}dt$.

当 $x=0$ 时,$t=0$;当 $x=\ln 2$ 时,$t=1$. 于是

$$\int_0^{\ln 2}\sqrt{e^x-1}\,dx = \int_0^1 t \cdot \frac{2t}{t^2+1}dt = 2\int_0^1 \frac{(t^2+1)-1}{t^2+1}dt$$

$$= 2(t-\arctan t)\big|_0^1 = 2-\frac{\pi}{2}.$$

5.3.2 定积分的分部积分法

设函数 $u=u(x), v=v(x)$ 具有连续导数,则有

$$\int_a^b u\,dv = uv\big|_a^b - \int_a^b v\,du. \tag{5.9}$$

定积分的分部积分法,与不定积分的分部积分法公式相同,只是每一项上都带有上下限即可.

定积分的
分部积分法

例 5.13 计算定积分.

(1) $\int_0^1 xe^{-x}dx$; (2) $\int_1^4 \dfrac{\ln x}{\sqrt{x}}dx$.

解 (1) $\int_0^1 xe^{-x}dx = \int_0^1 x\,d(-e^{-x}) = x(-e^{-x})\big|_0^1 - \int_0^1 -e^{-x}dx = 1-\dfrac{2}{e}$.

(2) 设 $x=t^2, dx=2tdt$,当 $x=1$ 时,$t=1$,当 $x=4$ 时,$t=2$.

$$\int_1^4 \frac{\ln x}{\sqrt{x}}dx = 4\int_1^2 \ln t\,dt = 4\int_1^2 \ln t\,dt = 4(t\ln t-t)\big|_1^2 = 8\ln t-4.$$

同步习题 5.3

【基础题】

1. 求定积分.

(1) $\int_0^1 \dfrac{\sqrt{x}}{1+x}\,dx$；

(2) $\int_0^1 \sqrt{1+x}\,dx$；

(3) $\int_0^{\frac{\pi}{2}} \sin x \cos^3 x\,dx$；

(4) $\int_0^{\pi} (1-\sin^3\theta)\,d\theta$；

(5) $\int_{-\sqrt{2}}^{\sqrt{2}} \sqrt{8-2y^2}\,dy$；

(6) $\int_{-1}^{1} \dfrac{x}{\sqrt{5-4x}}\,dx$.

2. 求定积分.

(1) $\int_0^{\frac{\pi}{2}} x^2 \sin x\,dx$；

(2) $\int_1^e x \ln x\,dx$.

3. 若 $f''(x)$ 在 $[0,1]$ 上连续，且 $f(0)=1, f(1)=2, f'(1)=3$，求 $\int_0^1 x f''(x)\,dx$.

4. 证明：$\int_x^1 \dfrac{dt}{1+t^2} = \int_1^{\frac{1}{x}} \dfrac{dt}{1+t^2}\ (x>0)$.

【提高题】

1. 求定积分（换元）.

(1) $\int_0^{\ln 2} e^x (1+e^x)^2\,dx$；

(2) $\int_0^4 \dfrac{1+\sqrt{x}}{1-\sqrt{x}}\,dx$；

(3) $\int_{\frac{\sqrt{2}}{2}}^1 \dfrac{\sqrt{1-x^2}}{x^2}\,dx$.

(4) $\int_0^4 \dfrac{x+2}{\sqrt{2x+1}}\,dx$.

2. 求定积分（分部）.

(1) $\int_0^{\ln 2} x e^{-x}\,dx$；

(2) $\int_0^{\frac{\pi}{2}} x \sin 2x\,dx$；

(3) $\int_0^{\frac{\pi}{4}} \sec^4 x \tan x\,dx$.

§5.4 反常积分

我们所讨论的定积分是在有限区间 $[a,b]$ 上对有界函数 $f(x)$ 的定积分. 实际上还会遇到在无穷区间上的问题或无界函数的问题. 这不是平常的定积分，称之为反常积分.

引例 以曲线 $y=\dfrac{1}{x^2}$、直线 $x=1$ 和 x 轴为边界的向右无限延伸的开口图形（区域）（见图 5.13）的面积，等于多少？如何计算？

我们知道，曲线 $y=\dfrac{1}{x^2}$，直线 $x=1$、$x=b(b>1)$ 和 x 轴围成的图形

(见图 5.14)面积是：

$$A = \int_1^b \frac{1}{x^2} dx = -\frac{1}{x}\Big|_1^b = 1 - \frac{1}{b}.$$

当上限 b 的值趋向于正无穷大，则图 5.14 的图形就趋向于图 5.13 中的开口图形.

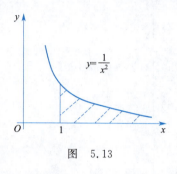
图 5.13

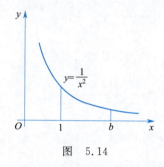
图 5.14

即当 b 的值趋向于正无穷大时，曲边梯形的面积越来越接近所要求的开口图形(区域)的面积，因此把 $b \to +\infty$ 时曲边梯形的面积的极限定义为开口图形(区域)的面积，即

$$\lim_{b \to +\infty} A = \lim_{b \to +\infty} \int_1^b \frac{1}{x^2} dx = \lim_{b \to +\infty} \left(1 - \frac{1}{b}\right) = 1.$$

把整个开口图形(区域)的面积记为 $\int_1^{+\infty} \frac{1}{x^2} dx$，称之为在无穷区间上的反常积分. 上述定积分的极限存在称为反常积分收敛，否则称为发散.

定义 5.2 设函数 $f(x)$ 在区间 $[a, +\infty)$ 内连续，称 $\int_a^{+\infty} f(x) dx$ 为函数 $f(x)$ 在无穷区间 $[a, +\infty)$ 上的反常积分. 如果极限

$$\lim_{b \to +\infty} \int_a^b f(x) dx \quad (b > a)$$

存在，称反常积分收敛，并称此极限值为该反常积分的值. 即

$$\int_a^{+\infty} f(x) dx = \lim_{b \to +\infty} \int_a^b f(x) dx \quad (b > a).$$

如果极限不存在，则称反常积分发散.

类似地，若设函数 $f(x)$ 在区间 $(-\infty, b]$ 内有连续，称 $\int_{-\infty}^b f(x) dx$ 为函数 $f(x)$ 在无穷区间 $(-\infty, b]$ 上的反常积分. 如果极限 $\lim_{a \to -\infty} \int_a^b f(x) dx (b > a)$ 存在，则称反常积分收敛，并称此极限值为该反常积分的值. 即

$$\int_{-\infty}^b f(x) dx = \lim_{a \to -\infty} \int_a^b f(x) dx \quad (b > a).$$

如果极限不存在，则称反常积分发散.

若设函数 $f(x)$ 在区间 $(-\infty, +\infty)$ 内有连续，称 $\int_{-\infty}^{+\infty} f(x) dx$ 为函数 $f(x)$ 在无穷区间 $(-\infty, +\infty)$ 上的反常积分. 任取 $c(-\infty < c < +\infty)$，有

反常积分

$$\int_{-\infty}^{+\infty} f(x)\mathrm{d}x = \int_{-\infty}^{c} f(x)\mathrm{d}x + \int_{c}^{+\infty} f(x)\mathrm{d}x.$$

如果极限 $\lim\limits_{a\to-\infty}\int_{a}^{c} f(x)\mathrm{d}x$ 和 $\lim\limits_{b\to+\infty}\int_{c}^{b} f(x)\mathrm{d}x$ 都存在，则称反常积分收敛，否则发散。

例 5.14 求反常积分.

(1) $\int_{0}^{+\infty} \mathrm{e}^{-2x}\mathrm{d}x$；   (2) $\int_{-\infty}^{0} \mathrm{e}^{3x}\mathrm{d}x.$

解 (1) $\int_{0}^{+\infty} \mathrm{e}^{-2x}\mathrm{d}x = \lim\limits_{b\to+\infty}\int_{0}^{b} \mathrm{e}^{-2x}\mathrm{d}x = \lim\limits_{b\to+\infty}\left(-\dfrac{1}{2}\mathrm{e}^{-2x}\right)\Big|_{0}^{b}$

$= -\dfrac{1}{2}\lim\limits_{b\to+\infty}(\mathrm{e}^{-2b}-1) = \dfrac{1}{2}.$

(2) $\int_{-\infty}^{0} \mathrm{e}^{3x}\mathrm{d}x = \lim\limits_{a\to-\infty}\int_{a}^{0} \mathrm{e}^{3x}\mathrm{d}x = \lim\limits_{a\to-\infty}\dfrac{1}{3}\mathrm{e}^{3x}\Big|_{a}^{0} = \dfrac{1}{3}\lim\limits_{a\to-\infty}(1-\mathrm{e}^{3a}) = \dfrac{1}{3}.$

$F(x)$ 是 $f(x)$ 的一个原函数，则

$$\int_{a}^{+\infty} f(x)\mathrm{d}x = \lim\limits_{b\to+\infty}[F(b)-F(a)] = \lim\limits_{b\to+\infty}F(b)-F(a)$$
$$= \lim\limits_{x\to+\infty}F(x)-F(a) = F(x)\Big|_{a}^{+\infty}.$$

上式最后记号是将 $+\infty$ 代入 $F(x)$ 得 $F(+\infty)$，其意义是 $F(+\infty)=\lim\limits_{x\to+\infty}F(x).$

类似地，有

$$\int_{-\infty}^{b} f(x)\mathrm{d}x = F(x)\Big|_{-\infty}^{b}, \qquad \int_{-\infty}^{+\infty} f(x)\mathrm{d}x = F(x)\Big|_{-\infty}^{+\infty}.$$

例 5.15 讨论 $\int_{1}^{+\infty} \dfrac{1}{x^{\alpha}}\mathrm{d}x$ 的敛散性.

解 当 $\alpha=1$ 时，$\int_{1}^{+\infty}\dfrac{1}{x}\mathrm{d}x = \ln x\Big|_{1}^{+\infty} = +\infty$；

当 $\alpha\neq 1$ 时，$\int_{1}^{+\infty}\dfrac{1}{x^{\alpha}}\mathrm{d}x = \dfrac{1}{1-\alpha}x^{1-\alpha}\Big|_{1}^{+\infty} = \dfrac{1}{1-\alpha}\lim\limits_{x\to+\infty}(x^{1-\alpha}-1)$

$$= \begin{cases} \dfrac{1}{\alpha-1}, & \alpha>1, \\ +\infty, & \alpha<1. \end{cases}$$

所以，该反常积分当 $\alpha>1$ 时收敛，当 $\alpha\leqslant 1$ 时发散，即

$$\int_{1}^{+\infty}\dfrac{1}{x^{\alpha}}\mathrm{d}x = \begin{cases} \dfrac{1}{\alpha-1}, & \alpha>1, \\ +\infty, & \alpha\leqslant 1. \end{cases}$$

例 5.16 求反常积分 $\int_{-\infty}^{+\infty}\dfrac{1}{1+x^2}\mathrm{d}x.$

解 $\int_{-\infty}^{+\infty}\dfrac{1}{1+x^2}\mathrm{d}x = \arctan x\Big|_{-\infty}^{+\infty} = \lim\limits_{x\to+\infty}\arctan x - \lim\limits_{x\to-\infty}\arctan x$

$= \dfrac{\pi}{2}-\left(-\dfrac{\pi}{2}\right) = \pi.$

同步习题 5.4

【基础题】

1. 填空题.

(1) $\int_1^{+\infty} \dfrac{1}{x^3} \mathrm{d}x = $ _____ ;

(2) $\int_0^{+\infty} \dfrac{m}{1+x^2} \mathrm{d}x = \pi$,则 $m = $ _____.

2. 计算反常积分.

(1) $\int_e^{+\infty} \dfrac{1}{x \ln^2 x} \mathrm{d}x$; (2) $\int_0^{+\infty} \mathrm{e}^{-x} \mathrm{d}x$;

(3) $\int_{-\infty}^0 x \mathrm{e}^x \mathrm{d}x$; (4) $\int_{-\infty}^{+\infty} \dfrac{1}{x^2+2x+2} \mathrm{d}x$.

【提高题】

下列反常积分是否收敛?若收敛,求其值.

(1) $\int_2^{+\infty} \dfrac{1}{x^4} \mathrm{d}x$; (2) $\int_{-\infty}^0 \mathrm{e}^{2x} \mathrm{d}x$;

(3) $\int_1^{+\infty} x \mathrm{e}^{-x^2} \mathrm{d}x$; (4) $\int_{-\infty}^{+\infty} \dfrac{1}{4+x^2} \mathrm{d}x$.

§5.5 定积分的应用

定积分的应用很广泛,在几何、物理学、经济学、社会学等各个学科都有体现. 本节主要介绍定积分在几何方面的应用,并简要介绍在物理学和经济方面的应用.

5.5.1 微元法

定积分是求某种总量的数学模型,它实际上是一种无限累加的运算. 运用定积分计算时可采用微元法.

一个量 U 满足:

(1) U 依赖于定义在 $[a,b]$ 上的某一个有界函数 $f(x)$,且 U 可以无限分割再累加,即

$$U = \sum \Delta U ;$$

(2) 在任意一个分割后的小区间 $[x, x+\Delta x]$(或 $[x, x+\mathrm{d}x]$)上,部分量(称之为微量)ΔU 可以用函数在 x 点的值 $f(x)$ 和区间的长度 Δx(或 $\mathrm{d}x$)之积(称之为微元)近似表示,即

$$\Delta U \approx f(x) \mathrm{d}x;$$

(3) 那么总量 U 就等于微元在区间 $[a,b]$ 上的定积分,即

$$U = \int_a^b f(x) \mathrm{d}x.$$

这种方法就是微元法.

例如,求由连续曲线 $y=f(x)$ 与直线 $x=a$, $x=b(a<b)$ 及 x 轴所围成的曲边梯形的面积问题.

首先面积是可以分割的;其次在 $[x,x+\mathrm{d}x]$ 上的小曲边梯形的面积可以近似表示 $\Delta s\approx f(x)\mathrm{d}x$(见图 5.15);那么,总面积 $s=\int_a^b f(x)\mathrm{d}x$. 这与用定积分的定义得到的结论是完全相同的.

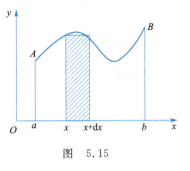

图 5.15

5.5.2 几何应用

1. 平面图形的面积

(1)由两条连续曲线 $y=f(x),y=g(x)(f(x)\geqslant g(x))$ 和两条直线 $x=a$, $x=b(a<b)$ 所围成的平面图形的面积.(见图 5.16)

在 $[a,b]$ 上任取一个小区间 $[x,x+\mathrm{d}x]$,在图形内作一个小矩形,其面积是
$$\mathrm{d}A=[f(x)-g(x)]\mathrm{d}x,$$
则图形的面积为
$$A=\int_a^b [f(x)-g(x)]\mathrm{d}x.$$

(2)由两条连续曲线 $x=\varphi(y),x=\psi(y)(\varphi(y)\geqslant \psi(y))$ 和直线 $y=c$, $y=d(c<d)$ 所围成的平面图形的面积.(见图 5.17)

在 $[c,d]$ 上任取一个小区间 $[y,y+\mathrm{d}y]$,在图形内作一个小矩形,其面积是
$$\mathrm{d}A=[\varphi(y)-\psi(y)]\mathrm{d}y,$$
则图形的面积为
$$A=\int_c^d [\varphi(y)-\psi(y)]\mathrm{d}y.$$

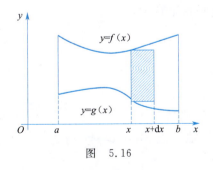

图 5.16

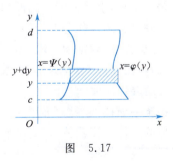

图 5.17

例 5.17 求下列面积.

(1)由曲线 $xy=1$ 和直线 $y=x$、$x=2$ 围成的图形;

(2)由抛物线 $y=x^2$ 和直线 $y=2x+3$ 围成的图形.

解 (1)画图(见图 5.18),选 x 为积分变量,由 $\begin{cases} xy=1 \\ y=x \end{cases}$,得交点横坐标 $x=1$,于是

定积分应用

$$A = \int_1^2 \left(x - \frac{1}{x}\right)dx = \left(\frac{x^2}{2} - \ln x\right)\bigg|_1^2 = \frac{3}{2} - \ln 2.$$

(2)画图(见图5.19),选 x 为积分变量,由 $\begin{cases} y = x^2, \\ y = 2x+3 \end{cases}$ 得交点横坐标 $x_1 = -1$, $x_2 = 3$,于是

$$A = \int_{-1}^3 (2x + 3 - x^2)dx = \left(x^2 + 3x - \frac{1}{3}x^3\right)\bigg|_{-1}^3 = \frac{32}{3}.$$

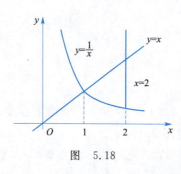

图 5.18

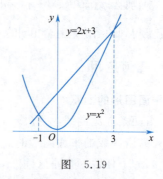

图 5.19

例 5.18 求由抛物线 $y^2 = x$ 和直线 $x + y = 2$ 所围成的图形面积.

解 先画图(见图5.20). 选 y 为积分变量,由 $\begin{cases} y^2 = x, \\ x + y = 2 \end{cases}$ 得交点纵坐标 $y_1 = -2, y_2 = 1$,于是图形面积为

$$A = \int_{-2}^1 (2 - y - y^2)dy$$
$$= \left(2y - \frac{1}{2}y^2 - \frac{1}{3}y^3\right)\bigg|_{-2}^1$$
$$= \frac{9}{2}.$$

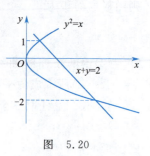

图 5.20

综上所述,求平面图形的面积,解题步骤如下:
(1)画图,选定积分变量;
(2)求交点,确定积分限;
(3)写出表示式,计算积分,求得面积.

2. 旋转体的体积

一条平面曲线,绕平面内一条定直线旋转所形成的立体为旋转体. 定直线称为旋转轴. 这里只讨论绕坐标轴旋转形成的旋转体体积.

立体夹在过 $x = a, x = b$ 点且与 x 轴垂直的两个平面之间,在 x 点处与 x 轴垂直的平面截立体的截面面积为已知函数 $A(x)$,这样的立体称为"已知平行截面面积的立体"(见图5.21).

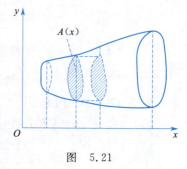

图 5.21

在 $[a,b]$ 内任取 $[x, x+dx]$ 对应的立体,以 x 点的截面为底作一个柱体,其体积是 $dV = A(x)dx$,由微元法,则立体体积是

$$V = \int_a^b A(x)\,dx. \tag{5.10}$$

(1) 由连续曲线 $y=f(x)(f(x)\geqslant 0)$，直线 $x=a, x=b$ 及 x 轴所围成的曲边梯形（见图 5.22）绕 x 轴旋转所形成的旋转体（见图 5.23）体积. 显然，它是已知平行截面面积的立体，在 $x(a\leqslant x\leqslant b)$ 点的截面是以 $f(x)$ 为半径的圆，则截面面积为 $A(x)=\pi[f(x)]^2$，那么旋转体的体积为

$$V_x = \pi \int_a^b [f(x)]^2\,dx = \pi \int_a^b y^2\,dx. \tag{5.11}$$

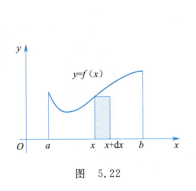

图 5.22　　　　　图 5.23

(2) 由连续曲线 $x=\varphi(y)(\varphi(y)\geqslant 0)$，直线 $y=c, y=d$ 及 y 轴所围成的曲边梯形（见图 5.24）绕 y 轴旋转所形成的旋转体（见图 5.25）体积.

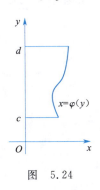 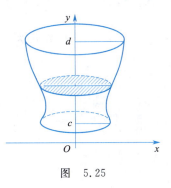

图 5.24　　　　　图 5.25

同理可得

$$V_y = \pi \int_c^d [\varphi(y)]^2\,dy = \pi \int_c^d x^2\,dy. \tag{5.12}$$

例 5.19　求抛物线 $y=x^2$ 和直线 $x=2$ 及 x 轴所围成的图形，分别绕 x 轴、y 轴旋转形成的旋转体的体积.

解　平面图形如图 5.26 所示.

绕 x 轴旋转时，$x\in[0,2]$，旋转体的体积为

$$V_x = \pi \int_0^2 [f(x)]^2\,dx = \pi \int_0^2 x^4\,dx = \frac{\pi}{5}x^5 \Big|_0^2 = \frac{32}{5}\pi.$$

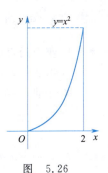

图 5.26

平面图形绕 y 轴旋转时，图形是矩形旋转形成的圆柱体中间挖去了由抛物线 $y=x^2$、直线 $y=4$ 以及 y 轴围成的图形绕 y 轴旋转形成旋转体. 因此其体积是

$$V_y = \pi \cdot 2^2 \cdot 4 - \pi \int_0^4 [\varphi(y)]^2 dy = 16\pi - \pi \int_0^4 y\, dy = 16\pi - \frac{1}{2}\pi \cdot y^2 \Big|_0^4 = 8\pi.$$

*3. 平面曲线的弧长

函数 $y=f(x)$ 在 $[a,b]$ 可导，它的图形是一段光滑的平面曲线弧 $\overset{\frown}{AB}$。如何计算它的长度？

在 $[a,b]$ 上任取 $[x, x+dx]$，对应的一小段曲线弧记为 $\overset{\frown}{MN} = \Delta l$（见图 5.27），则

$$\begin{aligned}\Delta l = \overset{\frown}{MN} &\approx \overline{MN} \\ &= \sqrt{(\Delta x)^2 + (\Delta y)^2} \\ &\approx \sqrt{(dx)^2 + (dy)^2} \\ &= \sqrt{1 + \left(\frac{dy}{dx}\right)^2}\, dx \\ &= \sqrt{1 + (y')^2}\, dx \\ &= ds.\end{aligned}$$

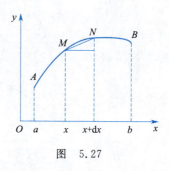

图 5.27

那么曲线弧长

$$l = \int_a^b dl = \int_a^b ds = \int_a^b \sqrt{1 + (y')^2}\, dx. \tag{5.13}$$

例 5.20 求悬链线 $y = \frac{1}{2}(e^x + e^{-x})$ 在 $[0,1]$ 上的弧长。（见图 5.28）

解 $y' = \frac{1}{2}(e^x - e^{-x})$，于是弧长为

$$\begin{aligned}l &= \int_0^1 \sqrt{1 + \frac{1}{4}(e^x - e^{-x})^2}\, dx \\ &= \int_0^1 \sqrt{\frac{1}{4}(e^x + e^{-x})^2}\, dx \\ &= \int_0^1 \frac{1}{2}(e^x + e^{-x})\, dx \\ &= \frac{1}{2}(e^x - e^{-x})\Big|_0^1 \\ &= \frac{1}{2}(e - e^{-1}).\end{aligned}$$

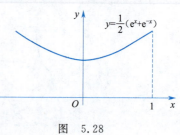

图 5.28

*5.5.3 定积分的物理应用

1. 变力沿直线所做的功

一物体沿直线 x 轴运动，受到与直线方向一致的变力 $F(x)$ 的作用，从 $x=a$ 点移动到 $x=b$ 点，求变力所做的功，如图 5.29 所示。

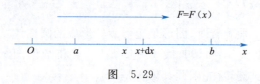

图 5.29

在区间 $[a,b]$ 上任取一个小区间 $[x,x+\mathrm{d}x]$，近似看成是恒力做功，物体在这一小段上移动所做的功是 $\mathrm{d}W=F(x)\mathrm{d}x$，于是物体从 $x=a$ 点移动到 $x=b$ 点，变力所做的功为 $W=\int_a^b F(x)\mathrm{d}x$.

例 5.21 修建大桥桥墩时先要下围图，抽尽其中的水才能施工. 已知围图半径为 10 m，水深 27 m，围图高出水面 3 m，求抽尽水所做的功.

解 建立如图 5.30 所示坐标系，$x\in[3,30]$. 在 $[x,x+\mathrm{d}x]$ 上薄水层的重力 $\pi r^2\rho g\mathrm{d}x$，(其中：$r=10$ m，$\rho=1$ t/m³，$g=9.8$ m/s²) 抽出这层水所做的功即为功的微元

$$\mathrm{d}W=x\pi r^2\rho g\mathrm{d}x=9.8\times 10^5\pi x\mathrm{d}x,$$

于是所做的功为

$$W=\int_3^{30}9.8\times 10^5\pi x\mathrm{d}x$$

$$=9.8\times 10^5\pi\left(\frac{x^2}{2}\right)\bigg|_3^{30}$$

$$\approx 1.37\times 10^9 (\mathrm{J}).$$

即抽尽所有的水所做的功约为 1.37×10^9 J.

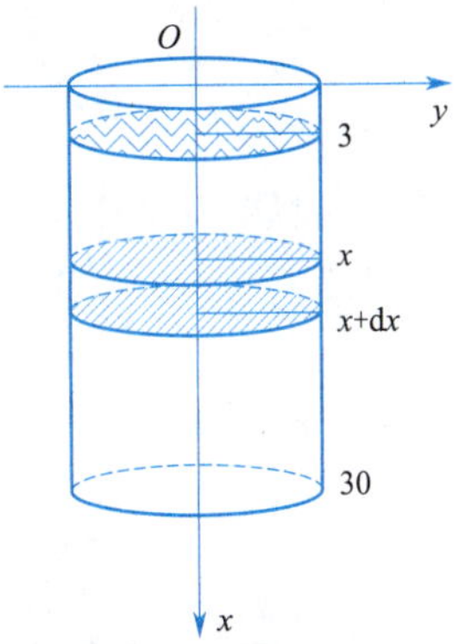

图 5.30

例 5.22 设有一水平放置的弹簧，已知弹簧被拉长 0.01 m 时，需 6 N 的力. 求弹簧被拉长 0.1 m 时，克服弹性力所做的功.

解 如图 5.31 所示取弹簧的平衡位置为原点建立坐标系. $x\in[0,0.1]$. 由胡克定律弹簧被拉长 x 时，外力为 $F(x)=kx(k>0)$.

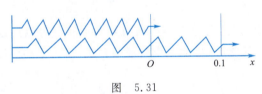

图 5.31

由已知条件，当 $x=0.01$ 时，$F=6$ N，得 $k=600$，于是 $F(x)=600x$. 那么弹簧被拉长 0.1 m 时，外力所做的功是

$$W=\int_0^{0.1}600x\mathrm{d}x=3(\mathrm{J}).$$

2. 液体的压力

由物理学知识，在稳定的液体中的任意一点，在任意方向所受的压力是相同的，在液体深为 h 处的压强为 $p=\gamma h=\rho g h$ ($\gamma=\rho g$，ρ 为液体密度，$g=9.8$ m/s²).

将面积为 A 平面薄板水平放置于液体深度 h 处，则薄板一侧所受的压力为 $F=pA=\gamma hA$.

将平面薄板竖直放入液体中，由于深度不同，其压强也不同，如何求平板一侧所受的压力？

如图 5.32 所示建立坐标系. 在 x 轴上取小区间 $[x,x+\mathrm{d}x]$，对应的一小窄条近似看成在深度为 x、面积为 $f(x)\mathrm{d}x$ 的一小块水平放置的薄板. 于是，这一小窄条薄板所受的压力为 $\mathrm{d}F=\gamma\cdot x\cdot f(x)\mathrm{d}x$，则薄板所受的总压力是

$$F = \gamma \int_a^b x f(x) \mathrm{d}x.$$ 其中 ($\gamma = \rho g$, ρ 为液体密度, $g = 9.8 \text{ m/s}^2$).

例 5.23 有一梯形水闸(见图 5.33),它的顶宽为 20 m,底宽为 8 m,高为 12 m. 当水面与闸门顶面齐平时,试求闸门所承受的总压力.

解 选取坐标系如图 5.33 所示,由题意得点 $A(0,10)$, $B(12,4)$, 过两点的直线方程是 $y = 10 - \dfrac{x}{2}$, $x \in [0,12]$. 注意到闸门对称性,则闸门所受的压力为

$$F = 2\gamma \int_0^{12} x\left(10 - \frac{x}{2}\right)\mathrm{d}x = 2\gamma \left(5x^2 - \frac{x^3}{6}\right)\bigg|_0^{12} = 864\gamma.$$

其中水的重力 $\gamma = \rho g = 10^3 \times 9.8 = 9.8 \times 10^3 \text{ (N/m}^3)$, 于是, 闸门所受的总压力为

$$F = 864 \times 9.8 \times 10^3 = 8.467 \times 10^6 \text{ (N)}.$$

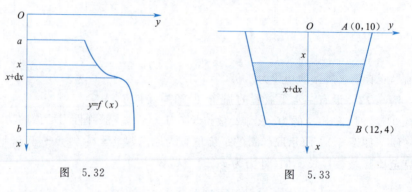

图 5.32　　　　　　　　图 5.33

定积分是积累过程,凡是具有类似特点的计算都可以用定积分进行计算. 如水箱的水位与水流量、机械运动中转速与转矩、烘烤箱的温度与热流量、电容的电量与电流等.

示例 1 齿轮与齿条.

齿条的位移 $x(t)$ 和齿轮的角速度 $\omega(t)$ 满足 $\dfrac{\mathrm{d}x(t)}{\mathrm{d}t} = \omega(t)r$, 则位移是

$$x(t) = r\int \omega(t)\mathrm{d}t.$$

示例 2 电动机的转速与转矩.

电动机的转速 $T(t)$ 与转矩 $n(t)$ 满足 $T(t) = J\dfrac{\mathrm{d}n(t)}{\mathrm{d}t}$ (式中 J 为转动惯量), 则转矩是

$$n(t) = \int \frac{1}{J}T(t)\mathrm{d}t.$$

示例 3 水箱的水位与水流量.

水箱中水的体积 $V(t)$、水位高度 $H(t)$、水流量 $Q(t)$ 满足 $Q(t) = \dfrac{\mathrm{d}V(t)}{\mathrm{d}t} = S\dfrac{\mathrm{d}H(t)}{\mathrm{d}t}$ (式中 S 为水箱底面积), 则水位高度是

$$H(t) = \frac{1}{S}\int Q(t)\mathrm{d}t.$$

示例 4 加热器的温度.

加热器的温度与电功率之间是积分关系,温度 $T(t)$、热量 $Q(t)$、电功率 $p(t)$,则有

$$T(t) = \frac{1}{C}Q(t) = \frac{0.24}{C}\int p(t)\mathrm{d}t.$$

式中,C 为热容.

同步习题 5.5

【基础题】

1. 求有下列曲线所围成的图形面积.
   (1) $y=x^2, y=2x-1, y=0$;
   (2) $xy=1, y=4x, x=2, y=0$;
   (3) $y^2=2x+1, y=x-1$.

2. 求下列曲线围成的图形绕 x 轴旋转形成的旋转体的体积.
   (1) $xy=4, y=0, x=2, x=4$;
   (2) $y=\sin x (0 \leqslant x \leqslant \pi), y=0$.

3. 求下列曲线围成的图形绕 y 轴旋转形成的旋转体的体积.
   (1) $y=x^2, y=1$;
   (2) $y=x^2, y=x$.

4. 求 $y^2=4x$ 以及其在 $M(1,2)$ 处的法线所围成图形面积.

5. 一弹簧原长为 1 m,把它压缩 1 cm 所用的力为 5 g. 求把它从 80 cm 压缩到 60 cm 所做的功.

6. 半径为 a 的半圆形闸门垂直的放置于水中,水面正好与直径平齐.求水对闸门的压力.

【提高题】

1. 求由下列曲线所围成的图形面积.
   (1) $y=\ln x, y=\ln 2, y=\ln 7, x=0$;
   (2) $y=\frac{1}{2}x^2, y=4+x$;
   (3) $y^2=x, y=x-2$.

2. 求由曲线 $y=x^3, y=0, x=2$ 围成的图形绕 x 轴旋转形成的旋转体的体积.

本章小结

一、主要知识点

定积分的概念,几何意义,性质;变上限函数的概念,性质;微积分基本公式;直接积分法,换元积分法,分部积分法;反常积分的概念和计算;定积分的微元法;定积分的几何应用,物理应用.

二、主要的数学思想方法

1. 数形结合：结合图形，抽象问题直观化；建立坐标系，处理问题简单化.
2. 公式法：熟记公式并会代用，或者变形后代用公式.
3. 变换法：变换是高等数学重要的思想方法，本章介绍的换元积分法、分部积分法、微元法都是变换的具体应用，通过变换将复杂形式化为简单形式来解决问题.
4. 近似法：在大的区间上，直线和曲线差别明显，在小的区间上就可以"以直代曲"近似代替.
5. 数学建模：把实际问题设计为数学问题，建立数学模型并对模型进行求解，最后分析模型、改进模型、指导实践. 在本章中涉及的几何应用、物理应用可以推而广之，运用在工程技术、经济管理、人口与社会管理以及力学、电学、几何学等各个领域中.

三、主要题型及解法

1. 求定积分.

不定积分是一族函数，而定积分是一个常数. 定积分除了有与不定积分相似的性质外，还有不同于不定积分的性质.

定积分的计算，首先要掌握牛顿-莱布尼茨公式，必须注意：函数在积分区间上连续，如果是分段连续就必须分段积分. 定积分的换元法要注意：换元同时对应换限，计算数值不需要再代回到原来的积分变量. 定积分的分部积分法与不定积分的分部法的思路并无不同.

2. 求变上限函数的导数：变上限函数是被积函数的一个原函数，上限是一个函数的变上限函数则是复合函数.

3. 定积分的应用：求平面图形的面积、旋转体的体积、平面曲线的弧长、变力做功、液体压力等，在理解定积分的"微元法"的基础上，根据题意，恰当地建立坐标系，确定积分变量、积分区间，在一个小的区间上用"以直代曲，以不变代变"的思想确定所求量的微元，求积分即得.

4. 计算反常积分：它是定积分的推广，计算上是求定积分的极限.

总复习题

一、选择题

1. $\sqrt{x}$ 是 _____ 的一个原函数.

   A. $\dfrac{1}{2x}$ B. $\dfrac{1}{2\sqrt{x}}$ C. $\ln x$ D. $x\sqrt{x}$

2. $\left(\int \arcsin x \, dx\right)' =$ _____.

   A. $\dfrac{1}{\sqrt{1-x^2}}+C$ B. $\dfrac{1}{\sqrt{1-x^2}}$

   C. $\arcsin x + C$ D. $\arcsin x$

3. 若 $F(x)$ 是 $f(x)$ 的一个原函数，则 _____.

   A. $\int f(x)dx = F(x)$ B. $\int F(x)dx = f(x)+C$

C. $\int f(x)\mathrm{d}x = F(x) + C$ D. $\int F(x)\mathrm{d}x = f(x)$

4. 下列凑微分正确的是_____.

A. $\ln x\mathrm{d}x = \mathrm{d}\dfrac{1}{x}$ B. $\sqrt{x}\mathrm{d}x = \mathrm{d}\sqrt{x}$

C. $\dfrac{1}{x^2}\mathrm{d}x = \mathrm{d}\left(-\dfrac{1}{x}\right)$ D. $\sin x\mathrm{d}x = \mathrm{d}\cos x$

5. 设 $\Phi(x) = \int_a^{x^2} f(t)\mathrm{d}t$，则 $\Phi'(x) = $ _____.

A. $2xf(x^2)$ B. $xf(x)$ C. $xf(x^2)$ D. $2xf(x)$

6. 下列反常积分收敛的是_____.

A. $\int_1^{+\infty} \dfrac{\ln x}{x}\mathrm{d}x$ B. $\int_1^{+\infty} \dfrac{1}{x}\mathrm{d}x$ C. $\int_e^{+\infty} \dfrac{1}{x\ln x}\mathrm{d}x$ D. $\int_e^{+\infty} \dfrac{1}{x\ln^2 x}\mathrm{d}x$

二、填空题

1. $\int \dfrac{1}{2\sqrt{x}}\mathrm{d}x = $ _____;   2. $\int \mathrm{e}^{3x}\mathrm{d}x = $ _____;

3. $\int_{-1}^{1} (x^2\sin x^5 + 2)\mathrm{d}x = $ _____;   4. $\int_{-\infty}^{0} \mathrm{e}^{2x}\mathrm{d}x = $ _____.

三、计算积分

1. $\int \dfrac{1}{x\ln x}\mathrm{d}x$;   2. $\int x\sqrt{5-3x^2}\,\mathrm{d}x$;

3. $\int \dfrac{1}{x^2}\cos\dfrac{1}{x}\mathrm{d}x$;   4. $\int \dfrac{1}{\sqrt{x-1}}\mathrm{d}x$;

5. $\int_1^2 \dfrac{1}{1+\sqrt{x-1}}\mathrm{d}x$;   6. $\int_0^1 \dfrac{1}{\mathrm{e}^x + \mathrm{e}^{-x}}\mathrm{d}x$;

7. $\int_{-3}^{0} \dfrac{x+1}{\sqrt{x+4}}\mathrm{d}x$;   8. $\int_1^{\mathrm{e}} x\ln x\,\mathrm{d}x$.

四、应用题

1. 求由 $y = x^2 - 1$ 和 $y = 3$ 所围成的面积.
2. 求 $y = x^2, y^2 = x$ 围成的图形绕 x 旋转的立体体积.

课外阅读

微积分发展历史

  17世纪下半叶，欧洲科学技术迅猛发展，由于生产力的提高和社会各方面的迫切需要，经各国科学家的努力与历史的积累，建立在函数与极限概念基础上的微积分理论应运而生.

  微积分思想，最早可以追溯到希腊由阿基米德等人提出的计算面积和体积的方法. 1665年牛顿创始了微积分，莱布尼茨在1673—1676年间也发表了微积分思想的论著. 以前，微分和积分作为两种数学运算、两类数学问题，是分别加以研究的. 卡瓦列里、巴罗、沃利斯等人得到了一系列求面积(积分)、求切线斜率(导数)的重要结果，但这些结果都是孤立的，是不连贯的. 只有莱布尼茨和牛顿将积分和微分真正沟通起来,明确地找到了两者内在的直接联系:微分和积分是互逆的两种运算.而这是微积分建立的关键所在.只有确立了这一基本关系,才能在此基础上构建系统的微积分学,并从对各种函数的微分和求积公式中,总结出共同的算法程序,使微积分方法普遍化,发展成用符号表示的微积分运算法则.因此,微积分"是牛顿和莱布尼茨大体上完成的,但不是由他们发明的".

  关于微积分创立的优先权,在数学史上曾掀起一场激烈的争论.实际上,牛顿在微积分方面的研究虽早于莱布尼茨,但莱布尼茨成果的发表早于牛顿.莱布尼茨于1684年10月在《教师学报》上发表的论文《一种求极大极小的奇妙类型的计算》,是最早的微积分文献.这篇仅有六页的论文内容并不丰富,说理也颇含糊,但却有着划时代的意义.牛顿在三年后,即1687年出版的《自然哲学的数学原理》的第一版和第二版中写道:"十年前在我和最杰出的几何学家莱布尼茨的通信中,我表明我已经知道确定极大值和极小值的方法、作切线的方法以及类似的方法,但我在交换的信件中隐瞒了这方法,这位最卓越的数学家在信中写道,他也发现了一种同样的方法,并诉述了他的方法,它与我的方法几乎没有什么不同,除了他的措词和符号而外."

  因此,后来人们公认牛顿和莱布尼茨是各自独立地创建微积分的.

  牛顿从物理学出发,运用集合方法研究微积分,其应用上更多地结合了运动学,造诣高于莱布尼茨.莱布尼茨则从几何问题出发,运用分析学方法引进微积分概念、得出运算法则,其数学的严密性与系统性是牛顿所不及的.

  莱布尼茨认识到好的数学符号能节省思维劳动,运用符号的技巧是数学成功的关键之一.因此,他所创设的微积分符号远远优于牛顿的符号,这对微积分的发展有极大影响.1713年,莱布尼茨发表了《微积分的历史和起源》一文,总结了自己创立微积分学的思路,说明了自己成就的独立性.

  微积分是人类智慧的一座高峰,是人类智慧的伟大结晶.恩格斯曾说:"在一切理论成就中,未必再有什么像17世纪下半叶微积分的发展那样被看作人类精神的最高胜利了."微积分的发明,促进了工业大革命,奠定了工业社会文明.有了它,数学能描述变化、描述运动,"祝融号"也能如期到达火星.它在研究自然规律、社会规律时都起着非常重要的作用,对哲学、对人类文化也产生极其深远的影响,是一种震撼心灵的智力奋斗.

第6章

常微分方程

微分方程是现代数学的一个重要分支,它的起源可追溯到 17 世纪末,如今,微分方程已成为研究自然和社会的强有力的工具,被广泛地应用于技术应用和生产管理等领域,在科学研究和实际生产中,很多问题很难找到直接的函数关系,但是可以找到未知函数及其导数之间的关系式,这就是微分方程,这样问题就归结为用微分方程表示的数学模型,因此,微分方程是我们经常用到的有效工具.由一元函数得出来的未知函数及其导数的关系式是常微分方程,由多元函数得出来的未知函数及其导数的关系式是偏微分方程.本章主要介绍常微分方程的基本概念和几种常见的常微分方程的解法.

§6.1 微分方程的基本概念

6.1.1 引例

例 6.1 求曲线方程.已知一曲线过点 $(1,2)$,在该曲线上任一点处的切线斜率均为该点横坐标的 2 倍,求该曲线的方程.

分析 求曲线方程就是求曲线上任一点的坐标关系式,为此,需先设曲线上任一点的坐标为 (x,y),曲线的方程是 $y=f(x)$,再根据题意用导数的几何意义列出关于 x,y 的关系式.

解 设所求曲线方程是 $y=f(x)$,则依题意知

$$\begin{cases} y'=2x, \\ y|_{x=1}=2, \end{cases} \text{由 } y'=2x \text{ 得}$$

$$y=\int 2x\mathrm{d}x=x^2+C \quad (C \text{ 为任意常数}).$$

将 $y|_{x=1}=2$ 代入上式,得 $C=1$,因此所求曲线方程为 $y=x^2+1$,如图 6.1 所示.

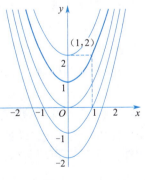

图 6.1

例 6.2 列车在平直路上以 20 m/s 的速度行驶,制动时获得加速度 $a=-0.4 \text{ m/s}^2$,求制动后列车的运动规律.

解 设列车在制动后 t 秒行驶了 s 米,即求 $s=s(t)$.

由已知得 $\begin{cases} \dfrac{\mathrm{d}^2 s}{\mathrm{d}t^2}=-0.4, \\ s|_{t=0}=0, \dfrac{\mathrm{d}s}{\mathrm{d}t}\bigg|_{t=0}=20, \end{cases}$

由前一式两次积分,可得
$$s=-0.2t^2+C_1t+C_2,$$
利用后两式可得 $\quad C_1=20,\quad C_2=0,$
因此所求运动规律为 $\quad s=-0.2t^2+20t.$

6.1.2 微分方程的定义

例 6.1 中的方程 $y'=2x$ 和例 6.2 中的方程 $\dfrac{\mathrm{d}^2s}{\mathrm{d}t^2}=-0.4$ 中都是含有未知函数导数的方程,且未知函数只含有一个自变量,像这样的方程还有很多,如

(1) $y''-3xy+5=0$; (2) $y'-2xy=0$;

(3) $y''+2xy^4=3$; (4) $3\mathrm{d}^2s=(4t-1)\mathrm{d}t^2$;

(5) $(y')^2+3xy=4\sin x$; (6) $y^{(4)}+xy''-3x^5y'=\mathrm{e}^{2x}$.

一般地,我们给出如下定义.

定义 6.1 含有未知函数导数(或微分)的方程称为微分方程.若未知函数仅含有一个自变量,这样的微分方程称为常微分方程,简称微分方程或方程.若未知函数中含有多于一个的自变量,则称为偏微分方程.本章主要学习常微分方程.

微分方程的概念

微分方程的阶 微分方程中所含未知函数的导数(或微分)的最高阶数称为该微分方程的阶,二阶及其以上的微分方程统称高阶微分方程.一般地,n 阶微分方程的一般形式为 $F(x,y,y',\cdots,y^{(n)})=0$.

例如,上述所列举方程中的(2)、(5)为一阶微分方程,(1)、(3)、(4)为二阶微分方程,(6)为四阶微分方程.

线性微分方程 微分方程中所含未知函数及其各阶导数均为一次幂时,则称该方程为线性微分方程,在线性微分方程中,若未知函数及其各阶导数的系数均为常数,则称这样的微分方程为常系数线性微分方程,不是线性方程的微分方程则统称非线性微分方程.

例如,上述所列举方程中的(4)为常系数线性微分方程,(3)、(5)为非线性微分方程.

微分方程的解

微分方程的解 如果函数 $y=f(x)$ 满足一个微分方程,则称此函数为微分方程的解,如 $y=x^2+1,y=x^2+C$ 都是 $y'=2x$ 的解.若微分方程的解中含有相互独立任意常数的个数与微分方程的阶数相同,这样的解称为该微分方程的通解,如 $y=x^2+C$(C 为任意常数)即是 $y'=2x$ 的通解.在通解中给任意常数以确定的值或根据所给的条件确定通解中的任意常数而得到的解称为微分方程的特解,如 $y=x^2+1$ 是 $y'=2x$ 满足 $y|_{x=1}=2$ 的一个特解,这种条件称为初始条件,n 阶微分方程的初始条件通常记作

$$y|_{x=x_0}=y_0,\quad y'|_{x=x_0}=y_1,\quad \cdots,\quad y^{(n-1)}|_{x=x_0}=y_{n-1},$$

式中 $x_0,y_0,y_1,\cdots,y_{n-1}$ 是 n 个已知数.

带有初始条件的微分方程求解称为初值问题,求微分方程的解的过程称为解微分方程.

为了判断一个函数是否为某微分方程的通解,首先需要验证是否是解,其次就要验证解中的独立任意常数的个数是否与微分方程的阶数一致. 如何判定多个任意常数是否相互独立? 为了能准确地描述这一问题,我们引入线性无关的定义.

定义 6.2 若函数 y_1, y_2 满足 $\dfrac{y_1}{y_2} \neq k$,(k 为常数),则称 y_1, y_2 为线性无关,若 $\dfrac{y_1}{y_2} = k$(k 为常数),则称 y_1, y_2 线性相关. 设 $y = C_1 y_1 + C_2 y_2$(C_1, C_2 为任意常数)为某二阶微分方程的解,当 y_1, y_2 线性无关时,该解一定是通解,当 y_1, y_2 线性相关即 $\dfrac{y_1}{y_2} = k$ 时,由于 $y = C_1 y_1 + C_2 y_2 = C_1 (k y_2) + C_2 y_2 = (C_1 k + C_2) y_2 = C y_2$ 解中的两个任意常数 C_1 与 C_2 最终被合并为一个任意常数 $C = C_1 k + C_2$,这时称 C_1 与 C_2 不是相互独立的,所以 $y = C_1 y_1 + C_2 y_2$(C_1, C_2 为任意常数)不是二阶微分方程的通解.

例 6.3 判断函数 $y = C_1 e^x + 3 C_2 e^x$(C_1, C_2 为任意常数)是否为 $y'' - 3y' + 2y = 0$ 的通解,并求满足初始条件 $y|_{x=0} = 2$ 的特解.

解 由于
$$y'' - 3y' + 2y = (C_1 e^x + 3 C_2 e^x)'' - 3(C_1 e^x + 3 C_2 e^x)' + 2(C_1 e^x + 3 C_2 e^x)$$
$$= (C_1 e^x + 3 C_2 e^x) - 3(C_1 e^x + 3 C_2 e^x) + 2(C_1 e^x + 3 C_2 e^x)$$
$$= 0,$$

且
$$\dfrac{e^x}{3 e^x} = \dfrac{1}{3}, \quad 或者 \ y = C_1 e^x + 3 C_2 e^x = (C_1 + 3 C_2) = C e^x$$

所以 $y = C_1 e^x + 3 C_2 e^x$(C_1, C_2 为任意常数)是 $y'' - 3y' + 2y = 0$ 的解而非通解.

又因为 $y|_{x=0} = 2$,代入解 $y = C e^x$ 中得 $C = 2$,所求特解为 $y = 2 e^x$.

例 6.3

同步习题 6.1

【基础题】

1. 判定下列方程哪些是一阶线性微分方程,哪些是二阶线性常系数方程.

(1) $2y dx + (100 + x) dy = 0$;

(2) $x'(t) + 2x(t) = 0$;

(3) $(y')^2 + 3xy = 4\sin x$;

(4) $y'' = 3y - \cos x + e^x$;

(5) $xy' + x^3 y = 2x - 1$;

(6) $y'' - 2y' + 3x^2 = 0$.

2. 判定下列函数是否是其对应的微分方程的解,如果是,判断是特解还是通解.

(1) $y = 5x^2, xy' = 2y$;

(2) $y = C e^{-2x} + \dfrac{1}{4} e^{2x}, y' + 2y = e^{2x}$;

(3) $y = \dfrac{C}{x}, y' = \ln x$;

(4) $y = e^x - \cos x + C, y'' = \cos x + e^x$.

【提高题】

1. 验证函数 $y = C e^{-3x} + e^{-2x}$(C 为任意常数)是方程 $\dfrac{dy}{dx} = e^{-2x} - 3y$ 的通解,

并求出满足初始条件 $y|_{x=0}=0$ 的特解.

2. 思考:已知 $y_1=e^x, y_2=xe^x$ 均为 $y''-2y'+y=0$ 的解,试问: $y_3=C_1y_1+C_2y_2=C_1e^x+C_2xe^x(C_1,C_2$ 为任意常数)能作为 $y''-2y'+y=0$ 的通解吗?

§6.2 一阶微分方程

本节讨论简单的一阶微分方程的解法,其形式为 $y'=f(x,y)$. 下面主要讨论三种常见类型的一阶方程的解法.

6.2.1 可分离变量的微分方程

顾名思义,可分离变量的微分方程就是可以将变量 x 和变量 y 分别分离到等号两边的微分方程,这种方程一般具有如下形式:

$$y'=f(x) \cdot g(y)$$

对上述可分离变量的微分方程通常采用如下步骤计算其通解:

(1) 用 $\dfrac{dy}{dx}$ 替换方程中的 y';

(2) 分离变量 $\dfrac{1}{g(y)}dy=f(x)dx$;

(3) 两边积分 $\int \dfrac{1}{g(y)}dy = \int f(x)dx$;

(4) 设 $G(y), F(x)$ 分别是 $\int \dfrac{1}{g(y)}dy, \int f(x)dx$ 的一个原函数,于是可得原方程的通解为 $G(y)=F(x)+C(C$ 为任意常数).

例 6.4 求 $\dfrac{dy}{dx}=(2x-1)y^2$ 的通解.

解 这是一个可分离变量方程,分离变量得

$$\dfrac{dy}{y^2}=(2x-1)dx,$$

两边积分 $\int \dfrac{1}{y^2}dy = \int (2x-1)dx$, 得其通解为

$$-\dfrac{1}{y}=x^2-x+C,$$

即

$$y=\dfrac{-1}{x^2-x+C} \quad (C \text{ 为任意常数}).$$

例 6.5 求 $y'-2xy=0$ 的通解.

解 方程恒等变形为 $\dfrac{dy}{dx}=2xy$,是一个可分离变量的微分方程.

分离变量得

$$\dfrac{dy}{y}=2xdx \quad (y \neq 0),$$

两端积分 $\int \dfrac{1}{y}dy = \int 2xdx$, 得其通解为

$$\ln|y|=x^2+C \quad (C \text{ 为任意常数})$$

可分离变量方程的解法

由上式可得 $|y| = e^{x^2+C} = e^C e^{x^2} \Rightarrow y = \pm e^C e^{x^2}$，注意到 $y=0$ 也是 $y'-2xy=0$ 的解，所以原方程的通解也可以写为

$$y = Ce^{x^2} \quad (C \text{ 为任意常数}).$$

注意 积分后出现对数的情形，理应都需作类似于上述的讨论，但这样的演算过程没必要重复. 为方便起见，今后凡遇到积分后是对数的情形都作如下简化处理. 以例 6.5 为例，示范如下：分离变量后得 $\dfrac{dy}{y} = 2x\,dx$，两边积分得 $\ln y = x^2 + \ln C$，$\ln y = \ln Ce^{x^2}$，即通解为 $y = Ce^{x^2}$，其中 C 为任意常数.

例 6.6 医学研究发现，刀割伤口表面恢复的速度为 $\dfrac{dy}{dt} = -5t^{-2}$ ($t \geq 1$)（单位：cm^2/天），其中 y 表示伤口的面积，t 表示时间. 假设 $y|_{t=1} = 5\ cm^2$，问受伤 5 天后该病人的伤口表面积为多少.

解 由 $\dfrac{dy}{dt} = -5t^{-2}$，分离变量得 $dy = -5t^{-2}dt$，两端积分 $\int dy = \int -5t^{-2}dt$，得其通解为 $y = 5t^{-1} + C$ (C 为任意常数)，将 $y|_{t=1} = 5\ cm^2$ 代入通解得 $C = 0$，所以 5 天后病人的伤口表面积为 $y|_{t=5} = 1\ cm^2$.

6.2.2 一阶线性微分方程

一阶线性微分方程的标准形式为 $y' + P(x)y = Q(x)$，其中 $P(x), Q(x)$ 为已知连续函数，$Q(x)$ 称为方程的自由项. 当 $Q(x) \not\equiv 0$ 时称 $y' + P(x)y = Q(x)$ 为一阶线性非齐次微分方程，当 $Q(x) \equiv 0$ 时称 $y' + P(x)y = 0$ 为 $y' + P(x)y = Q(x)$ 所对应的一阶线性齐次微分方程.

例 6.7 将下列一阶线性方程表示为标准型.

(1) $y' = \dfrac{3}{x}y$ ($x > 0$)； (2) $xy' = x^2 + 3y$ ($x > 0$).

解 (1) 移项得 $y' - \dfrac{3}{x}y = 0$，即 $y' + \left(-\dfrac{3}{x}\right)y = 0$，该方程为一阶线性齐次方程，其中 $P(x) = -\dfrac{3}{x}$.

(2) 两端同除以 x 得 $y' = x + \dfrac{3y}{x}$，移项得 $y' - \dfrac{3}{x}y = x$，即 $y' + \left(-\dfrac{3}{x}\right)y = x$，所以原方程是一阶线性非齐次微分方程，其中 $P(x) = -\dfrac{3}{x}, Q(x) = x$.

1. 一阶线性齐次微分方程

我们先求一阶线性齐次方程 $y' + P(x)y = 0$ 的通解.

分离变量得
$$\dfrac{dy}{y} = -P(x)dx,$$

两端积分得 $\ln y = \int -P(x)dx + \ln C$，

即 $y = Ce^{\int -P(x)dx}$ (C 为任意常数).

上式可作为一阶线性齐次方程 $y' + P(x)y = 0$ 的通解公式.

线性齐次方程 $y' + P(x)y = 0$ 的求解，用分离变量法和用通解公式法都

扫一扫

一阶线性微分方程的定义

扫一扫

一阶线性齐次方程的解法

可以.

例 6.8 求方程 $xy'=3y(x>0)$ 的通解.

解 原方程写成标准型,得

$$y'-\frac{3}{x}y=0, \text{其中 } P(x)=-\frac{3}{x},$$

将其代入通解公式,得

$$y=Ce^{-\int P(x)dx}=Ce^{-\int(-\frac{3}{x})dx}=Ce^{\int\frac{3}{x}dx}=Ce^{3\ln x}=Ce^{\ln x^3}$$
$$=Cx^3 \quad (C \text{ 为任意常数}).$$

2. 一阶线性非齐次微分方程

如何求一阶线性非齐次方程 $y'+P(x)y=Q(x)$ 的通解呢?显然 $y'+P(x)y=Q(x)$ 不是可分离变量的微分方程,考虑到与 $y'+P(x)y=0$ 左边相同,可设想将 $y'+P(x)y=0$ 的通解中的常数 C 换成待定函数 $\Phi(x)$ 后是 $y'+P(x)y=Q(x)$ 的解.

假设 $y=\Phi(x)e^{-\int P(x)dx}$ 是 $y'+P(x)y=Q(x)$ 的解,将其代入方程中,化简后得

$$\Phi'(x)e^{-\int P(x)dx}=Q(x) \quad \text{即} \quad \Phi'(x)=Q(x)e^{\int P(x)dx},$$

两端积分,得

$$\Phi(x)=\int Q(x)e^{\int P(x)dx}dx+C \quad (C \text{ 为任意常数}),$$

故 $y'+P(x)y=Q(x)$ 的通解为

$$y=\left[\int Q(x)e^{\int P(x)dx}dx+C\right]e^{-\int P(x)dx} \quad (C \text{ 为任意常数})$$

或

$$y=Ce^{-\int P(x)dx}+e^{-\int P(x)dx}\int Q(x)e^{\int P(x)dx}dx.$$

一阶线性非齐次方程的解法

上式为一阶线性非齐次方程的通解公式,上述方法通常称为"常数变易法".

若记 $y_c=Ce^{-\int P(x)dx}$,$y^*=e^{-\int P(x)dx}\int Q(x)e^{\int P(x)dx}dx$,则通解公式可简记为 $y=y_c+y^*$.显然 y^* 是 $y'+P(x)y=Q(x)$ 的一个特解,y_c 是对应的齐次方程 $y'+P(x)y=0$ 的通解,那么非齐次方程的通解就等于对应的齐次方程的通解与自身的一个特解相加之和.这一结论对于二阶线性微分方程也是适用的,称其为线性方程解的叠加性质.

对于一阶线性非齐次方程 $y'+p(x)y=Q(x)$ 的求解有两种常用方法:

(1)先求出对应的齐次方程通解,再利用"常数变易法"求其通解(先计算齐次方程的通解,再将常数变易为函数并求之,最后代入齐次通解得非齐次方程通解);

(2)直接利用非齐次方程的通解公式求其通解(先化为标准型确定 $P(x)$,$Q(x)$,再代入通解公式求解,注意公式中的所有不定积分计算时均不需要再另加积分常数).

例 6.9 求方程 $xy'=x^2+3y(x>0)$ 的通解.

解法一 （常数变易法）将原方程改写为标准形式，得 $y' - \dfrac{3}{x}y = x$，由例 6.8 得方程 $y' - \dfrac{3}{x}y = 0$ 的通解为 $y = Cx^3$（C 为任意常数）.

将 $y = Cx^3$ 中的任意常数 C 换成待定函数 $\Phi(x)$，令 $y = \Phi(x)x^3$ 为 $xy' = x^2 + 3y$ 的解，将其代入原方程得 $x[\Phi'(x)x^3 + 3x^2\Phi(x)] = x^2 + 3x^3\Phi(x)$，即 $\Phi'(x) = \dfrac{1}{x^2}$，所以 $\Phi(x) = \displaystyle\int \dfrac{1}{x^2}dx = -\dfrac{1}{x} + C$，故所求原方程的通解为

$$y = Cx^3 - x^2 \quad (C \text{ 为任意常数}).$$

解法二 （通解公式法）将原方程改写为标准形式以确定 $P(x), Q(x)$，得

$$y' - \dfrac{3}{x}y = x, \quad P(x) = -\dfrac{3}{x}, \quad Q(x) = x,$$

代入通解公式，得

$$y = Ce^{-\int P(x)dx} + e^{-\int P(x)dx}\int Q(x)e^{\int P(x)dx}dx = Ce^{-\int -\frac{3}{x}dx} + e^{-\int -\frac{3}{x}dx}\int x \cdot e^{\int -\frac{3}{x}dx}dx$$

$$= Cx^3 + x^3\int xe^{\ln x^{-3}}dx = Cx^3 + x^3\int \dfrac{1}{x^2}dx$$

$$= Cx^3 + x^3\left(-\dfrac{1}{x}\right) = Cx^3 - x^2 \;(C \text{ 为任意常数}).$$

例 6.10 求一阶线性方程 $xy' = x^2 + 3y \,(x > 0)$ 满足初始条件 $y|_{x=1} = 2$ 的特解.

解 由例 6.9 得知其通解为 $y = Cx^3 - x^2$（C 为任意常数），将初始条件 $y|_{x=1} = 2$ 代入通解中，得 $C = 3$，所以原方程满足初始条件的特解为

$$y = 3x^3 - x^2.$$

例 6.11 已知汽艇在静水中行驶时受到的阻力与汽艇的行驶速度成正比，若一汽艇以 10 km/h 的速度在静水中行驶时关闭了发动机，经 20 s 后汽艇的速度减至 $v_1 = 6$ km/h，试确定发动机停止 2 min 后汽艇的速度.

解 设汽艇在静水中行驶时速度为 v，受到的阻力为 F，根据题意有 $F = -kv$（k 为比例常数，负号是因为 F 与 v 方向相反），又根据牛顿定律知，$F = ma = m\dfrac{dv}{dt}$，所以得 $m\dfrac{dv}{dt} = -kv$，即 $\dfrac{dv}{dt} + \dfrac{k}{m}v = 0$，令 $\dfrac{k}{m} = \lambda$，得到关于 v 的一阶线性齐次微分方程 $v' + \lambda v = 0$，且有初值条件 $v|_{t=0} = \dfrac{10\,000}{3\,600} = \dfrac{25}{9}$ m/s，$v|_{t=20} = \dfrac{6\,000}{3\,600} = \dfrac{15}{9}$ m/s，利用公式法可得微分方程的通解 $v = Ce^{\int -\lambda dt} = Ce^{-\lambda t}$（$C$ 为任意常数），代入初值条件得出 $C = \dfrac{25}{9}$，$\lambda = -\dfrac{1}{20}\ln\dfrac{3}{5}$，所以常微分方程的特解为 $v = \dfrac{25}{9}e^{\left(\frac{1}{20}\ln\frac{3}{5}\right)t}$，所以 $v|_{t=120} \approx 0.129\,6$ m/s，即发动机停止 2 min 后汽艇的行驶速度约为 0.129 6 m/s.

6.2.3 齐次型微分方程

齐次型微分方程 形如 $\dfrac{dy}{dx} = \varphi\left(\dfrac{y}{x}\right)$ 的一阶微分方程称为齐次型微分方程.

与不定积分的换元法类似,可以利用变量替换的技巧将齐次型方程 $\dfrac{dy}{dx} = \varphi\left(\dfrac{y}{x}\right)$ 化为可分离变量的方程来求解,引进新的未知函数 $u = \dfrac{y}{x}$,即 $y = ux$,这时 $\varphi\left(\dfrac{y}{x}\right) = \varphi(u)$.

在 $y = ux$ 两端对 x 求导得 $\dfrac{dy}{dx} = x\dfrac{du}{dx} + u$,于是齐次型方程转化为

$$u + x\frac{du}{dx} = \varphi(u) \quad \text{或} \quad x\frac{du}{dx} = \varphi(u) - u,$$

这是一个可分离变量方程,分离变量后得

$$\frac{du}{\varphi(u) - u} = \frac{dx}{x} \quad (\varphi(u) - u \neq 0),$$

再对两边积分得

$$\int \frac{du}{\varphi(u) - u} = \ln|x| + C \quad (C \text{ 为任意常数}).$$

求出左边的积分后再用 $\dfrac{y}{x}$ 代换 u,就可得齐次型方程 $\dfrac{dy}{dx} = \varphi\left(\dfrac{y}{x}\right)$ 的通解.

例 6.12 求 $\dfrac{dy}{dx} = \dfrac{xy - y^2}{x^2}$ 的通解.

解 因为原方程可以化为 $\dfrac{dy}{dx} = \dfrac{y}{x} - \left(\dfrac{y}{x}\right)^2$,所以是齐次型方程. 令 $u = \dfrac{y}{x}$,则原方程转化为

$$u + x\frac{du}{dx} = u - u^2, \quad \text{或} \quad \frac{du}{dx} = -\frac{u^2}{x},$$

这是一个可分离变量方程,分离变量得

$$-\frac{du}{u^2} = \frac{dx}{x} \quad (u \neq 0),$$

两边积分得

$$\frac{1}{u} = \ln|x| + C \quad (C \text{ 为任意常数}),$$

再用 $\dfrac{y}{x}$ 代换 u 即得 $\dfrac{dy}{dx} = \dfrac{xy - y^2}{x^2}$ 的通解为

$$y = \frac{x}{\ln|x| + C} \quad (C \text{ 为任意常数}).$$

注意 $u = 0$ 时 $y = 0$,显然 $y = 0$ 也是原方程的一个解,但不包含在上面的通解之中.

同步习题 6.2

【基础题】

1. 指出下列方程的类别.

(1) $xy' = \dfrac{e^x}{y}$;

(2) $2y' = 6x^2 y$;

(3) $y' = \dfrac{x^2+y^2}{2xy}$; (4) $3x^2+2x-5y'=0$;

(5) $y = \dfrac{y+x\ln x}{x}$.

2. 求下列方程的通解或特解.

(1) $2y' = 6x^2 y, y|_{x=0} = 2$; (2) $y' = x^{x^2} + 2xy$.

【提高题】

求下列方程的通解或特解.

(1) $(1+x^2)dy + xy dx = 0$; (2) $xy' = y\ln y, y|_{x=1} = e$;

(3) $y' + y\cos x = e^{-\sin x}$; (4) $\begin{cases}(x+1)y' - 2y - (x+1)^{\frac{7}{2}} = 0,\\ y|_{x=0} = 1;\end{cases}$

(5) $\dfrac{dy}{dx} + \dfrac{y}{x} = \sin x$.

§6.3 二阶常系数线性微分方程

二阶常系数线性微分方程的标准形式是 $y'' + py' + qy = f(x)$, 其中 p,q 为实常数; $f(x)$ 是已知连续函数, 称其为方程的自由项. 当 $f(x) \equiv 0$ 时, $y'' + py' + qy = 0$ 为 $y'' + py' + qy = f(x)$ 所对应的二阶常系数线性齐次微分方程. 当 $f(x) \not\equiv 0$ 时为二阶常系数线性非齐次微分方程;

例 6.13 将下列二阶常系数线性微分方程表示为标准型.

(1) $2y'' + 6y' - 8 = 0$; (2) $xy'' = 2xy + xy'$.

解 (1) 等式两边同除以 2 得 $y'' + 3y' - 4 = 0$, 将常数项移至等式右边得 $y'' + 3y' = 4$, 所以该方程为二阶常系数线性非齐次常微分方程, 其中 $p=3$, $q=0, f(x)=4$.

(2) 等式两边同除以 x, 得 $y'' = 2y + y'$, 移项得 $y'' - y' - 2y = 0$, 所以该方程为二阶常系数线性齐次常微分方程, 其中 $p=-1, q=-2$.

二阶线性
微分方程
的定义

6.3.1 二阶常系数线性齐次微分方程

定理 6.1 (线性齐次微分方程解的结构定理) 若 y_1, y_2 是二阶常系数线性齐次微分方程 $y'' + py' + qy = 0$ 的两个线性无关的解, 则 $y = C_1 y_1 + C_2 y_2$ 是 $y'' + py' + qy = 0$ 的通解, 其中 C_1, C_2 为任意常数.

证 因为 y_1, y_2 是二阶常系数线性齐次微分方程 $y'' + py' + qy = 0$ 的解, 所以有

$$y_1'' + py_1' + qy_1 = 0, \quad y_2'' + py_2' + qy_2 = 0.$$

将 $y = C_1 y_1 + C_2 y_2$ 代入 $y'' + py' + qy = 0$ 中, 得

$$\begin{aligned}y'' + py' + qy &= (C_1 y_1 + C_2 y_2)'' + p(C_1 y_1 + C_2 y_2)' + q(C_1 y_1 + C_2 y_2)\\ &= C_1 y_1'' + C_2 y_2'' + p(C_1 y_1' + C_2 y_2') + q(C_1 y_1 + C_2 y_2)\\ &= C_1 (y_1'' + py_1' + qy_1) + C_2 (y_2'' + py_2' + qy_2)\\ &= C_1 \cdot 0 + C_2 \cdot 0 = 0.\end{aligned}$$

线性齐次
方程解的
结构

即 $y=C_1y_1+C_2y_2$（C_1,C_2 为任意常数）是 $y''+py'+qy=0$ 的解.

又因为 y_1,y_2 是 $y''+py'+qy=0$ 的两个线性无关的解，所以 $y=C_1y_1+C_2y_2$ 是 $y''+py'+qy=0$ 的通解.

由定理 6.1 知，为了得到 $y''+py'+qy=0$ 的通解，只需求出其两个线性无关的解 y_1 与 y_2. 由于 p,q 为常数，通过观察可以看出：若函数 y,y',y'' 之间仅相差一个常数因子时，则函数 y 可能是 $y''+py'+qy=0$ 的解. 显然指数函数 $y=e^{rx}$（r 为常数）与它的各阶导数都只相差一个常数因子，是否能选取适当的常数 r，使得指数函数 $y=e^{rx}$ 是 $y''+py'+qy=0$ 的解？

设 $y=e^{rx}$ 是 $y''+py'+qy=0$ 的解，其中 r 是待定的常数，将 $y=e^{rx}$ 代入 $y''+py'+qy=0$ 中，得

$$(e^{rx})''+p(re^{rx})'+qe^{rx}=(r^2e^{rx})+pre^{rx}+qe^{rx}=(r^2+pr+q)e^{rx}=0.$$

因为 $e^{rx}\neq 0$，若上式成立，则必有

$$r^2+pr+q=0.$$

只要 r 满足该方程，那么函数 $y=e^{rx}$ 一定是 $y''+py'+qy=0$ 的解.

这是一个关于 r 的一元二次方程，称其为 $y''+py'+qy=0$ 的特征方程，特征方程的根称为特征根.

至此，把求微分方程 $y''+py'+qy=0$ 的解的问题转化成了求其特征方程 $r^2+pr+q=0$ 的根的问题. 根据特征方程判别式 $\Delta=p^2-4q$ 的三种情况，对应的特征根有三种情况，从而微分方程 $y''+py'+qy=0$ 的通解就有三种情况.

(1) 当 $\Delta=p^2-4q>0$ 时，特征根为相异实根：$r_1\neq r_2$.

这时方程 $y''+py'+qy=0$ 有两个特解 $y_1=e^{r_1x}$，$y_2=e^{r_2x}$，因为 $\dfrac{y_1}{y_2}=e^{(r_1-r_2)x}\neq$ 常数，它们线性无关，所以方程 $y''+py'+qy=0$ 的通解为

$$y=C_1e^{r_1x}+C_2e^{r_2x} \quad (C_1,C_2 \text{ 为任意常数}).$$

(2) 当 $\Delta=p^2-4q=0$ 时，特征根为相等的实根（二重实根）：$r_1=r_2=r$.

这时只得到 $y''+py'+qy=0$ 的一个特解 $y_1=e^{rx}$，还需求出另一个解 y_2，且要求 $\dfrac{y_2}{y_1}\neq$ 常数，为此设 $y_2=u(x)e^{rx}$（简记 $u(x)=u\neq$ 常数）是方程 $y''+py'+qy=0$ 的另一个特解，代入 $y''+py'+qy=0$ 中，得

$$(ue^{rx})''+p(ue^{rx})'+q(ue^{rx})=e^{rx}[(u''+2ru'+r^2u)+p(u'+ru)+qu]=0.$$

因为 $e^{rx}\neq 0$，得

$$(u''+2ru'+r^2u)+p(u'+ru)+qu=u''+(2r+p)u'+(r^2+pr+q)=0.$$

由于 r 是特征方程 $r^2+pr+q=0$ 的二重实根，所以

$$2r+p=0, \quad r^2+pr+q=0,$$

于是有 $u''=0$，将它积分两次得

$$u=C_1+C_2x,$$

因为只需要得到一个非常数的解，所以不妨取 $u=x$，由此得到微分方程 $y''+py'+qy=0$ 的另一个特解 $y_2=xe^{rx}$，因此微分方程 $y''+py'+qy=0$ 的通解为

$$y=C_1e^{rx}+C_2xe^{rx}=(C_1+C_2x)e^{rx} \quad (C_1,C_2 \text{ 为任意常数}).$$

(3) 当 $\Delta=p^2-4q<0$ 时，特征根为共轭复根：$r_1=\alpha+i\beta,r_2=\alpha-i\beta$.

这时，微分方程 $y''+py'+qy=0$ 有两个复数形式的解
$$y_1=\mathrm{e}^{(\alpha+\mathrm{i}\beta)x}=\mathrm{e}^{\alpha x}\cdot\mathrm{e}^{\mathrm{i}\beta x}, \quad y_2=\mathrm{e}^{(\alpha-\mathrm{i}\beta)x}=\mathrm{e}^{\alpha x}\cdot\mathrm{e}^{-\mathrm{i}\beta x}.$$

又因为 $\mathrm{e}^{\mathrm{i}\theta}=\cos\theta+\mathrm{i}\sin\theta$（欧拉公式），所以上述特解还可改写为
$$y_1=\mathrm{e}^{\alpha x}\cdot(\cos\beta x+\mathrm{i}\sin\beta x), \quad y_2=\mathrm{e}^{\alpha x}\cdot(\cos\beta x-\mathrm{i}\sin\beta x).$$

根据定理 6.1，得原方程的两个线性无关的特解
$$\bar{y}_1=\frac{1}{2}y_1+\frac{1}{2}y_2=\mathrm{e}^{\alpha x}\cos\beta x,$$
$$\bar{y}_2=\frac{1}{2\mathrm{i}}y_1-\frac{1}{2\mathrm{i}}y_2=\mathrm{e}^{\alpha x}\sin\beta x,$$

因此，$y''+py'+qy=0$ 的通解为
$$y=\mathrm{e}^{\alpha x}(C_1\cos\beta x+C_2\sin\beta x) \quad (C_1,C_2\text{ 为任意常数}).$$

综上所述，$y''+py'+qy=0$ 的通解求解步骤可以概括如下：

(1) 将原方程化为标准型 $y''+py'+qy=0$；

(2) 求 $y''+py'+qy=0$ 特征根 r_1,r_2；

(3) 按照表 6.1 得到 $y''+py'+qy=0$ 的通解。

表 6.1

$y''+py'+qy=0$ 的特征根	$y''+py'+qy=0$ 的通解
两个不等的实根，$r_1\neq r_2$	$y=C_1\mathrm{e}^{r_1 x}+C_2\mathrm{e}^{r_2 x}$，($C_1,C_2$ 为任意常数)
两个相等的实根，$r_1=r_2$	$y=(C_1+C_2 x)\mathrm{e}^{rx}$，($C_1,C_2$ 为任意常数)
两个共轭复根，$r_1=\alpha+\mathrm{i}\beta,r_2=\alpha-\mathrm{i}\beta$	$y=\mathrm{e}^{\alpha x}(C_1\cos\beta x+C_2\sin\beta x)$，($C_1,C_2$ 为任意常数)

如果求特解将初始条件代入通解确定 C_1,C_2 后，即可得到满足初始条件的特解 y^*。

例 6.14 求方程 $2y''+10y'+12y=0$ 的通解。

解 原方程可化简为标准型 $y''+5y'+6y=0$，其对应的特征方程为 $r^2+5r+6=0$，即 $(r+2)(r+3)=0$，两个特征根是 $r_1=-2,r_2=-3$，因此原方程的通解为
$$y=C_1\mathrm{e}^{-2x}+C_2\mathrm{e}^{-3x} \quad (C_1,C_2\text{ 为任意常数}).$$

例 6.15 求方程 $y''-2y'+y=0$ 满足初始条件 $y|_{x=0}=1,y'|_{x=0}=2$ 的特解。

解 特征方程为 $r^2-2r+1=0$，即 $(r-1)^2=0$，解之得特征根为 $r_1=r_2=1$，因此原方程的通解为
$$y=(C_1+C_2 x)\mathrm{e}^x \quad (C_1,C_2\text{ 为任意常数}).$$

又因为 $y'=C_2\mathrm{e}^x+(C_1+C_2 x)\mathrm{e}^x$，将初始条件 $y|_{x=0}=1,y'|_{x=0}=2$ 代入，得
$$\begin{cases}1=C_1,\\2=C_2+C_1,\end{cases}\text{从而得}\begin{cases}C_1=1,\\C_2=1.\end{cases}$$

于是，原方程满足初始条件 $y|_{x=0}=1,y'|_{x=0}=2$ 的特解为
$$y=(1+x)\mathrm{e}^x.$$

例 6.15

例 6.16 求方程 $y''-2y'+5y=0$ 的通解。

解 特征方程为 $r^2-2r+5=0$，它有两个共轭复根 $r_1=1+2\mathrm{i},r_2=1-2\mathrm{i}$，

因此原方程的通解为 $y = e^x(C_1 \cos 2x + C_2 \sin 2x)$ (C_1, C_2 为任意常数).

6.3.2 二阶常系数线性非齐次微分方程

定理 6.2 （线性非齐次微分方程解的结构定理）若 y^* 是 $y'' + py' + qy = f(x)$ 的一个特解，y_c 是 $y'' + py' + qy = 0$ 的通解，则二阶常系数线性非齐次微分方程 $y'' + py' + qy = f(x)$ 的通解是 $y = y_c + y^*$.

证 因为 y^* 是 $y'' + py' + qy = f(x)$ 的一个特解，所以有
$$y^{*''} + py^{*'} + qy^* = f(x).$$
又因为 y_c 是 $y'' + py' + qy = 0$ 的通解，所以有
$$y_c'' + py_c' + qy_c = 0.$$
将 $y = y_c + y^*$ 代入方程 $y'' + py' + qy = f(x)$，得
$$\begin{aligned}y'' + py' + qy &= (y_c + y^*)'' + p(y_c + y^*)' + q(y_c + y^*) \\ &= (y_c'' + y^{*''}) + p(y_c' + y^{*'}) + q(y_c + y^*) \\ &= (y_c'' + py_c' + qy_c) + (y^{*''} + py^{*'} + qy^*) \\ &= 0 + f(x) = f(x),\end{aligned}$$

故 $y = y_c + y^*$ 是 $y'' + py' + qy = f(x)$ 的解，又因为 y_c 是 $y'' + py' + qy = 0$ 的通解，所以 y_c 中有两个独立的任意常数，因而 $y = y_c + y^*$ 也是 $y'' + py' + qy = f(x)$ 的通解.

由定理 6.2 知，$y'' + py' + qy = f(x)$ 的通解为 $y = y_c + y^*$，由于已求出 $y'' + py' + qy = 0$ 的通解 y_c，现在只需求出 $y'' + py' + qy = f(x)$ 的一个特解即可.

在这里只讨论自由项 $f(x)$ 为形式 $f(x) = P_m(x) \cdot e^{\alpha x}$（$\alpha$ 是常数，$P_m(x)$ 是 x 的一个 m 次多项式）时，求特解 y^* 的待定系数法.

由于 p, q 为常数，且 $(e^{\alpha x})' = \alpha e^{\alpha x}$，$(e^{\alpha x})'' = \alpha^2 e^{\alpha x}$，可以推测二阶常系数线性非齐次方程 $y'' + py' + qy = P_m(x) \cdot e^{\alpha x}$ 有形如 $y^* = Q(x)e^{\alpha x}$ 的特解，其中 $Q(x)$ 是某个多项式. 我们尝试去确定 $Q(x)$，使 $y^* = Q(x)e^{\alpha x}$ 成为方程 $y'' + py' + qy = P_m(x) \cdot e^{\alpha x}$ 的解. 为此，将 $y^* = Q(x)e^{\alpha x}$ 代入方程 $y'' + py' + qy = P_m(x) \cdot e^{\alpha x}$ 并消去 $e^{\alpha x}$，得
$$Q''(x) + (2\alpha + p)Q'(x) + (\alpha^2 + p\alpha + q)Q(x) = P_m(x).$$

求原方程的特解可转化为求 $Q''(x) + (2\alpha + p)Q'(x) + (\alpha^2 + p\alpha + q)Q(x) = P_m(x)$ 的特解.

① 若 α 不是特征方程 $r^2 + pr + q = 0$ 的根，则 $\alpha^2 + p\alpha + q \neq 0$，根据 $f(x) = P_m(x)$ 型的特解结论，方程 $Q''(x) + (2\alpha + p)Q'(x) + (\alpha^2 + p\alpha + q)Q(x) = P_m(x)$ 的特解为
$$Q^* = Q_m(x) = b_0 x^m + b_1 x^{m-1} + \cdots + b_{m-1} x + b_m$$
其中 $b_0, b_1, \cdots, b_m$ 是常数，且 $b_0 \neq 0$，
从而
$$y^* = Q(x)e^{\alpha x} = Q^*(x)e^{\alpha x} = Q_m(x)e^{\alpha x}(b_0 x^m + b_1 x^{m-1} + \cdots + b_{m-1} x + b_m)e^{\alpha x},$$
将之代入 $y'' + py' + qy = P_m(x) \cdot e^{\alpha x}$ 中，比较两边 x 同次幂的系数，求解以 $b_0, b_1, \cdots, b_m$ 为未知数的 $m+1$ 个方程的方程组便得到原方程的特解为 $y^* = Q_m(x)e^{\alpha x}$.

②若 α 是特征方程 $\alpha^2+p\alpha+q=0$ 的单根,则 $\alpha^2+p\alpha+q=0$,但 $2\alpha+p\neq 0$. 根据 $f(x)=P_m(x)$ 型的特解结论,$Q''(x)+(2\alpha+p)Q'(x)+(\alpha^2+p\alpha+q)Q(x)=P_m(x)$ 的特解为

$$Q^* = xQ_m(x) = x(b_0 x^m + b_1 x^{m-1} + \cdots + b_{m-1}x + b_m),$$

其中 $b_0, b_1, \cdots, b_m$ 是常数,且 $b_0\neq 0$. 然后用与①同样的方法来确定 $Q_m(x)$ 的系数,得到原方程的特解 $y^* = xQ_m(x)\mathrm{e}^{\alpha x}$.

③若 α 是特征方程 $\alpha^2+p\alpha+q=0$ 的重根,则 $\alpha^2+p\alpha+q=0$,且 $2\alpha+p=0$. 根据 $f(x)=P_m(x)$ 型的特解结论,$Q''(x)+(2\alpha+p)Q'(x)+(\alpha^2+p\alpha+q)Q(x)=P_m(x)$ 的特解为

$$Q^* = x^2 Q_m(x) = x^2(b_0 x^m + b_1 x^{m-1} + \cdots + b_{m-1}x + b_m),$$

其中 $b_0, b_1, \cdots, b_m$ 是常数,且 $b_0\neq 0$,然后用与①同样的方法来确定 $Q_m(x)$ 的系数,得到原方程的特解 $y^* = x^2 Q_m(x)\mathrm{e}^{\alpha x}$.

综上所述,二阶常系数线性齐次微分方程求解的基本步骤可以概括如下:

(1)将原方程化为标准型 $y''+py'+qy=f(x)$,按照表 6.1 求 $y''+py'+qy=0$ 的通解 y_c;

(2)按照表 6.2 确定 $y''+py'+qy=f(x)$ 的 y^* 形式并代入原方程最终求出特解 y^*;

(3)根据定理 6.2 求得 $y''+py'+qy=f(x)$ 的通解 $y=y_c+y^*$;

(4)将初始条件代入通解确定 C_1,C_2 后,即可得到满足初始条件的特解 y^*.

表 6.2

$y''+py'+qy=P_m(x)\cdot \mathrm{e}^{\alpha x}$ 的特解:$y^*=x^k Q_m(x)\mathrm{e}^{\alpha x}$
α 不是特征方程的根时,$y^*=Q_m(x)\mathrm{e}^{\alpha x}$
α 是特征方程的一重根时,$y^*=xQ_m(x)\mathrm{e}^{\alpha x}$
α 是特征方程的二重根时,$y^*=x^2 Q_m(x)\mathrm{e}^{\alpha x}$

例 6.17 求 $y''-5y'+6y=6x+7$ 的一个特解.

解 这是二阶常系数非齐次线性微分方程,$f(x)=6x+7$ 是一次多项式,由于 $\alpha=0$ 不是特征根,所以可设特解形式为 $y^*=ax+b$,代入原方程得

$$-5a+6(ax+b)=6ax-5a+6b=6x+7,$$

比较等式两端 x 同次幂的系数,得

$$\begin{cases} 6a=6, \\ -5a+6b=7, \end{cases}$$

解之得 $a=1, b=2$,于是所求的特解为 $y^*=x+2$.

例 6.18 求 $y''+9y'=18$ 的通解.

解 原方程对应的齐次方程 $y''+9y'=0$ 的特征方程是 $r^2+9r=0$,即 $r(r+9)=0$,特征根是 $r_1=0, r_2=-9$,于是 $y''+9y'=0$ 的通解为

$$y=C_1+C_2\mathrm{e}^{-9x} \quad (C_1, C_2 \text{ 为任意常数})$$

因为 $f(x)=18$ 是零次多项式,且 $\alpha=0$ 是一重特征根,故其特解形式为

$y^* = ax$,代入 $y'' + 9y' = 18$ 中得 $9a = 18$,即 $a = 2$,故所求方程 $y'' + 9y' = 18$ 的一个特解为 $y^* = 2x$.

综上,$y'' + 9y' = 18$ 的通解是
$$y = y_c + y^* = C_1 + C_2 e^{-9x} + 2x \quad (C_1, C_2 \text{ 为任意常数}).$$

例 6.19 求方程 $y'' + 5y' + 6y = 12e^x$ 满足初始条件 $y|_{x=0} = 0$,$y'|_{x=0} = 0$ 的特解.

解 第一步:计算原方程对应的齐次方程 $y'' + 5y' + 6y = 0$ 通解 y_c.

由例 6.14 知 $y_c = C_1 e^{-2x} + C_2 e^{-3x} \quad (C_1, C_2 \text{ 为任意常数})$.

第二步:计算原方程的特解 y^*.

自由项 $f(x) = 12e^x$,由于 $\alpha = 1$ 不是特征根,故设 $y^* = ke^x (k \in \mathbf{R})$ 并代入原方程,得 $k = 1$,从而 $y^* = e^x$.

第三步:根据定理 6.2 知,$y'' + 5y' + 6y = 12e^x$ 的通解为
$$y = y_c + y^* = C_1 e^{-2x} + C_2 e^{-3x} + e^x \quad (C_1, C_2 \text{ 为任意常数}).$$

第四步:求满足初始条件的特解.

将 $y|_{x=0} = 0$,$y'|_{x=0} = 0$ 代入通解中,得 $\begin{cases} C_1 + C_2 + 1 = 0, \\ -2C_1 - 3C_2 + 1 = 0, \end{cases}$ 解之,得 $C_1 = -4$,$C_2 = 3$.

所以,满足初始条件的特解为 $y^* = -4e^{-2x} + 3e^{-3x} + e^x$.

同步习题 6.3

【基础题】

1. 求下列二阶常系数线性齐次微分方程的通解.
   (1) $y'' - 3y' - 4y = 0$; (2) $y'' + y' = 0$;
   (3) $y'' + y = 0$.

2. 求下列二阶常系数线性非齐次微分方程的通解或满足初始条件的特解.
   (1) $y'' + y' = 2x + 1$;
   (2) $y'' + y' = 2e^x$,$y|_{x=0} = 0$,$y'|_{x=0} = 0$.

【提高题】

1. 若 $y_1 = e^{-x}$ 与 $y_2 = e^{-2x}$ 是某二阶常系数线性齐次微分方程的两个特解,请回答:
   (1) 两特解是否线性相关;
   (2) 求通解;
   (3) 求 $y|_{x=0} = 0$,$y'|_{x=0} = 1$ 时的特解.

2. 求下列二阶常系数线性微分方程的通解或满足初始条件的特解.
   (1) $y'' - 4y = e^{-2x}$; (2) $y'' + 9y' = x - 4$;
   (3) $4y'' + 4y' + y = 0$,$y|_{x=0} = 2$,$y'|_{x=0} = 0$;
   (4) $y'' + 5y' + 4y = 3 - 2x$; (5) $2y'' + y' - y = 2e^x$.

§6.4 微分方程的简单应用

微分方程是解决实际问题的重要工具,它在管理和技术应用中都有着广泛的应用.以下举例说明微分方程的一些简单应用.

6.4.1 可分离变量微分方程应用举例

例 6.20 (体重问题)研究人的体重随时间的变化规律.

某运动员每天的食量是 10 467 J/天,其中 5 038 J/天用于基本的新陈代谢(即自动消耗),在其健身训练中,他每天每千克体重所消耗的热量大约是 69 J,试研究此人的体重随时间变化的规律.

分析 人的体重变化的过程是一个非常复杂的过程,这里进行简化,只考虑饮食和运动这两个主要因素与体重的关系.

(1)基本假定.

①对于一个成年人来说体重主要由骨骼、水和脂肪三部分组成,骨骼和水大体上可以认为是不变的,我们不妨以人体脂肪的质量作为体重的标志,体重的变化就是能量的摄取和消耗的过程,已知脂肪的能量转换率为 100%,每千克脂肪可以转换为 40 000 J 的能量.

②人体的体重仅仅看成是时间 t 的函数 $w(t)$,而与其他因素无关,这意味着在研究体重变化的过程中,忽略了个体间的差异(年龄、性别、健康状况等)对体重的影响.

③体重的变化是一个渐变的过程,因此可以认为 $w(t)$ 随时间是连续变化的,即 $w(t)$ 是连续函数且充分光滑,也就是说我们认为能量的摄取和消耗是随时发生的.

④不同的活动对能量的消耗是不同的,例如,体重分别为 50 kg 和 100 kg 的人都跑 1 000 m,所消耗的能量显然是不同的.假设研究对象会为自己制定一个合理且相对稳定的活动计划,可以假设在单位时间(1 天)内人体活动所消耗的能量与其体重成正比.

⑤假设研究对象用于基本新陈代谢(即自动消耗)的能量是一定的.

⑥假设研究对象对自己的饮食相对严格的控制,为简单计,在本问题中可以假设人体每天摄入的能量(即食量)是一定的.

⑦根据能量的平衡原理,任何时间段内由于体重的改变所引起的人体内能量的变化应该等于这段时间内摄入的能量与消耗的能量的差,即体重的变化等于输入与输出之差,其中输入是指扣除了基本的新陈代谢之后的净食量吸收,输出就是活动时的消耗.

(2)建模分析与量化.

上述问题并没有直接给出有关"导数"的概念,但是体重是时间的连续函数,就表示可以用"变化"观察来考察问题.

量化:w_0 为第一天开始时该运动员的体重,t 为时间并以天为单位,则

每天该运动员的体重变化=输入-输出.

输入＝总热量－基本新陈代谢热量＝净热量吸收
     ＝10 467－5 283＝5 184 (J)
输出＝训练时消耗＝64·w(J)

(3)建立模型.

$$\lim_{\Delta t \to 0}\frac{\Delta w}{\Delta t}=\frac{\mathrm{d}w}{\mathrm{d}t}, \quad \text{即} \begin{cases} \dfrac{(10\ 467-5\ 283)-64w}{40\ 000}=\dfrac{\mathrm{d}w}{\mathrm{d}t}, \\ w|_{t=0}=w_0. \end{cases}$$

(4)模型求解.

应用分离变量法,此运动员体重随时间的变化规律为

$$w=81-(81-w_0)\mathrm{e}^{\frac{-16t}{10\ 000}}.$$

(5)模型讨论.

现在再来考虑一下:此人的体重会达到平衡吗?若能,那么这个人的体重达到平衡时是多少千克?事实上,从 $w(t)$ 的表达式可知,当 $t\to\infty$ 时,$w(t)\to 81$,因此,平衡时体重为 81 kg,也可以根据平衡状态下 $w(t)$ 是不发生变化的,从而直接令

$$\frac{\mathrm{d}w}{\mathrm{d}t}=\frac{(10\ 467-5\ 283)-64w}{40\ 000}=0$$

求得 $w_{平衡}=81$.

(6)模型改进.

在该问题中只讨论了基本的新陈代谢(即自动消耗)、饮食和活动取固定值时的规律,进一步,还可以考虑饮食量和活动量改变时的情况,以及新陈代谢随体重变化的情况等.

如假设某人每天饮食摄取的热量为 A 焦耳,用于新陈代谢(即自动消耗)的热量为 B 焦耳,进行活动每天每千克体重消耗的热量为 C 焦耳,已知脂肪的能量转换率为 100%,每千克脂肪可以转换为 D 焦耳的能量.则可建立微分方程模型

$$\begin{cases} \dfrac{(A-B)-Cw}{D}=\dfrac{\mathrm{d}w}{\mathrm{d}t}, \\ w|_{t=0}=w_0, \end{cases}$$

解上述一阶方程,得

$$w=\frac{A-B}{C}-\left(\frac{A-B}{C}-w_0\right)\mathrm{e}^{-\frac{C}{D}\cdot t}.$$

因为 $\lim\limits_{t\to +\infty}w(t)=\dfrac{A-B}{C}$,所以通过调节饮食、锻炼、生活和新陈代谢可以使体重控制在某个范围内,因此要减肥,就要减少 A 并增加 B,C.正确的减肥策略主要是有一个良好的饮食工作锻炼习惯,既要适当控制 A 及 C,对于少量肥胖者和运动员来说,研究不伤身体的新陈代谢的改变也是必要的.从上述分析可知,减肥问题是一个最优控制问题,具体地就是为达到在现有体重 w_0 的前提下经过 t 天后使体重变为 $\omega(t)$ 的目标而寻求 A,C 的最佳组合问题.

6.4.2 一阶线性微分方程应用举例

例 6.21 (电路充电规律)在图 6.2 中,电路中的电闸在时刻 $t=0$ 时闭

合,作为时间函数的电流是怎样变化的?

分析 图 6.2 表示一个电路,它的总电阻是常值 R 欧姆,用线圈表示的电感是 L 亨利,是个常值,根据欧姆定律有 $L\dfrac{\mathrm{d}i}{\mathrm{d}t}+Ri=U$,这里 t 表示时间(秒),通过解这个方程,就可以预测开关闭合后电流随时间是如何变化的.

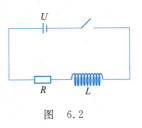

图 6.2

解 方程 $L\dfrac{\mathrm{d}i}{\mathrm{d}t}+Ri=U$ 是一个相对于时间 t 的函数 i 的一阶线性方程. 它的标准形式是 $\dfrac{\mathrm{d}i}{\mathrm{d}t}+\dfrac{R}{L}i=\dfrac{U}{L}$,其中,$p(t)=\dfrac{R}{L}$,$Q(t)=\dfrac{U}{L}$,当 $t=0$ 时 $i=0$,将之代入 $i(t)=\mathrm{e}^{-\int p(t)\mathrm{d}t}\left(\int Q(t)\mathrm{e}^{\int p(t)\mathrm{d}t}\mathrm{d}t+C\right)$ 中,得

$$i(t)=\mathrm{e}^{-\int\frac{R}{L}\mathrm{d}t}\left(\int\frac{U}{L}\mathrm{e}^{\int\frac{R}{L}\mathrm{d}t}\mathrm{d}t+C\right)=\frac{U}{R}-\frac{U}{R}\mathrm{e}^{-(R/L)t}.$$

因为 $\lim\limits_{t\to\infty}\mathrm{e}^{-(R/L)t}=0$,所以

$$\lim_{t\to\infty}i(t)=\lim_{t\to\infty}\left(\frac{U}{R}-\frac{U}{R}\mathrm{e}^{-(R/L)t}\right)=\frac{U}{R}.$$

若 $L=0$(没有电感)或者 $\dfrac{\mathrm{d}i}{\mathrm{d}t}=0$(稳定电流,$i$ 为常数),流过电路的电流将是 $I=\dfrac{U}{R}$,微分方程 $L\dfrac{\mathrm{d}i}{\mathrm{d}t}+Ri=U$ 的解为 $i(t)=\dfrac{U}{R}-\dfrac{U}{R}\mathrm{e}^{-(R/L)t}$,此解有两部分组成,第一项称为稳态解 U/R,第二项为瞬时解 $-\dfrac{U}{R}\mathrm{e}^{-(R/L)t}$,且当 $t\to\infty$ 时趋于零. 数 $t=L/R$ 称为 RL 串联电路的时间常数,时间常数是个内在测度,表明一个特定的电路多块达到平稳. 从理论上讲,只有在 $t\to\infty$ 时电路才达到稳态,但由于指数函数开始变化较快,以后逐渐缓慢,当经过 3 倍时间常数时,电流与其稳态值的差不足 5%,经过 5 倍时间常数后电路就基本达到稳态,如图 6.3 所示.

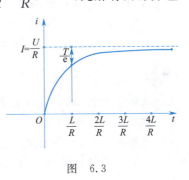

图 6.3

6.4.3 二阶常系数线性微分方程应用举例

包含电阻 R,电感 L、电容 C 及电源的电路称为 RLC 电路,根据电学知识,电流 I 经过 R,L,C 的电压分别为 $RI,L\dfrac{\mathrm{d}I}{\mathrm{d}t},\dfrac{Q}{C}$,其中 Q 为电量,它与电流的关系为 $I=\dfrac{\mathrm{d}Q}{\mathrm{d}t}$,根据基尔霍夫(Kirchhoff)第二定律:在闭合回路中,所有支路上的电压的代数和为零.

例 6.22 (电路充电规律)如图 6.4 所示电路中,现将开关拨向 A,使电容充电后再将开关拨向 B,设开关拨向 B 的时间 $t=0$,求 $t>0$ 时回路中的电流 $i(t)$,已知 $E=20\mathrm{~V},C=0.5\mathrm{~F},L=1\mathrm{~H},R=3\mathrm{~}\Omega$.

解 根据回路电压定律得 $U_R+U_C+U_L=0$,又由 $U_R=iR, U_C=\dfrac{Q}{C}, U_L=E_L=L\dfrac{\mathrm{d}i}{\mathrm{d}t}$,代入上式得 $Ri+\dfrac{Q}{C}+L\dfrac{\mathrm{d}i}{\mathrm{d}t}=0$,两边对 t 求导得

$$L\dfrac{\mathrm{d}^2i}{\mathrm{d}t^2}+R\dfrac{\mathrm{d}i}{\mathrm{d}t}+\dfrac{1}{C}i=0,$$

即

$$\dfrac{\mathrm{d}^2i}{\mathrm{d}t^2}+\dfrac{R}{L}\dfrac{\mathrm{d}i}{\mathrm{d}t}+\dfrac{1}{LC}i=0.$$

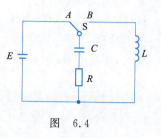

图 6.4

将 $C=0.5, L=1, R=3$ 代入得 $\dfrac{\mathrm{d}^2i}{\mathrm{d}t^2}+3\dfrac{\mathrm{d}i}{\mathrm{d}t}+2i=0$,特征方程为 $r^2+3r+2=0$,特征根 $r_1=-1, r_2=-2$,所以微分方程的通解为 $i=C_1\mathrm{e}^{-t}+C_2\mathrm{e}^{-2t}$. 为求满足初始条件的特解,求导得 $i'=-C_1\mathrm{e}^{-t}-2C_2\mathrm{e}^{-2t}$,将初值条件 $i|_{t=0}=0$ 及从 $E_L=L\dfrac{\mathrm{d}i}{\mathrm{d}t}$ 得出的 $\dfrac{\mathrm{d}i}{\mathrm{d}t}\bigg|_{t=0}=\dfrac{U_L|_{t=0}}{L}=\dfrac{E}{L}=20$ 代入得 $\begin{cases}C_1+C_2=0,\\-C_1-2C_2=20,\end{cases}$ 得 $C_1=20, C_2=-20$,所以回路电流为 $i=20\mathrm{e}^{-t}-20\mathrm{e}^{-2t}$.

同步习题 6.4

【基础题】

1. 列车在平直的线路上以 20 m/s 的速度行驶,当制动时列车获得的加速度是 -0.4 m/s²,问制动后列车需经过多长时间才能停住,制动距离是多少.

2. 牛顿冷却定律指出:物体温度的变化速度与其本身和环境温度之差成正比. $\dfrac{\mathrm{d}T}{\mathrm{d}t}=-k(T-T_0)$,其中 T 为物体温度,T_0 为环境温度,t 表示时间,$T=T(t)$ 表示物体在 t 时刻的温度,k 为散热系数(散热系数只与系统本身的性质有关). 现有一杯刚烧开的热水(100 ℃),放在室温为 20 ℃ 的房间内,经过 20 min 后,水的温度已降为 60 ℃,问还需经过多长时间,热水的温度才能降为 30 ℃.

3. 不计风力的情况下,设跳伞运动中人和伞的质量为 m,人和伞在下落过程中受到的空气阻力与当时的速度成正比,比例系数为 $k(k>0)$. 试求下落的速度与下落时间的关系 $v(t)$,并就此分析跳伞运动员的极限速度(即 $\lim\limits_{t\to\infty}v(t)$).

【提高题】

1. 有一种医疗手段,是把示踪染色注射到胰脏里去,以检查其功能. 正常胰脏每分钟吸收掉 40% 染色,现内科医生给某人注射了 0.3 g 染色,30 min 后剩下 0.1 g,试求注射染色后 t 分钟时正常胰脏中染色量 $P(t)$ 随时间 t 变化的规律,此人胰脏是否正常?

2. 有一容器内有 100 L 的盐水,其中含盐 10 kg,现以 3 L/min 的速度注入清水,同时又以 2 L/min 的速度将冲淡的盐水排出,问一小时后,容器内尚有多少盐.

3. 设有一个由电阻 $R=10$ Ω,电感 $L=2$ H,电流电压 $E=20\sin 5t$ V 串联组成之电路,合上开关,求电路中电流 i 和时间 t 之间的关系.

本章小结

一、主要知识点

微分方程的基本概念、可分离变量微分方程、一阶线性微分方程、二阶常系数线性微分方程及其解法.

二、主要数学思想和方法

1. 方程思想：微分方程的思想方法是代数方程思想方法的发展，两者基本点是一致的，即把问题归结为求未知量，用含有未知量的式子建立等量关系，并由此求得未知量.

2. 化归思想：常数变易法，将非齐次方程问题转化为齐次方程问题、高阶方程问题转化为低阶方程问题等.

3. 模型化思想：建立微分方程模型的过程就是将微分方程理论知识应用于实际问题的过程，它是当今"大众数学"观下的"问题解决"的重要工具.

三、重点题型及解法

根据方程的类别选择对应的求解方法，表 6.3 对应的是三种典型微分方程的求解步骤.

表 6.3

方程类别	方程标准型	求解步骤
可分离变量微分方程	$\dfrac{dy}{dx}=f(x)\cdot g(y)$	分离变量 $\dfrac{dy}{g(y)}=f(x)dx$ 两端积分 $\int \dfrac{dy}{g(y)} = \int f(x)dx$ 得通解 $G(y)=F(x)+C$
	$\dfrac{dy}{dx}=f\left(\dfrac{y}{x}\right)$	令 $u=\dfrac{y}{x}$（$y=ux$） 原方程化为可分离变量方程 $\dfrac{du}{f(u)-u}=\dfrac{dx}{x}$ 将 $u=\dfrac{y}{x}$（$y=ux$）回代，得原方程的解
一阶线性微分方程	$y'+p(x)y=0$	通解公式：$y=Ce^{-\int p(x)dx}$
	$y'+p(x)y=Q(x)$	通解公式：$y=e^{-\int p(x)dx}\left[\int Q(x)\cdot e^{\int p(x)dx}dx+C\right]$
二阶线性常系数微分方程	$y''+py'+qy=0$	特征方程 $r^2+pr+q=0$ 特征根 r_1,r_2，方程通解为： (1) $y=C_1e^{r_1 x}+C_2e^{r_2 x}$ （$r_1\neq r_2 \in \mathbf{R}$） (2) $y=(C_1+C_2 x)e^{rx}$ （$r_1=r_2=r\in \mathbf{R}$） (3) $y=e^{\alpha x}(C_1\cos \beta x+C_2\sin \beta x)$ （$r=\alpha\pm i\beta$）

方程类别	方程标准型	求解步骤
二阶线性常系数微分方程	$y''+py'+qy=p_m(x)\cdot e^{ax}$	设 $y''+py'+qy=0$ 的通解为 y_C 设 $y''+py'+qy=p_m(x)$ 的特解为 $y^*=x^k Q_m(x)e^{ax}$ (1) α 不是特征方程的根时,$k=0$; (2) α 是特征方程的一重根时,$k=1$; (3) α 是特征方程的二重根时,$k=2$; 则 $y''+py'+qy=p_m(x)\cdot e^{ax}$ 的通解为:$y=y_C+y^*$

总复习题

一、选择题

1. 微分方程 $xy''+(y')^3+y^4=y\sin x$ 的阶数是 _____.
   A. 1   B. 2   C. 3   D. 4

2. 微分方程 $xy'''+y''+y=\sin x$ 通解中相互独立的任意常数个数是 _____.
   A. 1   B. 2   C. 3   D. 4

3. 下列微分方程是一阶线性齐次微分方程的是 _____.
   A. $y'+y=1$ B. $y''+y'+y=0$
   C. $y''+y'+y=e^x$ D. $y'+xy=0$

4. 下列微分方程是标准的二阶线性非齐次微分方程的是 _____.
   A. $y''=x$ B. $y''=xy+e^x$
   C. $xy''+y'=xe^x$ D. $(1+e^x)yy''=e^x$

5. 我们学过并会解的微分方程有 $g(y)dy=f(x)dx, y'=f\left(\dfrac{y}{x}\right), y'+p(x)y=f(x), y^{(n)}=f(x), y''=f(x,y'), y''+py'+qy=Q(x)$ 六种,下面不属于这些类型的是 _____.
   A. $x^2y'=xy-y^2$ B. $3x^2+5y-5y'=0$
   C. $x(x+2y)y''+y^2=0$ D. $xy''=y'$

二、求下列微分方程的通解或在给定条件下的特解

1. $y'-\dfrac{1}{x}y=0$.   2. $y'=1-2y, y|_{x=0}=\dfrac{3}{2}$.

3. $y''-2y'+y=0$.   4. $y''-2y'-3y=3x-1$.

三、解答题

1. 设会议室开始有不含一氧化碳的 $V m^3$ 的空气,从时间 $t=0$ 开始,含有 $a\%$ 的一氧化碳的香烟烟尘以 $k\ m^3/min$ 的速度吹散到室内,排风扇保持室内空气良好循环,并以相同的速度将室内空气排出室外,求室内一氧化碳浓度达到 $b\%$ 的时间(只列出微分方程和初始条件).

2. 重为 4.5 t 的歼击机以 600 km/h 的速度着陆,在减速伞的作用下滑跑 500 m 后速度减为 100 km/h,通常情况下空气对伞的阻力与飞机的速度成正比,问减速伞的阻力系数是多少?对于 9 t 的轰炸机以 700 km/h 的速度着陆,机场跑道为 1 500 m,问轰炸机能否安全着陆.

课外阅读

传染病模型—SI 模型

假设条件：

(1) 人群分为易感染者和已感染者两类人,简称为健康人和病人,在时刻 t 这两类人在总人数中所占比例分别记作 $s(t)$ 和 $i(t)$.

(2) 每个病人每天有效接触的平均人数是 λ (常数), λ 称为日接触率,当病人与健康人有效接触时,使健康者受感染变为病人.

试建立描述 $i(t)$ 变化的数学模型.

解 由于 $s(t)+i(t)=1$,因此 $s(t)N+i(t)N=N$.

由假设(2)知,每个病人每天可使 $\lambda s(t)$ 个健康者变为病人,又由于病人数为 $Ni(t)$,所以每天共有 $\lambda s(t)Ni(t)$ 个健康人被感染.

于是 λNsi 就是病人数 N_i 的增加率,即有

$$N\frac{\mathrm{d}i}{\mathrm{d}t}=\lambda Nsi,$$

即

$$\frac{\mathrm{d}i}{\mathrm{d}t}=\lambda si, \quad 而\ s+i=1.$$

记初始时刻($t=0$)病人的比例为 i_0,则

$$\begin{cases}\dfrac{\mathrm{d}i}{\mathrm{d}t}=\lambda i(1-i), \\ i(0)=i_0,\end{cases}$$

其解为

$$i(t)=\frac{1}{1+\left(\dfrac{1}{i_0}-1\right)\mathrm{e}^{-\lambda t}}.$$

作出 $i(t)$—t 的图像如图 6.5 所示.

在传染病模型的建立过程中,对传染病的传播机理的定量描述和预测是传染病防治的重要依据.人们不能去做传染病传播的试验以获取数据,因此常需要依据传播机理建立数学模型分析变化规律.由上图可以发现,随着时间的发展,感染者在人群中所占比例 $i(t)$ 的增长越来越快,因此最有效的措施是对病毒感染者(以及疑似感染者)进行隔离来遏制病毒传播. 正是基于这样的传播机理,2020 年初新冠肺炎疫情的突如其来,没有让我们束手无策,在国家的坚强领导和科学部署下,各级党员干部和广大群众统一行动,有条不紊,风雨同舟,齐心抗疫,共同构筑起抗疫的坚固防线,让世界见识到了中国速度和奇迹.冬天已经过去,春夏如约到来,我们已经取得疫情防控和经济社会发展的显著成绩,"中国速度"更是对民族精神的又一次诠释.

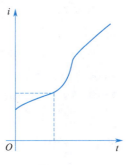

图 6.5

第 7 章

向量代数与空间解析几何

空间解析几何研究的对象是空间的点、线、面及其代数表示形式,其核心思想是运用代数方法解决几何问题;而向量是将几何与代数有机结合的有力工具,它在物理、力学及工程技术中有广泛应用.本章将在学习空间直角坐标系和向量等知识的基础上,重点研究平面与直线的方程及特点,同时介绍几种常见的曲面与曲线.学好本章内容,将会为多元函数微积分的学习打下坚实的基础.

§7.1 空间直角坐标系

用代数的方法来研究空间几何的问题,需要建立空间的点与有序数组之间的对应关系,因此首先要给出空间直角坐标系的概念.

7.1.1 空间直角坐标系的定义

定义 7.1 在空间中任取一点 O,过点 O 作三条两两垂直的数轴,其中点 O 称为坐标原点.三条数轴分别是 x 轴(横轴)、y 轴(纵轴)、z 轴(竖轴),它们三者间的方向符合右手定则,即右手握住 z 轴,并拢的四指由 x 轴的正方向自然弯曲指向 y 轴的正方向,这时拇指所指的方向就是 z 轴的正方向,如图 7.1 所示.这三条数轴统称为坐标轴.我们把坐标原点 O 及符合右手定则的这三条坐标轴,称为一个空间直角坐标系,如图 7.2 所示.

将平面 xOy, yOz, zOx 称为坐标平面.三个坐标面将整个空间分成了八个部分,每一部分称为一个卦限.由 x 轴、y 轴、z 轴的正向所围成的空间称为第 Ⅰ 卦限;在 xOy 面上方其余三个卦限按逆时针方向依次规定为第 Ⅱ、Ⅲ、Ⅳ 卦限;在 xOy 面下方与第 Ⅰ 卦限所对的是第 Ⅴ 卦限;其余仍按逆时针方向依次规定为第 Ⅵ、Ⅶ、Ⅷ 卦限,如图 7.3 所示.

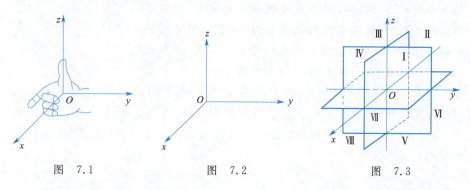

图 7.1　　　　　图 7.2　　　　　图 7.3

7.1.2 空间点的直角坐标

设点 P 是空间中的任意一点,过 P 分别作 x 轴、y 轴、z 轴的垂面,分别交三个坐标轴于 M,N,R 三点,M,N,R 在数轴上分别对应于三个实数 x,y,z;反之,如果分别过 x 轴、y 轴、z 轴上的三点 $M,N,R(M,N,R$ 分别对应三个数 $x,y,z)$ 的垂面也会相交于唯一的点 P. 于是,点 P 就与一组有序数 x,y,z 建立了一一对应关系,这一组有序数 x,y,z 称为点 M 的坐标,记作 $P(x,y,z)$,如图7.4所示.

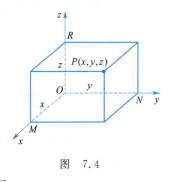

图 7.4

各个卦限点的坐标符号

7.1.3 两点间的距离公式和中点坐标表示

设空间中有两点 $M_1(x_1,y_1,z_1)$ 和 $M_2(x_2,y_2,z_2)$,我们利用空间直角坐标系来讨论 M_1M_2 的长度及中点 M 的坐标.

为此,可以分别过 M_1,M_2 作三坐标轴的垂面,则该六个垂面将形成如图7.5所示的一个长方体,M_1M_2 的长度恰好是长方体的体对角线 M_1M_2 的长度.

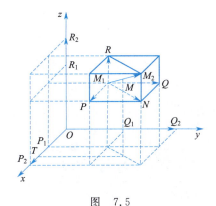

图 7.5

所以
$$|M_1M_2|^2 = |M_1P|^2 + |PN|^2 + |NM_2|^2.$$
而
$$|M_1P| = x_2 - x_1,$$
$$|PN| = y_2 - y_1,$$
$$|NM_2| = z_2 - z_1,$$
即
$$|M_1M_2| = \sqrt{(x_2-x_1)^2 + (y_2-y_1)^2 + (z_2-z_1)^2}.$$

上式称为两点间的距离公式.

取 M_1M_2 的中点 M,过 M 作 x 轴的垂面交 x 轴于 T 点,则 T 点是 P_1P_2 的中点,于是 T 点的坐标是 $\dfrac{x_1+x_2}{2}$,所以 M 点的横坐标就是 $\dfrac{x_1+x_2}{2}$,同理可求

得 M 点的纵坐标和竖坐标分别为 $\frac{y_1+y_2}{2}$ 和 $\frac{z_1+z_2}{2}$,即 M_1M_2 的中点 M 的坐标为

$$\left(\frac{x_1+x_2}{2},\frac{y_1+y_2}{2},\frac{z_1+z_2}{2}\right).$$

例 7.1 试在 y 轴上求一点 M,使得它到点 $A(-1,2,0)$ 和点 $B(1,3,-2)$ 等距离,并求线段 AB 的中点 M'.

解 由于 M 在 y 轴上,所以设 M 点的坐标为 $(0,y,0)$,根据题意得 $|MA|=|MB|$,即

$$\sqrt{(-1-0)^2+(2-y)^2+(0-0)^2}=\sqrt{(1-0)^2+(3-y)^2+(-2-0)^2},$$

解之,得

$$y=\frac{9}{2},$$

故所求 M 点的坐标为 $\left(0,\frac{9}{2},0\right)$.

设 AB 的中点的坐标为 (x',y',z'),根据中点坐标公式,得

$$x'=\frac{-1+1}{2}=0,$$

$$y'=\frac{2+3}{2}=\frac{5}{2},$$

$$z'=\frac{0+(-2)}{2}=-1,$$

即所求线段中点 M' 的坐标为 $\left(0,\frac{5}{2},-1\right)$.

同步习题 7.1

【基础题】

1. 求点 $M(-1,2,3)$ 分别关于 x 轴、y 轴、z 轴,xOy 坐标面、yOz 坐标面、zOx 坐标面以及原点对称的点的坐标.

2. 指出下列各点在空间中的位置.
(1) $(0,-3,0)$; (2) $(1,-1,0)$; (3) $(2,0,0)$; (4) $(0,0,0)$.

3. 设两点 M_1,M_2 的坐标分别为 $(4,-7,1),(6,2,k)$,它们间的距离 $|M_1M_2|$ 是 11,求点 M_2 的坐标及 M_1M_2 中点 M 的坐标.

【提高题】

1. 求证以 $M_1(4,3,1),M_2(7,1,2),M_3(5,2,3)$ 三点为顶点的三角形是一个等腰三角形.

2. 设 P 在 x 轴上,它到 $P_1(0,\sqrt{2},3)$ 的距离为到点 $P_2(0,1,-1)$ 的距离的两倍,求点 P 的坐标.

§7.2 向量的线性运算

向量是解决数学、物理及工程技术等问题的有力工具,本节主要介绍空间向量的相关概念及向量的线性运算.

7.2.1 空间向量的概念

在日常生活中,我们常会遇到两种类型的量,一类是只有大小没有方向的量,如长度、面积、温度、质量等;另一类是不仅有大小而且有方向的量,如力、速度、位移等,前者的量称为数量或标量;后者的量称为向量或矢量.

中学我们学习过平面向量,它是一条既有长度又有方向的线段. 于是,我们可以用有向线段来表示向量,即用有向线段的长度表示向量的大小;有向线段的方向表示向量的方向. 例如,以 A 为起点,B 为终点的向量可记作 $\overrightarrow{AB}$. 同时,向量也可以用黑体或粗体字母来表示,例如,向量 $\boldsymbol{a},\boldsymbol{b},\boldsymbol{c}$ 等;另外,在书写上,还可以用在字母上方标注向右的箭头的形式表示向量,例如,向量 $\vec{a},\vec{b},\vec{c}$ 等.

我们所讨论的向量一般指的是自由向量,即只考虑其大小和方向,忽略向量所在的位置. 如果两向量 $\boldsymbol{a},\boldsymbol{b}$ 的大小相等,方向相同,则称两向量是相等或相同的向量,记作 $\boldsymbol{a}=\boldsymbol{b}$.

向量的大小称为向量的模,例如,向量 $\overrightarrow{AB}$ 的模可记为 $|\overrightarrow{AB}|$,向量 $\boldsymbol{a}$ 的模记作 $|\boldsymbol{a}|$. 其中模等于 1 的向量,称为单位向量,记作 $\boldsymbol{a}^0$;模等于 0 的向量,称为零向量,记作 $\vec{0}$ 或 $\boldsymbol{0}$,零向量的方向是任意的.

当两向量 $\boldsymbol{a}$ 与 $\boldsymbol{b}$ 所在的直线平行或垂直时,称两向量平行或垂直,记作 $\boldsymbol{a}/\!/\boldsymbol{b}$ 或 $\boldsymbol{a}\perp\boldsymbol{b}$.

最后,给出两向量的夹角的定义.

定义 7.2 设给定的两个向量 $\boldsymbol{a}$ 和 $\boldsymbol{b}$,将向量 $\boldsymbol{a}$ 或者 $\boldsymbol{b}$ 平移,使之有共同的起点,由一向量的正方向转到另一向量的正方向所转过的最小正角,称为两向量的夹角,记作 $(\widehat{\boldsymbol{a},\boldsymbol{b}})$ 或 $(\widehat{\boldsymbol{b},\boldsymbol{a}})$,如图 7.6 所示. 可见,两向量的夹角范围是

$$0\leqslant(\widehat{\boldsymbol{a},\boldsymbol{b}})\leqslant\pi.$$

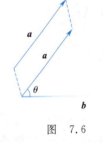

图 7.6

7.2.2 向量的线性运算

1. 向量的加法

我们曾经在物理上学习过力的合成与分解,其实运用的就是有关向量的和或差运算,在此基础上,给出向量的加法法则.

定义 7.3 (向量加法的平行四边形法则) 设两个不平行的非零向量 $\boldsymbol{a}$ 和 $\boldsymbol{b}$,在平面上任取一点 O,作 $\overrightarrow{OA}=\boldsymbol{a},\overrightarrow{OB}=\boldsymbol{b}$,以 OA,OB 为邻边作平行四边形 $OACB$,则向量 $\overrightarrow{OC}$ 称为向量 $\boldsymbol{a}$ 和 $\boldsymbol{b}$ 的和向量,记作 $\boldsymbol{a}+\boldsymbol{b}$,如图 7.7 所示. 我们称这种求两向量和的方法为向量加法的平行四边形法则.

由图7.7可见, $\overrightarrow{OA}=\overrightarrow{BC}$,如果将向量 a 直接平移到 $\overrightarrow{BC}$ 的位置,同样也能求得 $\overrightarrow{OC}$ 这个向量,即:

定义7.4 （向量加法的三角形法则）在平面上取一点 O ,作 $\overrightarrow{OB}=b$,作 $\overrightarrow{BC}=a$,以 OB,BC 为邻边作三角形 OBC ,则向量 $\overrightarrow{OC}$ 称为向量 a 和 b 的和向量,如图7.8所示. 我们称这种求两向量和的方法为向量加法的三角形法则.

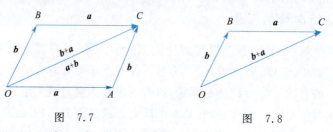

图 7.7　　　　　　图 7.8

例7.2 计算 $\overrightarrow{AB}+\overrightarrow{BC}+\overrightarrow{CD}+\overrightarrow{DE}$ 的和向量.

解 $\overrightarrow{AB}+\overrightarrow{BC}+\overrightarrow{CD}+\overrightarrow{DE}=\overrightarrow{AC}+\overrightarrow{CD}+\overrightarrow{DE}=\overrightarrow{AD}+\overrightarrow{DE}=\overrightarrow{AE}.$

由此可见,利用向量的三角形法则来计算向量的和是非常方便的.

如果某一向量与向量 b 的模相等,且方向与向量 b 的方向相反,那么称该向量为向量 b 的负向量,记作 $-b$.

向量 a 与向量 $-b$ 的和向量称为两向量 a 和 b 的差向量,即 $a+(-b)=a-b$,记作 $a-b$,如图7.9所示.

向量的加法

2. 数与向量的乘积（数乘向量）

定义7.5 数 λ 与向量 a 的乘积 λa ,称为数与向量的乘积.它是一个与向量 a 平行的向量,该向量的模等于向量 a 的模的 $|\lambda|$ 倍,即

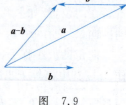

图 7.9

$$|\lambda a|=|\lambda||a|$$

当 $\lambda>0$ 时, λa 与 a 的方向相同;当 $\lambda<0$ 时, λa 与 a 的方向相反;当 $\lambda=0$ 时, λa 就成了零向量,方向是任意的.

另外,数与向量的乘积有下面一个重要的结论:

定理7.1 设有非零向量 a 和 b , $a/\!/b$ 的充分必要条件是存在一个实数 λ ,使得

$$b=\lambda a.$$

向量的和运算及数与向量的乘积运算,称为向量的线性运算.

向量的线性运算满足如下的运算律:

(1)交换律: $a+b=b+a$.

(2)结合律: $(a+b)+c=a+(b+c)$;

$\lambda(ka)=(\lambda k)a$ 　（其中 λ,k 是常数）.

(3)分配律: $(\lambda+k)a=\lambda a+ka$;

$\lambda(a+b)=\lambda a+\lambda b$ 　（其中 λ,k 是常数）.

数与向量的乘积

例7.3 试用向量的线性运算证明:三角形的中位线平行于底边且等于底边的一半.

解 设 M,N 分别是 AB,AC 中点,如图7.10所示. 根据向量的加法法则,

知
$$\overrightarrow{MN}=\overrightarrow{MA}+\overrightarrow{AN}, \quad \overrightarrow{BC}=\overrightarrow{BA}+\overrightarrow{AC}.$$
因 M,N 分别是 AB,AC 中点,于是有
$$\overrightarrow{MA}=\frac{1}{2}\overrightarrow{BA}, \quad \overrightarrow{AN}=\frac{1}{2}\overrightarrow{AC},$$
故
$$\overrightarrow{MN}=\frac{1}{2}(\overrightarrow{BA}+\overrightarrow{AC})=\frac{1}{2}\overrightarrow{BC},$$

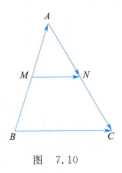

图 7.10

所以由数与向量乘法,得
$$\overrightarrow{MN}/\!/\overrightarrow{BC}, \quad 且 |\overrightarrow{MN}|=\frac{1}{2}|\overrightarrow{BC}|,$$
即命题成立.

7.2.3 向量的坐标表示

1. 向量在轴上的投影

为了便于理解,我们首先给出空间一点在轴 u 上的投影的概念.

定义 7.6 已知空间中的点 A 和轴 u,过点 A 作一平面垂直相交轴 u 于点 A',称点 A' 为点 A 在轴 u 上的投影,如图 7.11 所示.

于是,向量在轴上的投影可以表述为:

定义 7.7 已知向量 $\overrightarrow{AB}$ 的起点 A 和终点 B 在轴 u 上的投影分别为 A' 和 B',我们把有向线段 $\overrightarrow{A'B'}$ 的数量称为向量 $\overrightarrow{AB}$ 在轴 u 上的投影,如图 7.12 所示. 如果轴 u 是数轴,设 A', B' 在数轴上的坐标分别为 u_1 和 u_2,那么 $\overrightarrow{A'B'}$ 的数量应是 u_2-u_1,即
$$\mathrm{Prj}_u\overrightarrow{AB}=u_2-u_1.$$

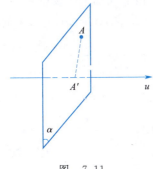

图 7.11

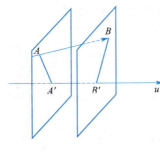

图 7.12

向量在轴上的投影有下面的性质:

性质 1 向量 $\overrightarrow{AB}$ 在轴 u 上的投影等于向量的模与向量和轴 u 夹角 θ 余弦的乘积,即
$$\mathrm{Prj}_u\overrightarrow{AB}=|\overrightarrow{AB}|\cos\theta.$$

性质 2 两个向量的和向量在轴 u 上的投影等于各个向量在轴 u 上的投影的和,即
$$\mathrm{Prj}_u(\boldsymbol{a}+\boldsymbol{b})=\mathrm{Prj}_u\boldsymbol{a}+\mathrm{Prj}_u\boldsymbol{b}.$$

此性质还可以推广到任意有限个的情况，即
$$\text{Prj}_u(\boldsymbol{a}_1+\boldsymbol{a}_2+\cdots+\boldsymbol{a}_n)=\text{Prj}_u\boldsymbol{a}_1+\text{Prj}_u\boldsymbol{a}_2+\cdots+\text{Prj}_u\boldsymbol{a}_n.$$

性质 3 数与向量乘积在轴 u 上的投影等于数乘以向量在轴 u 上的投影，即
$$\text{Prj}_u(\lambda\boldsymbol{a})=\lambda\text{Prj}_u\boldsymbol{a} \quad (\text{其中}\ \lambda\ \text{是常数}).$$

2. 向量的坐标表示

前面我们学习了用向量的平行四边形法则或三角形法则来表示向量的和、差运算，但要更深入地研究向量以及用向量解决实际问题，还须借助代数的方法．为此引入向量的坐标概念，并用向量的坐标表示向量的各种运算．

在空间直角坐标系中，分别引入 x 轴、y 轴、z 轴正方向上的三个单位向量 $\boldsymbol{i}$，$\boldsymbol{j}$，$\boldsymbol{k}$，称此三个单位向量为基本单位向量，这样就建立了一个空间直角向量坐标系，如图 7.13 所示.

设空间中有一任意向量 $\boldsymbol{a}$，将 $\boldsymbol{a}$ 平移后，使得 $\boldsymbol{a}$ 的起点与坐标原点 O 重合，如图 7.14 所示.

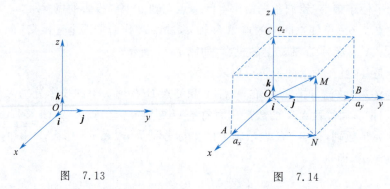

图 7.13　　　　　　图 7.14

若点 M 的坐标为 (a_x,a_y,a_z)，即 $\boldsymbol{a}=\overrightarrow{OM}$，由点在轴上的投影知，点 M 在 x 轴、y 轴、z 轴上的投影分别为 $A(a_x,0,0)$，$B(0,a_y,0)$，$C(0,0,a_z)$，由向量的加法法则，得
$$\boldsymbol{a}=\overrightarrow{OM}=\overrightarrow{ON}+\overrightarrow{NM}=\overrightarrow{OA}+\overrightarrow{AN}+\overrightarrow{NM}$$
$$=\overrightarrow{OA}+\overrightarrow{OB}+\overrightarrow{OC}.$$

又因为 $\overrightarrow{OA}=a_x\boldsymbol{i}$，$\overrightarrow{OB}=a_y\boldsymbol{j}$，$\overrightarrow{OC}=a_z\boldsymbol{k}$，于是
$$\boldsymbol{a}=a_x\boldsymbol{i}+a_y\boldsymbol{j}+a_z\boldsymbol{k}.$$

上式称为向量 $\boldsymbol{a}$ 按基本单位向量的分解式；向量 $a_x\boldsymbol{i}$，$a_y\boldsymbol{j}$，$a_z\boldsymbol{k}$ 分别称为向量 $\boldsymbol{a}$ 在 x 轴、y 轴、z 轴上的分向量．

根据向量在轴上投影的定义，有
$$\text{Prj}_x\boldsymbol{a}=a_x,$$
$$\text{Prj}_y\boldsymbol{a}=a_y,$$
$$\text{Prj}_z\boldsymbol{a}=a_z.$$

即 a_x,a_y,a_z 是向量 $\boldsymbol{a}$ 分别在 x 轴、y 轴、z 轴上的投影.

由此看来，向量 $\boldsymbol{a}$ 与一组有序数 a_x,a_y,a_z 相对应；反之，给定一组有序数 a_x,a_y,a_z，按照上述相反的过程，同样能确定一个向量 $\boldsymbol{a}$，这样，向量 $\boldsymbol{a}$ 就与一组

有序数 a_x, a_y, a_z 建立了一一对应关系. 从而有下面的定义:

定义 7.8 设向量 $\boldsymbol{a}$ 在 x 轴、y 轴、z 轴上的投影分别为 a_x, a_y, a_z, 于是有
$$\boldsymbol{a} = a_x \boldsymbol{i} + a_y \boldsymbol{j} + a_z \boldsymbol{k}$$
成立, 这时称 a_x, a_y, a_z 为向量 $\boldsymbol{a}$ 的坐标, 记作 $\boldsymbol{a} = (a_x, a_y, a_z)$.

另外, 上式 $\boldsymbol{a} = (a_x, a_y, a_z)$ 又称向量的坐标表达式. 显然, $\boldsymbol{a} = (a_x, a_y, a_z)$ 与 $\boldsymbol{a} = a_x \boldsymbol{i} + a_y \boldsymbol{j} + a_z \boldsymbol{k}$ 是同一向量的两种不同表达形式, 两种形式是等价的.

例 7.4 已知两点 $M(x_1, y_1, z_1), N(x_2, y_2, z_2), \boldsymbol{a} = \overrightarrow{MN}$, 求:

(1) 向量 $\boldsymbol{a}$ 在三坐标轴上的投影;

(2) 向量 $\boldsymbol{a}$ 的坐标.

解 (1) 因为 M, N 的横坐标分别是 x_1, x_2, 所以
$$\text{Prj}_x \boldsymbol{a} = x_2 - x_1,$$
同理, 可得
$$\text{Prj}_y \boldsymbol{a} = y_2 - y_1, \quad \text{Prj}_z \boldsymbol{a} = z_2 - z_1.$$

(2) 由向量的坐标定义知
$$\boldsymbol{a} = (x_2 - x_1) \boldsymbol{i} + (y_2 - y_1) \boldsymbol{j} + (z_2 - z_1) \boldsymbol{k},$$
所以, 向量 $\boldsymbol{a}$ 的坐标为
$$(x_2 - x_1, y_2 - y_1, z_2 - z_1).$$

可见, 任一向量的坐标等于其终点与起点相应坐标的差. 同时, 若向量 $\boldsymbol{a} = (a_x, a_y, a_z), \boldsymbol{b} = (b_x, b_y, b_z)$ 及数 λ, 则两向量之间的线性运算可以表示为
$$\boldsymbol{a} \pm \lambda \boldsymbol{b} = (a_x \pm \lambda b_x, a_y \pm \lambda b_y, a_z \pm \lambda b_z).$$

3. 向量的模与方向角

(1) 向量模的坐标表示

设向量 $\boldsymbol{a} = (a_x, a_y, a_z)$, 把向量 $\boldsymbol{a}$ 平移, 使得向量 $\boldsymbol{a}$ 的起点与坐标原点 O 重合, 同时设这时的终点为 M, 如图 7.14 所示, 则 M 的坐标为 $M(a_x, a_y, a_z)$, 由两点间的距离公式, 得
$$|\boldsymbol{a}| = |\overrightarrow{OM}| = \sqrt{(a_x - 0)^2 + (a_y - 0)^2 + (a_z - 0)^2}$$
$$= \sqrt{a_x^2 + a_y^2 + a_z^2}.$$

上式即为向量的模的坐标表达式. 同理, 我们还可以得到: 当起点是 $M(x_1, y_1, z_1)$, 终点是 $N(x_2, y_2, z_2)$ 的向量 $\overrightarrow{MN}$ 的模为
$$|\overrightarrow{MN}| = \sqrt{(x_2 - x_1)^2 + (y_2 - y_1)^2 + (z_2 - z_1)^2}.$$

(2) 向量的方向角与方向余弦

设空间向量 $\boldsymbol{a} = \overrightarrow{M_1 M_2}$ 与三条坐标轴正向的夹角分别为 α, β, γ, 规定: $0 \leqslant \alpha \leqslant \pi$, $0 \leqslant \beta \leqslant \pi, 0 \leqslant \gamma \leqslant \pi$, 称 α, β, γ 为向量 $\boldsymbol{a}$ 的方向角, 如图 7.15 所示.

下面讨论方向角的有关表示和性质.

设非零向量 $\boldsymbol{a} = (a_x, a_y, a_z), \alpha, \beta, \gamma$ 是它关于 x 轴、y 轴、z 轴的方向角. 由向量在轴上的投影性质 1, 知

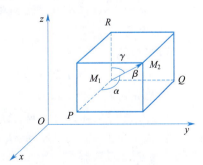

图 7.15

$$\text{Prj}_x \boldsymbol{a} = a_x = |\boldsymbol{a}|\cos\alpha,$$

即

$$\cos\alpha = \frac{a_x}{|\boldsymbol{a}|} = \frac{a_x}{\sqrt{a_x^2+a_y^2+a_z^2}}.$$

同理,可得

$$\cos\beta = \frac{a_y}{|\boldsymbol{a}|} = \frac{a_y}{\sqrt{a_x^2+a_y^2+a_z^2}},$$

$$\cos\gamma = \frac{a_z}{|\boldsymbol{a}|} = \frac{a_z}{\sqrt{a_x^2+a_y^2+a_z^2}}.$$

这时称 $\cos\alpha,\cos\beta,\cos\gamma$ 为向量 $\boldsymbol{a}$ 的方向余弦或向量 $\boldsymbol{a}$ 的方向数.显然,一个向量的方向余弦满足

$$\cos^2\alpha + \cos^2\beta + \cos^2\gamma = 1,$$

且 $\boldsymbol{a}^0 = (\cos\alpha,\cos\beta,\cos\gamma)$ 是 $\boldsymbol{a}$ 的同方向上的单位向量.

例 7.5 设有两点 $A(1,2,-3), B(-1,1,2)$,求向量 $\overrightarrow{AB}$ 的模和方向余弦.

解 $\overrightarrow{AB} = (-1-1, 1-2, 2-(-3)) = (-2, -1, 5)$,所以该向量的模为

$$|\overrightarrow{AB}| = \sqrt{(-2)^2 + (-1)^2 + 5^2} = \sqrt{30},$$

于是,向量 $\overrightarrow{AB}$ 的方向余弦分别为

$$\cos\alpha = \frac{-2}{\sqrt{30}},\ \cos\beta = \frac{-1}{\sqrt{30}},\ \cos\gamma = \frac{5}{\sqrt{30}}.$$

同步习题 7.2

【基础题】

1. 设向量 $\boldsymbol{\alpha} = (1,2,-2)$,求向量 $\boldsymbol{\alpha}$ 的模 $|\boldsymbol{\alpha}|$ 及与向量同方向上的单位向量 $\boldsymbol{\alpha}^0$.

2. 求平行于 $\boldsymbol{\alpha} = (1,1,1)$ 的单位向量.

3. 向量 $\boldsymbol{\alpha} = (2,\lambda,5)$ 与向量 $\boldsymbol{\beta} = (4,2,10)$ 平行,求实数 λ.

4. 设点 $A(1,0,-1), B(-1,2,3)$,求向量 $\overrightarrow{AB}$ 的坐标及模 $|\overrightarrow{AB}|$.

5. 求与 y 轴反向,模为 10 的向量 $\boldsymbol{a}$ 的坐标表达式.

6. 已知点 $A(0,-1,-2), B(1,2,-1)$,求:
(1) 向量 $\overrightarrow{AB}$ 在三坐标轴上的投影;
(2) 向量 $\overrightarrow{AB}$ 的坐标.

【提高题】

1. 用向量的线性运算来证明对角线互相平分的四边形是平行四边形.

2. 已知向量 $\overrightarrow{AB} = (4,0,-3)$,$B$ 点的坐标是 $(2,0,2)$,求:
(1) 点 A 的坐标; (2) 模 $|\overrightarrow{AB}|$; (3) 向量 $\overrightarrow{AB}$ 的方向余弦.

3. 设向量 $\boldsymbol{a} = 2\boldsymbol{i}-\boldsymbol{j}+3\boldsymbol{k}, \boldsymbol{b} = \boldsymbol{i}+2\boldsymbol{j}-2\boldsymbol{k}, \boldsymbol{c} = 5\boldsymbol{i}-3\boldsymbol{j}-\boldsymbol{k}$,求向量 $\boldsymbol{d} = \boldsymbol{a}+2\boldsymbol{b}-2\boldsymbol{c}$ 在三坐标轴上的投影.

4. 设向量 $\boldsymbol{a}$ 与各坐标轴成相等的锐角,且 $|\boldsymbol{a}| = \sqrt{6}$,求向量 $\boldsymbol{a}$ 的坐标.

§7.3 向量的数量积和向量积

两个向量的乘法运算包括数量积和向量积两种,下面分别讨论它们的定义、运算及性质.

7.3.1 两向量的数量积

例 7.6 一个物体在恒力 F 作用下,沿直线从 A 点运动到了 B 点,其中 A 到 B 的位移是 S,力 F 与位移 S 的夹角为 θ,如图 7.16 所示,问在该过程上力 F 对物体所做的功是多少.

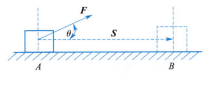

图 7.16

数量积的例子

分析 由物理知识,容易得到

$$W = |F||S|\cos\theta$$

F, S 是两个向量(矢量),而 W 是一个数量(标量).

类似的情况在其他问题中也经常遇到.由此引入两向量的数量积的概念.

1. 数量积的定义和性质

定义 7.9 设两个向量 a 和 b,它们的模及夹角余弦的乘积称为向量 a 与 b 的数量积(又称点积或内积),记作 $a \cdot b$,即

$$a \cdot b = |a||b|\cos(\widehat{a,b}).$$

依照此定义,力 F 对物体所做的功 W 可以简记为

$$W = F \cdot S.$$

再利用向量在轴上的投影性质 1,得

$$\operatorname{Prj}_a b = |b|\cos(\widehat{a,b}),$$

$$\operatorname{Prj}_b a = |a|\cos(\widehat{a,b}),$$

所以

$$a \cdot b = |a||b|\cos(\widehat{a,b})$$
$$= |a|\operatorname{Prj}_a b = |b|\operatorname{Prj}_b a.$$

另外,由数量积的定义,还能得到数量积具有下面的性质:

(1) $a \cdot a = |a||a| = |a|^2$;

(2) $a \cdot 0 = 0$;

(3) 交换律: $a \cdot b = b \cdot a$;

(4) 分配律: $(a+b) \cdot c = a \cdot c + b \cdot c$;

(5) 结合律: $(\lambda a) \cdot b = \lambda(a \cdot b)$ (其中 λ 是常数).

2. 数量积的坐标表示

设向量 $a = (a_x, a_y, a_z)$,向量 $b = (b_x, b_y, b_z)$,由数量积的性质,可得

$$a \cdot b = (a_x \boldsymbol{i} + a_y \boldsymbol{j} + a_z \boldsymbol{k}) \cdot (b_x \boldsymbol{i} + b_y \boldsymbol{j} + b_z \boldsymbol{k})$$
$$= a_x \boldsymbol{i} \cdot (b_x \boldsymbol{i} + b_y \boldsymbol{j} + b_z \boldsymbol{k}) + a_y \boldsymbol{j} \cdot (b_x \boldsymbol{i} + b_y \boldsymbol{j} + b_z \boldsymbol{k}) + a_z \boldsymbol{k} \cdot (b_x \boldsymbol{i} + b_y \boldsymbol{j} + b_z \boldsymbol{k})$$

$$= a_x\boldsymbol{i} \cdot b_x\boldsymbol{i} + a_x\boldsymbol{i} \cdot b_y\boldsymbol{j} + a_x\boldsymbol{i} \cdot b_z\boldsymbol{k} + a_y\boldsymbol{j} \cdot b_x\boldsymbol{i} + a_y\boldsymbol{j} \cdot b_y\boldsymbol{j} + a_y\boldsymbol{j} \cdot b_z\boldsymbol{k} +$$
$$a_z\boldsymbol{k} \cdot b_x\boldsymbol{i} + a_z\boldsymbol{k} \cdot b_y\boldsymbol{j} + a_z\boldsymbol{k} \cdot b_z\boldsymbol{k}$$
$$= a_x b_x \boldsymbol{i} \cdot \boldsymbol{i} + a_x b_y \boldsymbol{i} \cdot \boldsymbol{j} + a_x b_z \boldsymbol{i} \cdot \boldsymbol{k} + a_y b_x \boldsymbol{j} \cdot \boldsymbol{i} + a_y b_y \boldsymbol{j} \cdot \boldsymbol{j} + a_y b_z \boldsymbol{j} \cdot \boldsymbol{k} +$$
$$a_z b_x \boldsymbol{k} \cdot \boldsymbol{i} + a_z b_y \boldsymbol{k} \cdot \boldsymbol{j} + a_z b_z \boldsymbol{k} \cdot \boldsymbol{k}.$$

又因为
$$\boldsymbol{i} \cdot \boldsymbol{i} = \boldsymbol{j} \cdot \boldsymbol{j} = \boldsymbol{k} \cdot \boldsymbol{k} = 1,$$
$$\boldsymbol{i} \cdot \boldsymbol{j} = \boldsymbol{j} \cdot \boldsymbol{i} = \boldsymbol{j} \cdot \boldsymbol{k} = \boldsymbol{k} \cdot \boldsymbol{j} = \boldsymbol{k} \cdot \boldsymbol{i} = \boldsymbol{i} \cdot \boldsymbol{k} = 0,$$

坐标轴单位向量的数量积

所以
$$\boldsymbol{a} \cdot \boldsymbol{b} = a_x b_x + a_y b_y + a_z b_z.$$

上式称为两向量数量积的坐标表示式. 此式表明, 两向量的数量积等于它们对应坐标乘积的和.

由数量积的定义
$$\boldsymbol{a} \cdot \boldsymbol{b} = |\boldsymbol{a}||\boldsymbol{b}|\cos(\widehat{\boldsymbol{a},\boldsymbol{b}}),$$

以及两向量数量积的坐标表示式, 可以求得两向量之间的夹角余弦, 进而能求得它们的夹角 θ, 即

$$\cos(\widehat{\boldsymbol{a},\boldsymbol{b}}) = \cos\theta = \frac{a_x b_x + a_y b_y + a_z b_z}{\sqrt{a_x^2 + a_y^2 + a_z^2}\sqrt{b_x^2 + b_y^2 + b_z^2}},$$

$$\theta = \arccos\left(\frac{a_x b_x + a_y b_y + a_z b_z}{\sqrt{a_x^2 + a_y^2 + a_z^2}\sqrt{b_x^2 + b_y^2 + b_z^2}}\right).$$

可见, 若 $\boldsymbol{a} \perp \boldsymbol{b}$ 时, 有 $(\widehat{\boldsymbol{a},\boldsymbol{b}}) = \dfrac{\pi}{2}$, 即 $\boldsymbol{a} \cdot \boldsymbol{b} = 0$, 亦有 $a_x b_x + a_y b_y + a_z b_z = 0$. 反之也成立, 因此得到下面的定理:

定理 7.2 向量 $\boldsymbol{a}$ 与 $\boldsymbol{b}$ 垂直的充分必要条件是 $\boldsymbol{a} \cdot \boldsymbol{b} = 0$, 即
$$a_x b_x + a_y b_y + a_z b_z = 0.$$

这说明当两向量垂直时, 它们对应坐标乘积的和为零. 利用此定理, 可以帮助判断两向量是否垂直.

例 7.7 已知向量 $\boldsymbol{a} = (1,1,-4)$, $\boldsymbol{b} = (1,-2,2)$, 求: (1) $\boldsymbol{a} \cdot \boldsymbol{b}$; (2) 向量 $\boldsymbol{a}$ 与向量 $\boldsymbol{b}$ 的夹角; (3) 判断向量 $\boldsymbol{a}$ 与向量 $\boldsymbol{b}$ 是否垂直.

解 (1) 由数量积的坐标表示式, 得
$$\boldsymbol{a} \cdot \boldsymbol{b} = 1 \times 1 + 1 \times (-2) + (-4) \times 2 = -9.$$

(2) 设两向量的夹角为 θ, 由数量积的定义, 得
$$\cos\theta = \frac{\boldsymbol{a} \cdot \boldsymbol{b}}{|\boldsymbol{a}||\boldsymbol{b}|} = \frac{-9}{\sqrt{1^2+1^2+(-4)^2}\sqrt{1^2+(-2)^2+2^2}} = -\frac{1}{\sqrt{2}},$$

所以两向量的夹角为
$$\theta = \frac{3\pi}{4}.$$

(3) 由 $\boldsymbol{a} \cdot \boldsymbol{b} = 1 \times 1 + 1 \times (-2) + (-4) \times 2 = -9 \neq 0$, 可知, 向量 $\boldsymbol{a}$ 与向量 $\boldsymbol{b}$ 是不垂直的.

7.3.2 两向量的向量积

我们仍然可以从一个物理问题引入向量积的概念.

例 7.8 设有一正电荷 q 以速度 v 在匀强磁场 B 中运动,且电荷 q 的运动方向与该点的磁场 B 的正向成 α 角,如图 7.17 所示,问该点电荷在磁场内受到的洛伦兹力是多少.

分析 由物理知识,得电荷所受到的洛伦兹力 f 的大小是:
$$|f|=q|v||B|\sin\alpha$$

方向符合右手定则,即 f 同时垂直于 v 和 B 所在的平面.

如果抛开此问题的具体含义,其实就是表达了两向量的向量积的概念.

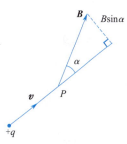

图 7.17

1. 向量积的定义和性质

定义 7.10 设 a,b 为空间中的两个向量,若由 a,b 所决定的向量 c,其模为
$$|c|=|a||b|\sin(\widehat{a,b}).$$

其方向与 a,b 均垂直且 a,b,c 成右手系,如图 7.18 所示,则向量 c 称为向量 a 与 b 的向量积(也称外积或叉积).记作 $a\times b$,读作"a 叉乘 b".

依照此定义,例 7.8 中的洛伦兹力 f 可以简记为
$$f=qv\times B$$

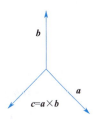

图 7.18

另外,由向量积的定义,还能得到向量积具有下面的性质:

(1) $a\times a=0, a\times 0=0$.

(2) 反交换律: $a\times b=-b\times a$.

(3) 与数乘的结合律: $(\lambda a)\times b=\lambda(a\times b)=a\times(\lambda b)$(其中 λ 是常数).

(4) 分配律: $(a+b)\times c=a\times c+b\times c$.

2. 向量积的坐标表示

设向量 $a=(a_x,a_y,a_z)$,向量 $b=(b_x,b_y,b_z)$,由向量积的性质,可得
$$\begin{aligned}a\times b&=(a_x\boldsymbol{i}+a_y\boldsymbol{j}+a_z\boldsymbol{k})\times(b_x\boldsymbol{i}+b_y\boldsymbol{j}+b_z\boldsymbol{k})\\&=a_x\boldsymbol{i}\times(b_x\boldsymbol{i}+b_y\boldsymbol{j}+b_z\boldsymbol{k})+a_y\boldsymbol{j}\times(b_x\boldsymbol{i}+b_y\boldsymbol{j}+b_z\boldsymbol{k})+\\&\quad a_z\boldsymbol{k}\times(b_x\boldsymbol{i}+b_y\boldsymbol{j}+b_z\boldsymbol{k})\\&=a_x\boldsymbol{i}\times b_x\boldsymbol{i}+a_x\boldsymbol{i}\times b_y\boldsymbol{j}+a_x\boldsymbol{i}\times b_z\boldsymbol{k}+a_y\boldsymbol{j}\times b_x\boldsymbol{i}+a_y\boldsymbol{j}\times b_y\boldsymbol{j}+\\&\quad a_y\boldsymbol{j}\times b_z\boldsymbol{k}+a_z\boldsymbol{k}\times b_x\boldsymbol{i}+a_z\boldsymbol{k}\times b_y\boldsymbol{j}+a_z\boldsymbol{k}\times b_z\boldsymbol{k}\\&=a_xb_x\boldsymbol{i}\times\boldsymbol{i}+a_xb_y\boldsymbol{i}\times\boldsymbol{j}+a_xb_z\boldsymbol{i}\times\boldsymbol{k}+a_yb_x\boldsymbol{j}\times\boldsymbol{i}+a_yb_y\boldsymbol{j}\times\boldsymbol{j}+a_yb_z\boldsymbol{j}\times\boldsymbol{k}+\\&\quad a_zb_x\boldsymbol{k}\times\boldsymbol{i}+a_zb_y\boldsymbol{k}\times\boldsymbol{j}+a_zb_z\boldsymbol{k}\times\boldsymbol{k}.\end{aligned}$$

又因为
$$\boldsymbol{i}\times\boldsymbol{i}=\boldsymbol{j}\times\boldsymbol{j}=\boldsymbol{k}\times\boldsymbol{k}=\boldsymbol{0},$$
$$\boldsymbol{i}\times\boldsymbol{j}=-\boldsymbol{j}\times\boldsymbol{i}=\boldsymbol{k}\quad \boldsymbol{j}\times\boldsymbol{k}=-\boldsymbol{k}\times\boldsymbol{j}=\boldsymbol{i}\quad \boldsymbol{k}\times\boldsymbol{i}=-\boldsymbol{i}\times\boldsymbol{k}=\boldsymbol{j},$$

所以
$$a\times b=(a_yb_z-a_zb_y)\boldsymbol{i}+(a_zb_x-a_xb_z)\boldsymbol{j}+(a_xb_y-a_yb_x)\boldsymbol{k}.$$

为了便于记忆,可以将上式写成一个三阶行列式,利用三阶行列式的对角

向量积的模的几何意义

坐标轴单位向量的向量积的关系

线形算法帮助记忆,即

$$a \times b = \begin{vmatrix} i & j & k \\ a_x & a_y & a_z \\ b_x & b_y & b_z \end{vmatrix}.$$

例 7.9 求同时垂直于向量 $a=(2,2,1)$ 和 $b=(4,5,3)$ 的单位向量 c^0.

解 由向量积的定义知,向量 $\pm(a\times b)$ 与向量 a,b 同时垂直,于是有

$$\pm(a\times b) = \pm \begin{vmatrix} i & j & k \\ 2 & 2 & 1 \\ 4 & 5 & 3 \end{vmatrix} = \pm(i-2j+2k).$$

又因为

$$|\pm(a\times b)| = \sqrt{1^2+(-2)^2+2^2} = 3,$$

三阶行列
式的对
角线法则

所以,同时垂直于向量 $a=(2,2,1)$ 和 $b=(4,5,3)$ 的单位向量 c^0 为

$$c^0 = \pm \frac{a\times b}{|a\times b|} = \pm \frac{1}{3}(i-2j+2k) = \pm \frac{1}{3}(1,-2,2).$$

由向量积的定义

$$a\times b = |a||b|\sin(\widehat{a,b})$$

可知,若 $a \parallel b$ 时,即 $(\widehat{a,b})=0$ 或 $(\widehat{a,b})=\pi$,则有 $a\times b=0$,亦有

$$(a_y b_z - a_z b_y)i + (a_z b_x - a_x b_z)j + (a_x b_y - a_y b_x)k = 0.$$

反之也成立,因此得到下面的定理:

定理 7.3 向量 a 与 b 平行的充分必要条件是 $a\times b=0$,即

$$\frac{a_x}{b_x} = \frac{a_y}{b_y} = \frac{a_z}{b_z}.$$

这说明当两向量平行时,它们的对应坐标成比例. 利用此定理,可以帮助判断两向量是否平行.

例 7.10 求以点 $A(1,2,3),B(0,0,1),C(3,-1,0)$ 为顶点的三角形的面积.

解 由于 $\overrightarrow{AB}=(-1,-2,-2),\overrightarrow{AC}=(2,-3,-3)$,于是

$$\overrightarrow{AB}\times\overrightarrow{AC} = \begin{vmatrix} i & j & k \\ -1 & -2 & -2 \\ 2 & -3 & -3 \end{vmatrix} = -7j+7k,$$

故

$$|\overrightarrow{AB}\times\overrightarrow{AC}| = \sqrt{(-7)^2+7^2} = 7\sqrt{2},$$

向量积定理

所以,所求三角形的面积为

$$S_{\triangle ABC} = \frac{1}{2}|\overrightarrow{AB}||\overrightarrow{AC}|\sin A = \frac{1}{2}|\overrightarrow{AB}\times\overrightarrow{AC}| = \frac{7\sqrt{2}}{2}.$$

例 7.11 已知 $a=2m+n, b=m-n$,其中 m,n 是两个互相垂直的单位向量,求:(1) $a\cdot b$;(2) $|a\times b|$.

解 (1) 由数量积的定义及性质,得

$$a\cdot b = (2m+n)\cdot(m-n)$$

$$= 2m \cdot m - 2m \cdot n + n \cdot m - n \cdot n$$
$$= 2|m|^2 - m \cdot n - |n|^2.$$

又因为 $m \perp n$，且 $|m|=|n|=1$，所以
$$a \cdot b = 2 - 1 = 1.$$

(2) 同理，由向量积的定义及性质，得
$$a \times b = (2m+n) \times (m-n)$$
$$= 2m \times (m-n) + n \times (m-n)$$
$$= 2m \times m - 2m \times n + n \times m - n \times n$$
$$= -2m \times n + n \times m = 2n \times m + n \times m$$
$$= 3n \times m,$$

于是
$$|a \times b| = |3n \times m| = 3|n||m|\sin(\widehat{n,m}).$$

因为 $m \perp n$，且 $|m|=|n|=1$，
所以
$$|a \times b| = 3.$$

同步习题 7.3

【基础题】

1. 试证明向量 $a=(1,0,1)$ 与向量 $b=(-1,1,1)$ 相互垂直.

2. $a=(1,1,2)$，$b=(2,2,1)$，求 $a \cdot b$ 及 $a \times b$，a 与 b 的夹角余弦.

3. 设向量 $a=(3,0,2)$，$b=(-1,1,-1)$，求同时垂直于向量 a 与 b 的单位向量.

【提高题】

1. 设点 $A(4,-1,2)$，$B(1,2,-2)$，$C(2,0,1)$，求 $\triangle ABC$ 的面积.

2. 已知向量 m 和 n，其中 $(\widehat{m,n})=\dfrac{\pi}{3}$，$|m|=1$，$|n|=2$；又知 $a=m+2n$，$b=3m-4n$，求以 a,b 为邻边的平行四边形的面积.

3. 已知三点 $A(-1,2,3)$，$B(1,1,1)$，$C(0,0,5)$，求 $\angle ABC$.

§7.4 平面与空间直线

本节以向量为工具，在空间直角坐标系中讨论最简单的曲面和曲线——平面和直线.

7.4.1 曲面方程

在空间解析几何中，任何曲面都可以看作点的运动轨迹.在这样的意义下，如果曲面 S（图形）与方程 $F(x,y,z)=0$（数量、规律）建立如下的关系：

(1) 曲面 S 上任一点的坐标满足方程 $F(x,y,z)=0$；

(2) 以方程 $F(x,y,z)=0$ 的解为坐标的点都在曲面 S 上.

则称方程 $F(x,y,z)=0$ 是曲面 S 的方程;曲面 S 是方程 $F(x,y,z)=0$ 的轨迹或图形,如图 7.19 所示.

在空间中,平面和直线是最基本、最简单的几何图形,我们对空间图形的了解就从它们开始.

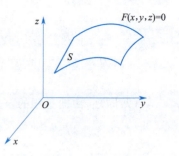

图 7.19

7.4.2 平面

在高中立体几何中,有这样一条定理:过空间中一点,且与已知直线垂直的平面是唯一的.依据此定理,就能得到平面的方程.

1. 平面的方程

为了表述方便,首先引入平面法向量的概念.

定义 7.11 设非零向量 $\boldsymbol{n}=(A,B,C)$ 垂直于平面 π,则向量 $\boldsymbol{n}=(A,B,C)$ 称为平面 π 的一个法向量.

显然,平面的法向量是不唯一的.

设平面 π 过点 $M_0(x_0,y_0,z_0)$,向量 $\boldsymbol{n}=(A,B,C)$(其中 A,B,C 不全为零)是平面的一个法向量,如图 7.20 所示.由立体几何知识可知,过一个定点 $M_0(x_0,y_0,z_0)$ 且垂直于一个非零向量 $\boldsymbol{n}=(A,B,C)$ 有且只有一个平面 π.

在平面上任取一点 $M(x,y,z)$,那么,$\overrightarrow{M_0M}$ 就是平面上的任意一向量,因为 $\boldsymbol{n}$ 是平面 π 的法向量,所以 $\boldsymbol{n} \perp \overrightarrow{M_0M}$,于是有

$$\boldsymbol{n} \cdot \overrightarrow{M_0M}=0.$$

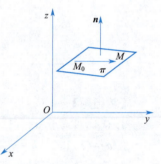

图 7.20

由数量积的坐标表示,得

$$A(x-x_0)+B(y-y_0)+C(z-z_0)=0. \qquad (7.1)$$

反之,满足式(7.1)的点 $M(x,y,z)$ 都能得到 $\boldsymbol{n} \cdot \overrightarrow{M_0M}=0$,即 $\boldsymbol{n} \perp \overrightarrow{M_0M}$,表明动点 M 在平面上.于是,方程(7.1)是平面 π 的方程,此方程称为平面的点法式方程.

例 7.12 求过点 $(1,2,3)$,且与向量 $\boldsymbol{n}=(1,-1,1)$ 垂直的平面方程.

解 由题意知,向量 $\boldsymbol{n}=(1,-1,1)$ 是平面的法向量,根据平面的点法式方程,得

$$1(x-1)-1(y-2)+1(z-3)=0,$$

即

$$x-y+z-2=0.$$

例 7.13 设平面过三点 $A(a,0,0),B(0,b,0),C(0,0,c)$(其中 a,b,c 非零),求该平面的方程,如图 7.21 所示.

解 由已知条件,得

$$\overrightarrow{AB}=(-a,b,0), \quad \overrightarrow{AC}=(-a,0,c).$$

根据向量积的定义得该平面的法向量 $\boldsymbol{n}$ 为

$$n = \begin{vmatrix} i & j & k \\ -a & b & 0 \\ -a & 0 & c \end{vmatrix} = bc i + ca j + ab k = (bc, ca, ab),$$

故所求平面的方程为

$$bc(x-a) + ca(y-0) + ab(z-0) = 0,$$

即

$$\frac{x}{a} + \frac{y}{b} + \frac{z}{c} = 1. \qquad (7.2)$$

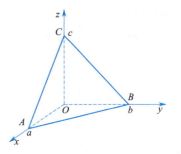

图 7.21

式(7.2)称为平面的截距式方程,其中 a, b, c 称为平面在三坐标轴上的截距.

另外,不管是平面的点法式方程还是截距式方程,通过变形都能得到一个三元一次方程,即

$$Ax + By + Cz + D = 0. \qquad (7.3)$$

反之,式(7.3)通过适当的变换后,也能化成式(7.1)或式(7.2)的形式,它同样也表示一个平面,于是,称方程(7.3)为平面的一般式方程.

下面,通过平面的一般式方程讨论几种特殊位置的平面.

(1) 当 $A=0, D\neq 0$ 时,方程(7.3)变为了 $By+Cz+D=0$,它所表示的是一个平行于 x 轴的平面,如图 7.22(a)所示.

(2) 当 $A=0, D=0$ 时,方程(7.3)变为了 $By+Cz=0$,它所表示的是一个过 x 轴的平面,如图 7.22(b)所示.

(3) 当 $A=0, B=0$ 时,方程(7.3)变为了 $Cz+D=0$,它所表示的是一个平行于 xOy 坐标面(或与 z 轴垂直)的平面,如图 7.22(c)所示.

(4) 当 $D=0$ 时,方程(7.3)变为了 $Ax+By+Cz=0$,它所表示的是一个过原点的平面,如图 7.22(d)所示.

扫一扫

几种特殊位置的平面

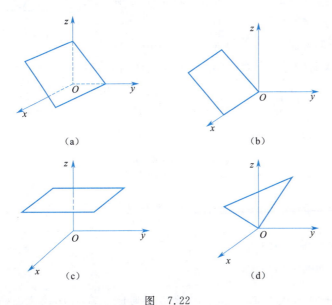

图 7.22

对于其他情况,有兴趣的读者可以自己讨论一下.

例 7.14 求过点 $A(1,0,1)$ 及点 $B(3,2,-2)$,且与 xOz 坐标面垂直的平

面方程.

解 因为平面与 xOz 坐标面垂直,则该平面一定与 y 轴平行,于是设平面方程为

$$Ax+Cz+D=0.$$

又已知平面过点 $A(1,0,1)$ 及点 $B(3,2,-2)$,所以点的坐标满足方程,于是有

$$\begin{cases} A+C+D=0, \\ 3A-2C+D=0, \end{cases}$$

解之得

$$\begin{cases} A=-\dfrac{3}{5}D, \\ C=-\dfrac{2}{5}D. \end{cases}$$

于是,所求平面的方程为

$$-\frac{3}{5}Dx-\frac{2}{5}Dz+D=0,$$

即

$$3x+2z-5=0.$$

2. 两平面的夹角

两平面的夹角 θ 定义为其法向量的夹角 $(\widehat{\boldsymbol{n}_1,\boldsymbol{n}_2})$,且规定 $0 \leqslant \theta \leqslant \dfrac{\pi}{2}$.

设平面 $\pi_1: A_1x+B_1y+C_1z+D_1=0$,平面 $\pi_2: A_2x+B_2y+C_2z+D_2=0$ 相交,如图 7.23 所示,下面求它们的夹角 θ.

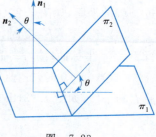

图 7.23

由于平面 π_1 的法向量为 $\boldsymbol{n}_1=(A_1,B_1,C_1)$,平面 π_2 的法向量为 $\boldsymbol{n}_2=(A_2,B_2,C_2)$,则两法向量的夹角为

$$\cos(\widehat{\boldsymbol{n}_1,\boldsymbol{n}_2})=\frac{\boldsymbol{n}_1\cdot\boldsymbol{n}_2}{|\boldsymbol{n}_1||\boldsymbol{n}_2|}=\frac{A_1A_2+B_1B_2+C_1C_2}{\sqrt{A_1^2+B_1^2+C_1^2}\sqrt{A_2^2+B_2^2+C_2^2}},$$

于是两平面的夹角 θ 可表示为

$$\cos\theta=|\cos(\widehat{\boldsymbol{n}_1,\boldsymbol{n}_2})|,$$

即

$$\cos\theta=\frac{|A_1A_2+B_1B_2+C_1C_2|}{\sqrt{A_1^2+B_1^2+C_1^2}\sqrt{A_2^2+B_2^2+C_2^2}}.$$

上式称为两平面间的夹角公式.

由两平面的夹角公式可以看出:

(1) 当平面 π_1 与平面 π_2 垂直时,$\theta=\dfrac{\pi}{2}$,则有 $A_1A_2+B_1B_2+C_1C_2=0$;

(2) 当平面 π_1 与平面 π_2 平行时,$\boldsymbol{n}_1 \parallel \boldsymbol{n}_2 \Leftrightarrow \dfrac{A_1}{A_2}=\dfrac{B_1}{B_2}=\dfrac{C_1}{C_2}\neq\dfrac{D_1}{D_2}$.

扫一扫

两平面
垂直平行

例 7.15 求两平面 $x-y+2z-6=0$ 和 $2x+y+z-5=0$ 的夹角.

解 由公式有

$$\cos\theta = \frac{|1\times 2+(-1)\times 1+2\times 1|}{\sqrt{1^2+(-1)^2+2^2}\sqrt{2^2+1^2+1^2}} = \frac{1}{2},$$

因此,所求夹角 $\theta = \dfrac{\pi}{3}$.

3. 点到平面的距离

设平面 π 的方程为 $Ax+By+Cz+D=0$,平面外一点 $P_0(x_0,y_0,z_0)$,过 P_0 作平面 π 的垂线,垂足为 N,如图 7.24 所示,则 P_0 到平面 π 的距离 $d=|\overrightarrow{NP_0}|$.

在平面 π 内任取一点 $P_1(x_1,y_1,z_1)$,得向量 $\overrightarrow{P_1P_0}=(x_0-x_1,y_0-y_1,z_0-z_1)$,由 $\overrightarrow{NP_0}$ 垂直于平面 π 知,向量 $\overrightarrow{NP_0}$ 是平面的一个法向量,又知平面 $Ax+By+Cz+D=0$ 的法向量为 $\boldsymbol{n}=(A,B,C)$,由图 7.24 可见

$$d=|\overrightarrow{NP_0}|=|\overrightarrow{P_1P_0}\cos\theta|,$$

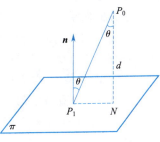

图 7.24

而

$$|\overrightarrow{P_1P_0}\cdot\boldsymbol{n}|=|\overrightarrow{P_1P_0}||\boldsymbol{n}||\cos\theta|=|\boldsymbol{n}|d,$$

所以

$$d=\frac{|\overrightarrow{P_1P_0}\cdot\boldsymbol{n}|}{|\boldsymbol{n}|}=\frac{|A(x_0-x_1)+B(y_0-y_1)+C(z_0-z_1)|}{\sqrt{A^2+B^2+C^2}}$$

$$=\frac{|Ax_0+By_0+Cz_0-(Ax_1+By_1+Cz_1)|}{\sqrt{A^2+B^2+C^2}}.$$

又因为

$$Ax_1+By_1+Cz_1+D=0,$$

所以

$$d=\frac{|Ax_0+By_0+Cz_0+D|}{\sqrt{A^2+B^2+C^2}}.$$

上式称为点到平面的距离公式.

例 7.16 求点 $A(1,2,3)$ 到平面 $\pi:2x+y-3z=2$ 的距离.

解 由点到平面的距离公式,得

$$d=\frac{|Ax_0+By_0+Cz_0+D|}{\sqrt{A^2+B^2+C^2}}$$

$$=\frac{|2\times 1+1\times 2-3\times 3-2|}{\sqrt{2^2+1^2+(-3)^2}}=\frac{\sqrt{14}}{2}.$$

此题表明,运用点到平面的距离公式时,一定要注意将平面方程化成平面的一般式方程的标准形式

$$Ax+By+Cz+D=0.$$

7.4.3 空间中的直线及其方程

我们知道,一个点和一个方向可以确定一条直线,而方向可以用一个非零向量来表示.因此,一个点和一个非零向量可以确定一条直线.

1. 直线与方程

同样,为了表述方便,引入直线的方向向量的概念.

定义 7.12 设非零向量 $s=(m,n,p)$ 所在的直线与已知直线 l 平行,则称向量 s 为直线 l 的一个方向向量.

下面利用方向向量来确定直线的方程.

若直线 l 经过一点 $M_0(x_0,y_0,z_0)$,且向量 $s=(m,n,p)$ 是直线 l 的一个方向向量,如图 7.25 所示.设直线上的任意一点 M 的坐标为 (x,y,z),这时向量 $\overrightarrow{M_0M}$ 就成为直线上的任意一向量,即

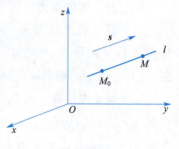

图 7.25

$$\overrightarrow{M_0M}=(x-x_0,y-y_0,z-z_0).$$

由于向量 s 是直线的方向向量,所以 $s /\!/ \overrightarrow{M_0M}$,即

$$\frac{x-x_0}{m}=\frac{y-y_0}{n}=\frac{z-z_0}{p}. \tag{7.4}$$

式(7.4)称为直线的对称式方程或点向式方程,这时的 m,n,p 又称该直线的一组方向数.

如果令式(7.4)的比值为参数 t,即

$$\frac{x-x_0}{m}=\frac{y-y_0}{n}=\frac{z-z_0}{p}=t,\text{(其中 } t \text{ 为参数)}$$

则有

$$\begin{cases} x=x_0+mt, \\ y=y_0+nt,\text{(其中 } t \text{ 为参数)} \\ z=z_0+pt, \end{cases} \tag{7.5}$$

式(7.5)称为直线的参数式方程.

空间任一条直线都可看成是通过该直线的两个平面的交线,同时空间两个相交平面确定一条直线,所以将两个平面方程联立起来就代表空间直线的方程

$$\begin{cases} A_1x+B_1y+C_1z+D_1=0, \\ A_2x+B_2y+C_2z+D_2=0. \end{cases} \tag{7.6}$$

式中,$A_1x+B_1y+C_1z+D_1=0$ 和 $A_2x+B_2y+C_2z+D_2=0$ 分别表示相交的两个平面.式(7.6)称为直线的一般式方程.

以上给出了直线方程的三种不同形式,它们之间可以相互转化,在不同问题下,如果运用得当可以使问题简化.

例 7.17 将直线的一般式方程

$$\begin{cases} x+y+z+1=0, \\ 2x-y+3z-5=0 \end{cases}$$

化为直线的点向式方程.

解 先找出直线上的一点 $M_0(x_0,y_0,z_0)$,不妨取 $x_0=0$,代入一般式方程得方程组

$$\begin{cases} y_0+z_0+1=0, \\ -y_0+3z_0-5=0. \end{cases}$$

解方程组得

$$\begin{cases} y_0=-2, \\ z_0=1. \end{cases}$$

即所找的 M_0 为 $(0,-2,1)$.

再求该直线的一个方向向量 $\boldsymbol{s}=(m,n,p)$,由于直线是两平面的交线,所以该直线的方向向量一定与两平面的法向量 $\boldsymbol{n}_1=(1,1,1),\boldsymbol{n}_2=(2,-1,3)$ 同时垂直,于是

$$\boldsymbol{s}=\boldsymbol{n}_1\times\boldsymbol{n}_2=\begin{vmatrix} \boldsymbol{i} & \boldsymbol{j} & \boldsymbol{k} \\ 1 & 1 & 1 \\ 2 & -1 & 3 \end{vmatrix}=4\boldsymbol{i}-\boldsymbol{j}-3\boldsymbol{k},$$

即所求方向向量为

$$\boldsymbol{s}=(4,-1,-3),$$

故直线的点向式方程为

$$\frac{x-0}{4}=\frac{y-(-2)}{-1}=\frac{z-1}{-3},$$

即

$$\frac{x}{4}=\frac{y+2}{-1}=\frac{z-1}{-3}.$$

例 7.18 求直线 $l:\dfrac{x-2}{1}=\dfrac{y-3}{-1}=\dfrac{z+4}{2}$ 与平面 $\pi:2x-y-z+5=0$ 的交点坐标.

解 将直线 l 的点向式方程化为参数方程得

$$\begin{cases} x=2+t, \\ y=3-t, \\ z=-4+2t, \end{cases} \text{(其中 } t \text{ 为参数)}$$

代入平面方程,得

$$2(2+t)-(3-t)-(-4+2t)+5=0,$$

解得

$$t=-10,$$

于是,所求的交点为 $(-8,13,-24)$.

2. 直线与直线的夹角

两直线的夹角 θ 定义为方向向量的夹角 $(\widehat{\boldsymbol{s}_1,\boldsymbol{s}_2})$,且规定 $0\leqslant\theta\leqslant\dfrac{\pi}{2}$.

设直线 l_1 的方向向量为 $\boldsymbol{s}_1=(m_1,n_1,p_1)$,直线 l_2 的方向向量为 $\boldsymbol{s}_2=(m_2,n_2,p_2)$,则两方向向量的夹角为

$$\cos(\widehat{\pmb{s}_1,\pmb{s}_2})=\frac{\pmb{s}_1\cdot\pmb{s}_2}{|\pmb{s}_1||\pmb{s}_2|}=\frac{m_1m_2+n_1n_2+p_1p_2}{\sqrt{m_1^2+n_1^2+p_1^2}\sqrt{m_2^2+n_2^2+p_2^2}}.$$

根据两直线夹角的定义,得

$$\cos\theta=|\cos(\widehat{\pmb{s}_1,\pmb{s}_2})|=\frac{|\pmb{s}_1\cdot\pmb{s}_2|}{|\pmb{s}_1||\pmb{s}_2|}=\frac{|m_1m_2+n_1n_2+p_1p_2|}{\sqrt{m_1^2+n_1^2+p_1^2}\sqrt{m_2^2+n_2^2+p_2^2}},$$

式中,θ 为两直线的夹角,并称上式为两直线的夹角公式.

由两直线的夹角公式可以看出:

(1)当直线 l_1 与直线 l_2 垂直时,$\theta=\dfrac{\pi}{2}$,则有 $m_1m_2+n_1n_2+p_1p_2=0$;

(2)当直线 l_1 与直线 l_2 平行时,$\theta=0$,则有 $\dfrac{m_1}{m_2}=\dfrac{n_1}{n_2}=\dfrac{p_1}{p_2}$.

3. 直线与平面的夹角

当直线与平面不垂直时,直线与它在平面上的投影直线的夹角 $\theta\left(0\leqslant\theta<\dfrac{\pi}{2}\right)$ 称为直线与平面的夹角;当直线与平面垂直时,规定直线与平面的夹角为 $\dfrac{\pi}{2}$.

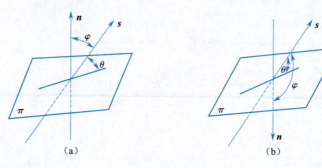

图 7.26

设平面 π 的法向量为 $\pmb{n}=(A,B,C)$,直线 l 的方向向量为 $\pmb{s}=(m,n,p)$,则两向量的夹角 φ 为

$$\cos\varphi=\frac{Am+Bn+Cp}{\sqrt{A^2+B^2+C^2}\sqrt{m^2+n^2+p^2}}.$$

又因为两向量的夹角 φ 和直线与平面的夹角 θ 存在着如下的关系:

(1)$\varphi=\dfrac{\pi}{2}-\theta$,如图 7.26(a)所示;

(2)$\varphi=\dfrac{\pi}{2}+\theta$,如图 7.26(b)所示.

即

$$\varphi=\dfrac{\pi}{2}\pm\theta,$$

所以

$$\cos\varphi=\cos\left(\dfrac{\pi}{2}\pm\theta\right)=\mp\sin\theta,$$

亦有

$$\sin\theta=\mp\cos\varphi.$$

因为直线与平面的夹角 θ 是在 $\left[0,\dfrac{\pi}{2}\right]$ 上,所以 $\sin\theta\geqslant 0$,于是
$$\sin\theta=|\cos\varphi|,$$
即
$$\sin\theta=|\cos\varphi|=\dfrac{|Am+Bn+Cp|}{\sqrt{A^2+B^2+C^2}\sqrt{m^2+n^2+p^2}}.$$

上式称为直线与平面的夹角公式.

由直线与平面的夹角公式可以看出:

(1)当直线与平面垂直时,有 $\dfrac{A}{m}=\dfrac{B}{n}=\dfrac{C}{p}$;

(2)当直线与平面平行时,有 $Am+Bn+Cp=0$.

例 7.19 求过点 $(1,-3,4)$ 且与平面 $2x-3y+2z-5=0$ 垂直的直线方程.

解 因为所求直线与平面垂直,则平面的法向量 $\boldsymbol{n}=(2,-3,2)$ 可以看作直线的方向向量 $\boldsymbol{s}$,即
$$\boldsymbol{s}=\boldsymbol{n}=(2,-3,2),$$
于是,所求直线的点向式方程为
$$\dfrac{x-1}{2}=\dfrac{y-(-3)}{-3}=\dfrac{z-4}{2},$$
即
$$\dfrac{x-1}{2}=\dfrac{y+3}{-3}=\dfrac{z-4}{2}.$$

同步习题 7.4

【基础题】

1. 求通过点 $M_0(1,-2,4)$ 且垂直于向量 $\boldsymbol{n}=(3,-2,1)$ 的平面方程.

2. 求过点 $(2,1,3)$ 且与直线 $\dfrac{x+1}{3}=\dfrac{y-1}{2}=\dfrac{z}{-1}$ 垂直相交的直线方程.

3. 求过两点 $A(3,0,-2),B(-1,2,4)$ 且与 x 轴平行的平面方程.

4. 求点 $P\left(2,0,-\dfrac{1}{2}\right)$ 到平面 $\pi:4x-4y+2z+17=0$ 的距离.

5. 已知平面 $\pi_1:2x-y+2z-1=0$,平面 $\pi_2:2x-2y+7=0$,求两平面的夹角 θ.

6. 写出直线 $\begin{cases}2x-y+3z-1=0,\\ 3x+2y-z-12=0\end{cases}$ 的点向式方程和参数式方程.

7. 求直线 $L_1:\dfrac{x-1}{1}=\dfrac{y}{-4}=\dfrac{z+3}{1}$ 和 $L_2:\begin{cases}x+y+2=0,\\ x+2z=0\end{cases}$ 的夹角.

【提高题】

1. 求过点 $M(1,0,-2)$ 且与两平面 $\pi_1:x+z=5$ 和 $\pi_2:2x-3y+z=18$ 都平行的直线方程.

2. 求直线 $\dfrac{x}{-1} = \dfrac{y-1}{1} = \dfrac{z-1}{2}$ 与平面 $2x+y-z-3=0$ 的夹角 φ.

3. 求过点 $p(2,0,-1)$, 且又通过直线 $\dfrac{x+1}{2} = \dfrac{y}{-1} = \dfrac{z-2}{3}$ 的平面.

4. 求过直线 $\dfrac{x-1}{2} = \dfrac{y+2}{-3} = \dfrac{z-2}{2}$ 且与平面 $3x+2y-z-5=0$ 垂直的平面.

5. 判定下列各组中的直线和平面间的位置关系.

(1) $\dfrac{x-3}{-2} = \dfrac{y+4}{-7} = \dfrac{z}{3}$ 与 $4x-2y-2z=3$;

(2) $\dfrac{x}{3} = \dfrac{y}{-2} = \dfrac{z}{7}$ 与 $3x-2y+7z=8$.

6. 求点 $p(2,3,-1)$ 到直线 $\begin{cases} 2x-2y+z+3=0, \\ 3x-2y+2z+17=0 \end{cases}$ 的距离.

§7.5 曲面与空间曲线

在前面一节中,我们已经了解了曲面及其方程的概念,本节主要介绍几种特殊的曲面、曲线以及如何确定它们的方程,并用截痕法研究常见二次曲面的形状.

7.5.1 几种特殊的曲面及其方程

1. 球面

设 $M_0(x_0, y_0, z_0)$ 是空间中的一定点,试确定到该点距离等于定长 R 的点的轨迹方程.

设动点 M 的坐标为 (x,y,z),由两点间的距离公式,得

$$\sqrt{(x-x_0)^2 + (y-y_0)^2 + (z-z_0)^2} = R,$$

即

$$(x-x_0)^2 + (y-y_0)^2 + (z-z_0)^2 = R^2.$$

称此方程为球面方程,该方程表示的是,以点 $M_0(x_0, y_0, z_0)$ 为球心,以 R 为半径的一个球面,如图 7.27 所示.特别地,当 M_0 在原点时,球面方程可简化成

$$x^2 + y^2 + z^2 = R^2.$$

例 7.20 方程 $x^2 + y^2 + z^2 - 4x + 2y - 4z = 0$ 表示什么样的曲面.

解 对方程配方,得

$$(x-2)^2 + (y+1)^2 + (z-2)^2 = 3^2,$$

所以,该方程表示的是以 $(2,-1,2)$ 为球心、以 3 为半径的一个球面.

2. 柱面

将动直线 L 沿定曲线 C 平行移动所形成的轨迹,称为柱面.其中,曲线 C 称为柱面的准线,动直线 L 称为柱面的母线,如图 7.28 所示.

下面讨论以 xOy 平面上的 $f(x,y)=0$ 为准线且母线平行于 z 轴的柱面方程形式.

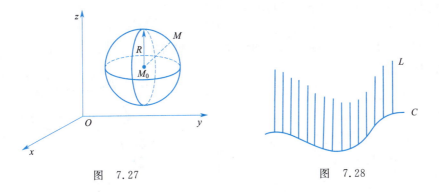

图 7.27　　　　　　　　图 7.28

设 $M(x,y,z)$ 是柱面上的任意一点,过 M 作平行于 z 轴的直线,则该直线一定与 C 相交于一点 $M_0(x_0,y_0,z_0)$. 于是得到 $x=x_0$, $y=y_0$, 又因为 $M_0(x_0,y_0,z_0)$ 在 C 上,所以有
$$f(x_0,y_0)=0,$$
从而得到
$$f(x,y)=0.$$

称此方程为以 xOy 面上 $f(x,y)=0$ 为准线、母线平行于 z 轴的柱面方程,它的特点是一个不含有 z 的二元方程. 例如, $x^2+y^2=a^2$ 表示以 xOy 平面上的 $x^2+y^2=a^2$ 为准线、母线平行于 z 轴的圆柱面, 如图 7.29(a) 所示. 类似的, 还可以得到母线平行于 y 轴的柱面方程形式为 $g(x,z)=0$. 例如, $-\dfrac{x^2}{a^2}+\dfrac{z^2}{c^2}=1$ 表示以 xOz 平面上的 $-\dfrac{x^2}{a^2}+\dfrac{z^2}{c^2}=1$ 为准线、母线平行于 y 轴的双曲柱面,如图 7.29(b) 所示. 又如, $x^2=2y$ 表示如图 7.29(c) 所示的抛物柱面.

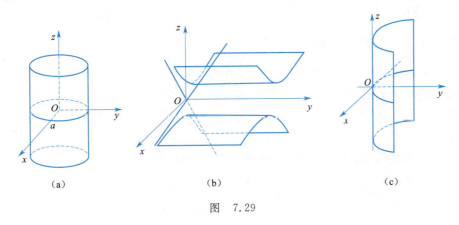

(a)　　　　　　　(b)　　　　　　　(c)

图 7.29

3. 旋转曲面

动曲线 L 绕它所在平面内的定直线 l 旋转一周所形成的轨迹,称为旋转曲面.

下面讨论 yOz 平面内的曲线 $L: f(y,z)=0$ 绕 z 轴旋转所得到的方程形式, 如图 7.30 所示.

设 $M(x,y,z)$ 是旋转曲面上的任意一点,该点可以认为是由 yOz 平面上的

点 $M_0(0,y_0,z_0)$ 旋转而得到的，于是
$$z=z_0,$$
且 M_0 到 z 轴的距离与 M 到 z 轴的距离是相等的，即
$$|y_0|=\sqrt{x^2+y^2},$$
亦
$$y_0=\pm\sqrt{x^2+y^2}.$$
又因为 $M_0(0,y_0,z_0)$ 在 L 上，所以
$$f(y_0,z_0)=0,$$

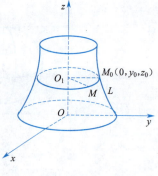

图 7.30

从而得到
$$f(\pm\sqrt{x^2+y^2},z)=0.$$

此方程称为 yOz 平面上的曲线 $f(y,z)=0$ 绕 z 轴旋转所得到的曲面方程．该方程的特点是：将坐标平面上的方程 $f(y,z)=0$ 中的 z 保持不变，而将 y 写成 $\pm\sqrt{x^2+y^2}$．类似地，xOy 平面上的曲线 $g(x,y)=0$ 绕 y 轴旋转所得到的旋转曲面方程为 $g(\pm\sqrt{x^2+z^2},y)=0$；xOz 平面上的曲线 $h(x,z)=0$ 绕 x 轴旋转所得到的旋转曲面方程为 $h(x,\pm\sqrt{y^2+z^2})=0$；等等．

例 7.21 求 yOz 平面上的抛物线 $z=ay^2$ 绕 z 轴旋转所得的旋转曲面方程．

解 在方程 $z=ay^2$ 中，使 z 保持不变，将 y 换成 $\pm\sqrt{x^2+y^2}$，即得旋转曲面方程
$$z=a(x^2+y^2).$$

该旋转曲面称为旋转抛物面．用类似方法还可以求得旋转椭球面、旋转双曲面、圆锥面等．

7.5.2 常见的二次曲面

我们把三元二次方程 $F(x,y,z)=0$ 所表示的曲面称为二次曲面．那么怎样去了解三元方程 $F(x,y,z)=0$ 所表示的曲面形状呢？方法之一，就是用平行于坐标平面的平面去截曲面，考察所截截痕的形状并加以综合考虑，从而描述曲面整体的大致形状，这种研究曲面的方法称为截痕法．

下面就利用这种方法讨论几种常见二次曲面.

同一方程在
不同坐标系
中的图形

1. 椭球面

由方程
$$\frac{x^2}{a^2}+\frac{y^2}{b^2}+\frac{z^2}{c^2}=1 \quad (a,b,c>0)$$

所确定的曲面称为椭球面．

从方程中可以看出，
$$\frac{x^2}{a^2}\leqslant 1,\quad \frac{y^2}{b^2}\leqslant 1,\quad \frac{z^2}{c^2}\leqslant 1,$$

这表明该曲面可以被一个长方体"包含"起来，说明该曲面是有界的（把 a,b,c

称为椭球面的半轴长）.

该曲面与三个坐标面的交线分别为

$$\begin{cases}\dfrac{x^2}{a^2}+\dfrac{y^2}{b^2}=1,\\ z=0,\end{cases} \begin{cases}\dfrac{x^2}{a^2}+\dfrac{z^2}{c^2}=1,\\ y=0,\end{cases} \begin{cases}\dfrac{y^2}{b^2}+\dfrac{z^2}{c^2}=1,\\ x=0.\end{cases}$$

它们都是椭圆.

当用平行于 xOy 的平面 $z=z_0(z_0\leqslant c)$ 去截椭球面时，所截曲线为

$$\begin{cases}\dfrac{x^2}{a^2}+\dfrac{y^2}{b^2}=1-\dfrac{z_0^2}{c^2},\\ z=z_0,\end{cases}$$

即

$$\begin{cases}\dfrac{x^2}{\left(\dfrac{a}{c}\sqrt{c^2-z_0^2}\right)^2}+\dfrac{y^2}{\left(\dfrac{b}{c}\sqrt{c^2-z_0^2}\right)^2}=1,\\ z=z_0.\end{cases}$$

它表示的是 $z=z_0$ 平面上两个半轴分别为 $\dfrac{a}{c}\sqrt{c^2-z_0^2}$，$\dfrac{b}{c}\sqrt{c^2-z_0^2}$ 的椭圆，此椭圆随 $z=z_0$ 远离原点，即 $|z_0|$ 增大时，所截椭圆的半轴在逐渐减小，特别地，当 $z_0=c$ 时，截痕就成为点 $(0,0,c)$ 了.

类似地，还可以用 $x=x_0$，$y=y_0$ 去截椭球面，会得到与上面类似的结论.

综合考虑，椭球面的形状如图 7.31 所示.

若椭球面方程中的 $a=b$，即

$$\dfrac{x^2}{a^2}+\dfrac{y^2}{a^2}+\dfrac{z^2}{c^2}=1,$$

它可由 xOz 面上的曲线 $\dfrac{x^2}{a^2}+\dfrac{z^2}{c^2}=1$ 绕 z 轴旋

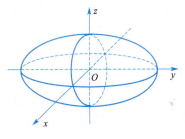

图 7.31

转而得到，所以，此时椭球面又称旋转椭球面.

若椭球面方程中的 $a=b=c=R$，则椭球面方程变成了 $x^2+y^2+z^2=R^2$，这时椭球面就成了球面.

2. 双曲面

由方程

$$\dfrac{x^2}{a^2}+\dfrac{y^2}{b^2}-\dfrac{z^2}{c^2}=1$$

所确定的曲面称为单叶双曲面.

该曲面与 xOz，yOz 坐标面的交线分别是

$$\begin{cases}\dfrac{x^2}{a^2}-\dfrac{z^2}{c^2}=1,\\ y=0,\end{cases} \begin{cases}\dfrac{y^2}{b^2}-\dfrac{z^2}{c^2}=1,\\ x=0.\end{cases}$$

它们分别表示的是 xOz 面，yOz 面上的双曲线.

该曲面与 xOy 面上的交线方程为

$$\begin{cases} \dfrac{x^2}{a^2} + \dfrac{y^2}{b^2} = 1, \\ z = 0. \end{cases}$$

它所表示的是 xOy 面上的一个椭圆.

如果用 $z = z_0$ 平面来截该曲面时,所得截痕方程是

$$\begin{cases} \dfrac{x^2}{\left(\dfrac{a}{c}\sqrt{c^2+z_0^2}\right)^2} + \dfrac{y^2}{\left(\dfrac{b}{c}\sqrt{c^2+z_0^2}\right)^2} = 1, \\ z = z_0. \end{cases}$$

当平面 $z = z_0$ 远离原点,即 $|z_0|$ 增大时,所截椭圆的两个半轴在逐渐增大.

综合考虑,我们得到上述方程所表示的单叶双曲面的形状,如图 7.32 所示.

由方程

$$\dfrac{x^2}{a^2} - \dfrac{y^2}{b^2} + \dfrac{z^2}{c^2} = -1$$

所确定的曲面称为双叶双曲面.

对于双叶双曲面的形状,大家可以仿照对单叶双曲面的讨论,用截痕法自己分析一下,上述方程所表示的双叶双曲面的形状,如图 7.33 所示.

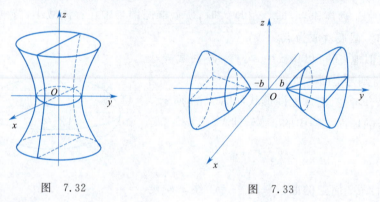

图 7.32　　　　　　　　　图 7.33

3. 抛物面

由方程

$$\dfrac{x^2}{p} + \dfrac{y^2}{q} = 2z \quad (\text{其中 } p, q \text{ 同号})$$

所确定的曲面称为椭圆抛物面.

当 $p, q > 0$ 时,若用平行于 xOy 面的平面 $z = z_0 (z > 0)$ 去截该曲面,则所截交线为

$$\begin{cases} \dfrac{x^2}{2pz_0} + \dfrac{y^2}{2qz_0} = 1, \\ z = z_0. \end{cases}$$

它表示的是 $z = z_0$ 面上的一个椭圆,当 z_0 逐渐增大时,椭圆也逐渐由小变大.

用 xOz, yOz 坐标面去截该曲面,所得交线分别为

$$\begin{cases} x^2 = 2pz, \\ y = 0, \end{cases} \quad \begin{cases} y^2 = 2qz, \\ x = 0. \end{cases}$$

它们分别表示 xOz, yOz 面上的抛物线.

综合考虑，可得抛物面的形状如图 7.34(a)所示．

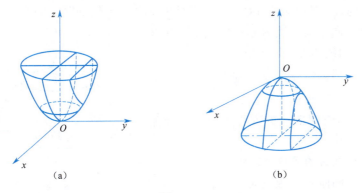

图 7.34

当 $p,q<0$ 时，可得到抛物面的形状如图 7.34(b)所示．

由方程
$$-\frac{x^2}{p}+\frac{y^2}{q}=2z\text{（其中 }p,q\text{ 同号）}$$
所确定的曲面称为双曲抛物面，又称鞍形曲面．

当 $p,q>0$ 时，可用截痕法讨论得到它的形状，如图 7.35 所示．

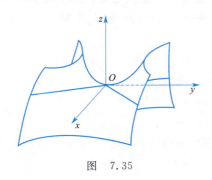

图 7.35

7.5.3 空间曲线

1. 空间曲线的一般式方程

与直线可以看作两平面的交线一样，空间曲线同样也可以认为是两个曲面的交线．

如果空间曲线 Γ 是曲面 Σ_1 和曲面 Σ_2 的交线，若曲面 Σ_1 的方程为 $F(x,y,z)=0$，曲面 Σ_2 的方程为 $G(x,y,z)=0$，则曲线 Γ 的方程可以表示成为
$$\begin{cases} F(x,y,z)=0, \\ G(x,y,z)=0. \end{cases}$$
上述方程组称为空间曲线 Γ 的一般式方程．

例 7.22 讨论方程组
$$\begin{cases} z=\sqrt{25-x^2-y^2}, \\ z=4 \end{cases}$$
表示什么样的曲线．

解 在平面 $z=4$ 上,将 $z=4$ 代入 $z=\sqrt{25-x^2-y^2}$ 中,得 $x^2+y^2=9=3^2$,所以该方程组表示的是圆心在 $(0,0,4)$、半径为 3 的一个圆,如图 7.36 所示.

注意 同一条曲线的方程形式不一定相同,如上述曲线还可以表示成为
$$\begin{cases} z=\sqrt{25-x^2-y^2}, \\ x^2+y^2=9. \end{cases}$$

这说明,空间曲线的方程形式并不是唯一的.

2. 空间曲线的参数式方程

如果空间曲线 Γ 上的每一点 $M(x,y,z)$ 的坐标 x,y,z 可表示成变量 t 的函数,即
$$\begin{cases} x=\varphi(t), \\ y=\psi(t), \\ z=\omega(t). \end{cases} \text{(其中 } t \text{ 为参数)}$$

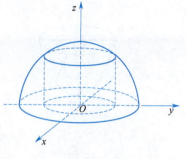

图 7.36

称上式为空间曲线 Γ 的参数式方程.

例 7.23 设一动点 M 沿圆柱面 $x^2+y^2=R^2$ 的母线方向,以速度 v 匀速向上做直线运动;同时,圆柱面又以角速度 ω 绕 z 轴做匀速转动. 求动点 M 的运动轨迹方程.

解 设时间 $t=0$ 时,动点 M 在点 $A(R,0,0)$ 处,并且设在 t 时刻动点 M 的坐标为 $M(x,y,z)$. 过 M 作平行于 z 轴的直线,交 xOy 面于 M_0 点,则 M_0 的坐标为 $M_0(x,y,0)$,如图 7.37 所示.

在 t 这段时间内,圆柱面转过的角度 $\angle AOM_0=\omega t$,M_0M 的长度 $|M_0M|=vt$,于是
$$\begin{cases} x=R\cos\angle AOM_0, \\ y=R\sin\angle AOM_0, \\ z=|M_0M|, \end{cases}$$
即
$$\begin{cases} x=R\cos\omega t, \\ y=R\sin\omega t, \\ z=vt. \end{cases}$$

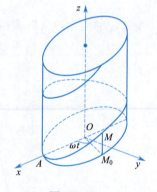

图 7.37

此曲线称为等距螺旋线,$h=v\dfrac{2\pi}{\omega}$ 称为螺距.

同步习题 7.5

【基础题】

1. 已知点 $A(2,-3,5)$ 和点 $B(4,1,-3)$,求以线段 AB 为直径的球面方程.

2. 将 xOz 坐标面上的双曲线 $\dfrac{x^2}{a^2}-\dfrac{z^2}{c^2}=1$ 绕 x 轴一周,求所得的旋转曲面方程.

3. 指出下列方程所代表的空间曲面.

(1) $\dfrac{x^2}{4}+\dfrac{y^2}{4}+\dfrac{z^2}{9}=1$;

(2) $\dfrac{x^2}{6}+\dfrac{y^2}{6}+\dfrac{z^2}{6}=1$;

(3) $\dfrac{x^2}{9}-\dfrac{y^2}{8}+\dfrac{z^2}{9}=1$;

(4) $x^2+y^2-2z=0$;

(5) $x^2-y^2=1$.

【提高题】

1. 指出下列方程所表示的曲线.

(1) $\begin{cases} x^2+y^2+z^2=25, \\ x=3; \end{cases}$

(2) $\begin{cases} x^2+4y^2+9z^2=30, \\ z=1; \end{cases}$

(3) $\begin{cases} x^2-4y^2+z^2=25, \\ x=-3; \end{cases}$

(4) $\begin{cases} y^2+z^2-4x+8=0, \\ y=4; \end{cases}$

(5) $\begin{cases} \dfrac{y^2}{9}-\dfrac{z^2}{4}=1, \\ x-2=0. \end{cases}$

本章小结

一、主要知识点

空间两点间的距离公式;向量的线性运算及坐标表示;向量的模与方向角;向量的数量积、向量积的坐标表示及性质;平面的方程;点到平面的距离;直线的方程;直线与平面的夹角;常见的曲面及其方程(球面、柱面、旋转曲面、二次曲面).

二、主要数学方法

1. 数形结合:借助于图形,分析代数性质;由代数性质研究,得到几何性质.

2. 集合的观点:用集合的观点看待空间的点、线、面及位置关系,认为平面、曲面是适合一定条件的点的集合,点的共同属性的代数形式,就是平面的方程,即平面方程是动点所适合的等式,直线是平面的公共点的集合,所以可以用两个平面的方程组成的方程组表示两平面的交线.

3. 运动的观点:用运动的观点看待空间平面、曲面的形成,认为它们是满足一定条件的点的轨迹.如:球面是到定点距离为定长的点的轨迹,柱面是一直线沿某准线平移形成的轨迹,旋转曲面是某曲线绕一直线旋转形成的轨迹……即点的移动形成线,线的移动形成面,面的移动形成体.

三、主要题型及解法

1. 求空间两点间的距离.

2. 求向量的模与方向角、方向余弦.

3. 求向量的数量积、向量积.

4. 求平面的方程(点法式、一般式、截距式).

5. 求直线的方程(点向式、一般式、参数方程).

6. 判断直线与直线、直线与平面、平面与平面的位置关系;用方向向量表示直线,用法向量表示平面.

总复习题

一、填空题

1. 向量 $a=(1,-1,2)$ 与 $b=(0,1,1)$ 的夹角 $\theta=$ _____.

2. 点 $(-1,2,-1)$ 到平面 $x+2y+2z-3=0$ 的距离为 _____.

3. 已知 $a=(-2,3,m)$, $b=(n,-6,2)$, 若 $a\parallel b$, 则 $m=$ _____.

4. 过点 $(3,2,1)$ 且与直线 $\dfrac{x}{2}=\dfrac{y-1}{4}=\dfrac{z-2}{3}$ 平行的直线方程为 _____.

5. 与平面 $x-y+2z-6=0$ 垂直的单位向量为 _____.

6. 过 Ox 轴和点 $M(1,2,3)$ 的平面方程是 _____.

7. 已知向量 $m=(1,2,2)$, $n=(2,1,-4)$, 则 $n\times m=$ _____.

8. 以点 $(1,3,-2)$ 为球心,且通过坐标原点的球面方程是 _____.

9. 已知三角形 ABC 的顶点坐标分别为 $A(1,2,3)$, $B(3,4,5)$, $C(2,4,7)$, 则三角形 ABC 的面积是 _____.

10. 直线 $L:\dfrac{x-1}{-2}=\dfrac{y-1}{1}=\dfrac{z-1}{3}$ 的参数方程是 _____.

11. 空间向量 $r=2i-2j+k$ 与三个坐标轴夹角的方向余弦分别是 _____.

二、单选题

1. 向量 _____ 是单位向量.

   A. $(1,1,1)$ B. $\left(\dfrac{1}{3},\dfrac{1}{3},\dfrac{1}{3}\right)$

   C. $(0,-1,0)$ D. $\left(\dfrac{1}{2},0,\dfrac{1}{2}\right)$

2. 设 $a=i-2j$, $b=j+3k$, 则 $a\cdot b=$ _____.

   A. -2 B. -5 C. 2 D. $-2i$

3. 直线 $\dfrac{x-1}{-1}=\dfrac{y-1}{0}=\dfrac{z-1}{1}$ 与平面 $2x+y-z-4=0$ 的夹角为 _____.

   A. $\dfrac{\pi}{6}$ B. $\dfrac{\pi}{3}$ C. $\dfrac{\pi}{4}$ D. $\dfrac{\pi}{2}$

4. 直线 $\dfrac{x-1}{2}=\dfrac{y}{1}=\dfrac{z-1}{-1}$ 与平面 $x-y+z=1$ 的关系为 _____.

   A. 平行   B. 垂直

   C. 夹角为 $\dfrac{\pi}{4}$ D. 直线在平面内

5. 平面 $x+ky-z-2=0$ 与平面 $2x+y+z-1=0$ 相互垂直, 则 $k=$ _____.

   A. 1 B. 2 C. -1 D. -2

6. 设 $a=(-1,-1,1)$, $b=(2,2,-2)$, 则有 _____.

   A. $a\parallel b$ B. $a\perp b$ C. $\widehat{(a,b)}=\dfrac{\pi}{3}$ D. $\widehat{(a,b)}=\dfrac{2\pi}{3}$

7. 已知直线 $L: \dfrac{x-1}{2}=\dfrac{y}{0}=\dfrac{z+2}{-3}$，则直线 L _____.

　　A. 过点 $(1,0,-2)$ 且垂直于 x 轴

　　B. 过点 $(1,0,-2)$ 且垂直于 y 轴

　　C. 过点 $(1,0,-2)$ 且垂直于 xOy 面

　　D. 过点 $(1,0,-2)$ 且垂直于 yOz 面

8. 直线 $L:\begin{cases} x-y+z=1,\\ 2x+y-z=2 \end{cases}$ 的方向向量是 _____.

　　A. $(0,-3,3)$　　B. $(1,2,3)$　　C. $(0,3,3)$　　D. $(1,-2,3)$

9. 过点 $(1,2,-1)$ 并且法向量是 $(1,2,-1)$ 的平面方程是 _____.

　　A. $\dfrac{x-1}{1}=\dfrac{y-2}{2}=\dfrac{z+1}{-1}$　　B. $\dfrac{y-2}{2}=\dfrac{z+1}{-1}$

　　C. $x+z=0$　　D. $x+2y-z=6$

10. 平面 $\pi_1: x-y+2z=6$ 与平面 $\pi_2: 2x+y+z=5$ 的位置关系是 _____.

　　A. 平行，但不重合　　B. 重合

　　C. 相交，但不垂直　　D. 垂直

三、计算题

1. 求同时垂直于 $\boldsymbol{a}=2\boldsymbol{i}-\boldsymbol{j}-\boldsymbol{k}$，$\boldsymbol{b}=\boldsymbol{i}+2\boldsymbol{j}-\boldsymbol{k}$ 的单位向量.

2. 求通过点 $A(1,-2,0)$ 且平行于直线 $L_1:\begin{cases} x+y-2z+1=0,\\ x+2y-z+5=0 \end{cases}$ 的直线方程.

3. 已知两点 $M_1(2,-1,2)$，$M_2(8,-7,5)$，求通过点 M_1 且垂直于 $\overrightarrow{M_1M_2}$ 的平面.

4. 求过点 $M(0,2,4)$ 且与两平面 $\pi_1: x+2z-1=0$，$\pi_2: y-3z-2=0$ 都平行的直线方程.

5. 求平行于 y 轴，且过点 $A(1,-5,1)$ 与 $B(3,2,-3)$ 的平面方程.

课外阅读

建筑物中的曲线曲面美

　　生活中处处都有建筑物.这些建筑有些是古色古香的，有些是富丽堂皇的，更有些建筑是直耸云端的.当我们欣赏一座建筑时，如果真正地去了解它，就会发现原来这些宏大的建筑珍品里隐藏着的奥秘——数学曲线或曲面.

　　河北省赵县的赵州桥只用单孔石拱跨越洨河，由于没有桥墩，既增加了排水功能，又方便了舟船往来，石拱的跨度为 37.7 m，连南北桥堍(桥两头靠近平地处)，共长 50.82 m.采取这样巨型跨度，在当时是一个创举.石拱跨度很大，但拱矢(石拱两脚连线至拱顶的高度)只有 7.23 m.拱矢和跨度的比例大约是 1∶5.可见桥高比拱弧的半径要小得多，整个桥身只是圆弧的一段.这样的称为"坦拱".赵州桥是当今世界上现存最早、保存最完善的古代敞肩石拱桥.

　　俗称"小蛮腰"的广州塔采取的是单叶双曲面的结构.广州塔整个塔身是镂空的钢结构框架，24 根钢柱自下而上呈逆时针扭转，每一个构件截面都在变

化.钢结构外框筒的立柱、横梁和斜撑处于三维倾斜状态,再加上扭转的钢结构外框筒上下粗、中间细,这对钢结构件加工、制作、安装、施工测量、变形控制都带来了挑战.仅钢结构外框筒就有24根钢柱、46组环梁、1104根斜撑各不一样.由于广州塔中间混凝土核心筒与钢结构外框筒材料上的差异,形成楼层梁和外框筒的沉降不一致.为了调整钢构件与主体结构的相对位置的正确性,许多节点都通过三维坐标来控制钢柱本体相对位置的精确度.

国家体育场"鸟巢"形态如同孕育生命的"巢",它像一个摇篮,寄托着人类对未来的希望.设计者对这个场馆没有做任何多余的处理,把结构暴露在外,因而自然形成了建筑的外观."鸟巢"外形结构主要由巨大的门式钢架组成,共有24根桁架柱.主体钢结构形成整体的巨型空间马鞍形(双曲抛物面)钢桁架编织式"鸟巢"结构.整个体育场结构的组件相互支撑,形成网格状的构架,外观看上去就仿若树枝织成的鸟巢,其灰色的钢网以透明的膜材料覆盖,其中包含着一个土红色的碗状体育场看台.在这里,中国传统文化中镂空的手法、陶瓷的纹路、红色的灿烂与热烈,与现代最先进的钢结构设计完美地相融在了一起.

北京的凤凰国际传媒中心建筑造型取意于"莫比乌斯环".采用的是钢结构体系,设计和施工难度比较大.它运用的是现代先进的参数化非线性设计,打破了传统的思维,不是通过画图,而是借助设计师的经验和数字技术协同工作,运用编程来完成大楼的设计和施工的.凤凰国际传媒中心钢结构工程是一个技术创新型工程,在"莫比乌斯环"内,每一个钢结构构件弯曲的方向、弧度以及长度都是不一样的,而这所有的不一样,成就了这座独一无二的建筑.

湖南长沙龙王港中国结大桥,桥梁的灵感来源于"莫比乌斯环"的工作原理和中国传统的手工编织中国结.其独特的"莫比乌斯环"(中国结)造型为坚固的桥梁注入了柔美气质,如缎带般优美柔和的人行桥,仿佛舞者的水袖掠过梅溪湖.设计采用多种工艺,行人可在不同高度选取路线过桥.此桥设计不只是杂糅了中国结和"莫比乌斯环",也在向著名的七桥问题致敬.

从各种建筑设计中我们感受到了几何的魅力所在,深刻地体会到数学中的曲线和曲面就在我们身边,形象地描绘出多彩的世界,只要我们细心观察,就会被它深深吸引.生活中并不缺少美,而是缺少对美的发现.只要用心留意,美就无处不在.所以,我们要用心去生活,发现生活中的曲线美,欣赏数学的艺术美,养成良好的审美观.

第8章

多元函数微积分

前面研究的函数是只限于一个自变量的函数,称为一元函数.但在许多实际问题中所遇到的往往是两个或多于两个自变量的函数,即多元函数.多元函数是一元函数的推广,它仍保留一元函数的许多性质,但有些性质与一元函数的性质不同.本章重点讨论二元函数的微积分法及其应用.在掌握二元函数的有关理论与方法以后,可以较容易地将二元函数推广到三元或更多元函数.

§8.1 多元函数的基本概念

8.1.1 多元函数的概念

实际问题中经常用到不是一元函数的函数.例如,矩形的面积 S 依赖于两个独立的自变量,长 x 和宽 y,且 $S=xy(x>0,y>0)$.称变量 S 为 x 和 y 的二元函数.

1. 二元函数的定义

定义 8.1 设有三个变量 x,y,z,当 x,y 在一定的范围内每取定一对数值 (x,y) 时,按照一定的对应法则,z 都有唯一的值与之相对应,则 z 称为关于 x,y 的二元函数,记作 $z=f(x,y)$.其中 x,y 称为自变量,而 z 称为函数(或因变量).自变量 x,y 的允许取值的数对 (x,y) 的集合称为函数的定义域,而对应的函数 z 的集合称为函数的值域.

同样,可定义三元函数 $u=f(x,y,z),(x,y,z)\in D$,以及三元以上的函数.二元以及二元以上的函数统称多元函数.

2. 二元函数的定义域

将平面上由几条直线或曲线所围成的点的集合或者整个平面称为平面区域.若区域延伸到无穷远处,则该区域称为无界区域;如果区域总可以被包围在一个圆心在原点的圆内,则该区域称为有界区域.围成区域的直线或曲线称区域的边界.包括边界的区域称为闭区域,不包括边界的区域称为开区域,包括部分边界的区域称为半开半闭区域.

例如,$D_1 = \{(x,y)|x+y>0\}$ 是一个无界的开区域(见图 8.1),$D_2 = \{(x,y)|x^2+y^2\leqslant 1\}$ 是一个有界的闭区域(见图 8.2).

二元函数定义域的求法与一元函数定义域的求法相似:实际问题要考虑变量的实际意义;对于解析式函数,使该解析式有意义的自变量的取值范围就是函数的定义域.

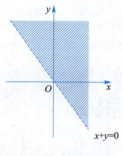
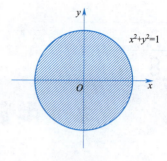

图 8.1　　　　　　　　　图 8.2

例 8.1　求二元函数 $z=\ln(9-x^2-y^2)+\sqrt{x^2+y^2-1}$ 的定义域.

解　要使该二元函数有意义,必须满足
$$\begin{cases} 9-x^2-y^2>0, \\ x^2+y^2-1\geqslant 0, \end{cases}\text{即 } 1\leqslant x^2+y^2<9.$$

故函数的定义域为 $D=\{(x,y)\mid 1\leqslant x^2+y^2<9\}$.

即 D 是一个圆环区域,但不包括外圆边界(见图 8.3).

例 8.2　求二元函数 $z=\ln(y-x)+\dfrac{\sqrt{x}}{\sqrt{1-x^2-y^2}}$ 的定义域.

解　要使该二元函数有意义,必须满足
$$\begin{cases} y-x>0, \\ x^2+y^2<1, \\ x\geqslant 0, \end{cases}$$

即函数的定义域为 $D=\{(x,y)\mid y-x>0, x^2+y^2<1, x\geqslant 0\}$,该区域是一个扇形(见图 8.4).

二元函数
的定义域

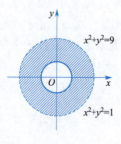
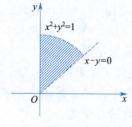

图 8.3　　　　　　　　　图 8.4

3. 二元函数的函数值

对于二元函数 $z=f(x,y)$,给定 x,y 的一组值 (x_0,y_0) 时,由关系式 $z=f(x,y)$ 可得到其相应的函数值,记作 $f(x_0,y_0)$ 或 $z\Big|_{\substack{x=x_0\\y=y_0}}$ 或 $z\Big|_{(x_0,y_0)}$.

例 8.3　已知二元函数 $f(x,y)=x^2+2y^2-5x+3$,求 $f(0,-2)$ 与 $f\left(1,\dfrac{y}{x}\right)$.

解　$f(0,-2)=0^2+2\times(-2)^2-5\times 0+3=11$.

$f\left(1,\dfrac{y}{x}\right)=1^2+2\times\left(\dfrac{y}{x}\right)^2-5\times 1+3=\dfrac{2y^2}{x^2}-1$.

4. 二元函数的几何意义

一般地,一元函数 $y=f(x)$,$x\in D$ 的图像为平面直角坐标系中的一条曲线,且该曲线在 x 轴上的投影点集就是该函数的定义域 D. 同理,由图 8.5 可以看出,二元函数 $z=f(x,y)$,$(x,y)\in D$ 表示空间直角坐标系中的一张空间曲面,且该曲面在 xOy 平面上的投影点集就是该函数的定义域 D.

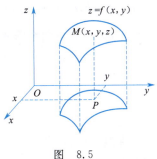

图 8.5

5. 几种常用二元函数的图形

(1) $z=\sqrt{R^2-x^2-y^2}$,上半球面,如图 8.6 所示;

(2) $z=x^2+y^2$,旋转抛物面,如图 8.7 所示;

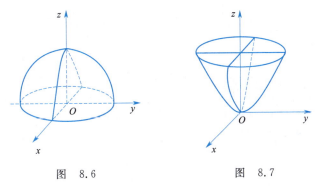

图 8.6   图 8.7

(3) $z=\sqrt{x^2+y^2}$,上半圆锥面,如图 8.8 所示;

(4) $z=-x^2+y^2$,双曲抛物面(马鞍面),如图 8.9 所示.

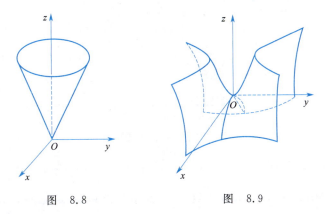

图 8.8   图 8.9

8.1.2 二元函数的极限

我们把满足不等式 $(x-x_0)^2+(y-y_0)^2<\delta^2$ 的点 $P(x,y)$ 组成的区域称为点 $P_0(x_0,y_0)$ 的 δ 邻域,记为 $U(P_0,\delta)$,这是一个圆形开区域,去掉圆心后,称之为点 P_0 的去心 δ 邻域,记为 $\overset{\circ}{U}(P_0,\delta)$.

定义 8.2 设 $z=f(x,y)$ 在点 $P_0(x_0,y_0)$ 的某个 $\overset{\circ}{U}(P_0,\delta)$ 内有定义.若动

点 $P(x,y)$ 沿任意路径趋向于定点 $P_0(x_0,y_0)$ 时，对应的 $f(x,y)$ 都趋向于同一个确定的常数 A，则称函数 $f(x,y)$ 当 (x,y) 趋向于点 (x_0,y_0) 时的极限为 A. 记作

$$\lim_{(x,y)\to(x_0,y_0)} f(x,y) = A \quad \text{或} \quad \lim_{\substack{x\to x_0 \\ y\to y_0}} f(x,y) = A.$$

为了区别于一元函数的极限，我们将二元函数的极限称为二重极限.

注意 （1）函数在某点的极限是否存在与它在该点是否有定义无关（见例 8.5(1)）.

（2）动点 $P(x,y)$ 趋向于定点 $P_0(x_0,y_0)$ 的路径是任意的，如图 8.10 所示.

（3）一元函数极限中的四则运算法则、两个重要极限、无穷小的性质等可以相应地推广到二元函数.

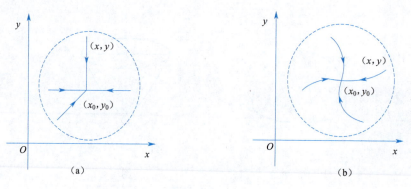

图 8.10

例 8.4 求下列极限.

(1) $\lim\limits_{(x,y)\to(0,2)} \dfrac{\sin(xy)}{x}$;   (2) $\lim\limits_{(x,y)\to(0,0)} \dfrac{\sqrt{xy+1}-1}{xy}$.

解 （1）原式 $= \lim\limits_{\substack{x\to 0 \\ y\to 2}} \left[\dfrac{\sin(xy)}{xy} y \right] = \lim\limits_{xy\to 0} \dfrac{\sin(xy)}{xy} \cdot \lim\limits_{y\to 2} y = 1 \cdot 2 = 2$;

（2）原式 $= \lim\limits_{(x,y)\to(0,0)} \dfrac{xy+1-1}{xy(\sqrt{xy+1}+1)} = \lim\limits_{(x,y)\to(0,0)} \dfrac{1}{(\sqrt{xy+1}+1)} = \dfrac{1}{2}$.

例 8.5 讨论下列函数在点 $(0,0)$ 处的极限.

(1) $f(x,y) = (x^2+y^2)\sin\dfrac{1}{x^2+y^2}$;   (2) $f(x,y) = \dfrac{xy}{x^2+y^2}$.

解 （1）函数在点 $(0,0)$ 处无定义. 动点沿任意路径 $(x,y)\to(0,0)$ 时，都有 $(x^2+y^2)\to 0$. 又 $\left|\sin\dfrac{1}{x^2+y^2}\right| \leqslant 1$ 有界，根据无穷小的性质，得

$$\lim_{\substack{x\to 0 \\ y\to 0}} (x^2+y^2)\sin\dfrac{1}{x^2+y^2} = 0.$$

（2）函数在点 $(0,0)$ 处无定义. 当动点 $P(x,y)$ 沿直线 $y=kx$ 趋向于原点时，$\lim\limits_{\substack{x\to 0 \\ y\to 0}} \dfrac{xy}{x^2+y^2} = \dfrac{k}{1+k^2}$ 随 k 而变，不是一个确定的常数，极限不存在.

8.1.3 二元函数的连续性

1. 二元函数连续的定义

定义 8.3 设函数 $z=f(x,y)$ 在点 $P_0(x_0,y_0)$ 的某邻域内有定义，如果有 $\lim\limits_{\substack{x\to x_0\\ y\to y_0}}f(x,y)=f(x_0,y_0)$，则称函数 $f(x,y)$ 在点 (x_0,y_0) 处连续，且点 (x_0,y_0) 为函数的连续点；否则称函数 $f(x,y)$ 在点 (x_0,y_0) 不连续，且点 (x_0,y_0) 为函数的间断点. 若函数 $f(x,y)$ 在区域 D 内所有点都连续，则称函数在区域 D 上连续，称 D 为该函数的连续区域.

2. 二元连续函数的性质

二元连续函数的和、差、积、商(分母不为零)及复合函数仍是连续函数.

3. 二元初等函数及其连续性

由二元基本初等函数经过有限次的四则运算与复合而成，并且用一个式子表示的函数称为二元初等函数.

定理 8.1 二元初等函数在其定义区域内都是连续的，二元初等函数的连续区域就是其定义区域.

例 8.6 指出下列二元初等函数在何处间断，并写出其连续区域 D.

(1) $z=\dfrac{1}{x^2+y^2}$； (2) $z=\sin\dfrac{1}{x^2+y^2-1}$.

解 (1) 间断点为原点 $O(0,0)$，连续区域 $D=\{(x,y)|x^2+y^2\neq 0\}$；

(2) 圆周 $x^2+y^2=1$ 上的点都是间断点，连续区域 $D=\{(x,y)|x^2+y^2\neq 1\}$.

4. 有界闭区域上连续二元函数的性质

性质 1 在有界闭区域上连续的二元函数，一定能取到最大值和最小值.

性质 2 在有界闭区域上连续的二元函数是有界的.

性质 3 在有界闭区域上连续的二元函数，一定能取到介于最小值和最大值之间的一切值.

同步习题 8.1

【基础题】

1. 已知 $f(x,y)=\dfrac{x+y}{xy}$，求 $f(-2,3), f(x+y,x-y)$.

2. 求解并画出以下函数的定义域 D.

(1) $z=x+\dfrac{1}{\sqrt{y}}$； (2) $z=\ln(x^2+y^2-1)+\dfrac{1}{\sqrt{9-x^2-y^2}}$.

3. 利用两个重要极限和无穷小的性质求下列极限.

(1) $\lim\limits_{(x,y)\to(2,0)}(1+xy)^{\frac{1}{y}}$； (2) $\lim\limits_{(x,y)\to(0,0)}y\sin\dfrac{1}{x^2+y^2}$.

4. 指出下列二元初等函数在何处间断，并写出其连续区域 D.

(1) $z=\dfrac{1}{\sqrt{x^2+y^2}}$； (2) $z=\dfrac{1}{x^2-y^2}$.

【提高题】

1. 设 $f(x+y, x-y) = (2x^2+2y^2)e^{x^2-y^2}$，求 $f(x,y)$.

2. 证明极限 $\lim\limits_{(x,y)\to(0,0)} \dfrac{2xy}{x^2+y^2}$ 不存在.

§8.2 多元函数的偏导数与全微分

与一元函数相类似，对于多元函数而言，当自变量变化时，我们同样要考虑相应函数的变化率. 本节以二元函数 $z=f(x,y)$ 为例，讨论当自变量变化时相应函数的变化率.

8.2.1 偏导数的概念

1. 偏导数的定义

定义 8.4 设二元函数 $z=f(x,y)$ 在点 (x_0,y_0) 的某邻域内有定义，当 y 固定在 y_0 而 x 在 x_0 处有增量 Δx 时，相应的函数有增量 $\Delta z_x = f(x_0+\Delta x, y_0) - f(x_0, y_0)$（称为 z 对 x 的偏增量）. 如果极限 $\lim\limits_{\Delta x\to 0} \dfrac{\Delta z_x}{\Delta x} = \lim\limits_{\Delta x\to 0} \dfrac{f(x_0+\Delta x, y_0) - f(x_0, y_0)}{\Delta x}$ 存在，则称此极限值为函数 $z=f(x,y)$ 在 (x_0, y_0) 点对 x 的偏导数，记作

$$z'_x\big|_{(x_0,y_0)} \text{ 或 } f'_x(x_0,y_0) \text{ 或 } \dfrac{\partial z}{\partial x}\bigg|_{(x_0,y_0)} \text{ 或 } \dfrac{\partial f}{\partial x}\bigg|_{(x_0,y_0)}.$$

即

$$f'_x(x_0,y_0) = \lim\limits_{\Delta x\to 0} \dfrac{\Delta z_x}{\Delta x} = \lim\limits_{\Delta x\to 0} \dfrac{f(x_0+\Delta x, y_0) - f(x_0, y_0)}{\Delta x}. \tag{8.1}$$

同理，函数 $z=f(x,y)$ 在点 (x_0,y_0) 对 y 的偏导数

$$f'_y(x_0,y_0) = \lim\limits_{\Delta y\to 0} \dfrac{\Delta z_y}{\Delta y} = \lim\limits_{\Delta y\to 0} \dfrac{f(x_0, y_0+\Delta y) - f(x_0, y_0)}{\Delta y}. \tag{8.2}$$

或记作

$$z'_y\big|_{(x_0,y_0)} \text{ 或 } \dfrac{\partial z}{\partial y}\bigg|_{(x_0,y_0)} \text{ 或 } \dfrac{\partial f}{\partial y}\bigg|_{(x_0,y_0)}.$$

这里用记号 ∂ 代替 d，以区别于一元函数的导数.

2. 二元函数偏导数的几何意义

我们知道，一元函数 $y=f(x)$ $(x\in D)$ 在点 x_0 处的导数 $f'(x_0)$，是曲线 $y=f(x)$ 在其上点 $(x_0, f(x_0))$ 处的切线的斜率，如图 8.11 所示，即

$$K=\tan\alpha=f'(x_0).$$

实际上，二元函数 $z=f(x,y)$ 的偏导数 $f'_x(x_0,y_0)$ 表示空间曲面 $z=f(x,y)$ 与平面 $y=y_0$ 的交线 $\begin{cases} z=f(x,y_0), \\ y=y_0 \end{cases}$ 在点 $M_0(x_0,y_0,z_0)$ 处的切线对 x 轴的斜率，即 $f'_x(x_0,y_0)=\tan\alpha$；偏导数 $f'_y(x_0,y_0)$ 表示空间曲面 $z=f(x,y)$ 与平面 $x=x_0$ 的交线 $\begin{cases} z=f(x_0,y), \\ x=x_0 \end{cases}$ 在点 $M_0(x_0,y_0,z_0)$ 处的切线对 y 轴的斜率，即 $f'_y(x_0,y_0)=\tan\beta$，如图 8.12 所示.

偏导数的
几何意义

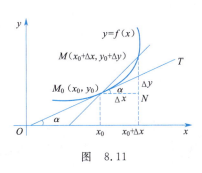
图 8.11

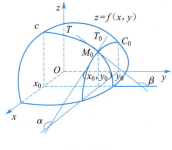
图 8.12

3. 偏导函数

若二元函数 $z=f(x,y)$ 在区域 D 内的每一个点 $P(x,y)$ 处对自变量 x 的偏导数 $f'_x(x,y)$ 都存在,则该偏导数仍然是自变量 x、y 的函数,称为二元函数 $z=f(x,y)$ 对自变量 x 的偏导函数,记作 $\dfrac{\partial z}{\partial x}$,$\dfrac{\partial f}{\partial x}$,$z'_x$ 或 $f'_x(x,y)$. 类似地,可以定义二元函数 $z=f(x,y)$ 对自变量 y 的偏导函数,记作 $\dfrac{\partial z}{\partial y}$,$\dfrac{\partial f}{\partial y}$,$z'_y$ 或 $f'_y(x,y)$.

今后,在不至于混淆的地方,将偏导数和偏导函数统称为偏导数. 根据偏导函数的定义可知,二元函数 $z=f(x,y)$ 在点 $P_0(x_0,y_0)$ 处的偏导数 $f'_x(x_0,y_0)$ 或 $f'_y(x_0,y_0)$ 就是偏导函数 $f'_x(x,y)$ 或 $f'_y(x,y)$ 在点 $P_0(x_0,y_0)$ 处的函数值.

8.2.2 偏导数的计算

实际上由于偏导数的定义中只有一个自变量在变化,把另一个看成固定的,所以偏导数的计算就是按照一元函数的微分法计算.

例 8.7 求 $z=x^2\sin y$ 的偏导数.

解 $z'_x=(x^2\sin y)'_x=2x\sin y,\ z'_y=(x^2\sin y)'_y=x^2\cos y.$

例 8.8 设 $z=x\ln(x^2+y^2)$,求 $\dfrac{\partial z}{\partial x}$,$\dfrac{\partial z}{\partial y}$. 并求 $\dfrac{\partial z}{\partial x}\bigg|_{(1,1)}$,$\dfrac{\partial z}{\partial y}\bigg|_{(1,1)}$.

解 由乘积和复合函数的求导法则:

$$\frac{\partial z}{\partial x}=[x\ln(x^2+y^2)]'_x=(x)'_x\ln(x^2+y^2)+x[\ln(x^2+y^2)]'_x$$

$$=\ln(x^2+y^2)+x\cdot\frac{2x}{x^2+y^2}=\ln(x^2+y^2)+\frac{2x^2}{x^2+y^2}.$$

$$\frac{\partial z}{\partial y}=[x\ln(x^2+y^2)]'_y=x[\ln(x^2+y^2)]'_y=x\frac{2y}{x^2+y^2}=\frac{2xy}{x^2+y^2}.$$

$$\frac{\partial z}{\partial x}\bigg|_{(1,1)}=\ln 2+1,$$

$$\frac{\partial z}{\partial y}\bigg|_{(1,1)}=1.$$

二元函数偏导数概念很容易推广到三元函数. 一个三元函数 $u=f(x,y,z)$ 对 x 的偏导数,就是将自变量 y 与 z 看成固定的常数后,u 作为 x 的一元函数的导数.

例 8.9 求三元函数 $u=\ln(1+x^2+y^2+z^2)$ 的偏导数.

扫一扫

偏导数的计算

解 u 对 x 求偏导时,将变量 y,z 视为常数,即

$$u'_x = [\ln(1+x^2+y^2+z^2)]'_x = \frac{2x}{1+x^2+y^2+z^2},$$

同理 $$u'_y = \frac{2y}{1+x^2+y^2+z^2}, \quad u'_z = \frac{2z}{1+x^2+y^2+z^2}.$$

注意 偏导数记号是一个整体符号,上下不能拆分,此与一元函数 $y=f(x)$ 的导数 $\frac{\mathrm{d}y}{\mathrm{d}x}=f'(x)$ 可拆分为两微分 $\mathrm{d}y$ 与 $\mathrm{d}x$ 之商不同.

我们知道一元函数在一点可导则一定连续.但二元函数在一点偏导数存在是否也一定连续呢?

例 8.10 $f(x,y)=\begin{cases} \dfrac{xy}{x^2+y^2}, & (x,y)\neq(0,0), \\ 0, & (x,y)=(0,0), \end{cases}$ 讨论函数在点 $(0,0)$ 处的

(1)连续性;(2)偏导数.

解 (1)由本章 8.1 节中例 8.5(2)题知,极限 $\lim\limits_{\substack{x\to 0\\y\to 0}}\dfrac{xy}{x^2+y^2}$ 不存在,于是 $f(x,y)$ 在点 $(0,0)$ 处不连续;

(2) $f'_x(0,0)=\lim\limits_{\Delta x\to 0}\dfrac{f(0+\Delta x,0)-f(0,0)}{\Delta x}=\lim\limits_{\Delta x\to 0}\dfrac{f(\Delta x,0)}{\Delta x}$

$=\lim\limits_{\Delta x\to 0}\dfrac{0}{(\Delta x)^3}=0,$

$f'_y(0,0)=\lim\limits_{\Delta y\to 0}\dfrac{f(0,0+\Delta y)-f(0,0)}{\Delta y}=\lim\limits_{\Delta y\to 0}\dfrac{f(0,\Delta y)}{\Delta y}=\lim\limits_{\Delta y\to 0}\dfrac{0}{(\Delta y)^2}=0.$

由此可见,偏导数存在,二元函数不一定连续,此与一元函数不同.

8.2.3 高阶偏导数

如果二元函数 $z=f(x,y)$ 的一阶偏导数 $\dfrac{\partial z}{\partial x}=f'_x(x,y),\dfrac{\partial z}{\partial y}=f'_y(x,y)$ 仍然可导,那么这两个偏导函数的偏导数称为函数 $z=f(x,y)$ 的二阶偏导数.共有四个,分别记为:

$$z''_{xx}=f''_{xx}(x,y)=\frac{\partial^2 z}{\partial x^2}=(z'_x)'_x; \quad z''_{yy}=f''_{yy}(x,y)=\frac{\partial^2 z}{\partial y^2}=(z'_y)'_y;$$

$$z''_{xy}=f''_{xy}(x,y)=\frac{\partial^2 z}{\partial x\partial y}=(z'_x)'_y; \quad z''_{yx}=f''_{yx}(x,y)=\frac{\partial^2 z}{\partial y\partial x}=(z'_y)'_x.$$

其中后两个称为混合偏导数.类似地可定义三阶、四阶,甚至 n 阶偏导数,二阶及以上的偏导数统称高阶偏导数.

定理 8.2 若 $z=f(x,y)$ 的二阶混合偏导数 z''_{xy} 和 z''_{yx} 在区域 D 内连续,则

$$z''_{xy}=z''_{yx}.$$

例 8.11 求函数 $z=x^3y-3x^2y^3$ 的二阶偏导数.

解 由 $z'_x=3x^2y-6xy^3, z'_y=x^3-9x^2y^2$,得

$$z''_{xx}=6xy-6y^3, \quad z''_{yy}=-18x^2y,$$

$$z''_{xy}=(z'_x)'_y=(3x^2y-6xy^3)'_y=3x^2-18xy^2,$$

$$z''_{yx}=(z'_y)'_x=(x^3-9x^2y^2)'_x=3x^2-18xy^2.$$

8.2.4 多元函数的全微分

与一元函数的微分定义方法类似,对于二元函数,考察当自变量变化时相应函数的增量的近似值.

定义 8.5 如果二元函数 $z=f(x,y)$ 在点 $P(x,y)$ 处的全增量 $\Delta z=f(x+\Delta x,y+\Delta y)-f(x,y)$ 可以表示为 $\Delta z=A\Delta x+B\Delta y+o(\rho)$ 的形式,其中两个常数 A、B 与 Δx、Δy 无关,仅与 x、y 有关,$\rho=\sqrt{(\Delta x)^2+(\Delta y)^2}$,则称二元函数 $z=f(x,y)$ 在点 $P(x,y)$ 处可微,并称 $A\Delta x+B\Delta y$ 为二元函数 $z=f(x,y)$ 在点 $P(x,y)$ 处的全微分,记作 $\mathrm{d}z$,即

$$\mathrm{d}z=A\Delta x+B\Delta y.$$

可以证明,若二元函数 $z=f(x,y)$ 在点 $P(x,y)$ 的某邻域内的偏导数 $f'_x(x,y)$、$f'_y(x,y)$ 连续,则该二元函数 $z=f(x,y)$ 在点 $P(x,y)$ 处可微,并且全微分为

$$\mathrm{d}z=f'_x(x,y)\Delta x+f'_y(x,y)\Delta y.$$

又因为自变量的改变量等于自变量的微分,所以上式也可写为

$$\mathrm{d}z=f'_x(x,y)\mathrm{d}x+f'_y(x,y)\mathrm{d}y. \qquad (8.3)$$

全微分

例 8.12 求二元函数 $z=x^2y^2$ 在点 $(2,-1)$ 处,当 $\Delta x=0.02$、$\Delta y=-0.01$ 时的全增量与全微分.

解 全增量为

$$\Delta z=(2+0.02)^2\times(-1-0.01)^2-2^2\times(-1)^2=0.1624.$$

由于该二元函数 $z=x^2y^2$ 的两个偏导数分别为

$$\frac{\partial z}{\partial x}=2xy^2, \quad \frac{\partial z}{\partial y}=2x^2y,$$

于是所求点 $(2,-1)$ 处的全微分为

$$\begin{aligned}\mathrm{d}z&=\frac{\partial z}{\partial x}\bigg|_{(2,-1)}\Delta x+\frac{\partial z}{\partial y}\bigg|_{(2,-1)}\Delta y\\&=2\times2\times(-1)^2\times0.02+2\times2^2\times(-1)\times(-0.01)\\&=0.16.\end{aligned}$$

同步习题 8.2

【基础题】

1. 求下列函数的偏导数.
   (1) $z=y^2\cos 2x$;   (2) $z=5x^4y+10x^2y^3$.

2. 求下列函数在指定点的偏导数.
   (1) $f(x,y)=x^2+3xy+y^2$,求 $f'_x(1,2)$,$f'_y(1,2)$;
   (2) $f(x,y,z)=\ln(xy+z)$,求 $f'_x(2,1,0)$,$f'_y(2,1,0)$;$f'_z(2,1,0)$.

3. 求下列函数的二阶偏导数.
   (1) $z=x^4+y^4-4x^2y^2$;   (2) $z=x^y$;
   (3) $z=\dfrac{x}{y}$.

4.求下列函数的全微分.

(1)$z=xy+\dfrac{x}{y}$; (2)$z=e^{xy}$在点$(2,1)$处.

【提高题】

1.设 $f(x,y)=\begin{cases}0, & x^2+y^2=0, \\ \dfrac{xy}{\sqrt{x^2+y^2}}, & x^2+y^2\neq 0,\end{cases}$ 讨论函数在$(0,0)$点的连续性、偏导存在性、可微性.

2.求下列函数的二阶混合偏导数$\dfrac{\partial^2 z}{\partial x \partial y}$.

(1)$z=xy^2+x^3y$; (2)$z=x^{ky}$;

(3)$z=xy\arctan\dfrac{y}{x}$.

3.求下列函数的全微分.

(1)$z=x^3y^2+x^2y^3$; (2)$z=\arctan(x^2+y^2)$.

§8.3 多元复合函数与隐函数的偏导数

8.3.1 多元复合函数的偏导数

由于多元复合函数是一元复合函数的推广,因此求多元复合函数的偏导数的方法与一元复合函数的求导数的方法类似.

如果中间变量 u,v 是二元函数,不妨设 $u=\varphi(x,y),v=\psi(x,y)$,则函数 $z=f(u,v)$ 对自变量的偏导数求法法则如下:

定理 8.3 若两个二元函数 $u=\varphi(x,y),v=\psi(x,y)$ 在点(x,y)处的偏导数 $\dfrac{\partial u}{\partial x},\dfrac{\partial u}{\partial y},\dfrac{\partial v}{\partial x},\dfrac{\partial v}{\partial y}$ 都存在,并且在对应的点(u,v)处,二元函数 $z=f(u,v)$ 具有连续的偏导数,则复合函数 $z=f(\varphi(x,y),\psi(x,y))$ 在点(x,y)处对两个自变量 x,y 的偏导数存在,且

$$\dfrac{\partial z}{\partial x}=\dfrac{\partial z}{\partial u}\dfrac{\partial u}{\partial x}+\dfrac{\partial z}{\partial v}\dfrac{\partial v}{\partial x};\quad \dfrac{\partial z}{\partial y}=\dfrac{\partial z}{\partial u}\dfrac{\partial u}{\partial y}+\dfrac{\partial z}{\partial v}\dfrac{\partial v}{\partial y}. \tag{8.4}$$

该公式称为偏导公式.此复合函数的各变量间的关系如图 8.13 所示.使用公式法的解题步骤是:画出关系图,确定路径链,写出偏导公式,注意区别使用导数和偏导数的符号.

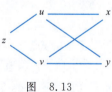

图 8.13

扫一扫

多元复合
函数的
偏导数

例 8.13 设 $z=e^u\sin v, u=xy, v=x+y$,求 $\dfrac{\partial z}{\partial x}$ 和 $\dfrac{\partial z}{\partial y}$.

解 $\dfrac{\partial z}{\partial x}=\dfrac{\partial z}{\partial u}\dfrac{\partial u}{\partial x}+\dfrac{\partial z}{\partial v}\dfrac{\partial v}{\partial x}=e^u\sin v\cdot y+e^u\cos v\cdot 1$

$=e^u(y\sin v+\cos v)=e^{xy}[y\sin(x+y)+\cos(x+y)]$.

$\dfrac{\partial z}{\partial y}=\dfrac{\partial z}{\partial u}\dfrac{\partial u}{\partial y}+\dfrac{\partial z}{\partial v}\dfrac{\partial v}{\partial y}=e^u\sin v\cdot x+e^u\cos v\cdot 1$

$=e^u(x\sin v+\cos v)=e^{xy}[x\sin(x+y)+\cos(x+y)]$.

定理 8.4 若函数 $u=\varphi(t)$ 及 $v=\psi(t)$ 都在点 t 处可导,并且二元函数 $z=f(u,v)$ 在相对应的点 (u,v) 处具有连续的偏导数,则复合函数 $z=f(\varphi(t),\psi(t))$ 在点 t 处可导,且

$$\frac{\mathrm{d}z}{\mathrm{d}t}=\frac{\partial z}{\partial u}\frac{\mathrm{d}u}{\mathrm{d}t}+\frac{\partial z}{\partial v}\frac{\mathrm{d}v}{\mathrm{d}t}. \tag{8.5}$$

该公式称为全导公式. 此复合函数各变量间的关系如图 8.14 所示,函数与自变量间的路径数与全导公式中的项数相对应,而每条路径反应的又是函数与自变量之间的复合关系.

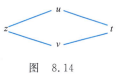

图 8.14

例 8.14 已知 $z=\mathrm{e}^u\sin v, u=x^2, v=2x+1$,求 $\dfrac{\mathrm{d}z}{\mathrm{d}x}$.

解 因为 $\dfrac{\partial z}{\partial u}=(\mathrm{e}^u\sin v)_u'=\mathrm{e}^u\sin v$,$\dfrac{\partial z}{\partial v}=(\mathrm{e}^u\sin v)_v'=\mathrm{e}^u\cos v$.

$$\frac{\mathrm{d}u}{\mathrm{d}x}=2x,\quad \frac{\mathrm{d}v}{\mathrm{d}x}=2,$$

所以

$$\frac{\mathrm{d}z}{\mathrm{d}t}=\frac{\partial z}{\partial u}\frac{\mathrm{d}u}{\mathrm{d}t}+\frac{\partial z}{\partial v}\frac{\mathrm{d}v}{\mathrm{d}t}=\mathrm{e}^u\sin v\cdot 2x+\mathrm{e}^u\cos v\cdot 2$$
$$=\mathrm{e}^{x^2}\sin(2x+1)\cdot 2x+\mathrm{e}^{x^2}\cos(2x+1)\cdot 2.$$

例 8.15 设 $z=(2x+y)^{x+y}$,其中 $2x+y>0$,求 $\dfrac{\partial z}{\partial x}$ 和 $\dfrac{\partial z}{\partial y}$.

解 令 $z=u^v, u=2x+y, v=x+y$,得

$$\frac{\partial z}{\partial x}=\frac{\partial z}{\partial u}\frac{\partial u}{\partial x}+\frac{\partial z}{\partial v}\frac{\partial v}{\partial x}$$
$$=vu^{v-1}\cdot 2+u^v\ln u\cdot 1$$
$$=2(x+y)(2x+y)^{x+y-1}+(2x+y)^{x+y}\ln(2x+y),$$

$$\frac{\partial z}{\partial y}=\frac{\partial z}{\partial u}\frac{\partial u}{\partial y}+\frac{\partial z}{\partial v}\frac{\partial v}{\partial y}$$
$$=vu^{v-1}\cdot 1+u^v\ln u\cdot 1$$
$$=(x+y)(2x+y)^{x+y-1}+(2x+y)^{x+y}\ln(2x+y).$$

例 8.16 设 $z=\ln(\mathrm{e}^u+v), u=xy, v=x^2-y^2$,求 $\dfrac{\partial z}{\partial x}, \dfrac{\partial z}{\partial y}$.

解法一 由复合函数求导数的链式法则,得

$$\frac{\partial z}{\partial x}=\frac{\partial z}{\partial u}\cdot\frac{\partial u}{\partial x}+\frac{\partial z}{\partial v}\cdot\frac{\partial v}{\partial x}=\frac{\mathrm{e}^u}{\mathrm{e}^u+v}\cdot y+\frac{1}{\mathrm{e}^u+v}\cdot 2x=\frac{y\mathrm{e}^{xy}+2x}{\mathrm{e}^{xy}+x^2-y^2},$$

$$\frac{\partial z}{\partial y}=\frac{\partial z}{\partial u}\cdot\frac{\partial u}{\partial y}+\frac{\partial z}{\partial v}\cdot\frac{\partial v}{\partial y}=\frac{\mathrm{e}^u}{\mathrm{e}^u+v}\cdot x+\frac{1}{\mathrm{e}^u+v}\cdot(-2y)=\frac{x\mathrm{e}^{xy}-2y}{\mathrm{e}^{xy}+x^2-y^2}.$$

解法二 把 $u=xy, v=x^2-y^2$ 代入 $z=\ln(\mathrm{e}^u+v)$ 中,得

$$z=\ln(\mathrm{e}^{xy}+x^2-y^2),$$

所以

$$\frac{\partial z}{\partial x}=\frac{1}{\mathrm{e}^{xy}+x^2-y^2}(\mathrm{e}^{xy}+x^2-y^2)_x'=\frac{y\mathrm{e}^{xy}+2x}{\mathrm{e}^{xy}+x^2-y^2},$$

$$\frac{\partial z}{\partial y}=\frac{1}{\mathrm{e}^{xy}+x^2-y^2}(\mathrm{e}^{xy}+x^2-y^2)_y'=\frac{x\mathrm{e}^{xy}-2y}{\mathrm{e}^{xy}+x^2-y^2}.$$

例 8.17 设 $z=f(x^2-y^2, xy)$,其中 $f(u,v)$ 具有连续偏导数,求 $\dfrac{\partial z}{\partial x}, \dfrac{\partial z}{\partial y}$.

解 令 $u=x^2-y^2, v=xy$，则 $z=f(u,v)$，变量关系如图 8.15 所示，所以

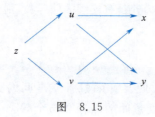

图 8.15

$$z'_x = z'_u u'_x + z'_v v'_x = z'_u \cdot 2x + z'_v \cdot y.$$
$$z'_y = z'_u u'_y + z'_v v'_y = z'_u \cdot (-2y) + z'_v \cdot x.$$

遇到抽象函数（表达式未知）时，为书写方便和容易理解，可用换元法求解.

8.3.2 隐函数的偏导数

与一元函数的隐函数类似，多元函数的隐函数也是由方程式来确定的一个函数. 比如，由三元方程 $F(x,y,z)=0$ 所确定的函数 $z=f(x,y)$ 称为二元隐函数.

定理 8.5 设 $z=f(x,y)$ 由 $F(x,y,z)=0$ 确定，则 $z'_x = \dfrac{-F'_x}{F'_z}, z'_y = \dfrac{-F'_y}{F'_z}$.

注意 （1）如果一元函数 $y=f(x)$ 隐藏于二元方程 $F(x,y)=0$ 中，则该隐函数的导数为 $\dfrac{\mathrm{d}y}{\mathrm{d}x} = \dfrac{-F'_x}{F'_y}$.

（2）定理 8.5 的公式可以推广到三元隐函数的求导.

例 8.18 求由方程 $x^2+xy+y^2=4$ 所确定的隐函数的导数.

解 公式法.

令 $F(x,y)=x^2+xy+y^2-4$，则 $F'_x=2x+y, F'_y=x+2y$，所以

$$\frac{\mathrm{d}y}{\mathrm{d}x} = \frac{-F'_x}{F'_y} = \frac{-(2x+y)}{x+2y}.$$

直接法.

对方程 $x^2+xy+y^2=4$ 两边对 x 求导，得

$$(x^2)'_x + (xy)'_x + (y^2)'_x = (4)'_x,$$

即

$$2x+y+xy'+2yy'=0,$$

解得

$$y' = \frac{-(2x+y)}{x+2y}.$$

例 8.19 求由方程 $\mathrm{e}^{-xy}-2z+\mathrm{e}^z=0$ 所确定的隐函数的偏导数.

解 令 $F(x,y,z)=\mathrm{e}^{-xy}-2z+\mathrm{e}^z$，则 $F'_x=-y\mathrm{e}^{-xy}, F'_y=-x\mathrm{e}^{-xy}, F'_z=\mathrm{e}^z-2$，所以

$$z'_x = \frac{-F'_x}{F'_z} = \frac{y\mathrm{e}^{-xy}}{\mathrm{e}^z-2}, \quad z'_y = \frac{-F'_y}{F'_z} = \frac{x\mathrm{e}^{-xy}}{\mathrm{e}^z-2}.$$

综上所述，求复合函数偏导数时，方法不限，以既快又准为原则；求一元隐函数的导数或多元隐函数的偏导数时，公式法要比直接法容易得多.

同步习题 8.3

【基础题】

1. 求下列复合函数的一阶导数或一阶偏导数.

(1) $z = uv + \sin t$,且 $u = e^t, v = \cos t$;

(2) $z = e^u \cos v$,且 $u = xy, v = x + y$.

2. 求下列二元方程所确定的一元隐函数 $y = f(x)$ 的一阶导数 $\dfrac{dy}{dx}$.

(1) $x^2 + xy - e^y = 0$;

(2) $x^2 - xy + 2y^2 + x - y - 1 = 0$,在 $(0, 1)$ 点.

3. 求下列三元方程所确定的二元隐函数 $z = f(x, y)$ 的一阶偏导数.

(1) $z^3 - 2xz + y = 0$;   (2) $e^{-xy} - 2z + e^z = 0$.

【提高题】

1. 求下列复合函数的一阶导数或一阶偏导数.

(1) $z = x^y, x = e^t, y = t^2$;   (2) $z = u^2 - v^2, u = x\sin y, v = x\cos y$.

2. 求下列三元方程所确定的隐函数的偏导数.

(1) $yz^2 - xz^3 + x^3 = y$;   (2) $x^2 + z^2 = 2ye^z$;

(3) $\sin z = xyz$;   (4) $e^z - xy^2 + \sin(y + z) = 0$.

§8.4 多元函数的极值与最值

在实际的问题中,往往会遇到多元函数的极值与最值问题.与一元函数相类似,多元函数的最大值、最小值与极大值、极小值也有着密切的联系.下面以二元函数为例来讨论其极值问题.

8.4.1 多元函数的极值

1. 多元函数极值的定义

与一元函数的极值定义类似,我们通过比较自变量在局部范围内函数值的大小来定义极值.下面以二元函数为例讨论函数的极值.

定义 8.6 设二元函数 $z = f(x, y)$ 在点 $P_0(x_0, y_0)$ 的某一个邻域内有定义,对于该邻域内异于 $P_0(x_0, y_0)$ 的一切点 $P(x, y)$,若均有 $f(x, y) < f(x_0, y_0)$ 成立,则称 $f(x_0, y_0)$ 为 $z = f(x, y)$ 的极大值;若均有 $f(x, y) > f(x_0, y_0)$ 成立,则称 $f(x_0, y_0)$ 为 $z = f(x, y)$ 的极小值.极大值与极小值统称极值.点 $P_0(x_0, y_0)$ 称为极值点.

例如,二元函数 $z = \sqrt{R^2 - x^2 - y^2}$ 在 $(0, 0)$ 处取得极大值 $z(0, 0) = R$(见图 8.6).

二元函数 $z = \sqrt{x^2 + y^2}$ 在点 $M(0, 0)$ 处有极小值 $z(0, 0) = 0$(见图 8.8).

二元函数 $z=-x^2+y^2$ 在 $(0,0)$ 处无极值(见图 8.9).

2. 极值存在的必要条件

一元函数的可能极值点(待定极值点)是一阶导数不存在的点或驻点. 二元函数的极值也有类似的结论.

定理 8.6 (必要条件)若二元函数 $z=f(x,y)$ 在点 $P_0(x_0,y_0)$ 处有极值, 并且两个偏导数都存在, 则有 $\begin{cases} f'_x(x,y)=0, \\ f'_y(x,y)=0. \end{cases}$

这里, 满足 $\begin{cases} f'_x(x,y)=0, \\ f'_y(x,y)=0 \end{cases}$ 的点 $P_0(x_0,y_0)$ 称为函数 $z=f(x,y)$ 的驻点. 与一元函数相类似, 驻点不一定是极值点.

例如, 点 $M(0,0)$ 是二元函数 $z=xy$ 的驻点, 但是二元函数 $z=xy$ 在该点并无极值.

3. 极值存在的充分条件

定理 8.7 (充分条件)设二元函数 $z=f(x,y)$ 在点 $P_0(x_0,y_0)$ 的某邻域内连续并且具有二阶连续的偏导数, 并且 $P_0(x_0,y_0)$ 是驻点. 令 $f''_{xx}(x_0,y_0)=A$, $f''_{xy}(x_0,y_0)=B$, $f''_{yy}(x_0,y_0)=C$, 则二元函数 $f(x,y)$ 在点 $P_0(x_0,y_0)$ 处是否取得极值的判定如下:

(1) 当 $AC-B^2>0$ 时具有极值, 且当 $A<0$ 时有极大值, 当 $A>0$ 时有极小值;

(2) 当 $AC-B^2<0$ 时无极值;

(3) 当 $AC-B^2=0$ 时可能有极值. 也可能无极值, 需另作讨论.

利用极值存在的必要条件和充分条件, 将具有二阶连续偏导数的二元函数 $z=f(x,y)$ 的极值求法归纳如下:

第一步: 解方程组 $\begin{cases} f'_x(x,y)=0, \\ f'_y(x,y)=0, \end{cases}$ 求出所有的驻点 $P_i(x_i,y_i)$;

第二步: 对每一个驻点 $P_i(x_i,y_i)$, 求出其二阶偏导数 A,B,C 的值;

第三步: 讨论 $AC-B^2$ 的符号, 然后根据定理(充分条件)判定该点是否为极点.

例 8.20 求二元函数 $f(x,y)=x^3-y^3+3x^2+3y^2-9x$ 的极值.

解 解方程组 $\begin{cases} f'_x(x,y)=3x^2+6x-9=0, \\ f'_y(x,y)=-3y^2+6y=0, \end{cases}$ 求得驻点分别为 $P_1(1,0)$, $P_2(1,2)$, $P_3(-3,0)$, $P_4(-3,2)$.

二阶偏导数分别为 $f''_{xx}(x,y)=6x+6$, $f''_{xy}(x,y)=0$, $f''_{yy}(x,y)=-6y+6$.

在点 $P_1(1,0)$ 处, 由于 $AC-B^2=12\times 6>0$, 并且 $A=12>0$, 因此该二元函数在点 $P_1(1,0)$ 处有极小值 $f(1,0)=-5$;

在点 $P_2(1,2)$ 处, 由于 $AC-B^2=12\times(-6)<0$, 因此该二元函数在点 $P_2(1,2)$ 处无极值;

在点 $P_3(-3,0)$ 处, 由于 $AC-B^2=-12\times 6<0$, 因此该二元函数在点 $P_3(-3,0)$ 处无极值;

在点 $P_4(-3,2)$ 处, 由于 $AC-B^2=-12\times(-6)>0$, 并且 $A=-12<0$, 因

扫一扫

多元函数求极值的步骤

此该二元函数在点 $P_4(-3,2)$ 处有极大值 $f(-3,2)=31$.

和一元函数可能的极值点情况类似,二元函数的一阶偏导数不存在的点也可能是极值点. 如二元函数 $z=\sqrt{x^2+y^2}$ 在点 $(0,0)$ 处的一阶偏导数不存在,但是该二元函数在点处却有极小值 0.

4. 二元函数的条件极值

以上函数 $z=f(x,y)$ 的极值是没有约束条件的,称为函数的无条件极值. 函数 $z=f(x,y)$ 在约束条件 $g(x,y)=0$ 下的极值,称为条件极值.

例 8.21 求二元函数 $z=f(x,y)=\sqrt{1-x^2-y^2}$ 的(1)极大值;(2)在条件 $g(x,y)=x+y-1=0$ 下的极大值.

解 (1)此为无条件极值. 显然,函数的极大点为 $(0,0)$,所以极大值为 $f(0,0)=1$.

(2)此为条件极值. 从几何上看(见图 8.16),就是上半球面 $z=\sqrt{1-x^2-y^2}$ 与平面 $x+y-1=0$ 的交线上的最高点的竖坐标.

应用拉格朗日乘数法. 先构造拉格朗日函数 $L(x,y,\lambda)=f(x,y)+\lambda g(x,y)$($\lambda$ 为非零参数),然后通过三元方程组 $\begin{cases} L'_x(x,y,\lambda)=0, \\ L'_y(x,y,\lambda)=0, \\ L'_\lambda(x,y,\lambda)=0 \end{cases}$ 消

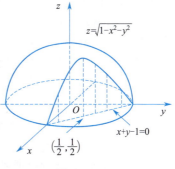

图 8.16

去参数 λ,可得目标函数唯一的驻点 (x_0,y_0),也称拉格朗日驻点,再依实际问题加以确定.

(1)构造拉格朗日函数.

$L(x,y,\lambda)=f(x,y)+\lambda g(x,y)=\sqrt{1-x^2-y^2}+\lambda(x+y-1)$,$\lambda$ 为非零参数.

(2)解三元方程组 $\begin{cases} L'_x=\dfrac{-x}{\sqrt{1-x^2-y^2}}+\lambda=0, \\ L'_y=\dfrac{-y}{\sqrt{1-x^2-y^2}}+\lambda=0, \\ L'_\lambda=x+y-1=0, \end{cases}$ 消去参数 λ,得唯一驻

点 $\left(\dfrac{1}{2},\dfrac{1}{2}\right)$.

(3)由题意,极大值点是存在的,驻点 $\left(\dfrac{1}{2},\dfrac{1}{2}\right)$ 即为目标函数 $z=f(x,y)=\sqrt{1-x^2-y^2}$ 在条件 $x+y-1=0$ 下的极大值点,因此所求的条件极大值为 $f\left(\dfrac{1}{2},\dfrac{1}{2}\right)=\dfrac{\sqrt{2}}{2}$.

注意 该题目也可以用代入法求解.

8.4.2 多元函数的最值

与一元函数类似,可以利用函数的极值来求函数的最值. 对于闭区域 D 上

连续的二元函数 $z=f(x,y)$,一定有最大值和最小值. 若使二元函数 $z=f(x,y)$ 取得最大值或最小值的点在区域 D 的内部取得,则该点一定是该二元函数 $z=f(x,y)$ 的极值点;若使二元函数 $z=f(x,y)$ 取得最大值或最小值的点是在区域 D 的边界上,则该点一定是该二元函数 $z=f(x,y)$ 在边界上的最大值或最小值. 因此,在求二元函数 $z=f(x,y)$ 的最值时,只需将区域 D 内部可能的极值点所对应的函数值与区域 D 边界上的函数的最大值与最小值进行比较即可,其中最大者就是闭区域 D 上连续的二元函数 $z=f(x,y)$ 的最大值,最小者就是闭区域 D 上连续的二元函数 $z=f(x,y)$ 的最小值.

对于实际问题中的最值问题,若根据问题的属性能够判断其函数的最大值或最小值在区域的内部取得,而函数在该区域的内部只有一个驻点,则该驻点处的函数值就是该函数在该区域内的最大值或最小值. 因此,求实际问题中的最大值或最小值的步骤如下:

第一步:根据实际的问题建立函数关系,并且确定其函数的定义域;

第二步:求出唯一的驻点;

第三步:结合实际问题的属性求出其最大值或最小值.

例 8.22 某厂需用铁板做成一个体积为 2 m^3 的有盖长方体水箱,当长、宽、高分别取多少时,才能使得所用的材料最省?

解 设水箱的长、宽、高分别为 x,y,z,表面积为 S,则
$$S=2(xy+yz+xz).$$
由于 $xyz=2$,即 $z=\dfrac{2}{xy}$,因此 $S=2\left(xy+\dfrac{2}{x}+\dfrac{2}{y}\right)$.

显然其表面积 S 是一个二元函数,其定义域为 $D=\{(x,y)\mid x>0,y>0\}$.

解方程组 $\begin{cases}\dfrac{\partial S}{\partial x}=2\left(y-\dfrac{2}{x^2}\right)=0,\\ \dfrac{\partial S}{\partial y}=2\left(x-\dfrac{2}{y^2}\right)=0\end{cases}$ 得驻点为 $(\sqrt[3]{2},\sqrt[3]{2})$. 根据题意可知,水箱所用材料的最小值一定存在. 又因为该二元函数 $S=2\left(xy+\dfrac{2}{x}+\dfrac{2}{y}\right)$ 在区域 D 的内部只有唯一的驻点 $(\sqrt[3]{2},\sqrt[3]{2})$,因此可以判定当 $x=\sqrt[3]{2},y=\sqrt[3]{2}$ 时,其表面积 S 为最小值,此时的高 $z=\dfrac{2}{xy}=\sqrt[3]{2}$. 由此可知,体积一定的长方体中,正方体的表面积最小.

同步习题 8.4

【基础题】

1. 函数 $z=xy$ 在附加条件 $x+y=1$ 下的极_____值为 _____.

2. 求下列函数的极值.
   (1) $f(x,y)=(6x-x^2)(4y-y^2)$;
   (2) $f(x,y)=3x^2y+y^3-3x^2-3y^2+2$.

3. 欲做一个容积为 1 m^3 的有盖圆柱形铅桶,问底半径和高各为多少时,才

能使用料最省？

【提高题】

1. 求下列函数的极值.

(1) $f(x) = e^{x-y}(x^2 - 2y^2)$；

(2) $f(x,y) = x^2 + xy + y^2 - 3x - 6y$.

2. 求函数 $z = x^2 + y^2 + xy$ 在条件 $x + y = 1$ 的极值？

3. 三正数 x, y, z 之和为 a，当它们分别为多少时乘积最大？并求最大乘积.

§8.5 二重积分的概念与性质

一元函数积分学中，我们曾经用和式的极限来定义一元函数 $f(x)$ 在区间 $[a, b]$ 上的定积分，本节将把这一方法推广到多元函数的情形，便得到重积分的概念及性质.

8.5.1 引例

设有一个立体，它的底是 xOy 坐标平面上的有界闭区域 D，它的侧面是以 D 的边界曲线为准线而母线平行于坐标轴 Oz 的柱面，它的顶是曲面 $z = f(x, y)$，这里 $f(x, y) \geq 0$ 并且在 D 上连续，如图 8.17 所示. 我们将这种立体称为曲顶柱体. 空间内由曲面所围成的体积总可以分割成一些比较简单的曲顶柱体的体积的和. 下面讨论如何定义并且计算曲顶柱体的体积 V.

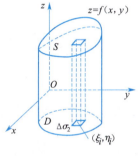

图 8.17

我们知道，平顶柱体的体积公式为底面积×高. 而曲顶柱体的高是不断变化着的，我们可以借鉴一元函数的定积分中求曲边梯形面积的方法来帮助解决曲顶柱体的体积计算问题.

对于有界闭区域 D 上的连续函数 $z = f(x, y)$：

(1) 分割 D 为 n 个小闭区域 $\sigma_1, \sigma_2, \cdots, \sigma_n$，它们所对应的直径分别为 $d_1, d_2, \cdots, d_n$，各小闭区域的面积分别为 $\Delta\sigma_1, \Delta\sigma_2, \cdots, \Delta\sigma_n$，于是曲顶柱体就被分割成了 n 个小曲顶柱体.

(2) 在每一个小闭区域 $\sigma_i (i = 1, 2, \cdots, n)$ 上任取一个点 $P_i(\xi_i, \eta_i) \in \sigma_i$，以该点所对应的函数值 $f(\xi_i, \eta_i)$ 来近似地代替小曲顶柱体的高，则每一个小曲顶柱体体积的近似值为 $f(\xi_i, \eta_i)\Delta\sigma_i (i = 1, 2, \cdots, n)$.

(3) 对这 n 个小曲顶柱体的体积求和，得曲顶柱体体积的近似值为 $\sum_{i=1}^{n} f(\xi_i, \eta_i)\Delta\sigma_i$.

(4) 当分割无限地细密时，则小闭区域的数量就越来越多，小闭区域 σ_i 的面积 $\Delta\sigma_i$ 也就越来越小；当这 n 个小闭区域中最大的直径 $d = \max\{d_1, d_2, \cdots, d_n\}$ 都趋向于零时，上述和式 $\sum_{i=1}^{n} f(\xi_i, \eta_i)\Delta\sigma_i$ 的极限就是该曲顶柱体的体积

V，即

$$V = \lim_{d \to 0} \sum_{i=1}^{n} f(\xi_i, \eta_i) \Delta \sigma_i.$$

这样，求曲顶柱体的体积问题就归结为求上述和式的极限.

事实上，实际应用过程中的许多量的相应改变量问题反映在图像上与上述问题类似. 例如，非均匀分布的平面薄片的质量，在图形上反映为以薄片为底，以密度函数 $\rho(x,y)(\rho(x,y)\geqslant 0)$ 为顶的曲顶柱体的体积.

8.5.2 二重积分的概念

1. 二重积分的定义

定义 8.7 设 $z=f(x,y)$ 是有界闭区域 D 上的有界函数，将 D 任意分割成 n 个小闭区域 $\sigma_1, \sigma_2, \cdots, \sigma_n$，它们所对应的直径分别为 $d_1, d_2, \cdots, d_n$，各小闭区域的面积分别为 $\Delta \sigma_1, \Delta \sigma_2, \cdots, \Delta \sigma_n$. 在每一个小闭区域 $\sigma_i (i=1,2,\cdots,n)$ 上任取一个点 $P_i(x_i, y_i) \in \sigma_i$，当小闭区域中的最大直径 $d \to 0$ 时，若极限 $\lim_{d \to 0} \sum_{i=1}^{n} f(x_i, y_i) \Delta \sigma_i$ 存在，则此极限称为函数 $z=f(x,y)$ 在 D 上的二重积分，记作 $\iint\limits_{D} f(x,y) d\sigma$，即

$$\iint\limits_{D} f(x,y) d\sigma = \lim_{d \to 0} \sum_{i=1}^{n} f(x_i, y_i) \Delta \sigma_i.$$

式中，$\iint$ 称为二重积分号；D 称为积分区域；$f(x,y)$ 称为被积函数；$f(x,y)d\sigma$ 称为被积表达式；两个自变量 x, y 称为积分变量；$d\sigma$ 称为面积元素；$\sum_{i=1}^{n} f(x_i, y_i) \Delta \sigma_i$ 称为积分和.

在二重积分的定义中，对有界闭区域 D 的划分是任意的，为了使问题的解决得以简化，在直角坐标系 xOy 中，可以用平行于坐标轴的直线网来分割 D，因此，除了包含边界点的一些小闭区域（这些小闭区域可以近似处理）外，其余的小闭区域都是矩形闭区域，在 x 与 $x+\Delta x$ 和 y 与 $y+\Delta y$ 之间的闭区域面积为 $\Delta \sigma = \Delta x \Delta y$（见图 8.18），为了方便起见，将 $d\sigma$ 写

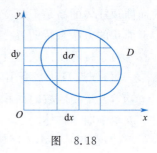

图 8.18

成 $dxdy$，于是二重积分也可以记作 $\iint\limits_{D} f(x,y) dxdy$. 与一元函数的定积分的存在性一样，有界闭区域上的连续二元函数的二重积分也一定存在.

2. 二重积分的几何意义

若被积函数 $f(x,y) \geqslant 0$，二重积分 $\iint\limits_{D} f(x,y) d\sigma$ 在数量上表示以有界闭区域 D 为底，以二元函数 $z=f(x,y)$ 为曲顶面的曲顶柱体的体积；

若被积函数 $f(x,y) \leqslant 0$，则该曲顶柱体在空间直角坐标系中 xOy 平面下方，故该二重积分在数量上等于曲顶柱体体积的相反数；

若被积函数 $f(x,y)$ 在 D 的若干部分区域上是正的,而在 D 的其他部分区域上是负的,则被积函数 $f(x,y)$ 在 D 上的二重积分就等于 xOy 坐标平面上方部分的曲顶柱体体积与下方部分的曲顶柱体体积的差.

例 8.23 若在有界闭区域 D 上,被积函数 $f(x,y)=1$,σ 为 D 的面积,求 D 的面积 σ.

解 由二重积分的几何意义知 $\sigma = \iint\limits_{D} 1 \mathrm{d}\sigma = \iint\limits_{D} \mathrm{d}\sigma$,即高为 1 的平顶柱体的体积在数值上就等于其底面积.

8.5.3 二重积分的性质

与定积分的性质类似,二重积分有如下类似的性质.

性质 1 可以将被积函数中的常数因子提到二重积分的积分号外面. 即

$$\iint\limits_{D} kf(x,y)\mathrm{d}\sigma = k\iint\limits_{D} f(x,y)\mathrm{d}\sigma \quad (k \text{ 为常数}). \tag{8.6}$$

性质 2 被积函数的和(或差)的二重积分等于各个被积函数的二重积分的和(或差). 即

$$\iint\limits_{D} [f(x,y) \pm g(x,y)]\mathrm{d}\sigma = \iint\limits_{D} f(x,y)\mathrm{d}\sigma \pm \iint\limits_{D} g(x,y)\mathrm{d}\sigma. \tag{8.7}$$

性质 3 (积分区域的可加性)若有界闭区域 D 被有限条曲线分割为有限个小闭区域,则在 D 上的二重积分等于各小闭区域上的二重积分的和.

例如,有界闭区域 D 被分割为两个小闭区域 D_1, D_2(最多边界重合),则

$$\iint\limits_{D} f(x,y)\mathrm{d}\sigma = \iint\limits_{D_1} f(x,y)\mathrm{d}\sigma + \iint\limits_{D_2} f(x,y)\mathrm{d}\sigma. \tag{8.8}$$

性质 4 (比较定理)若在有界闭区域 D 上,两个被积函数有如下的关系 $f(x,y) \leqslant g(x,y)$,则

$$\iint\limits_{D} f(x,y)\mathrm{d}\sigma \leqslant \iint\limits_{D} g(x,y)\mathrm{d}\sigma.$$

特别地,有 $\left|\iint\limits_{D} f(x,y)\mathrm{d}\sigma\right| \leqslant \iint\limits_{D} |f(x,y)| \mathrm{d}\sigma.$

性质 5 (估值定理)设 M,m 分别是被积函数 $f(x,y)$ 在有界闭区域 D 上的最大值和最小值,σ 为 D 的面积,则 $m\sigma \leqslant \iint\limits_{D} f(x,y)\mathrm{d}\sigma \leqslant M\sigma$.

例 8.24 估算 $\iint\limits_{D} (x+y+1)\mathrm{d}\sigma$ 的值,其中积分区域 $D = \{(x,y) | 0 \leqslant x \leqslant 1, 0 \leqslant y \leqslant 2\}$.

解 由于区域 $D = \{(x,y) | 0 \leqslant x \leqslant 1, 0 \leqslant y \leqslant 2\}$,可知区域 D 的面积 $\iint\limits_{D} \mathrm{d}\sigma = 1 \times 2 = 2$;

由于 $0 \leqslant x \leqslant 1, 0 \leqslant y \leqslant 2$,可得 $0 \leqslant x+y \leqslant 3$,从而 $1 \leqslant x+y+1 \leqslant 4$. 即得

$$\iint\limits_{D} 1 \mathrm{d}\sigma \leqslant \iint\limits_{D} (x+y+1)\mathrm{d}\sigma \leqslant \iint\limits_{D} 4 \mathrm{d}\sigma,$$

扫一扫

二重积分
的性质

亦即 $2 \leqslant \iint\limits_D (x+y+1)\mathrm{d}\sigma \leqslant 8$.

性质 6 （中值定理）设被积函数 $f(x,y)$ 在有界闭区域 D 上连续，σ 为 D 的面积，则在 D 上至少存在一点 (ξ,η)，使得下式成立

$$\iint\limits_D f(x,y)\mathrm{d}\sigma = f(\xi,\eta)\sigma. \tag{8.9}$$

实际上，$f(\xi,\eta)$ 是函数 $f(x,y)$ 在 D 的平均值.

同步习题 8.5

【基础题】

1. 根据二重积分性质，比较 $\iint\limits_D \ln(x+y)\mathrm{d}\sigma$ 与 $\iint\limits_D [\ln(x+y)]^2 \mathrm{d}\sigma$ 的大小，其中 D 表示矩形区域 $\{(x,y) | 3 \leqslant x \leqslant 5, 0 \leqslant y \leqslant 2\}$.

2. 根据二重积分的几何意义，确定下列积分的值.

$$\iint\limits_D \sqrt{a^2 - x^2 - y^2}\mathrm{d}\sigma, D = \{(x,y) | x^2 + y^2 \leqslant a^2\}.$$

3. 根据二重积分性质，估计下列积分的值.

$$I = \iint\limits_D \sqrt{4 + xy}\mathrm{d}\sigma, D = \{(x,y) | 0 \leqslant x \leqslant 2, 0 \leqslant y \leqslant 2\}.$$

【提高题】

1. 比较大小.

(1) $I_1 = \iint\limits_D (x+y)\mathrm{d}\sigma, I_2 = \iint\limits_D xy\mathrm{d}\sigma, D$ 是以 $A(0,1), B(1,0), O(0,0)$ 为顶点的三角形；

(2) $I_1 = \iint\limits_D (x+y)\mathrm{d}\sigma, I_2 = \iint\limits_D xy\mathrm{d}\sigma, D$ 是以 $A(0,1), B(1,0), C(1,1)$ 为顶点的三角形；

(3) $I_1 = \iint\limits_D (x^2+y^2)\mathrm{d}\sigma, I_2 = \iint\limits_D 2xy\mathrm{d}\sigma, D$ 是以 $A(0,1), B(1,0), C(1,1)$ 为顶点的三角形.

2. 估计下列二重积分的值.

(1) $I = \iint\limits_D (x^2 + y^2 + 1)\mathrm{d}\sigma$，其中 D 为区域：$1 \leqslant x^2 + y^2 \leqslant 4$；

(2) $I = \iint\limits_D \sin(x+y)\mathrm{d}\sigma$，其中 D 为区域：$0 \leqslant x \leqslant \dfrac{\pi}{4}, \dfrac{\pi}{6} \leqslant y \leqslant \dfrac{\pi}{4}$.

§8.6 二重积分的计算

一般情况下，直接利用二重积分的定义计算函数的二重积分是非常困难的，下面从二重积分的几何意义出发，介绍计算二重积分的方法，该方法将二重

积分的计算问题化为两次定积分的计算问题.

8.6.1 直角坐标系下二重积分的计算

在几何上,当被积函数 $f(x,y) \geqslant 0$ 时,二重积分 $\iint\limits_{D} f(x,y) \mathrm{d}\sigma$ 的值等于以 D 为底、以曲面 $z = f(x,y)$ 为顶的曲顶柱体的体积. 下面用"切片法"来求曲顶柱体的体积 V.

设积分区域 D 由两条平行直线 $x = a, x = b$ 及两条连续曲线 $y = \varphi_1(x)$, $y = \varphi_2(x)$(见图 8.19)所围成,其中 $a < b, \varphi_1(x) < \varphi_2(x)$,则 D 可表示为
$$D = \{(x,y) \mid a \leqslant x \leqslant b, \varphi_1(x) \leqslant y \leqslant \varphi_2(x)\}.$$

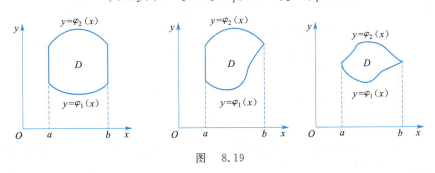

图 8.19

用平行于 yOz 坐标面的平面 $x = x_0 (a \leqslant x_0 \leqslant b)$ 去截曲顶柱体,得一截面,它是一个以区间 $[\varphi_1(x_0), \varphi_2(x_0)]$ 为底,以 $z = f(x_0, y)$ 为曲边的曲边梯形(见图 8.20),所以截面的面积为 $A(x_0) = \int_{\varphi_1(x_0)}^{\varphi_2(x_0)} f(x_0, y) \mathrm{d}y$.

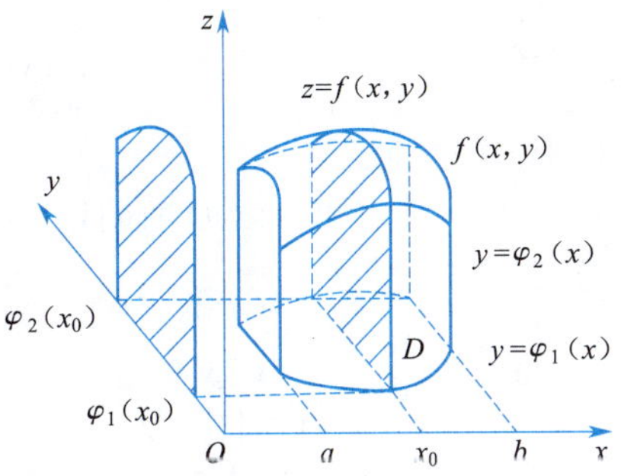

由此,可以看到这个截面面积是 x_0 的函数. 一般地,过区间 $[a,b]$ 上任一点且平行于 yOz 坐标面的平面,与曲顶柱体相交所得截面的面积为 $A(x) = \int_{\varphi_1(x)}^{\varphi_2(x)} f(x,y) \mathrm{d}y$,其中 y 是积分变量,x 在积分时保持不变. 因此,在区间 $[a,b]$ 上,$A(x)$ 是 x 的函数,应用计算平行截面面积为已知的立体体积的方法,得曲顶柱体的体积为

图 8.20

$$V = \int_a^b A(x) \mathrm{d}x = \int_a^b \left[\int_{\varphi_1(x)}^{\varphi_2(x)} f(x,y) \mathrm{d}y \right] \mathrm{d}x,$$

即得 $\iint\limits_{D} f(x,y) \mathrm{d}\sigma = \int_a^b \left[\int_{\varphi_1(x)}^{\varphi_2(x)} f(x,y) \mathrm{d}y \right] \mathrm{d}x = \int_a^b \mathrm{d}x \int_{\varphi_1(x)}^{\varphi_2(x)} f(x,y) \mathrm{d}y.$

上式右端是一个先对 y,后对 x 积分的二次积分或累次积分. 这里应当注意的是,做第一次积分时,因为是在求 x 处的截面积 $A(x)$,所以 x 是 a,b 之间任何一个固定的值,y 是积分变量;做第二次积分时,是沿着 x 轴累加这些薄片的体积 $A(x) \cdot \mathrm{d}x$,所以 x 是积分变量.

在上面的讨论中,开始假定了 $f(x,y) \geqslant 0$,而事实上,没有这个条件,上面的公式仍然正确. 这里把此结论叙述如下:

若 $z=f(x,y)$ 在闭区域 D 上连续，$D:a\leqslant x\leqslant b,\varphi_1(x)\leqslant y\leqslant\varphi_2(x)$，则

$$\iint_D f(x,y)\mathrm{d}x\mathrm{d}y=\int_a^b\mathrm{d}x\int_{\varphi_1(x)}^{\varphi_2(x)}f(x,y)\mathrm{d}y. \tag{8.10}$$

类似地，若 $z=f(x,y)$ 在闭区域 D 上连续，积分区域 D 由两条平行直线 $y=a,y=b$ 及两条连续曲线 $x=\varphi_1(y),x=\varphi_2(y)$（见图 8.21）所围成，其中 $c<d,\varphi_1(x)<\varphi_2(x)$，则 D 可表示为 $D=\{(x,y)\mid c\leqslant y\leqslant d,\varphi_1(y)\leqslant x\leqslant\varphi_2(y)\}$，则有

$$\iint_D f(x,y)\mathrm{d}x\mathrm{d}y=\int_c^d\mathrm{d}y\int_{\varphi_1(x)}^{\varphi_2(x)}f(x,y)\mathrm{d}x. \tag{8.11}$$

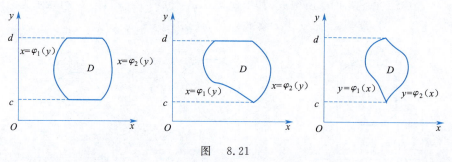

图 8.21

以后，称图 8.20 所示的积分区域 D 为 X 型区域，称图 8.21 所示的积分区域 D 为 Y 型区域.

可以看出将二重积分化为两次定积分，首先必须正确地画出 D 的图形，将 D 表示为 X 型区域或 Y 型区域. 如果 D 不能直接表示成 X 型区域或 Y 型区域（见图 8.22），则应将 D 划分成若干无公共点的小的 X 型区域或 Y 型区域，再利用二重积分的区域可加性计算.

例 8.25 计算二重积分 $\iint_D xy\mathrm{d}\sigma$，其中 D 为直线 $y=x$ 与抛物线 $y=x^2$ 所包围的闭区域.

解 先画出区域 D 的图形（见图 8.23），再求出 $y=x$ 与 $y=x^2$ 两条曲线的交点，它们是 $(0,0)$ 及 $(1,1)$. 区域 D 可看成 X 型区域且可表示为：$0\leqslant x\leqslant 1,x^2\leqslant y\leqslant x$，所以

$$\iint_D xy\mathrm{d}\sigma=\int_0^1 x\mathrm{d}x\int_{x^2}^x y\mathrm{d}y=\int_0^1\left(\frac{x}{2}y^2\right)\Big|_{x^2}^x\mathrm{d}x=\frac{1}{2}\int_0^1(x^3-x^5)\mathrm{d}x=\frac{1}{24}.$$

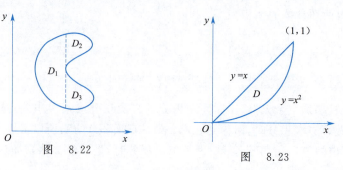

图 8.22   图 8.23

例 8.26 计算二重积分 $\iint_D\dfrac{\sin x}{x}\mathrm{d}\sigma$，其中 D 是直线 $y=x$ 与抛物线 $y=x^2$

所围成的闭区域.

解 先画出区域 D 的图形(见图 8.23),再求出 $y=x$ 与 $y=x^2$ 两条曲线的交点,它们是 $(0,0)$ 及 $(1,1)$. 把区域 D 表示为 X 型区域且可表示为: $0 \leqslant x \leqslant 1$, $x^2 \leqslant y \leqslant x$,于是

$$\iint_D \frac{\sin x}{x} d\sigma = \int_0^1 dx \int_{x^2}^x \frac{\sin x}{x} dy = \int_0^1 \left(\frac{\sin x}{x} y\right)\Big|_{x^2}^x dx = \int_0^1 (1-x)\sin x dx$$

$$= (-\cos x + x\cos x - \sin x)\big|_0^1 = 1 - \sin 1.$$

注意 如果化为 Y 型区域即先对 x 积分,则有

$$\iint_D \frac{\sin x}{x} d\sigma = \int_0^1 dy \int_y^{\sqrt{y}} \frac{\sin x}{x} dx.$$

由于 $\frac{\sin x}{x}$ 的原函数不能由初等函数表示,往下计算就困难了. 这也说明,计算二重积分时,除了要注意积分区域 D 的特点外,还应注意被积函数的特点,并适当选择积分次序.

8.6.2 极坐标系下二重积分的计算

我们知道,有些曲线方程在极坐标系下比较简单,因此,有些二重积分 $\iint_D f(x,y) d\sigma$ 用极坐标代换后,计算起来比较方便,这里假设 $z=f(x,y)$ 在区域 D 上连续.

下面讨论在极坐标系下二重积分的计算方法. 把极点放在直角坐标系的原点,极轴与 x 轴正向重合,那么点 P 的极坐标 $P(r,\theta)$ 与该点的直角坐标 $P(x,y)$ 有如下关系:

$$x = r\cos\theta, y = r\sin\theta; \quad 0 \leqslant r < +\infty, 0 \leqslant \theta \leqslant 2\pi;$$

$$r = \sqrt{x^2+y^2}, \theta = \arctan\frac{y}{x}; \quad -\infty < x, y < +\infty.$$

在极坐标系中,我们用"$r=$常数"的一族同心圆,以及"$\theta=$常数"的一族过极点的射线,将区域 D 分成 n 个小区域 $\Delta\sigma_{ij}(i,j=1,2,\cdots,n)$,如图 8.24 所示.

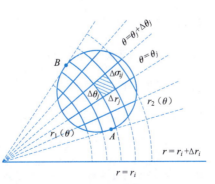

图 8.24

极坐标下二重积分的计算

小区域面积可以近似为 $d\sigma = rdrd\theta$,则

$$\iint_D f(x,y)\,d\sigma = \iint_D f(r\cos\theta, r\sin\theta)r\,dr\,d\theta. \qquad (8.12)$$

下面分三种情况讨论：

(1) 极点 O 在区域 D 外部，如图 8.25(a) 所示．

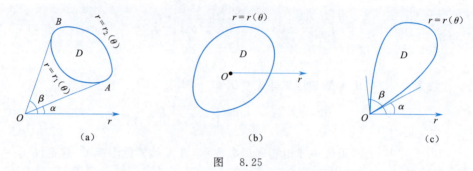

图 8.25

设区域 D 在两条射线 $\theta = \alpha, \theta = \beta$ 之间，两射线和区域边界的交点分别为 A, B，将区域 D 边界分为两部分，其方程分别为 $r = r_1(\theta), r = r_2(\theta)$ 且均为 $[\alpha, \beta]$ 上的连续函数．此时 $D = \{(r,\theta) \mid r_1(\theta) \leqslant r \leqslant r_2(\theta), \alpha \leqslant \theta \leqslant \beta\}$．于是

$$\iint_D f(r\cos\theta, r\sin\theta)r\,dr\,d\theta = \int_\alpha^\beta d\theta \int_{r_1(\theta)}^{r_2(\theta)} f(r\cos\theta, r\sin\theta)r\,dr.$$

(2) 极点 O 在区域 D 内部，如图 8.25(b) 所示．若区域 D 的边界曲线方程为 $r = r(\theta)$，这时积分区域 D 为

$$D = \{(r,\theta) \mid 0 \leqslant r \leqslant r(\theta), 0 \leqslant \theta \leqslant 2\pi\},$$

且 $r(\theta)$ 在 $[0, 2\pi]$ 上连续．于是

$$\iint_D f(r\cos\theta, r\sin\theta)r\,dr\,d\theta = \int_0^{2\pi} d\theta \int_0^{r(\theta)} f(r\cos\theta, r\sin\theta)r\,dr.$$

(3) 极点 O 在区域 D 的边界上，积分区域 D 如图 8.25(c) 所示．

$$D = \{(r,\theta) \mid 0 \leqslant r \leqslant r(\theta), \alpha \leqslant \theta \leqslant \beta\},$$

且 $r(\theta)$ 在 $[0, 2\pi]$ 上连续，则有

$$\iint_D f(r\cos\theta, r\sin\theta)r\,dr\,d\theta = \int_\alpha^\beta d\theta \int_0^{r(\theta)} f(r\cos\theta, r\sin\theta)r\,dr.$$

一般来说，当积分区域为圆域或部分圆域，以及被积函数可表示为 $f(x^2 + y^2)$ 或 $f\left(\dfrac{y}{x}\right)$ 等形式时，常采用极坐标变换，简化二重积分的计算．

例 8.27 计算二重积分 $\iint_D \sqrt{x^2 + y^2}\,d\sigma$，其中 D 是单位圆在第 I 象限的部分．

解 采用极坐标系．D 可表示为 $0 \leqslant \theta \leqslant \dfrac{\pi}{2}, 0 \leqslant r \leqslant 1$（见图 8.26），于是有

$$\iint_D \sqrt{x^2 + y^2}\,d\sigma = \int_0^{\frac{\pi}{2}} d\theta \int_0^1 r \cdot r\,dr = \theta\Big|_0^{\frac{\pi}{2}} \cdot \frac{1}{3}r^3\Big|_0^1 = \frac{\pi}{6}.$$

例 8.28 计算二重积分 $\iint_D x^2\,d\sigma$，其中 D 是二圆 $x^2 + y^2 = 1$ 和 $x^2 + y^2 = 4$

之间的环形闭区域.

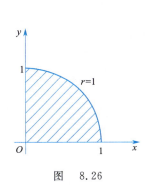

图 8.26

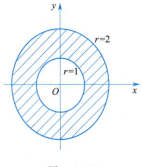

图 8.27

解 区域 $D:0\leqslant\theta\leqslant 2\pi,1\leqslant r\leqslant 2$,如图 8.27 所示. 于是
$$\iint_D x^2 d\sigma = \int_0^{2\pi} d\theta \int_1^2 r^2 \cos^2\theta \cdot r dr = \int_0^{2\pi} \frac{1+\cos 2\theta}{2} d\theta \int_1^2 r^3 dr = \frac{15}{4}\pi.$$

同步习题 8.6

【基础题】

1. 画出积分区域,把 $\iint_D f(x,y) d\sigma$ 化为累次积分.

(1) $D = \{(x,y) \mid x+y\leqslant 1, y-x\leqslant 1, y\geqslant 0\}$;

(2) $D = \{(x,y) \mid y\geqslant x-2, x\geqslant y^2\}$.

2. 画出积分区域,改变累次积分的积分次序.

(1) $\int_0^2 dy \int_{y^2}^{2y} f(x,y) dx$; (2) $\int_1^e dx \int_0^{\ln x} f(x,y) dy$.

3. 计算下列二重积分.

(1) $\iint_D \frac{x^2}{y^2} dxdy, D:1\leqslant x\leqslant 2, \frac{1}{x}\leqslant y\leqslant x$;

(2) $\iint_D \frac{x}{y} dxdy, D$ 由抛物线 $y^2=x$,直线 $x=0$ 与 $y=1$ 所围;

(3) $\iint_D \sin\sqrt{x^2+y^2} dxdy, D:\pi^2\leqslant x^2+y^2\leqslant 4\pi^2$.

【提高题】

1. 计算二重积分.

(1) $\iint_D e^{x+y} d\sigma, D:1\leqslant x\leqslant 2, 1\leqslant y\leqslant 2$;

(2) $\iint_D \frac{x}{y} d\sigma, D$ 由直线 $x=2, y=1$ 和抛物线 $y=x^2$ 所围;

(3) $\iint_D e^{\frac{x}{y}} d\sigma, D$ 由抛物线 $y=\sqrt{x}$ 和直线 $y=1, x=0$ 所围;

(4) $\iint_D x^2 d\sigma, D$ 由直线 $x=2$ 和抛物线 $y^2=4x$ 所围.

2. 计算二重积分.

(1) $\iint\limits_{D}(x+y)\mathrm{d}\sigma, D: x^2+y^2 \leqslant 2x$;

(2) $\iint\limits_{D}\sqrt{x^2+y^2}\mathrm{d}\sigma, D: x^2+y^2 \leqslant 2y$;

(3) $\iint\limits_{D}\arctan\dfrac{y}{x}\mathrm{d}\sigma, D: x^2+y^2 \leqslant 1, y \geqslant 0$;

(4) $\iint\limits_{D}(1-x^2-y^2)\mathrm{d}x\mathrm{d}y, D: y \leqslant x, y \geqslant 0, x^2+y^2=1$.

本章小结

一、主要知识点

多元函数的概念,二元函数的极限与连续;二元函数偏导数及全微分;二元复合函数、隐函数求导公式;多元函数的极值与最值;二重积分的概念和性质;直角坐标系和极坐标系下二重积分的计算.

二、主要数学思想与方法

1. 类比与归纳方法

类比一元函数的极限、连续、极值、最值等概念,学习多元函数的极限、连续、极值、最值等概念,并从中归纳二者的异同.

2. 转化与化归思想

计算直角坐标系及极坐标系下的二重积分时,常常会转化为一元函数的定积分.

三、主要题型与解法

1. 求二元函数的极限

解法:运用函数的四则运算法则、两个重要极限及无穷小的性质.

2. 求二元函数的偏导数和全微分

解法:理解偏导数的概念,即函数对一个变量求偏导时,其他变量看作常数,后再运用一元函数基本求导公式及运算法则对函数求导;利用全微分公式 $\mathrm{d}z = f_x'(x,y)\mathrm{d}x + f_y'(x,y)\mathrm{d}y$ 或 $\mathrm{d}z = f_x'(x,y)\Delta x + f_y'(x,y)\Delta y$.

3. 求多元复合函数与隐函数的偏导数

解法:画出关系图、确定路径链,后利用链式法则,注意区别使用导数还是偏导数;利用定理 8.5 来求隐函数的偏导数.

4. 求多元函数的极值(无条件极值)与最值

解法:利用极值的必要和充分条件来求二元函数 $z = f(x,y)$ 的极值,即三步走做法:第一步,解方程组 $\begin{cases} f_x'(x,y)=0, \\ f_y'(x,y)=0, \end{cases}$ 求出所有的驻点 $P_i(x_i,y_i)$;第二步,对每一个驻点 $P_i(x_i,y_i)$,求出其二阶偏导数 A、B、C 的值;第三步,讨论 $AC-B^2$ 的符号,然后根据定理 8.7(充分条件)判定该点是否取为极点.在求闭

区域 D 上连续的二元函数 $z = f(x,y)$ 的最值时，只需将区域 D 内部可能的极值点所对应的函数值与区域 D 边界上的函数的最大值与最小值进行比较即可，其中最大者就是闭区域 D 上连续的二元函数 $z = f(x,y)$ 的最大值，最小者就是闭区域 D 上连续的二元函数 $z = f(x,y)$ 的最小值．

5. 直角坐标系和极坐标系下二重积分的计算

解法：画出积分区域、确定积分区域类型、选择相应类型的积分公式；一般来说，当积分区域为圆域或部分圆域或被积函数可表示为 $f(x^2 + y^2)$、$f\left(\dfrac{y}{x}\right)$ 等形式时，常采用极坐标变换，简化二重积分的计算．

总复习题

一、填空题

1. $\lim\limits_{\substack{x \to 0 \\ y \to 2}} \dfrac{\sin xy}{x} = $ _____．

2. 函数 $z = \sqrt{4 - x^2 - y^2} + \ln(x^2 + y^2 - 1)$ 的定义域为 _____．

3. $z = x^y$，则 $\dfrac{\partial z}{\partial x} = $ _____，$\dfrac{\partial z}{\partial y} = $ _____．

4. 设 $z = xy \ln y$，则 $dz = $ _____．

5. 设方程 $e^z = xyz$ 确定函数 $z = z(x, y)$，则 $\dfrac{\partial z}{\partial x} = $ _____，$\dfrac{\partial z}{\partial y} = $ _____．

6. 二元函数在 _____ 点可能是极值点．

7. 设积分区域 D 为 $1 \leqslant x^2 + y^2 \leqslant 4$，则 $\iint\limits_{D} 2 \, dx dy = $ _____．

8. 设平面区域 D 为 $1 \leqslant x^2 + y^2 \leqslant 4$，则 $\iint\limits_{D} f(\sqrt{x^2 + y^2}) \, dx dy = $ _____．

9. 设 $z = x \sin(2x + 3y)$，则 $\dfrac{\partial^2 z}{\partial x \partial y}(\underline{\qquad\qquad})$．

10. 改变二次积分 $\int_0^1 dx \int_0^{x^2} f(x,y) \, dy$ 的积分次序得 _____．

二、选择题

1. 二元函数 $z = \ln xy$ 的定义域是 _____．

   A. $x \geqslant 0, y \geqslant 0$ B. $x < 0, y < 0$

   C. $x < 0, y < 0$ 与 $x > 0, y > 0$ D. $x < 0, y < 0$ 或 $x > 0, y > 0$

2. $z = f(x, y)$ 在 (x_0, y_0) 的某邻域内连续且有一阶及二阶连续偏导数，又 (x_0, y_0) 是驻点，令 $f''_{xx}(x_0, y_0) = A, f''_{xy}(x_0, y_0) = B, f''_{yy}(x_0, y_0) = C$，则 $f(x, y)$ 在 (x_0, y_0) 处取得极值的条件为 _____．

   A. $B^2 - AC > 0$ B. $B^2 - AC = 0$

   C. $B^2 - AC < 0$ D. A, B, C 可为任何关系

3. 设 $z = x^{xy}$,则 $\dfrac{\partial z}{\partial x}$ 等于_____.

A. xyx^{xy-1} 　　　　　　　　　　B. $x^{xy}\ln x$

C. $yx^{xy} + yx^{xy}\ln x$ 　　　　　D. $xyx^{xy} + x^{xy}\ln x$

4. 如果函数 $z = f(x,y)$ 在点 (x_0,y_0) 处有 $f'_x(x_0,y_0) = 0$, $f'_y(x_0,y_0) = 0$ 则在 (x_0,y_0) 处_____.

A. 连续 　　　　　　　　　　B. 极限存在

C. 偏导数存在 　　　　　　　D. 极值存在

5. 设 $f(x,y)$ 连续,且 $f(x,y) = xy + \iint\limits_{D} f(u,v)\,\mathrm{d}u\,\mathrm{d}v$,其中 D 由 $y=0$, $y=x^2$, $x=1$ 所围成,则 $f(x,y) = $ _____.

A. xy 　　　　　　　　　　B. $2xy$

C. $xy + 1$ 　　　　　　　　D. $xy + \dfrac{1}{8}$

6. 二元函数 $z = 3(x+y) - x^3 - y^3$ 的极大值点是_____.

A. $(1,1)$ 　　　　　　　　　B. $(1,-1)$

C. $(-1,1)$ 　　　　　　　　D. $(-1,-1)$

7. 二次积分 $\int_0^1 \mathrm{d}x \int_{2x}^{2\sqrt{x}} f(x,y)\,\mathrm{d}y$ 交换积分次序后为_____.

A. $\int_0^1 \mathrm{d}y \int_y^{2\sqrt{y}} f(x,y)\,\mathrm{d}x$ 　　　　B. $\int_0^2 \mathrm{d}y \int_{\frac{y^2}{4}}^{\frac{y}{2}} f(x,y)\,\mathrm{d}x$

C. $\int_{2x}^{2\sqrt{x}} f(x,y)\,\mathrm{d}y \int_0^1 \mathrm{d}x$ 　　　　D. $\int_{\frac{y^2}{4}}^{\frac{y}{2}} \mathrm{d}y \int_0^2 f(x,y)\,\mathrm{d}x$

8. 设 $I = \int_{-1}^{1} \mathrm{d}y \int_0^{\sqrt{1-y^2}} f(x,y)\,\mathrm{d}x$,将 I 化为极坐标系下的二次积分,则 $I=$ _____.

A. $\int_0^{2\pi} \mathrm{d}\theta \int_0^1 f(r\cos\theta, r\sin\theta)r\,\mathrm{d}r$ 　　B. $\int_0^{\pi} \mathrm{d}\theta \int_0^1 f(r\cos\theta, r\sin\theta)r\,\mathrm{d}r$

C. $\int_{-\frac{\pi}{2}}^{\frac{\pi}{2}} \mathrm{d}\theta \int_0^1 f(r\cos\theta, r\sin\theta)r\,\mathrm{d}r$ 　　D. $2\int_0^{\frac{\pi}{2}} \mathrm{d}\theta \int_0^1 f(r\cos\theta, r\sin\theta)r\,\mathrm{d}r$

三、计算题

1. $z = xy\mathrm{e}^{xy} + x^3 y^4$,求 $\mathrm{d}z$.

2. 设 $z = 1 - x - y^2$,(1)求 $z = 1 - x^2 - y^2$ 的极值;(2)求 $z = 1 - x^2 - y^2$ 在条件 $y = 2$ 下的极值.

3. 计算 $\iint\limits_{D} \mathrm{e}^{6x+y}\,\mathrm{d}\sigma$,其中 D 由 xOy 面上的直线 $y=1$, $y=2$ 及 $x=-1$, $x=2$ 所围成.

4. 计算 $\iint\limits_{D} \ln(100 + x^2 + y^2)\,\mathrm{d}\sigma$,其中 $D = \{(x,y) \mid x^2 + y^2 \leqslant 1\}$.

5. 画出二次积分 $\int_0^2 \mathrm{d}y \int_{2-\sqrt{4-y^2}}^{2+\sqrt{4-y^2}} f(x,y)\,\mathrm{d}x$ 的积分区域 D 并交换积分次序.

6. 将正数 12 分成三个正数 x, y, z 之和,使得 $u = x^3 y^2 z$ 最大.

课外阅读

"牟合方盖"与中国古代球体积的研究

球体是一种完美的几何体,其体积也是数学家研究的热点.《九章算术》约成书于公元前 1 世纪,是我国传统数学的重要源头.在其"少广章""开立圆术"中说"置积尺数,以十六乘之,九而一,开立方除之,即丸(球)径",实际上将球体积公式定为 $V = \dfrac{9}{16}d^3$ (d 为球的直径).

但是,《九章算术》中对球体体积的计算方法是很不严密的,我国古代数学家刘徽在公元 263 年前后为其作注解时发现了这个错误.刘徽摒弃了《九章算术》中错误的球体体积计算思路,创造性地构造了"牟合方盖"的求积理论.其做法是:"取立方棋八枚,皆令立方一寸,积之为立方二寸.规之为圆囷,径二寸,高二寸.又复横因之,则其形有似牟合方盖矣.八棋皆似阳马,圆然也.按合盖者,方率也.丸居其中,即圆率也."这是说,首先取 8 个边长为 1 寸的小立方体,堆积在一起构造为 1 个边长为 2 寸的大立方体.作大立方体的内切球,然后用两个直径等于球径的圆柱从立方体内切贯穿(见图 8.28),保留两圆柱的公共部分(见图 8.29),即刘徽构造的"牟合方盖".从语言角度来说,"牟"即相等,"盖"即伞;从外形看,其像上下相合的两把伞,故命名为"牟合方盖".

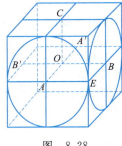   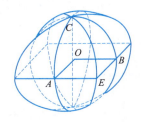

图 8.28   图 8.29

在"牟合方盖"中,球被包在两圆柱相交的公共部分,而且与圆柱相切.用平面去截"牟合方盖",截面是一个正方形,而与球的截面则是正方形的内切圆(见图 8.29).显然,正方形与其内切圆面积之比为 4:π.根据"刘徽原理",即"同高的两立体在等高处各作一与底平行的截面,其截面面积之比为一常数,则此二立体体积之比也等于这一常数".可以导出"牟合方盖"的体积与球体体积之比亦应为 4:π.只要求出"牟合方盖"的体积,整个问题就可以迎刃而解了.

可惜的是,刘徽并没有求出"牟合方盖"的体积,只好"以俟能言者"."牟合方盖"在数学史上得到了很高的评价,被列为世界数学名题范畴,中国古代数学"关于'牟合方盖'及球体问题的解决实可与阿基米德的工作在方法的独创性和结论的精确性上相媲美".

两个世纪后,这位"能言者"才出现,他就是中国数学史上著名的数学家祖冲之之子——祖暅.祖暅在刘徽的基础上,把注意力从"牟合方盖"转到立方体去掉"牟合方盖"的剩余部分.他将"牟合方盖"的 $\frac{1}{8}$ 称为"内棋"(见图 8.30),相应的剩余部分称为"外棋"(见图 8.31),内棋与外棋共同构成"棋",即小立方体,它显然是原立方体的 $\frac{1}{8}$.

祖暅用平行于底的平面在高 h 处截内棋(见图 8.30),由勾股定理可求出阴影部分的边长为 $\sqrt{r^2-h^2}$,阴影部分的面积为 r^2-h^2.用平行于底的平面在高 h 处截外棋(见图 8.32),阴影部分的面积为 $r^2-(r^2-h^2)=h^2$.

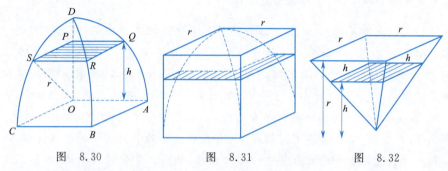

图 8.30　　　　　图 8.31　　　　　图 8.32

祖暅研究了各体积的关系,提出"缘幂势既同,则积不容异"(即祖暅原理).其中"幂"是面积,"势"是关系,"积"是体积.这句话的意思是:在两立体中作与底平行的截面,若截面积处处相同,则两立体体积相等.祖暅注意到,底边为 r 高也为 r 的倒立方锥在高 h 处的截面面积恰为 h^2.根据祖暅原理,很容易得到外棋与倒立四棱锥体积相等的结论.棱锥体积为 $\frac{1}{3}r^3$,因此外棋的体积也为 $\frac{1}{3}r^3$.由此可知,内棋即 $\frac{1}{8}$ 个"牟合方盖"的体积为 $r^3-\frac{1}{3}r^3=\frac{2}{3}r^3$.而整个"牟合方盖"的体积为 $8\times\frac{2}{3}r^3=\frac{16}{3}r^3$.再根据刘徽的结论,球体的体积为 $V=\frac{16}{3}r^3\times\frac{1}{4}\pi=\frac{4}{3}\pi r^3$,即正确的球体积公式.

《九章算术》中球体积的经验公式也是模型构造的方法.误差虽较大,但在当时的技术条件下是可以理解的,也体现了古人利用数学模型去解决实际问题的思想.当今,我们更要增强创新意识,提高建模能力,用数学的语言表达世界.

刘徽一生博才多学,善于学习古人,又不迷信古人.东汉时,《九章算术》被官方奉为经典,但他在《九章注》中如实指出了《九章算术》的若干不精确和错误之处,"牟合方盖"的构造就很好地反映了这一点.刘徽对"牟合方盖"体积感到棘手时,说:"欲陋形措意,惧失正理.敢不阙疑,以俟能言者."刘徽的这种求实创新而不蹈古的治学精神和虚怀若谷、谦虚谨慎的胸怀为我们求学、做人树立了典范.

祖暅为了彻底解决球体积公式,将目光从"牟合方盖"转到"立方之内,方盖之外"的部分,转化了问题的矛盾,从而在刘徽的基础上完全解决了球体积公式,方法精妙,令人叹服.

从《九章算术》中的经验公式到刘徽的质疑,从"牟合方盖"到祖暅原理的提出,历经四百多年,球体积公式终于得以解决.这段历史充分反映了人们对数学规律认识的一个"实践,认识,再实践,再认识"的渐进过程,一个由粗到细、由近似到精确、由模糊到清晰的过程.数学家在研究过程中付出了极大的才智和艰辛的劳动,也展现了古代劳动人民无穷的智慧和对真理的不懈追求.

第 9 章

无穷级数

无穷级数是高等数学的重要组成部分,它是表示函数、研究函数性质以及进行近似计算的重要工具,在数学理论研究和科学技术中都有着广泛的应用. 本章首先讨论常数项级数,介绍无穷级数的一些基本内容,然后讨论函数项级数,重点讨论幂级数和傅里叶级数.

§9.1 常数项级数的概念与性质

在高中数学中曾给出过无穷递缩等比数列的求和公式

$$1+q+q^2+\cdots=\frac{1}{1-q}, \quad \text{其中} |q|<1.$$

但是对于其他的无穷数列,如何把全部项相加求和呢? 例如,$1-1+1-1+1-1+\cdots$ 应该等于多少呢? 把它写成 $(1-1)+(1-1)+\cdots=0+0+\cdots$,和等于零;但若写成 $1-(1-1)-(1-1)-\cdots=1-0-0-\cdots$,和等于 1. 到底应该怎样计算? 在经过了许多数学家的努力之后,终于利用极限给出了"和"的严格定义,并形成了一个重要的数学分支——无穷级数.

9.1.1 常数项级数的概念

定义 9.1 给定一个无穷数列 $\{u_n\}: u_1, u_2, u_3, \cdots, u_n, \cdots$,则下面的和式

$$\sum_{n=1}^{\infty} u_n = u_1 + u_2 + u_3 + \cdots + u_n + \cdots \tag{9.1}$$

称为常数项无穷级数,简称数项级数,和式中的第 n 项 u_n 称为级数的一般项或通项.

要得到无穷多项相加的和,可以先求有限项的和,然后用极限的方法来解决无穷多项累加的问题.

$S_n = u_1 + u_2 + \cdots + u_n = \sum_{i=1}^{n} u_i$ 称为级数 $\sum_{n=1}^{\infty} u_n$ 的前 n 项部分和. 显然,部分和又构成了一个新的数列:

$$S_1 = u_1, S_2 = u_1 + u_2, S_3 = u_1 + u_2 + u_3, \cdots, S_n = u_1 + u_2 + \cdots + u_n, \cdots$$

这个数列称为级数 $\sum_{n=1}^{\infty} u_n$ 的部分和数列,记为 $\{S_n\}$.

定义 9.2 若级数的部分和数列 $\{S_n\}$ 有极限,即 $\lim_{n \to \infty} S_n = S$,则称级数 $\sum_{n=1}^{\infty} u_n$

扫一扫

数项级数的概念

收敛,并称 S 为级数 $\sum\limits_{n=1}^{\infty} u_n$ 的和,也称级数收敛于 S,记作 $\sum\limits_{n=1}^{\infty} u_n = S$;若部分和数列 $\{S_n\}$ 的极限不存在,则称级数 $\sum\limits_{n=1}^{\infty} u_n$ 是发散的.

当级数 $\sum\limits_{n=1}^{\infty} u_n$ 收敛时,级数的和 S 与它的部分和 S_n 之差 $S - S_n$ 称为级数 $\sum\limits_{n=1}^{\infty} u_n$ 的余项,记为 r_n,即 $r_n = S - S_n = u_{n+1} + u_{n+2} + \cdots$,余项的绝对值 $|r_n|$ 称为用 S_n 代替 S 所产生的误差,显然 n 越大,产生的误差越小.

例 9.1 讨论等比级数(几何级数)$\sum\limits_{n=1}^{\infty} aq^{n-1} (a \neq 0)$ 的敛散性.

解 根据等比数列的求和公式可知:

当 $q \neq \pm 1$ 时,$S_n = \sum\limits_{k=1}^{n} u_k = \dfrac{a}{1-q}(1-q^n)$.

由于 $\lim\limits_{n\to\infty} q^n = \begin{cases} 0, & |q|<1, \\ \infty, & |q|>1, \end{cases}$ 则

$$\lim_{n\to\infty} S_n = \lim_{n\to\infty} \frac{a}{1-q}(1-q^n) = \begin{cases} \dfrac{a}{1-q}, & |q|<1, \\ \infty, & |q|>1. \end{cases}$$

当 $q=1$ 时,$S_n = \sum\limits_{k=1}^{n} u_k = na$,$\lim\limits_{n\to\infty} S_n = \infty$;

当 $q=-1$ 时,$S_n = \sum\limits_{k=1}^{n} u_k = \begin{cases} a, & n=2k-1, \\ 0, & n=2k, \end{cases}$ $\lim\limits_{n\to\infty} S_n$ 不存在.

故当 $|q|<1$ 时,$\sum\limits_{n=1}^{\infty} aq^{n-1}$ 收敛,且和为 $\dfrac{a}{1-q}$;当 $|q| \geqslant 1$ 时,$\sum\limits_{n=1}^{\infty} aq^{n-1}$ 发散.

例 9.2 讨论级数 $\sum\limits_{n=1}^{\infty} \dfrac{1}{n(n+1)}$ 的敛散性.

解 因为 $u_n = \dfrac{1}{n(n+1)} = \dfrac{1}{n} - \dfrac{1}{n+1}$,所以

$$S_n = \left(1 - \frac{1}{2}\right) + \left(\frac{1}{2} - \frac{1}{3}\right) + \cdots + \left(\frac{1}{n} - \frac{1}{n+1}\right) = 1 - \frac{1}{n+1}.$$

又因为 $\lim\limits_{n\to\infty} S_n = \lim\limits_{n\to\infty} \left(1 - \dfrac{1}{n+1}\right) = 1$,故级数 $\sum\limits_{n=1}^{\infty} \dfrac{1}{n(n+1)}$ 收敛,其和为 1.

例 9.3 讨论调和级数 $\sum\limits_{n=1}^{\infty} \dfrac{1}{n}$ 的敛散性.

解 因为调和级数前 n 项和为 $S_n = 1 + \dfrac{1}{2} + \dfrac{1}{3} + \cdots + \dfrac{1}{n}$,它可以看成是函数 $y = \dfrac{1}{x}$ 在 $x = 1, 2, \cdots, n$ 各整数点处的函数值之和,因此它也可以看成是 n 个以 1 为底、$\dfrac{1}{n}$ 为高的小矩形面积之和,如图 9.1 中阴影部分的面积.

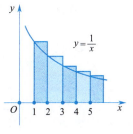

图 9.1

调和级数的敛散性

由定积分的几何意义知，$\int_1^n \frac{1}{x}dx$ 表示积分区间为 $[1,n]$ 内的曲边梯形的面积. 显然，

$$S_n = 1 + \frac{1}{2} + \frac{1}{3} + \cdots + \frac{1}{n} > \int_1^n \frac{1}{x}dx = \ln x \big|_1^n = \ln n,$$

两边取极限，得

$$\lim_{n\to\infty} S_n \geqslant \lim_{n\to\infty} \int_1^n \frac{1}{x}dx = \lim_{n\to\infty} \ln n = +\infty.$$

这表明部分和数列 $\{S_n\}$ 无极限，所以调和级数 $\sum\limits_{n=1}^{\infty} \frac{1}{n}$ 发散.

定理 9.1 （数项级数收敛的必要条件）若级数 $\sum\limits_{n=1}^{\infty} u_n$ 收敛，则必有 $\lim\limits_{n\to\infty} u_n = 0$.

证 设 $\sum\limits_{n=1}^{\infty} u_n = S$，则 $\lim\limits_{n\to\infty} S_n = \lim\limits_{n\to\infty} S_{n-1} = S$，又因为 $u_n = S_n - S_{n-1}$，所以

$$\lim_{n\to\infty} u_n = \lim_{n\to\infty}(S_n - S_{n-1}) = \lim_{n\to\infty} S_n - \lim_{n\to\infty} S_{n-1} = S - S = 0.$$

说明 $\lim\limits_{n\to\infty} u_n = 0$ 只是 $\sum\limits_{n=1}^{\infty} u_n$ 收敛的必要条件，即若 $\lim\limits_{n\to\infty} u_n \neq 0$，则可肯定级数 $\sum\limits_{n=1}^{\infty} u_n$ 发散；但不是充分条件，因此当 $\lim\limits_{n\to\infty} u_n = 0$ 时，级数 $\sum\limits_{n=1}^{\infty} u_n$ 不一定收敛.

例如，调和级数 $\sum\limits_{n=1}^{\infty} \frac{1}{n}$，其 $\lim\limits_{n\to\infty} u_n = \lim\limits_{n\to\infty} \frac{1}{n} = 0$，但它却是发散的.

级数收敛的必要条件

例 9.4 判别级数 $\sum\limits_{n=1}^{\infty} \frac{2n}{3n+1}$ 的敛散性.

解 因为 $u_n = \frac{2n}{3n+1}$，而 $\lim\limits_{n\to\infty} u_n = \lim\limits_{n\to\infty} \frac{2n}{3n+1} = \frac{2}{3} \neq 0$，所以级数 $\sum\limits_{n=1}^{\infty} \frac{2n}{3n+1}$ 发散.

9.1.2 收敛级数的基本性质

根据无穷级数收敛的定义与极限的运算法则，容易得出级数的几个基本性质.

性质 1 若 k 为非零常数，则级数 $\sum\limits_{n=1}^{\infty} u_n$ 与级数 $\sum\limits_{n=1}^{\infty} ku_n$ 同时收敛或同时发散. 在级数收敛时，若 $\sum\limits_{n=1}^{\infty} u_n = s$，则 $\sum\limits_{n=1}^{\infty} ku_n = k\sum\limits_{n=1}^{\infty} u_n = ks$.

例如，级数 $\sum\limits_{n=0}^{\infty} \left(\frac{1}{3}\right)^n = \frac{1}{1-\frac{1}{3}} = \frac{3}{2}$，则级数

$$\sum_{n=1}^{\infty} 4\left(\frac{1}{3}\right)^n = 4\sum_{n=1}^{\infty} \left(\frac{1}{3}\right)^n = 4 \cdot \frac{3}{2} = 6.$$

性质 2 若级数 $\sum\limits_{n=1}^{\infty} u_n = S_1$，级数 $\sum\limits_{n=1}^{\infty} v_n = S_2$，则级数

$$\sum_{n=1}^{\infty}(u_n \pm v_n) = S_1 \pm S_2.$$

例 9.5 判别级数 $\sum_{n=0}^{\infty}\dfrac{3^n-5}{6^n}$ 的敛散性,若收敛求其和.

解 对于等比级数 $\sum_{n=0}^{\infty}\left(\dfrac{1}{2}\right)^n$,由于公比 $|q|=\dfrac{1}{2}<1$,故级数收敛;对于等比级数 $\sum_{n=0}^{\infty}5\left(\dfrac{1}{6}\right)^n$,由于 $|q|=\dfrac{1}{6}<1$,故级数收敛.根据性质 2,可知级数 $\sum_{n=0}^{\infty}\dfrac{3^n-5}{6^n}$ 收敛,且有

$$\sum_{n=0}^{\infty}\dfrac{3^n-5}{6^n}=\sum_{n=0}^{\infty}\left(\dfrac{1}{2}\right)^n-5\sum_{n=0}^{\infty}\left(\dfrac{1}{6}\right)^n=\dfrac{1}{1-\dfrac{1}{2}}-\dfrac{5}{1-\dfrac{1}{6}}=-4.$$

显然,若 $\sum_{n=1}^{\infty}u_n$ 与 $\sum_{n=1}^{\infty}v_n$ 中有一个发散,则 $\sum_{n=1}^{\infty}(u_n \pm v_n)$ 也发散.

性质 3 级数增加或减少有限项,不改变其敛散性,但一般会改变收敛级数的和.

本性质也可叙述为:级数 $\sum_{n=1}^{\infty}u_n$ 和 $\sum_{n=k+1}^{\infty}u_n$ 具有相同的敛散性($\sum_{n=1}^{\infty}u_n$ 是由 $\sum_{n=k+1}^{\infty}u_n$ 增加了 k 项,$\sum_{n=k+1}^{\infty}u_n$ 是由 $\sum_{n=1}^{\infty}u_n$ 减少 k 项).例如,因为调和级数 $\sum_{n=1}^{\infty}\dfrac{1}{n}$ 发散,所以 $\sum_{n=10}^{\infty}\dfrac{1}{n}$ 也发散;因为等比级数 $\sum_{n=1}^{\infty}\dfrac{1}{2^n}$ 收敛且和为 1,则级数 $1+2+3+\sum_{n=1}^{\infty}\dfrac{1}{2^n}$ 也收敛且和变为 7.

性质 4 收敛级数加括号后得到的新级数仍收敛于原级数的和.

例如,$1+\dfrac{1}{5}+\dfrac{1}{5^2}+\cdots+\dfrac{1}{5^n}+\cdots$ 与 $\left(1+\dfrac{1}{5}\right)+\left(\dfrac{1}{5^2}+\dfrac{1}{5^3}+\dfrac{1}{5^4}\right)+\cdots$ 均收敛于 $\dfrac{5}{4}$.

说明 任意加括号后所成的新级数收敛,原级数不一定收敛.任意加括号后的级数发散,原级数一定发散.

例如,加括号后 $(1-1)+(1-1)+\cdots+(1-1)\cdots=0$ 收敛,但 $1-1+1-1+\cdots$ 是发散的.

又如,调和级数,因为

$$1+\left(\dfrac{1}{2}+\dfrac{1}{3}\right)+\left(\dfrac{1}{4}+\dfrac{1}{5}+\dfrac{1}{6}+\dfrac{1}{7}\right)+\cdots$$
$$>1+\left(\dfrac{1}{4}+\dfrac{1}{4}\right)+\left(\dfrac{1}{8}+\dfrac{1}{8}+\dfrac{1}{8}+\dfrac{1}{8}\right)+\cdots$$
$$=1+\dfrac{1}{2}+\dfrac{1}{2}+\dfrac{1}{2}+\cdots,$$

加括号后的级数发散,则原调和级数发散.

同步习题 9.1

【基础题】

1. 写出以下级数前 3 项、第 10 项、第 $2n$ 项.

(1) $\sum_{n=1}^{\infty} \dfrac{2n+1}{n^2+1}$;

(2) $\sum_{n=1}^{\infty} \dfrac{(-1)^n n}{2+2^{n-1}}$.

2. 写出级数的通项.

(1) $2 - \dfrac{3}{2} + \dfrac{4}{3} - \dfrac{5}{4} + \cdots$;

(2) $1 + \dfrac{3}{2} + \dfrac{6}{4} + \dfrac{10}{8} + \cdots$.

3. 判定下列敛散性.

(1) $\dfrac{1}{2} + \dfrac{1}{\left(1+\dfrac{1}{2}\right)^2} + \dfrac{1}{\left(1+\dfrac{1}{3}\right)^3} + \dfrac{1}{\left(1+\dfrac{1}{4}\right)^4} + \cdots$;

(2) $\left(\dfrac{1}{2} + \dfrac{8}{9}\right) + \left(\dfrac{1}{4} + \dfrac{8^2}{9^2}\right) + \left(\dfrac{1}{8} + \dfrac{8^3}{9^3}\right) + \left(\dfrac{1}{16} + \dfrac{8^4}{9^4}\right) + \cdots$;

(3) $\left(\dfrac{1}{2} - \dfrac{2}{3}\right) + \left(\dfrac{3}{4} - \dfrac{2^2}{3^2}\right) + \left(\dfrac{5}{6} - \dfrac{2^3}{3^3}\right) + \cdots + \left(\dfrac{2n-1}{2n} - \dfrac{2^n}{3^n}\right) + \cdots$.

【提高题】

1. 根据定义及性质判定下列级数的敛散性.

(1) $\sum_{n=1}^{\infty} \dfrac{1}{3n}$;

(2) $\sum_{n=1}^{\infty} \cos \dfrac{\pi}{2n-1}$;

(3) $\sum_{n=1}^{\infty} \dfrac{1}{(n+2)(n+3)}$.

(4) $\sum_{n=1}^{\infty} (\sqrt{n+2} - \sqrt{n+1})$;

(5) $\sum_{n=1}^{\infty} \dfrac{1}{2n(2n+2)}$;

(6) $\sum_{n=1}^{\infty} \left(\dfrac{1}{3^n} + \dfrac{1}{5^n}\right)$.

2. 级数 $\sum_{n=1}^{\infty} \dfrac{2+(-1)^n}{3^n}$ 是否收敛? 若收敛求其和.

§9.2 数项级数的审敛法

判断级数的敛散性是研究级数的首要问题. 一般情况下,根据级数的部分和数列是否有极限判定级数敛散性是很困难的,这时就需要探讨使用间接的判别方法(称为审敛法)来判断无穷级数的敛散性. 本节主要讨论正项级数、交错级数及任意项级数敛散性的判别方法.

9.2.1 正项级数及其审敛法

若级数 $\sum_{n=1}^{\infty} u_n$ 的各项均满足 $u_n \geqslant 0, n = 1, 2, 3, \cdots$,则称 $\sum_{n=1}^{\infty} u_n$ 为正项级数.

正项级数非常重要,许多级数的敛散性问题最后都归结为正项级数的敛散性问题,下面给出正项级数收敛的充要条件.

定理 9.2 （正项级数收敛的充要条件）设 $\sum\limits_{n=1}^{\infty}u_n$ 为正项级数，则其收敛的充要条件是：它的部分和数列 $\{S_n\}$ 有上界.

证 由于 $\sum\limits_{n=1}^{\infty}u_n$ 为正项级数，故 $0 \leqslant S_n \leqslant S_{n+1}, n=1,2,\cdots$，即部分和数列 $\{S_n\}$ 是单调有上界的，由单调有界数列必有极限，故 $\lim\limits_{n\to\infty}S_n$ 存在，即正项级数 $\sum\limits_{n=1}^{\infty}u_n$ 收敛.

由于 $\sum\limits_{n=1}^{\infty}u_n$ 收敛，由级数收敛的定义知，$\lim\limits_{n\to\infty}S_n$ 必定存在. 根据数列极限的性质，部分和数列 $\{S_n\}$ 有界，必有上界.

本定理的根本价值在于：它指出要判断正项级数的敛散性，关键是要确定其部分和数列 $\{S_n\}$ 是否有上界，由此产生了一系列正项级数敛散性的判别法，在此介绍常用的两种方法——比较审敛法和比值审敛法.

定理 9.3 （比较审敛法）设 $\sum\limits_{n=1}^{\infty}u_n$ 与 $\sum\limits_{n=1}^{\infty}v_n$ 均为正项级数，且有 $u_n \leqslant v_n$ ($n=1,2,\cdots$) 成立，则

(1) 若级数 $\sum\limits_{n=1}^{\infty}v_n$ 收敛，则级数 $\sum\limits_{n=1}^{\infty}u_n$ 收敛；

(2) 若级数 $\sum\limits_{n=1}^{\infty}u_n$ 发散，则级数 $\sum\limits_{n=1}^{\infty}v_n$ 发散.

比较审敛法用通俗的话讲就是：通项大的级数收敛，则通项小的级数收敛；通项小的级数发散，则通项大的级数发散.

证 设 $S_n = u_1 + u_2 + \cdots + u_n, \sigma_n = v_1 + v_2 + \cdots + v_n$.

(1) 若正项级数 $\sum\limits_{n=1}^{\infty}v_n$ 收敛于 σ，因为 $u_n \leqslant v_n$ ($n=1,2,\cdots$)，所以
$$S_n = u_1 + u_2 + \cdots + u_n \leqslant v_1 + v_2 + \cdots + v_n = \sigma_n < \sigma.$$

即正项级数 $\sum\limits_{n=1}^{\infty}u_n$ 的部分和数列 $\{S_n\}$ 有上界，根据正项级数收敛的充要条件定理知，$\sum\limits_{n=1}^{\infty}u_n$ 收敛.

(2) (反证法) 若 $\sum\limits_{n=1}^{\infty}u_n$ 发散，且 $\sum\limits_{n=1}^{\infty}v_n$ 收敛，由(1)知，必有 $\sum\limits_{n=1}^{\infty}u_n$ 收敛，与假设矛盾. 所以当 $\sum\limits_{n=1}^{\infty}u_n$ 发散时，$\sum\limits_{n=1}^{\infty}v_n$ 必定发散.

例 9.6 讨论 p 级数 $\sum\limits_{n=1}^{\infty}\dfrac{1}{n^p}$ ($p>0$) 的敛散性.

解 (1) 当 $p=1$ 时，p 级数就是调和级数 $\sum\limits_{n=1}^{\infty}\dfrac{1}{n}$，故发散；

(2) 当 $p<1$ 时，由于 $\dfrac{1}{n^p} > \dfrac{1}{n}$ ($n=1,2,\cdots$)，由比较审敛法知，此时 p 级数发散；

p 级数的敛散性

(3) 当 $p>1$ 时,因为 p 级数前 n 项和为 $S_n=1+\dfrac{1}{2^p}+\dfrac{1}{3^p}+\cdots+\dfrac{1}{n^p}$,对于每一个确定的 $p(p>1)$,它可以看成函数 $y=\dfrac{1}{x^p}$ 在 $x=1,2,3,\cdots$ 各整数点处的函数值之和,因此 $S'_n=\dfrac{1}{2^p}+\dfrac{1}{3^p}+\cdots+\dfrac{1}{n^p}$ 可以看成 $n-1$ 个以 1 为底,以 $\dfrac{1}{n^p}$ 为高的逐步递减的小矩形面积之和,如图 9.2 中阴影部分的面积.

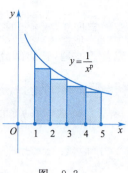

图 9.2

由定积分的几何意义知,定积分 $\displaystyle\int_1^n \dfrac{1}{x^p}\mathrm{d}x$ 表示积分区间为 $[1,n]$ 内的曲边梯形的面积. 显然,$\dfrac{1}{2^p}+\dfrac{1}{3^p}+\cdots+\dfrac{1}{n^p}<\displaystyle\int_1^n \dfrac{1}{x^p}\mathrm{d}x$,不等式两边都加上 1,即

$$S_n=\sum_{k=1}^n \dfrac{1}{k^p}<1+\int_1^n \dfrac{1}{x^p}\mathrm{d}x=1+\dfrac{1}{1-p}x^{1-p}\Big|_1^n$$
$$=1-\dfrac{n^{1-p}}{p-1}+\dfrac{1}{p-1}<1+\dfrac{1}{p-1}=\dfrac{p}{p-1}.$$

这表明部分和数列 $\{S_n\}$ 有界,此时 p 级数收敛.

综上所述:当 $p>1$ 时,p 级数收敛;当 $p\leqslant 1$ 时,p 级数发散.

例 9.7 讨论级数 $\displaystyle\sum_{n=1}^\infty \dfrac{1}{n^2}$ 与 $\displaystyle\sum_{n=1}^\infty \dfrac{1}{\sqrt{n}}$ 的敛散性.

解 对于级数 $\displaystyle\sum_{n=1}^\infty \dfrac{1}{n^2}$,由于 $p=2>1$,所以级数 $\displaystyle\sum_{n=1}^\infty \dfrac{1}{n^2}$ 收敛.

对于级数 $\displaystyle\sum_{n=1}^\infty \dfrac{1}{\sqrt{n}}$,由于 $p=\dfrac{1}{2}<1$,所以级数 $\displaystyle\sum_{n=1}^\infty \dfrac{1}{\sqrt{n}}$ 发散.

例 9.8 讨论级数 $\displaystyle\sum_{n=1}^\infty \dfrac{1}{(n+1)^2}$ 与 $\displaystyle\sum_{n=1}^\infty \dfrac{2n}{n^2+1}$ 的敛散性.

解 对于级数 $\displaystyle\sum_{n=1}^\infty \dfrac{1}{(n+1)^2}$,由于 $\dfrac{1}{(n+1)^2}<\dfrac{1}{n^2}$,而级数 $\displaystyle\sum_{n=1}^\infty \dfrac{1}{n^2}$ 收敛,根据比较审敛法,级数 $\displaystyle\sum_{n=1}^\infty \dfrac{1}{(n+1)^2}$ 收敛.

对于级数 $\displaystyle\sum_{n=1}^\infty \dfrac{2n}{n^2+1}$,由于 $\dfrac{2n}{n^2+1}>\dfrac{2n}{n^2+n^2}=\dfrac{1}{n}$,而级数 $\displaystyle\sum_{n=1}^\infty \dfrac{1}{n}$ 发散,根据比较审敛法,级数 $\displaystyle\sum_{n=1}^\infty \dfrac{n}{n^2+1}$ 发散.

从以上各例可知,利用比较审敛法判定正项级数是否收敛时,需要选取一个已知敛散性的级数 $\displaystyle\sum_{n=1}^\infty v_n$ 作为比较的基准,常选用等比级数 $\displaystyle\sum_{n=1}^\infty aq^n$、$p$ 级数 $\displaystyle\sum_{n=1}^\infty \dfrac{1}{n^p}$. 判断级数收敛时找一个比它大的收敛级数为基准,判断级数发散时找一个比它小的发散级数为基准.

为应用上的方便,下面给出比较审敛法的极限形式.

定理 9.4 （比较审敛法的极限形式）设正项级数 $\sum\limits_{n=1}^{\infty}u_n$ 与 $\sum\limits_{n=1}^{\infty}v_n$，其中 $v_n\neq 0(n=1,2,\cdots)$，如果 $\lim\limits_{n\to\infty}\dfrac{u_n}{v_n}=l$ 成立，那么：

(1) 当 $l=0$ 时，若正项级数 $\sum\limits_{n=1}^{\infty}v_n$ 收敛，则正项级数 $\sum\limits_{n=1}^{\infty}u_n$ 也收敛；

(2) 当 $l=+\infty$ 时，若正项级数 $\sum\limits_{n=1}^{\infty}v_n$ 发散，则正项级数 $\sum\limits_{n=1}^{\infty}u_n$ 也发散；

(3) 当 $0<l<+\infty$ 时，正项级数 $\sum\limits_{n=1}^{\infty}u_n$ 与 $\sum\limits_{n=1}^{\infty}v_n$ 同时收敛或同时发散.

例 9.9 讨论下列级数的敛散性.

(1) $\sum\limits_{n=1}^{\infty}\ln\left(1+\dfrac{1}{n^2}\right)$；   (2) $\sum\limits_{n=1}^{\infty}\sin\dfrac{1}{n}$；

(3) $\sum\limits_{n=1}^{\infty}\dfrac{4n}{n^2+1}$.

解 (1) 因为 $\lim\limits_{n\to\infty}\dfrac{u_n}{v_n}=\lim\limits_{n\to\infty}\dfrac{\ln\left(1+\dfrac{1}{n^2}\right)}{\dfrac{1}{n^2}}=1$，所以级数 $\sum\limits_{n=1}^{\infty}\ln\left(1+\dfrac{1}{n^2}\right)$ 与 p 级数 $\sum\limits_{n=1}^{\infty}\dfrac{1}{n^2}$ 的敛散性相同. 因为 p 级数 $\sum\limits_{n=1}^{\infty}\dfrac{1}{n^2}$ 收敛，故 $\sum\limits_{n=1}^{\infty}\ln\left(1+\dfrac{1}{n^2}\right)$ 收敛.

(2) 因为 $\lim\limits_{n\to\infty}\dfrac{u_n}{v_n}=\lim\limits_{n\to\infty}\dfrac{\sin\dfrac{1}{n}}{\dfrac{1}{n}}=1$，故级数 $\sum\limits_{n=1}^{\infty}\sin\dfrac{1}{n}$ 与调和级数 $\sum\limits_{n=1}^{\infty}\dfrac{1}{n}$ 的敛散性相同. 因为 $\sum\limits_{n=1}^{\infty}\dfrac{1}{n}$ 发散，故 $\sum\limits_{n=1}^{\infty}\sin\dfrac{1}{n}$ 发散.

(3) 因为 $\lim\limits_{n\to\infty}\dfrac{u_n}{v_n}=\lim\limits_{n\to\infty}\dfrac{\dfrac{4n}{n^2+1}}{\dfrac{1}{n}}=\lim\limits_{n\to\infty}\dfrac{4n^2}{n^2+1}=4$，故级数 $\sum\limits_{n=1}^{\infty}\dfrac{4n}{n^2+1}$ 与调和级数 $\sum\limits_{n=1}^{\infty}\dfrac{1}{n}$ 的敛散性相同. 因为 $\sum\limits_{n=1}^{\infty}\dfrac{1}{n}$ 发散，故 $\sum\limits_{n=1}^{\infty}\dfrac{4n}{n^2+1}$ 发散.

定理 9.5 （比值审敛法）设 $\sum\limits_{n=1}^{\infty}u_n$ 为正项级数，如果 $\lim\limits_{n\to\infty}\dfrac{u_{n+1}}{u_n}=\rho$，则：

(1) 当 $\rho<1$ 时，级数 $\sum\limits_{n=1}^{\infty}u_n$ 收敛；

(2) 当 $\rho>1$ $\left(\text{或}\lim\limits_{n\to\infty}\dfrac{u_{n+1}}{u_n}=+\infty\right)$ 时，级数 $\sum\limits_{n=1}^{\infty}u_n$ 发散；

(3) 当 $\rho=1$ 时，级数 $\sum\limits_{n=1}^{\infty}u_n$ 可能收敛也可能发散，此时比值审敛法失效.

比值审敛法

说明 利用比值审敛法判定级数的敛散性不必寻找基本级数,当通项中含有 a^n、n^n 或 $n!$ 时,常用比值审敛法.特别地,当 $\rho=1$ 时比值审敛法失效.例如,对于 p 级数 $\sum\limits_{n=1}^{\infty}\dfrac{1}{n^p}$,在 $p>1$ 时收敛,在 $p\leqslant 1$ 时发散,然而无论 p 为何值,p 级数都满足 $\rho=\lim\limits_{n\to\infty}\dfrac{u_{n+1}}{u_n}=\lim\limits_{n\to\infty}\dfrac{n^p}{(n+1)^p}=1$.由此可见,比值审敛法对于 p 级数 $\sum\limits_{n=1}^{\infty}\dfrac{1}{n^p}$ 敛散性的判定失效,这种情况下,必须利用其他方法讨论,比如可用比较审敛法或比较审敛法的极限形式进行判别.

例 9.10 讨论级数的敛散性.

(1) $\sum\limits_{n=1}^{\infty}\dfrac{2n-1}{3^n}$; (2) $\sum\limits_{n=1}^{\infty}\dfrac{n!}{10^n}$.

解 (1) 级数 $\sum\limits_{n=1}^{\infty}\dfrac{2n-1}{3^n}$,$u_n=\dfrac{2n-1}{3^n}$,$u_{n+1}=\dfrac{2(n+1)-1}{3^{n+1}}=\dfrac{2n+1}{3^{n+1}}$.

因为 $\lim\limits_{n\to\infty}\dfrac{u_{n+1}}{u_n}=\lim\limits_{n\to\infty}\dfrac{2n+1}{3^{n+1}}\cdot\dfrac{3^n}{2n-1}=\lim\limits_{n\to\infty}\dfrac{2n+1}{6n-3}=\dfrac{1}{3}<1$,

所以级数 $\sum\limits_{n=1}^{\infty}\dfrac{2n-1}{3^n}$ 收敛.

(2) 级数 $\sum\limits_{n=1}^{\infty}\dfrac{n!}{10^n}$,$u_n=\dfrac{1\times 2\times 3\times\cdots\times n}{10^n}$,$u_{n+1}=\dfrac{1\times 2\times 3\times\cdots\times n\times(n+1)}{10^{n+1}}$.

因为 $\lim\limits_{n\to\infty}\dfrac{u_{n+1}}{u_n}=\lim\limits_{n\to\infty}u_n=\dfrac{1\times 2\times 3\times\cdots\times n\times(n+1)}{10^{n+1}}\times\dfrac{10^n}{1\times 2\times 3\times\cdots\times n}$

$=\lim\limits_{n\to\infty}\dfrac{n+1}{10}=+\infty$,

所以级数 $\sum\limits_{n=1}^{\infty}\dfrac{n!}{10^n}$ 发散.

例 9.11 讨论级数 $\sum\limits_{n=1}^{\infty}\dfrac{n-1}{n(n+1)}$ 的敛散性.

解 级数 $\sum\limits_{n=1}^{\infty}\dfrac{n-1}{n(n+1)}$,$u_n=\dfrac{n-1}{n(n+1)}$,$u_{n+1}=\dfrac{n}{(n+1)(n+2)}$.

因为 $\lim\limits_{n\to\infty}\dfrac{u_{n+1}}{u_n}=\lim\limits_{n\to\infty}\dfrac{n}{(n+1)\cdot(n+2)}\cdot\dfrac{n(n+1)}{n-1}=\lim\limits_{n\to\infty}\dfrac{n^2}{(n-1)\cdot(n+2)}=1$,

比值审敛法失效,改用比较审敛法判别.由于

$$\lim\limits_{n\to\infty}\dfrac{\dfrac{n-1}{(n+1)\cdot n}}{\dfrac{1}{n}}=\lim\limits_{n\to\infty}\dfrac{n^2-n}{n^2+n}=1,$$

因为调和级数 $\sum\limits_{n=1}^{\infty}\dfrac{1}{n}$ 发散,所以级数 $\sum\limits_{n=1}^{\infty}\dfrac{n-1}{n(n+1)}$ 发散.

一般来说,级数中含有指数、阶乘、幂指型时用比值法较为方便,其他形式用比较法较为方便.

9.2.2 交错级数及其审敛法

级数中的各项若是按正负相间顺序排列的,即通项交错变号的级数,称为交错级数,可表示为 $\sum_{n=1}^{\infty}(-1)^{n-1}u_n$ 或 $\sum_{n=1}^{\infty}(-1)^n u_n$,其中 $u_n>0(n=1,2,\cdots)$.

定理 9.6 (莱布尼茨审敛法)如果交错级数 $\sum_{n=1}^{\infty}(-1)^{n-1}u_n$ 或 $\sum_{n=1}^{\infty}(-1)^n u_n$ 满足:

(1) $\lim\limits_{n\to\infty}u_n=0$;

(2) $u_n>u_{n+1}(n=1,2,\cdots)$.

则交错级数收敛,且其和 $S\leqslant u_1$,其余项 $|r_n|\leqslant u_{n+1}$.

此定理给我们在近似求交错级数的和时,估计计算误差带来很大的方便,在近似计算中经常用到它.

说明 莱布尼茨审敛法中的条件(2)可以修改为 $u_n>u_{n+1}(n=N+1,N+2,\cdots)$,即从某一确定的项开始,以后各项都有 $u_n>u_{n+1}$ 成立,这是因为级数是否收敛与所讨论级数的前有限项无关.

扫一扫

交错级数
莱布尼茨
审敛法

例 9.12 讨论交错级数 $\sum_{n=1}^{\infty}(-1)^n\dfrac{1}{n}$ 的敛散性.

解 对于交错级数 $\sum_{n=1}^{\infty}(-1)^n\dfrac{1}{n}$, $u_n=\dfrac{1}{n}$,因为

$$\lim_{n\to\infty}u_n=\lim_{n\to\infty}\dfrac{1}{n}=0,\quad 且\ u_n=\dfrac{1}{n}>\dfrac{1}{n+1}=u_{n+1}(n=1,2,\cdots)$$

满足莱布尼茨的条件,所以级数 $\sum_{n=1}^{\infty}(-1)^n\dfrac{1}{n}$ 收敛.

例 9.13 讨论交错级数 $\sum_{n=1}^{\infty}(-1)^n\dfrac{1}{(2n+1)\cdot n!}$ 的敛散性,并求级数的和(误差不超过 0.001).

解 因为 $u_n=\dfrac{1}{(2n+1)\cdot n!}$,显然 $u_n>u_{n+1}$,且 $\lim\limits_{n\to\infty}u_n=\lim\limits_{n\to\infty}\dfrac{1}{(2n+1)\cdot n!}=0$. 故级数收敛,因为 $|r_4|\leqslant u_5=\dfrac{1}{11\cdot 5!}=\dfrac{1}{1\,320}<0.001$,所以

$$\sum_{n=1}^{\infty}(-1)^n\dfrac{1}{(2n+1)\cdot n!}\approx\sum_{n=1}^{4}(-1)^n\dfrac{1}{(2n+1)\cdot n!}$$
$$=-\dfrac{1}{3}+\dfrac{1}{10}-\dfrac{1}{42}+\dfrac{1}{216}\approx-0.252\,5.$$

9.2.3 任意项级数及其审敛法

级数中的各项若是任意实数,则称 $\sum_{n=1}^{\infty}u_n(u_n\in\mathbf{R})$ 为任意项级数. 正项级数、交错级数均可看作特殊的任意项级数.

交错级数 $\sum_{n=1}^{\infty}(-1)^n\dfrac{1}{n}$ 中各项取绝对值后便是调和级数 $\sum_{n=1}^{\infty}\dfrac{1}{n}$,它是发

散的,由此可知,如果任意项级数 $\sum\limits_{n=1}^{\infty} u_n$ 是收敛的,并不能判断其相应的级数 $\sum\limits_{n=1}^{\infty} |u_n|$ 也是收敛的.

由此产生如下新概念:

定义 9.3 设 $\sum\limits_{n=1}^{\infty} u_n$ 为任意项级数,如果正项级数 $\sum\limits_{n=1}^{\infty} |u_n|$ 收敛,则称任意项级数 $\sum\limits_{n=1}^{\infty} u_n$ 为绝对收敛;如果正项级数 $\sum\limits_{n=1}^{\infty} |u_n|$ 发散,但级数 $\sum\limits_{n=1}^{\infty} u_n$ 收敛,则称级数 $\sum\limits_{n=1}^{\infty} u_n$ 为条件收敛.

定理 9.7 (任意项级数的审敛法)若级数 $\sum\limits_{n=1}^{\infty} |u_n|$ 收敛,则级数 $\sum\limits_{n=1}^{\infty} u_n$ 收敛.

证 构造数列 $a_n = \dfrac{|u_n| + u_n}{2}, b_n = \dfrac{|u_n| - u_n}{2} (n=1,2,\cdots)$,则
$$0 \leqslant a_n \leqslant |u_n|, 0 \leqslant b_n \leqslant |u_n| \quad (n=1,2,\cdots).$$

因为级数 $\sum\limits_{n=1}^{\infty} |u_n|$ 收敛,根据比较审敛法知,正项级数 $\sum\limits_{n=1}^{\infty} a_n$ 与 $\sum\limits_{n=1}^{\infty} b_n$ 均收敛,所以 $\sum\limits_{n=1}^{\infty} (a_n - b_n) = \sum\limits_{n=1}^{\infty} u_n$ 收敛.

说明 (1)对任意项级数 $\sum\limits_{n=1}^{\infty} u_n$ 敛散性的判定,可借助该定理转化为对正项级数敛散性的判定:若级数 $\sum\limits_{n=1}^{\infty} |u_n|$ 收敛,则级数 $\sum\limits_{n=1}^{\infty} u_n$ 收敛;若级数 $\sum\limits_{n=1}^{\infty} |u_n|$ 发散,则 $\sum\limits_{n=1}^{\infty} u_n$ 可能发散也可能收敛.

(2)判定级数 $\sum\limits_{n=1}^{\infty} u_n$ 是绝对收敛还是条件收敛的步骤如下:①先判断 $\sum\limits_{n=1}^{\infty} |u_n|$,若收敛则 $\sum\limits_{n=1}^{\infty} u_n$ 绝对收敛;②若 $\sum\limits_{n=1}^{\infty} |u_n|$ 发散,则要对原级数 $\sum\limits_{n=1}^{\infty} u_n$ 进一步判断,如果 $\sum\limits_{n=1}^{\infty} u_n$ 收敛,则为条件收敛;如果 $\sum\limits_{n=1}^{\infty} u_n$ 发散,则它就是发散级数.

例 9.14 讨论级数 $\sum\limits_{n=1}^{\infty} (-1)^{n-1} \dfrac{1}{n}$ 与 $\sum\limits_{n=1}^{\infty} \dfrac{\sin x}{n^3} (x \in \mathbf{R})$ 是绝对收敛还是条件收敛.

解 对于级数 $\sum\limits_{n=1}^{\infty} (-1)^{n-1} \dfrac{1}{n}$,其绝对值级数 $\sum\limits_{n=1}^{\infty} \left| (-1)^{n-1} \dfrac{1}{n} \right| = \sum\limits_{n=1}^{\infty} \dfrac{1}{n}$ 是调和级数,发散,故 $\sum\limits_{n=1}^{\infty} (-1)^{n-1} \dfrac{1}{n}$ 不是绝对收敛的.由莱布尼茨判别法知交错级数 $\sum\limits_{n=1}^{\infty} (-1)^{n-1} \dfrac{1}{n}$ 收敛,故原级数 $\sum\limits_{n=1}^{\infty} (-1)^{n-1} \dfrac{1}{n}$ 条件收敛.

对于级数 $\sum\limits_{n=1}^{\infty} \dfrac{\sin x}{n^3} (x \in \mathbf{R})$,对任意的 x,其绝对值级数 $\sum\limits_{n=1}^{\infty} \left| \dfrac{\sin x}{n^3} \right|$ 为正

项级数,因为 $\left|\dfrac{\sin x}{n^3}\right| \leqslant \dfrac{1}{n^3}$,而 $\sum\limits_{n=1}^{\infty}\dfrac{1}{n^3}$ 是 $n=3$ 时的 p 级数,收敛,于是 $\sum\limits_{n=1}^{\infty}\left|\dfrac{\sin x}{n^3}\right|$ ($x \in \mathbf{R}$) 收敛,故原级数 $\sum\limits_{n=1}^{\infty}\dfrac{\sin x}{n^3}$ 绝对收敛.

同步习题 9.2

【基础题】

1. 用比较审敛法判定下列各级数的敛散性.

(1) $\sum\limits_{n=1}^{\infty}\dfrac{1}{(n+1)\cdot(n+4)}$;　　(2) $\sum\limits_{n=1}^{\infty}\sin\dfrac{\pi}{2^n}$;

(3) $\sum\limits_{n=1}^{\infty}\dfrac{n+1}{3n^3+4}$.

2. 用比值判别法判别下列级数的敛散性.

(1) $\sum\limits_{n=1}^{\infty}\dfrac{n+2}{3^n}$;　　(2) $\sum\limits_{n=1}^{\infty}4^n\sin\dfrac{\pi}{3^n}$;

(3) $\sum\limits_{n=1}^{\infty}\dfrac{5^n}{n!}$.

3. 判别下列级数是绝对收敛还是条件收敛?

(1) $\sum\limits_{n=1}^{\infty}(-1)^n\dfrac{1}{\sqrt{n}}$;　　(2) $\sum\limits_{n=1}^{\infty}\dfrac{\cos n^3}{n^2}$;

(3) $\sum\limits_{n=1}^{\infty}(-1)^n\dfrac{n^3}{2^n}$.

【提高题】

求下列任意级数的敛散性,收敛时要说明是条件收敛还是绝对收敛.

(1) $\sum\limits_{n=1}^{\infty}(-1)^{n-1}\dfrac{n}{2^{n-1}}$;　　(2) $\sum\limits_{n=2}^{\infty}(-1)^n\dfrac{1}{\ln n}$;

(3) $\sum\limits_{n=1}^{\infty}\dfrac{n^2-1}{n^2+1}$.

§9.3　幂级数

前面讨论了数项级数,其特点是每一项都是"数",我们把每一项都是"函数"的级数称为函数项级数.函数项级数中自变量在某点的状况就是数项级数,因此可以利用数项级数的知识来研究函数项级数.本节研究在工程技术中经常用到的、形式较为简单的函数项级数——幂级数.

9.3.1　幂级数的概念

定义 9.4　设 $u_1(x), u_2(x), \cdots, u_n(x), \cdots$ 是定义在区间 I 上的函数列,则和式

$$\sum_{n=1}^{\infty} u_n(x) = u_1(x) + u_2(x) + \cdots + u_n(x) + \cdots \tag{9.2}$$

称为定义在区间 I 上的函数项级数.

取定义区间上一个确定的值 x_0 代入函数项级数,得到数项级数 $\sum_{n=1}^{\infty} u_n(x_0)$. 如果数项级数 $\sum_{n=1}^{\infty} u_n(x_0)$ 收敛,则称点 x_0 为函数项级数 $\sum_{n=1}^{\infty} u_n(x)$ 的收敛点;如果数项级数 $\sum_{n=1}^{\infty} u_n(x_0)$ 发散,则称 x_0 为函数项级数 $\sum_{n=1}^{\infty} u_n(x)$ 的发散点. 所有收敛点的集合称为函数项级数 $\sum_{n=1}^{\infty} u_n(x)$ 的收敛域,所有发散点的集合称为函数项级数 $\sum_{n=1}^{\infty} u_n(x)$ 的发散域.

对于收敛域上的任意一个数 x,函数项级数 $\sum_{n=1}^{\infty} u_n(x)$ 是收敛的,因而有确定的和 S. 因此,在收敛域上,函数项级数的和是 x 的函数 $S(x)$,通常称 $S(x)$ 为函数项级数 $\sum_{n=1}^{\infty} u_n(x)$ 的和函数,这个和函数的定义域就是函数项级数 $\sum_{n=1}^{\infty} u_n(x)$ 的收敛域 I,即

$$\sum_{n=0}^{\infty} u_n(x) = S(x), x \in I.$$

把 $\sum_{n=1}^{\infty} u_n(x)$ 的前 n 项部分和记作 $S_n(x)$,则在收敛域上必有 $\lim_{n \to \infty} S_n(x) = S(x)$. 我们仍然把 $r_n(x) = S(x) - S_n(x)$ 称为函数项级数 $\sum_{n=1}^{\infty} u_n(x)$ 的余项. 于是有

$$\lim_{n \to \infty} r_n(x) = \lim_{n \to \infty} [S(x) - S_n(x)] = S(x) - S(x) = 0.$$

在函数项级数中,幂级数的收敛域或发散域的结构比较简单,但它在工程技术分析中却很重要. 下面主要介绍幂级数及其相关结论.

定义 9.5 形如 $\sum_{n=0}^{\infty} a_n x^n = a_0 + a_1 x + a_2 x^2 + \cdots + a_n x^n + \cdots$ 的函数项级数称为关于 x 的幂级数,简称幂级数. 其中 $a_n (n = 0, 1, 2, \cdots)$ 称为幂级数的系数. 幂级数的更一般的形式是:

$$\sum_{n=0}^{\infty} a_n (x - x_0)^n = a_0 + a_1 (x - x_0) + a_2 (x - x_0)^2 + \cdots + a_n (x - x_0)^n + \cdots.$$

此式称为关于 $(x - x_0)$ 的幂级数. 若将上式各项作变量代换,令 $t = x - x_0$,则 $\sum_{n=0}^{\infty} a_n (x - x_0)^n = \sum_{n=0}^{\infty} a_n t^n$,即变成 $\sum_{n=0}^{\infty} a_n x^n$ 一样的形式. 因此,重点讨论形如 $\sum_{n=0}^{\infty} a_n x^n$ 的幂级数,例如 $1 + x + x^2 + \cdots + x^n + \cdots$ 和 $1 + x + \frac{x^2}{2!} + \cdots + \frac{x^n}{n!} + \cdots$ 等.

对于幂级数我们最关心的是其敛散性问题.

9.3.2 幂级数的收敛性

幂级数 $1+x+x^2+\cdots+x^n+\cdots$ 可以看成是以变量 x 为公比的等比级数，当 $|x|<1$ 时，收敛于和 $\dfrac{1}{1-x}$；当 $|x|\geqslant 1$ 时发散．即 x 在 $(-1,1)$ 内任意取值时，总有

$$1+x+x^2+\cdots+x^n+\cdots=\frac{1}{1-x},\quad x\in(-1,1). \tag{9.3}$$

上例说明，幂级数的收敛区间是关于原点对称的区间，这虽是个例，但对所有的幂级数都是成立的，对此有如下定理：

定理 9.8 （阿贝尔定理）若幂级数 $\sum\limits_{n=0}^{\infty}a_nx^n$ 在 $x=x_0\,(x\neq 0)$ 处收敛，则对满足不等式 $|x|<|x_0|$ 的所有 x，幂级数 $\sum\limits_{n=0}^{\infty}a_nx^n$ 收敛，且为绝对收敛；若幂级数 $\sum\limits_{n=0}^{\infty}a_nx^n$ 在 $x=x_0\,(x\neq 0)$ 处发散，则对满足 $|x|>|x_0|$ 的所有 x，幂级数 $\sum\limits_{n=0}^{\infty}a_nx^n$ 发散．

本定理可以简单描述为：收敛点对应的对称区间内的点均为绝对收敛点；发散点对应的对称区间外的点均为发散点（证明从略）．

由定理 9.8 可知，对于幂级数，会存在正常数 R，在区间 $(-R,R)$ 内收敛，在区间 $[-R,R]$ 之外发散．称 R 为幂级数的收敛半径，称 $(-R,R)$ 为幂级数的收敛区间．在讨论收敛区间端点即 $x=\pm R$ 处的敛散性后，就可以确定幂级数的收敛域为 $(-R,R)$、$[-R,R)$、$[-R,R]$ 或 $(-R,R]$ 其中之一．

关于幂级数收敛半径的求法，有下面的定理：

幂级数收敛半径的求法

定理 9.9 如果幂级数 $\sum\limits_{n=0}^{\infty}a_nx^n$ 的相邻两项的系数 a_n,a_{n+1} 满足 $\lim\limits_{n\to\infty}\left|\dfrac{a_{n+1}}{a_n}\right|=\rho$，则幂级数 $\sum\limits_{n=0}^{\infty}a_nx^n$ 的收敛半径

$$R=\begin{cases}+\infty, & \rho=0,\\ \dfrac{1}{\rho}, & 0<\rho<+\infty,\\ 0, & \rho=+\infty.\end{cases}$$

证 对于级数 $\sum\limits_{n=0}^{\infty}u_n(x)=\sum\limits_{n=0}^{\infty}|a_nx^n|$，

$$\lim_{n\to\infty}\frac{u_{n+1}}{u_n}=\lim_{n\to\infty}\left|\frac{a_{n+1}x^{n+1}}{a_nx^n}\right|=|x|\cdot\lim_{n\to\infty}\left|\frac{a_{n+1}}{a_n}\right|=\rho|x|.$$

若 $0<\rho<+\infty$，根据比值审敛法，当 $\rho|x|<1$ 即 $|x|<\dfrac{1}{\rho}$ 时，级数 $\sum\limits_{n=0}^{\infty}|a_nx^n|$ 收敛，从而 $\sum\limits_{n=0}^{\infty}a_nx^n$ 绝对收敛；当 $\rho|x|>1$ 即 $|x|>\dfrac{1}{\rho}$ 时，级数 $\sum\limits_{n=0}^{\infty}|a_nx^n|$ 发散，并且从某一个 n 开始，$|a_{n+1}x^{n+1}|>|a_nx^n|$，因此一般项 $|a_nx^n|$ 不能趋于零，所以 a_nx^n

也不趋于零,即级数 $\sum_{n=0}^{\infty} a_n x^n$ 发散. 于是收敛半径 $R = \dfrac{1}{\rho}$.

若 $\rho = 0$, 对所有的实数 x, 有 $\lim\limits_{n \to \infty} \left| \dfrac{a_{n+1} x^{n+1}}{a_n x^n} \right| = |x| \cdot \lim\limits_{n \to \infty} \left| \dfrac{a_{n+1}}{a_n} \right| = 0 < 1$ 成立, 级数 $\sum_{n=0}^{\infty} |a_n x^n|$ 收敛, $\sum_{n=0}^{\infty} a_n x^n$ 绝对收敛. 于是收敛半径 $R = +\infty$.

若 $\rho = +\infty$, 对于除 $x = 0$ 以外的其他点, 级数 $\sum_{n=0}^{\infty} a_n x^n$ 必发散, 否则由阿贝尔定理可知, 必将有 $x \neq 0$ 使 $\sum_{n=0}^{\infty} |a_n x^n|$ 收敛. 于是收敛半径 $R = 0$.

例 9.15 求幂级数 $\sum_{n=1}^{\infty} \dfrac{x^n}{n}$ 的收敛域.

解 由于 $a_n = \dfrac{1}{n}$, 于是 $\lim\limits_{n \to \infty} \dfrac{|a_{n+1}|}{|a_n|} = \lim\limits_{n \to \infty} \dfrac{n}{n+1} = 1$, 从而幂级数 $\sum_{n=1}^{\infty} \dfrac{x^n}{n}$ 的收敛半径 $R = 1$. 当 $x = 1$ 时, $\sum_{n=1}^{\infty} \dfrac{x^n}{n} = \sum_{n=1}^{\infty} \dfrac{1}{n}$ 为调和级数, 发散; 当 $x = -1$ 时, $\sum_{n=1}^{\infty} \dfrac{x^n}{n} = \sum_{n=1}^{\infty} \dfrac{(-1)^n}{n}$ 为交错级数, 收敛, 所以幂级数 $\sum_{n=1}^{\infty} \dfrac{x^n}{n}$ 的收敛域为 $[-1, 1)$.

例 9.16 求幂级数 $\sum_{n=0}^{\infty} \dfrac{(x-1)^n}{n^2}$ 的收敛域.

解 设 $x - 1 = t$, 则 $\sum_{n=0}^{\infty} \dfrac{(x-1)^n}{n^2} = \sum_{n=0}^{\infty} \dfrac{t^n}{n^2}$, 其中 $a_n = \dfrac{1}{n^2}$, 由于 $\lim\limits_{n \to \infty} \dfrac{|a_n|}{|a_{n+1}|} = \lim\limits_{n \to \infty} \dfrac{(n+1)^2}{n^2} = 1$, 所以幂级数 $\sum_{n=0}^{\infty} \dfrac{t^n}{n^2}$ 的收敛半径 $R = 1$.

当 $t = 1$ 时, 级数 $\sum_{n=0}^{\infty} \dfrac{1}{n^2}$ 收敛; 当 $t = -1$ 时, 级数 $\sum_{n=0}^{\infty} \dfrac{(-1)^n}{n^2}$ 收敛. 于是幂级数 $\sum_{n=0}^{\infty} \dfrac{t^n}{n^2}$ 的收敛域是 $-1 \leqslant t \leqslant 1$, 而 $x = t + 1$, 因此 $\sum_{n=0}^{\infty} \dfrac{(x-1)^n}{n^2}$ 的收敛域是 $[0, 2]$.

幂级数的
收敛域

例 9.17 求幂级数 $\sum_{n=1}^{\infty} \dfrac{x^{2n}}{n \cdot 4^n}$ 的收敛域.

解 由于所给级数只有偶次幂项, 不能直接利用定理求收敛半径.
当 $x = 0$ 时, 是收敛的;
当 $x \neq 0$ 时, 幂级数为正项级数, 用比值审敛法来求收敛半径. 由于

$$\lim_{n \to \infty} \dfrac{u_{n+1}(x)}{u_n(x)} = \lim_{n \to \infty} \dfrac{x^{2n+2}}{(n+1) 4^{n+1}} \cdot \dfrac{n 4^n}{x^{2n}} = x^2 \lim_{n \to \infty} \dfrac{n}{4(n+1)} = \dfrac{x^2}{4},$$

当 $\dfrac{x^2}{4} < 1$ 即 $|x| < 2$ 时, 级数收敛; 当 $\dfrac{x^2}{4} > 1$ 即 $|x| > 2$ 时, 幂级数发散. 所以幂级数的收敛半径为 $R = 2$. 而当 $x = \pm 2$ 时, $\sum_{n=1}^{\infty} \dfrac{x^{2n}}{n \cdot 4^n} = \sum_{n=1}^{\infty} \dfrac{1}{n}$, 是发散的, 所以原幂级数的收敛域为 $(-2, 2)$.

还可以用代换法求解. 令 $x^2 = t$, $\sum_{n=0}^{\infty} \frac{x^{2n}}{n \cdot 4^n}$ 化为幂级数 $\sum_{n=0}^{\infty} \frac{t^n}{n \cdot 4^n}$, 再讨论.

必须注意, 上述所有的方法中, 端点都要单独讨论.

9.3.3 幂级数的和函数

若幂级数 $\sum_{n=0}^{\infty} a_n x^n$ 的收敛区间为 $(-R, R)$, 则对此区间内的任意一点, 都会有一个和与之对应. 于是产生了一个以收敛区间上点 x 为自变量, 以相应数项级数的和为因变量的新函数 $S(x)$, 我们称为幂级数的和函数, 也称为由幂级数确定的函数.

对于一个非等比形式的幂级数, 如果要直接求它的和函数, 一般来说是非常困难的. 但借助幂级数及其和函数的性质, 就可以通过间接的方法来求幂级数的和函数. 下面介绍幂级数及其和函数的性质.

性质 1 设幂级数 $\sum_{n=0}^{\infty} a_n x^n$ 的收敛半径为 R_1, 和函数为 $S_1(x)$; 幂级数 $\sum_{n=0}^{\infty} b_n x^n$ 的收敛半径为 R_2, 和函数为 $S_2(x)$. 设 $R = \min(R_1, R_2)$, 则:

(1) $\sum_{n=0}^{\infty} a_n x^n \pm \sum_{n=0}^{\infty} b_n x^n = \sum_{n=0}^{\infty} (a_n \pm b_n) x^n = S_1(x) \pm S_2(x), x \in (-R, R)$.

(2) $\left(\sum_{n=0}^{\infty} a_n x^n \right) \cdot \left(\sum_{n=0}^{\infty} b_n x^n \right) = \sum_{n=0}^{\infty} \left(\sum_{i=0}^{n} a_i b_{n-i} \right) x^n = S_1(x) \cdot S_2(x), x \in (-R, R)$.

性质 2 设幂级数 $\sum_{n=0}^{\infty} a_n x^n$ 的收敛半径为 $R (R > 0)$, 和函数为 $S(x)$, 则和函数 $S(x)$ 有以下性质成立:

(1) $S(x)$ 在 $(-R, R)$ 内连续, 即对任意 $x_0 \in (-R, R)$, 有

$$\lim_{x \to x_0} S(x) = \lim_{x \to x_0} \left(\sum_{n=0}^{\infty} a_n x^n \right) = \sum_{n=0}^{\infty} \lim_{x \to x_0} (a_n x^n) = \sum_{n=0}^{\infty} a_n x_0^n = S(x_0). \quad (9.4)$$

(2) $S(x)$ 在 $(-R, R)$ 内可导, 并有逐项求导公式

$$S'(x) = \left(\sum_{n=1}^{\infty} a_n x^n \right)' = \sum_{n=1}^{\infty} (a_n x^n)' = \sum_{n=1}^{\infty} n a_n x^{n-1}. \quad (9.5)$$

(3) $S(x)$ 在 $(-R, R)$ 内可积, 并有逐项积分公式

$$\int_0^x S(t) \, dt = \int_0^x \sum_{n=0}^{\infty} a_n t^n \, dt = \sum_{n=0}^{\infty} \int_0^x a_n t^n \, dt = \sum_{n=0}^{\infty} \frac{a_n}{n+1} x^{n+1}. \quad (9.6)$$

以上性质表明对幂级数求导或求积分后所得的新级数的收敛半径与原幂级数的收敛半径相同, 因而幂级数可以在其收敛区间内任意次地进行求导和积分, 但是收敛域端点处的收敛性可能会发生变化. 由于常数的导数为零, 所以有些幂级数在逐项求导后要改变下标的起始值. 利用上述性质求幂级数的和函数通常有"先积后微、先微后积、错位相减"等方法. 下面举例说明幂级数和函数的求法.

例 9.18 求 $\sum_{n=0}^{\infty} (n+1) x^n$ 的和函数, 并由此求 $\sum_{n=0}^{\infty} \frac{n+1}{2^n}$ 的值.

解 先求收敛域，由 $\lim\limits_{n\to\infty}\left|\dfrac{a_n}{a_{n+1}}\right|=\lim\limits_{n\to\infty}\dfrac{n+1}{n+2}=1$，得幂级数 $\sum\limits_{n=0}^{\infty}(n+1)x^n$ 的收敛区间为 $(-1,1)$，由于 $\lim\limits_{n\to\infty}(\pm 1)^n(n+1)\neq 0$，所以幂级数 $\sum\limits_{n=0}^{\infty}(n+1)x^n$ 在 $x=\pm 1$ 时发散，因此幂级数的 $\sum\limits_{n=0}^{\infty}(n+1)x^n$ 的收敛域为 $(-1,1)$.

设 $\sum\limits_{n=0}^{\infty}(n+1)x^n$ 的和函数为 $S(x)$，两边积分得

$$\int_0^x S(t)\mathrm{d}t=\sum_{n=0}^{\infty}\int_0^x (n+1)t^n\mathrm{d}t=\sum_{n=0}^{\infty}x^{n+1}.$$

$\sum\limits_{n=0}^{\infty}x^{n+1}$ 是首项为 x，公比为 x 的等比级数，当 $|x|<1$ 即 $x\in(-1,1)$ 时收敛且 $\sum\limits_{n=0}^{\infty}x^{n+1}=\dfrac{x}{1-x}$. 再对上式两端求导，得

$$S(x)=\left[\int_0^x S(t)\mathrm{d}t\right]'=\left(\dfrac{x}{1-x}\right)'=\dfrac{1}{(1-x)^2},x\in(-1,1).$$

$\sum\limits_{n=0}^{\infty}\dfrac{n+1}{2^n}$ 即当 $x=\dfrac{1}{2}$ 时 $\sum\limits_{n=0}^{\infty}(n+1)x^n$ 的值，故 $\sum\limits_{n=0}^{\infty}\dfrac{n+1}{2^n}=S\left(\dfrac{1}{2}\right)=4$.

求和函数的主要思想：在收敛区域内通过逐项求导或逐项积分以使幂级数转化为等比（几何）级数，利用等比级数的求和公式求新的幂级数的和，再还原即可. 解题步骤为：

(1) 求幂级数的收敛半径与收敛域；

(2) 对原幂级数经逐项求导（或逐项积分）后转化为等比级数，求和 $S'(x)$（或 $\int_0^x S(t)\mathrm{d}t$）；

(3) 对 $S'(x)$ 逐项求积分（或对 $\int_0^x S(t)\mathrm{d}t$ 逐项求导）得到和函数 $S(x)$.

9.3.4 函数的幂级数展开

前面讨论了幂级数的收敛域及其和函数的性质，但在许多应用中往往遇到相反的问题：对于给定的函数 $f(x)$，考虑它是否能够在某个区间内展开成幂级数，即能否找到这样一个幂级数，使它在某区间内收敛，且其和恰好就是给定的函数 $f(x)$.

对于函数 $f(x)$，如果能找到一个幂级数 $\sum\limits_{n=0}^{\infty}a_nx^n$，使 $f(x)=\sum\limits_{n=0}^{\infty}a_nx^n(x\in I$，其中 I 为幂级数 $\sum\limits_{n=0}^{\infty}a_nx^n$ 的收敛域）成立，就说函数 $f(x)$ 在该收敛域内可以展开为 x 的幂级数，称 $\sum\limits_{n=0}^{\infty}a_nx^n$ 为函数 $f(x)$ 在收敛域 I 上的幂级数展开式.

如果函数 $f(x)$ 在点 x_0 处具有任意阶导数，则称级数

$$f(x_0)+\dfrac{f'(x_0)}{1!}(x-x_0)+\dfrac{f''(x_0)}{2!}(x-x_0)^2+\cdots+\dfrac{f^{(n)}(x_0)}{n!}(x-x_0)^n+\cdots$$

(9.7)

函数的幂级数展开

为函数 $f(x)$ 在点 x_0 处的泰勒级数.

特别地,当 $x_0=0$ 时,函数 $f(x)$ 的泰勒级数可表示成为

$$f(0)+\frac{f'(0)}{1!}x+\frac{f''(0)}{2!}x^2+\cdots+\frac{f^{(n)}(0)}{n!}x^n+\cdots, \tag{9.8}$$

称为函数 $f(x)$ 的麦克劳林级数.

需要说明的是,已知函数 $f(x)$ 在点 x_0 处具有任意阶导数,则它的泰勒级数就存在,但不是说 $f(x)$ 的泰勒级数一定是收敛于 $f(x)$. 那么满足什么条件的函数 $f(x)$ 的泰勒级数收敛于 $f(x)$? 这里不加证明地给出以下结论:

如果在开区间 (x_0-R, x_0+R) 内,$f(x)$ 的各阶导数有界,并且 $f(x)$ 的泰勒公式中的余项 $R_n(x)=f(x)-\sum_{n=0}^{\infty}\frac{f^{(n)}(x_0)}{n!}(x-x_0)^n$ 当 $n\to\infty$ 时的极限为 0,即 $\lim_{n\to\infty}R_n(x)=0$,则 $f(x)$ 可以展开成幂级数.

将函数 $f(x)$ 展开为 x 的幂级数,可按下列步骤进行(展开为 $(x-x_0)$ 的幂级数与之类似,只要将点 0 换成点 x_0 即可):

第一步:求出 $f(x)$ 的各阶导数 $f'(x), f''(x), \cdots, f^{(n)}(x), \cdots$;如果在所讨论点处的某阶导数不存在,就停止求解,例如在 $x=0$ 处,$f(x)=x^{\frac{7}{3}}$ 的三阶导数不存在,所以它不可展开成 x 的幂级数.

第二步:求出函数及其各阶导数在 $x=0$ 处的数值 $f(0), f'(0), f''(0), \cdots, f^{(n)}(0), \cdots$.

第三步:写出相应的幂级数 $f(0)+\frac{f'(0)}{1!}x+\frac{f''(0)}{2!}x^2+\cdots+\frac{f^{(n)}(0)}{n!}x^n+\cdots$,并求出其收敛半径 R.

第四步:考察 $f(0)+\frac{f'(0)}{1!}x+\frac{f''(0)}{2!}x^2+\cdots+\frac{f^{(n)}(0)}{n!}x^n+\cdots$ 在 $(-R, R)$ 内是否收敛于 $f(x)$,即考察余项 $R_n(x)$ 是否以零为极限.

用上述步骤把函数展开成 x 的幂级数的方法称为直接展开法,此法计算量大,尤其是第四步计算更加烦琐. 实际上,利用一些已知的函数展开式,通过幂级数的运算以及变量代换等,可将所给函数展开成幂级数,这样做不但计算简单,而且可以避免对余项的讨论,这种方法称为间接展开法. 为了便于查用,我们给出常用函数的麦克劳林级数展开式:

(1) $e^x = 1 + x + \frac{x^2}{2!} + \frac{x^3}{3!} + \cdots + \frac{x^n}{n!} + \cdots, x \in (-\infty, +\infty)$;

(2) $\sin x = x - \frac{x^3}{3!} + \frac{x^5}{5!} - \cdots + (-1)^n \frac{x^{2n+1}}{(2n+1)!} + \cdots, x \in (-\infty, +\infty)$;

(3) $\cos x = 1 - \frac{x^2}{2!} + \frac{x^4}{4!} - \cdots + (-1)^n \frac{x^{2n}}{(2n)!} + \cdots, x \in (-\infty, +\infty)$;

(4) $\ln(1+x) = x - \frac{x^2}{2} + \frac{x^3}{3} - \cdots + (-1)^{n-1} \frac{x^n}{n} + \cdots, x \in (-1, 1]$;

(5) $(1+x)^m = 1 + mx + \frac{m(m-1)x^2}{2!} + \cdots + \frac{m(m-1)\cdots(m-n+1)x^n}{n!} + \cdots$, $x \in (-1, 1)$.

特别地,当 m 为正整数时公式(5)就是初等代数中的二项式展开定理.

例 9.19 求函数 $\cos 3x$ 的麦克劳林展开式.

解 因为 $\cos x = \sum_{n=0}^{\infty} (-1)^n \frac{x^{2n}}{2n!}, x \in (-\infty, +\infty)$.

所以 $\cos 3x = \sum_{n=0}^{\infty} (-1)^n \frac{(3x)^{2n}}{2n!} = \sum_{n=0}^{\infty} (-1)^n \frac{9^n}{2n!} x^{2n}, \quad x \in (-\infty, +\infty)$.

例 9.20 求函数 $\ln \frac{1+x}{1-x}$ 的麦克劳林展开式.

解 因为

$$\ln(1+x) = x - \frac{x^2}{2} + \frac{x^3}{3} - \cdots + (-1)^{n-1} \frac{x^n}{n} + \cdots, \quad x \in (-1,1].$$

所以

$$\ln(1-x) = -x - \frac{x^2}{2} - \frac{x^3}{3} - \cdots - \frac{x^n}{n} - \cdots, \quad x \in [-1,1).$$

$$f(x) = \ln \frac{1+x}{1-x} = \ln(1+x) - \ln(1-x) = 2 \sum_{n=1}^{\infty} \frac{x^{2n-1}}{2n-1}, \quad x \in (-1,1).$$

同步习题 9.3

【基础题】

1. 求下列幂级数的收敛区间.

(1) $\sum_{n=1}^{\infty} (-1)^n x^n$;   (2) $\sum_{n=1}^{\infty} \frac{(x-1)^n}{n!}$;

(3) $\sum_{n=1}^{\infty} (-1)^n \frac{x^{2n+1}}{2n+1}$;   (4) $\sum_{n=1}^{\infty} \frac{x^{2n}}{n \cdot 3^n}$.

2. 求幂级数 $\sum_{n=1}^{\infty} \frac{x^{2n-1}}{2n-1}$ 的和函数,并求级数 $\sum_{n=1}^{\infty} \frac{1}{(2n-1)2^n}$ 的和.

3. 求下列函数的麦克劳林级数展开式,并指出其收敛区间.

(1) $\ln(2+x)$;   (2) $\sin \frac{x}{3}$.

【提高题】

求下列幂级数的收敛半径和收敛域.

(1) $\sum_{n=1}^{\infty} \frac{3^n}{\sqrt{n}} x^n$;   (2) $\sum_{n=1}^{\infty} \frac{1}{2^n} (x-1)^n$;   (3) $\sum_{n=1}^{\infty} (-1)^n \frac{x^{2n}}{(2n)!}$.

§9.4 傅里叶级数

18 世纪中叶,法国数学家和工程师傅里叶(Fourier,1768—1830)在研究热传导问题时,找到了用另一类简单函数——三角函数来表示有限区间上的一般函数 $f(x)$ 的方法,即把 $f(x)$ 展开成傅里叶级数.与幂级数展开相比,傅里叶级数对 $f(x)$ 的要求要宽松许多,并且它的部分和在连续点处与 $f(x)$ 相等,在数学研究以及工程技术等研究领域极具价值.本节只介绍有关傅里叶级数的基本知识,包括傅里叶级数的基本概念、傅里叶级数的收敛条件、如何将一个函数展开成傅里叶级数.

9.4.1 傅里叶级数的概念

在自然界中广泛地存在各种各样的周期性运动,例如日月星球的运动、电磁波与声波的运动、工厂里机器部件的往复运动、人体心脏的跳动等.数学上是借助周期函数来描述周期性运动的,但上述运动往往不是最简单的正弦或余弦函数可以表示的.能否将一个周期函数表示成简单的三角函数的线性组合呢? 下面先讨论周期为 2π 的周期函数.

(1) 三角函数系. 由 $1, \cos x, \sin x, \cos 2x, \sin 2x, \cdots, \cos nx, \sin nx, \cdots$ 组成的函数序列称为三角函数系. 容易验证此三角函数系在 $[-\pi, \pi]$ 上满足:任意两个不同的函数之积在 $[-\pi, \pi]$ 上的积分均为零;任意两个相同函数的乘积在区间 $[-\pi, \pi]$ 上的积分不等于零. 这一特性称为三角函数系的正交性. 即:

$$\int_{-\pi}^{\pi} 1 \cdot \cos nx \, dx = 0 \, (n=1,2,\cdots);$$

$$\int_{-\pi}^{\pi} 1 \cdot \sin nx \, dx = 0 \, (n=1,2,\cdots);$$

$$\int_{-\pi}^{\pi} \cos nx \cdot \sin mx \, dx = 0 \, (m,n=1,2,\cdots);$$

$$\int_{-\pi}^{\pi} \cos nx \cdot \cos mx \, dx = 0 \, (m,n=1,2,\cdots, m \neq n); \tag{9.9}$$

$$\int_{-\pi}^{\pi} \sin nx \cdot \sin mx \, dx = 0 \, (m,n=1,2,\cdots, m \neq n);$$

$$\int_{-\pi}^{\pi} 1 \cdot 1 \, dx = 2\pi;$$

$$\int_{-\pi}^{\pi} \cos nx \cdot \cos nx \, dx = \pi \, (n=1,2,\cdots);$$

$$\int_{-\pi}^{\pi} \sin nx \cdot \sin nx \, dx = \pi \, (n=1,2,\cdots).$$

(2) 三角级数. 把由三角函数系 $1, \cos x, \sin x, \cos 2x, \sin 2x, \cdots, \cos nx, \sin nx, \cdots$ 构成的级数

$$\frac{a_0}{2} + \sum_{n=1}^{\infty} (a_n \cos nx + b_n \sin nx)$$

称为三角级数,其中 $a_0, a_n, b_n \, (n=1,2,3,\cdots)$ 均为常数.

现在讨论上述三角级数的收敛问题,以及给定的函数如何把它展开为三角级数.

假设 $f(x)$ 在 $[-\pi, \pi]$ 可以展开为三角级数,即

$$f(x) = \frac{a_0}{2} + \sum_{n=1}^{\infty} (a_n \cos nx + b_n \sin nx), \tag{9.10}$$

那么三角级数的系数 $a_0, a_n, b_n \, (n=1,2,3,\cdots)$ 与函数 $f(x)$ 有何关系. 即如何利用 $f(x)$ 把 $a_0, a_n, b_n \, (n=1,2,3,\cdots)$ 表示出来.

假设 $f(x)$ 在 $[-\pi,\pi]$ 上连续且三角级数逐项可积.

先求 a_0. 式(9.10)两端在 $[-\pi,\pi]$ 上积分,得

$$\int_{-\pi}^{\pi} f(x)\mathrm{d}x = \int_{-\pi}^{\pi} \frac{a_0}{2}\mathrm{d}x + \sum_{n=1}^{\infty}\left(\int_{-\pi}^{\pi} a_n\cos nx\,\mathrm{d}x + \int_{-\pi}^{\pi} b_n\sin nx\,\mathrm{d}x\right).$$

根据三角函数系的正交性知,等式右边除第一项外其余各项均为 0,所以有

$$\int_{-\pi}^{\pi} f(x)\mathrm{d}x = \int_{-\pi}^{\pi} \frac{a_0}{2}\mathrm{d}x = a_0\pi,$$

即

$$a_0 = \frac{1}{\pi}\int_{-\pi}^{\pi} f(x)\mathrm{d}x.$$

再求 a_n. 用 $\cos kx$ 乘式(9.10)的两边后再在 $[-\pi,\pi]$ 上积分,得

$$\int_{-\pi}^{\pi} f(x)\cos kx\,\mathrm{d}x$$

$$= \int_{-\pi}^{\pi} \frac{a_0}{2}\cos kx\,\mathrm{d}x + \sum_{n=1}^{\infty}\left(\int_{-\pi}^{\pi} a_n\cos kx\cos nx\,\mathrm{d}x + \int_{-\pi}^{\pi} b_n\cos kx\sin nx\,\mathrm{d}x\right).$$

根据三角函数系的正交性可知,等式右边除 $n=k$ 的一项外,其余各项均为零,所以 $\int_{-\pi}^{\pi} f(x)\cos kx\,\mathrm{d}x = \int_{-\pi}^{\pi} a_k\cos^2 kx\,\mathrm{d}x = a_k\pi$,于是 $a_k = \frac{1}{\pi}\int_{-\pi}^{\pi} f(x)\cdot\cos kx\,\mathrm{d}x$,亦即

$$a_n = \frac{1}{\pi}\int_{-\pi}^{\pi} f(x)\cdot\cos nx\,\mathrm{d}x \quad (n=1,2,3,\cdots).$$

类似地,用 $\sin kx$ 乘式(9.10)的两边后,再在 $[-\pi,\pi]$ 上积分,得 $b_k = \frac{1}{\pi}\int_{-\pi}^{\pi} f(x)\sin kx\,\mathrm{d}x$,即

$$b_n = \frac{1}{\pi}\int_{-\pi}^{\pi} f(x)\sin nx\,\mathrm{d}x\,(n=1,2,3,\cdots).$$

于是得到三角级数的系数与和函数 $f(x)$ 的关系的公式:

$$a_0 = \frac{1}{\pi}\int_{-\pi}^{\pi} f(x)\mathrm{d}x;$$
$$a_n = \frac{1}{\pi}\int_{-\pi}^{\pi} f(x)\cos nx\,\mathrm{d}x \quad (n=1,2,3,\cdots); \qquad (9.11)$$
$$b_n = \frac{1}{\pi}\int_{-\pi}^{\pi} f(x)\sin nx\,\mathrm{d}x \quad (n=1,2,3,\cdots).$$

这组公式给出了由一个已知函数求取相应的三角级数的系数的方法,此公式组称为欧拉-傅里叶公式.

由欧拉-傅里叶公式所确定的系数 a_n,b_n 称为函数 $f(x)$ 在 $[-\pi,\pi]$ 上的傅里叶系数,将这些系数代入 $f(x) = \frac{a_0}{2} + \sum_{n=1}^{\infty}(a_n\cos nx + b_n\sin nx)$ 中,所确定的相应三角级数称为 $f(x)$ 的傅里叶级数.特别地,当 $f(x)$ 为奇函数时,$a_n=0$ $(n=0,1,2,\cdots)$,此时,$f(x) = \sum_{n=1}^{\infty} b_n\sin nx$ 称为正弦级数;当 $f(x)$ 为偶函数时,$b_n=0(n=1,2,3,\cdots)$,此时,$f(x) = \frac{a_0}{2} + \sum_{n=1}^{\infty} a_n\cos nx$ 称为余弦级数.

9.4.2 函数展开为傅里叶级数

只要函数 $f(x)$ 在 $[-\pi,\pi]$ 上可积,就可以求出其傅里叶级数. 但是,函数 $f(x)$ 的傅里叶级数是否收敛,收敛时是否收敛于 $f(x)$ 本身?如果 $f(x)$ 的傅里叶级数收敛于 $f(x)$,则 $f(x)$ 的傅里叶级数称为 $f(x)$ 的傅里叶展开式.

下面不加证明地给出傅里叶级数收敛的条件.

定理 9.10 (狄利克雷(Dirichlet)收敛定理)设 $f(x)$ 是周期为 2π 的周期函数,且满足:

(1)在一个周期内连续或只有有限个第一类间断点;

(2)在一个周期内至多只有有限个极值点.

则 $f(x)$ 的傅里叶级数收敛,并且在连续点处收敛于 $f(x)$;在间断点 x_0 处,收敛于 $\dfrac{f(x_0-0)+f(x_0+0)}{2}$.

1. 周期函数的傅里叶级数展开

例 9.21 设锯齿脉冲信号函数 $f(x)$ 的周期为 2π,它在 $[-\pi,\pi)$ 上的表达式为
$$f(x)=\begin{cases} 0, & -\pi\leqslant x<0,\\ x, & 0\leqslant x<\pi, \end{cases}$$
如图 9.3 所示,求它的傅里叶级数展开式.

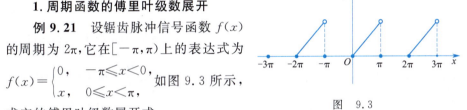

图 9.3

解 函数 $f(x)$ 为非奇非偶函数,计算傅里叶系数如下:

$$a_0=\frac{1}{\pi}\int_{-\pi}^{\pi}f(x)\mathrm{d}x=\frac{1}{\pi}\int_{0}^{\pi}x\mathrm{d}x=\frac{1}{\pi}\left(\frac{x^2}{2}\right)\bigg|_{0}^{\pi}=\frac{\pi}{2};$$

$$a_n=\frac{1}{\pi}\int_{-\pi}^{\pi}f(x)\cos nx\,\mathrm{d}x=\frac{1}{\pi}\left(\frac{x}{n}\sin nx+\frac{1}{n^2}\cos nx\right)\bigg|_{0}^{\pi}$$
$$=\begin{cases} 0, & n=2,4,6,\cdots,\\ -\dfrac{2}{n^2\pi}, & n=1,3,5,\cdots. \end{cases}$$

$$b_n=\frac{1}{\pi}\int_{-\pi}^{\pi}f(x)\sin nx\,\mathrm{d}x=\frac{1}{\pi}\left(-\frac{x}{n}\cos nx+\frac{1}{n^2}\sin nx\right)\bigg|_{0}^{\pi}$$
$$=\frac{(-1)^{n+1}}{n}\quad(n=1,2,3,\cdots).$$

于是,函数 $f(x)$ 的傅里叶级数展开式为

$$f(x)=\frac{\pi}{4}-\sum_{n=1}^{\infty}\frac{2}{(2n-1)^2\pi}\cos(2n-1)x+\sum_{n=1}^{\infty}\frac{(-1)^{n+1}}{n}\sin nx$$

$(-\infty<x<+\infty,x\neq\pm\pi,\pm 2\pi,\cdots)$.

例 9.22 设脉冲信号函数 $f(x)$ 是周期为 4 的函数,它在 $[-2,2)$ 上的表达式为 $f(x)=\begin{cases} 0 & \text{当} -2\leqslant x<0\\ k & \text{当} 0\leqslant x<2 \end{cases}$ $(k\in\mathbf{R}_+)$,如图 9.4 所示,求 $f(x)$ 的傅里叶级数展开式.

解 作变量代换 $x=\dfrac{2t}{\pi}$,则 $t=\dfrac{\pi x}{2}$,当 $x\in[-2,2]$ 时,有 $t\in[-\pi,\pi]$. 令

周期函数的傅里叶展开

$f(x)=F(t)$,则 $F(t)$ 就是以 2π 为周期且满足收敛条件的函数,因此

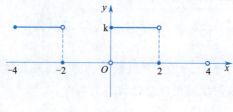

图 9.4

$$f(x)=F(t)=\frac{a_0}{2}+\sum_{n=1}^{\infty}(a_n\cos nt+b_n\sin nt)$$
$$=\frac{a_0}{2}+\sum_{n=1}^{\infty}\left(a_n\cos\frac{n\pi x}{2}+b_n\sin\frac{n\pi x}{2}\right).$$

其中,

$$a_0=\frac{1}{2}\int_{-2}^{2}f(x)\mathrm{d}x=k,$$

$$a_n=\frac{1}{2}\int_{-2}^{2}f(x)\cos\frac{n\pi x}{2}\mathrm{d}x=\left(\frac{k}{n\pi}\sin\frac{n\pi x}{2}\right)\bigg|_{0}^{2}=0\quad(n=1,2,3,\cdots),$$

$$b_n=\frac{1}{2}\int_{-2}^{2}f(x)\sin\frac{n\pi x}{2}\mathrm{d}x=\left(-\frac{k}{n\pi}\cos\frac{n\pi x}{2}\right)\bigg|_{0}^{2}=\begin{cases}\dfrac{2k}{n\pi},&n=1,3,5,\cdots,\\0,&n=2,4,6,\cdots.\end{cases}$$

于是,函数 $f(x)$ 的傅里叶级数展开式为

$$f(x)=\frac{k}{2}+\sum_{n=1}^{\infty}\frac{2k}{(2n-1)\pi}\sin\frac{(2n-1)\pi x}{2}$$
$$(-\infty<x<\infty,x\neq 0,\pm\pi,\pm 2\pi,\cdots).$$

2. 非周期函数的傅里叶级数展开

利用周期函数的性质,可将定义在 I 上的非周期函数延拓为 R 上的周期函数. 常用的周期延拓有偶延拓和奇延拓两种,也即经过偶(奇)延拓后原来的函数变为偶(奇)函数.

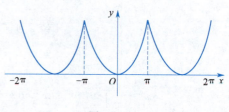

图 9.5

例 9.23 单脉冲信号函数在 $[0,\pi]$ 上的表达式为 $f(x)=x^2$,如图 9.5 所示. 求此函数的傅里叶级数展开式.

解 在 $[-\pi,\pi]$ 对 $f(x)$ 作偶延拓,得 $F(x)=x^2$,再周期延拓 $F(x)$ 到 $(-\infty,+\infty)$,因为 $F(x)$ 为偶函数,所以

$$b_n=0(n=1,2,\cdots);$$

$$a_0=\frac{2}{\pi}\int_0^{\pi}f(x)\mathrm{d}x=\frac{2}{\pi}\int_0^{\pi}x^2\mathrm{d}x=\frac{2}{\pi}\left(\frac{x}{3}\right)^3\bigg|_0^{\pi}=\frac{2\pi^2}{3};$$

$$a_n=\frac{2}{\pi}\int_0^{\pi}F(x)\cos nx\,\mathrm{d}x=\frac{2}{\pi}\int_0^{\pi}x^2\cos nx\,\mathrm{d}x$$
$$=\frac{2}{n\pi}\left(x^2\sin nx\big|_0^{\pi}-2\int_0^{\pi}x\sin nx\,\mathrm{d}x\right)$$

$$= \frac{4}{n^2\pi}(x\cos nx)\Big|_0^\pi - \frac{4}{n^2\pi}\int_0^\pi \cos nx\,dx$$
$$= \frac{4}{n^2}(-1)^n \quad (n=1,2,3,\cdots).$$

于是，$f(x)$ 的傅里叶级数展开式为

$$f(x) = \frac{\pi^2}{3} - 4\sum_{n=1}^{\infty}(-1)^{n+1}\frac{\cos nx}{n^2}, \quad x\in(-\infty,+\infty).$$

若用 $f(x)$ 的傅里叶级数展开式的前 n 项之和 $S_n(x)$ 表示 $f(x)$，必然会有截断误差，即 $S_n(x) = \frac{a_0}{2} + \sum_{i=1}^{n}(a_i\cos ix + b_i\sin ix) \approx f(x)$. 例如，电子技术中经常用到的周期方波信号 $f(x) = \begin{cases} -1, & -\pi \leqslant x < 0, \\ 1, & 0 \leqslant x < \pi \end{cases}$ 在 $[-\pi,\pi)$ 上的傅里叶级数展开式为 $\sum_{n=1}^{\infty}\frac{2[1-(-1)^n]}{n\pi}\sin nx, x\in(-\infty,+\infty)$，图 9.6 中给出了前 n 项和 $S_n(x)$ 当 $n=1,3,7$ 时的波形.由图可以看到，随着 n 的增加，$S_n(x)$ 的波形越来越接近于 $f(x)$ 的实际波形.在研究周期性电动势及周期力对于电路或机械系统所产生的效应时，经常用（复）指数型傅里叶级数，借助欧拉公式或者 MATLAB 中的 $fsform$ 命令可以实现三角型傅里叶级数与（复）指数型傅里叶级数之间的转化，由于涉及太多专业知识，本书中不作进一步研究.

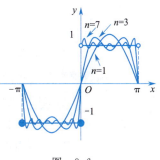

图 9.6

同步习题 9.4

【基础题】

1.将下列以 2π 为周期的函数展开成傅里叶级数，式中给出 $f(x)$ 在 $[-\pi,\pi)$ 上的表达式.

(1) $f(x) = \begin{cases} -x, & -\pi\leqslant x<0, \\ x, & 0\leqslant x<\pi; \end{cases}$

(2) $f(x) = \begin{cases} x, & -\pi\leqslant x<0, \\ 0, & 0\leqslant x<\pi; \end{cases}$

(3) $f(x) = x^2$;

(4) $f(x) = \frac{\pi-x}{2}$.

2.将求下列在 $[-\pi,\pi]$ 上的函数展开成傅里叶级数.

(1) $f(x) = -2x$;

(2) $f(x) = \begin{cases} -2, & -\pi\leqslant x<0, \\ 1, & 0\leqslant x<\pi. \end{cases}$

3.将求下列在 $[0,\pi]$ 上的函数展开成傅里叶级数.

(1) $f(x) = x+1$ 展开成正弦级数；

(2) $f(x) = \frac{\pi}{2} - x$ 展成余弦级数.

【提高题】

1. 将以 2π 为周期的函数展开成傅里叶级数,在 $[-\pi,\pi)$ 上的表达式是
$$f(x)=\begin{cases} -\pi, & -\pi\leqslant x<0, \\ x, & 0\leqslant x<\pi. \end{cases}$$

2. 将下列在 $[-\pi,\pi]$ 上的函数展开成傅里叶级数.

(1) $f(x)=2\sin\dfrac{x}{3}$;   (2) $f(x)=e^x$.

3. 将函数 $f(x)=\dfrac{x}{2}$ 在 $[0,2]$ 上展开成为正弦和余弦傅里叶级数.

本章小结

一、主要知识点

无穷级数的概念、级数的收敛与发散;正项级数、交错级数、任意项级数的审敛法;函数项级数的概念、幂级数的收敛性、幂级数的和函数及其函数的幂级数展开;傅里叶级数的概念,周期函数的傅里叶级数展开.

二、主要数学思想方法

无穷逼近思想:函数的幂级数展开、周期函数的傅里叶级数展开实际上使用级数逼近某个确定的函数的过程,幂级数和函数以及数项级数的和可以用其部分和数列的极限表示,也体现了用有限逼近无限的思想。

三、主要题型及求解

1. 数项级数敛散性的判定

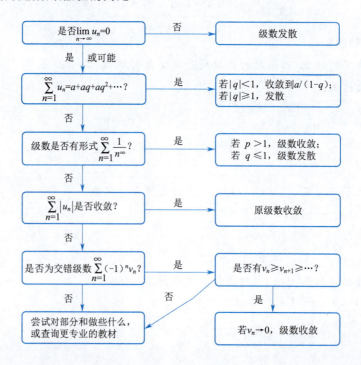

2. 幂级数收敛域及和函数的求解

幂级数 $\sum\limits_{n=0}^{\infty}a_n x^n$ 的收敛半径可直接用 $\lim\limits_{n\to\infty}\left|\dfrac{a_n}{a_{n+1}}\right|=R$ 求取；幂级数 $\sum\limits_{n=0}^{\infty}a_n(x-a)^n$ 的收敛半径，可通过变量代换令 $x-a=t$，再用 $\lim\limits_{n\to\infty}\left|\dfrac{a_n}{a_{n+1}}\right|=R$ 求取 $\sum\limits_{n=0}^{\infty}a_n t^n$ 的收敛半径，然后回代即得原幂级数 $\sum\limits_{n=0}^{\infty}a_n(x-a)^n$ 的收敛半径；有缺项的幂级数，通过对它的绝对值级数使用比值审敛法，解关于 x 的不等式 $\lim\limits_{n\to\infty}\left|\dfrac{a_{n+1}x^{n+1}}{a_n x^n}\right|=\rho<1$ 即可。必须注意：上述所有的方法中，端点都要另行讨论。

求和函数 $S(x)$ 的主要方法：在收敛区域内通过逐项求导或逐项积分以使幂级数转化为等比（几何）级数，利用等比级数的求和公式求新幂级数的和，再还原即可。其解题步骤为：(1) 求幂级数的收敛半径和收敛域；(2) 对原幂级数逐项求导（或逐项积分），使幂级数转化为等比级数，然后求和 $S'(x)$（或 $\int_0^x S(t)dt$）；(3) 对 $S'(x)$ 逐项求积分（或对 $\int_0^x S(t)dt$ 逐项求导），得到和函数 $S(x)$。

3. 函数的幂级数与傅里叶级数展开

(1) 幂级数的间接展开法求解关键：① 熟记常用函数的幂级数展开式；② 会正确运用幂级数的运算以及变量代换，将所给函数展开成幂级数。

(2) 傅里叶级数展开式求解步骤：① 画图形验证是否满足狄氏条件（周期性、奇偶性），必要时可作周期延拓；② 计算傅里叶系数；③ 写出傅里叶展开式并注明收敛域。

总复习题

一、填空题

1. 已知级数 $\sum\limits_{n=1}^{\infty}u_n$ 的部分和 $S_n=\dfrac{2n}{n+1}$，则 $\lim\limits_{n\to\infty}u_n=$ _____。

2. 级数 $\sum\limits_{n=1}^{\infty}\left(\dfrac{3^n-2}{5^n}\right)$ 的和是 _____。

3. 级数 $\sum\limits_{n=1}^{\infty}(-1)^{n-1}\dfrac{1}{n^p}\,(p>0)$ 的收敛范围是 _____。

4. 对仅定义在 $[-\pi,\pi]$ 上的函数 $f(x)$，求其傅里叶级数展开前，需首先对 $f(x)$ 进行 _____。

二、选择题

1. 级数收敛的充要条件是 _____。

A. $\lim\limits_{n\to\infty}S_n=0$ 　　　　　　B. $\lim\limits_{n\to\infty}u_n=0$

C. $\lim\limits_{n\to\infty}u_n$ 存在且不为零 　　D. $\lim\limits_{n\to\infty}S_n$ 存在

2.下列级数中收敛的是 _____.

A. $\sum_{n=1}^{\infty} \dfrac{n}{n+1}$　　　　　B. $\sum_{n=1}^{\infty} (-1)^n \dfrac{1}{n}$

C. $\sum_{n=1}^{\infty} (-1)^{n-1}$　　　　　D. $\sum_{n=1}^{\infty} \dfrac{7}{\sqrt{n}}$

3.周期为 2π 的函数 $f(x)$，在一个周期 $[-\pi, \pi)$ 上的表达式为 $f(x) = \dfrac{e^x - e^{-x}}{2}$，则它的傅里叶级数_____.

A.不含正弦项　　　　　B.既有余弦项，又有正弦项

C.不含余弦项　　　　　D.不存在

4.若 $\sum_{n=1}^{\infty} a_n x^n$ 的收敛半径为 R ($R>0$)，则 $\sum_{n=1}^{\infty} a_n (x-1)^{2n}$ 的收敛半径为_____.

A. $\sqrt{R}$　　　B. R^2　　　C. R　　　D. $1+\sqrt{R}$

5.幂级数 $\sum_{n=0}^{\infty} \dfrac{1}{2^n} x^n$ 在 $|x|<2$ 内收敛，其和函数是_____.

A. $\dfrac{1}{1+2x}$　　B. $\dfrac{1}{1-2x}$　　C. $\dfrac{2}{2+x}$　　D. $\dfrac{2}{2-x}$

三、计算题

1.判断级数 $\sum_{n=1}^{\infty} \dfrac{(-1)^n n^2}{n!}$ 的敛散性，若收敛指出是绝对收敛还是条件收敛.

2.求幂级数 $\sum_{n=1}^{\infty} n x^n$ 的和函数，并求级数 $\sum_{n=1}^{\infty} \dfrac{n}{3^n}$ 之和.

3.将周期为 2π 的函数 $f(x) = -2x$ ($-\pi < x \leq \pi$) 展开成傅里叶级数.

课外阅读

傅里叶级数展开的意义

傅里叶(Fourier，1768—1830)是一位法国数学家和物理学家，对热传递很感兴趣，于1807年在法国科学学会上发表了一篇论文，运用正弦曲线来描述温度分布，论文里有个在当时具有争议性的决断：任何连续周期信号可以由一组适当的正弦曲线组合而成.当时审查这个论文的人，其中有两位是历史上著名的数学家拉格朗日(Lagrange，1736—1813)和拉普拉斯(Laplace，1749—1827)，当拉普拉斯和其他审查者投票通过并要发表这个论文时，拉格朗日坚决反对，在近50年的时间里，拉格朗日坚持认为傅里叶的方法无法表示带有棱角的信号，如在方波中出现非连续变化斜率.

谁是对的呢？拉格朗日是对的：正弦曲线无法组合成一个带有棱角的信号.但是，我们可以用正弦曲线来非常逼近地表示它，逼近到两种表示方法不存在能量差别，基于此，傅里叶是对的.为什么我们要用正弦曲线来代替原来的曲线呢？如也还可以用方波或三角波来代替呀！分解信号的方法是无穷的，但分

解信号的目的是更加简单地处理原来的信号.用正余弦来表示原信号会更加简单,因为正余弦拥有原信号所不具有的性质:正弦曲线保真,一个正弦曲线信号输入后,输出的仍是正弦曲线,只有幅度和相位可能发生变化,但是频率和波的形状仍是一样的,且只有正弦曲线才拥有这样的性质,正因如此,才不用方波或三角波来表示.

傅里叶变换是数字信号处理领域一种很重要的算法.傅里叶原理表明:任何连续测量的时序或信号,都可以表示为不同频率的正弦波信号的无限叠加,而根据该原理创立的傅里叶变换算法利用直接测量到的原始信号,以累加方式来计算该信号中不同正弦波信号的频率、振幅和相位.从现代数学的眼光来看,傅里叶变换是一种特殊的积分变换,能将满足一定条件的某个函数表示成正弦基函数的线性组合或者积分.在不同的研究领域,傅里叶变换具有多种不同的变体形式,如连续傅里叶变换和离散傅里叶变换.在数学领域,尽管最初傅里叶分析时作为热过程的解析分析的工具,但是其思想方法仍然具有典型的换元论和分析主义的特征.

从纯粹数学意义上看,傅里叶变换就是将一个函数转换为一系列周期函数来处理的,傅里叶级数的展开不仅具有严格的数学基础,而且具有真实的物理背景.我们也可以用实验来证明这种分解过程,例如将矩形脉冲或半波整流电路的输出波形输入到一个筛选放大器中,再将选频放大器的输出端接到示波器上,调整选频放大器的频率,就可以看到示波器上出现各种不同频率的正弦波,这说明矩形脉冲或半波整流电路的输出波形可以看作许多不同频率的正弦波的叠加.特别是配备有数字电子计算机的专用仪器相应问世(如频率分析仪、快速傅里叶变换处理机、信号处理机等),可以在很短的时间内完成分解过程.

对于线性电路,周期性非正弦信号可以利用傅里叶级数展开把它分解为一系列不同频率的正弦分量,然后用正弦交流电路相量分析方法,分别对不同频率的正弦量单独作用下的电路进行计算,再由线性电路的叠加定理,把各分量叠加,得到非正弦周期信号激励下的响应,这种将非正弦激励分解为一系列不同频率正弦量的分析方法称为谐波分析法.

附录 A

初等数学常用公式

一、复数

1. 复数的形式

(1)**复数的代数形式**:$a+bi, a, b \in \mathbf{R}$,其中 a, b 为实数,分别称为复数 z 的**实部**和**虚部**,$i=\sqrt{-1}$ 称为虚数单位($i^{4n+1}=i, i^{4n+2}=-1, i^{4n+3}=-i, i^{4n}=1, n$ 为整数).

(2)**复数的向量形式**:$z=a+bi$,其中向量 $\overrightarrow{Oz}$ 的长度称为**复数 $a+bi$ 的模**. 即模

$$r=|a+bi|=\sqrt{a^2+b^2}.$$

向量 $\overrightarrow{Oz}$ 与实轴正向所夹的角 θ 称为**复数的辐角**,其中,在 $[0, 2\pi)$ 上的角 θ_0 称为复数的**辐角主值**,非零复数的辐角主值是唯一的,可由 $\tan\theta=\dfrac{b}{a}$ 及点 (a, b) 所在的象限来确定.

(3)**复数的三角函数式**:$a+bi=r(\cos\theta+i\sin\theta)$,其中,$r$ 是复数的模,θ 是复数的辐角.

(4)**复数的指数式**:$a+bi=re^{i\theta}$,其中 r 是复数的模,θ 是复数的辐角.

2. 复数的运算法则

(1)代数式:

加减法:$(a+bi)\pm(c+di)=(a\pm c)+(b\pm d)i$;

乘法:$(a+bi)(c+di)=(ac-bd)+(ad+bc)i$;

除法:$\dfrac{a+bi}{c+di}=\dfrac{(a+bi)(c-di)}{c^2+d^2}=\dfrac{(ac+bd)+(bc-ad)i}{c^2+d^2}$.

(2)三角式:设 $z_1=r_1(\cos\theta_1+i\sin\theta_1), z_2=r_2(\cos\theta_2+i\sin\theta_2)$,则有

$$z_1 z_2=r_1 r_2[\cos(\theta_1+\theta_2)+i\sin(\theta_1+\theta_2)],$$

$$\dfrac{z_1}{z_2}=\dfrac{r_1(\cos\theta_1+i\sin\theta_1)}{r_2(\cos\theta_2+i\sin\theta_2)}=\dfrac{r_1}{r_2}[\cos(\theta_1-\theta_2)+i\sin(\theta_1-\theta_2)].$$

(3)指数式:设 $z_1=r_1 e^{i\theta_1}, z_2=r_2 e^{i\theta_2}$,则有

$$z_1 \cdot z_2=r_1 r_2 e^{i(\theta_1+\theta_2)},$$

$$\dfrac{z_1}{z_2}=\dfrac{r_1 e^{i\theta_1}}{r_2 e^{i\theta_2}}=\dfrac{r_1}{r_2}e^{i(\theta_1-\theta_2)} \quad (z_2\neq 0).$$

二、三角函数
1. 三角函数基本关系和公式

$\tan \alpha = \dfrac{\sin \alpha}{\cos \alpha}, \quad \cot \alpha = \dfrac{\cos \alpha}{\sin \alpha};$

$\sin^2 \alpha + \cos^2 \alpha = 1, \quad \sec^2 \alpha = 1 + \tan^2 \alpha, \quad \csc^2 \alpha = 1 + \cot^2 \alpha;$

$\sin \alpha \cdot \csc \alpha = 1, \quad \cos \alpha \cdot \sec \alpha = 1, \quad \tan \alpha \cdot \cot \alpha = 1;$

$\sin(-\alpha) = -\sin \alpha, \quad \cos(-\alpha) = \cos \alpha, \quad \tan(-\alpha) = -\tan \alpha, \quad \cot(-\alpha) = -\cot \alpha;$

$\sin 2\alpha = 2\sin \alpha \cos \alpha, \quad \cos 2\alpha = \cos^2 \alpha - \sin^2 \alpha = 2\cos^2 \alpha - 1 = 1 - 2\sin^2 \alpha;$

$\sin^2 \dfrac{\alpha}{2} = \dfrac{1 - \cos \alpha}{2}, \quad \cos^2 \dfrac{\alpha}{2} = \dfrac{1 + \cos \alpha}{2}.$

2. 两角和与差的三角函数公式

$\sin(\alpha \pm \beta) = \sin \alpha \cos \beta \pm \cos \alpha \sin \beta,$

$\cos(\alpha \pm \beta) = \cos \alpha \cos \beta \mp \sin \alpha \sin \beta,$

$\tan(\alpha \pm \beta) = \dfrac{\tan \alpha \pm \tan \beta}{1 \mp \tan \alpha \tan \beta}.$

三、平面解析几何
1. 直线

斜截式：$y = kx + b$；

截距式：$\dfrac{x}{a} + \dfrac{y}{b} = 1 \quad (a, b \neq 0)$；

点斜式：$y - y_0 = k(x - x_0)$；

两点式：$\dfrac{y - y_1}{y_2 - y_1} = \dfrac{x - x_1}{x_2 - x_1}$；

一般式：$Ax + By + C = 0.$

2. 二次曲线

(1) 圆：

标准方程：$(x - a)^2 + (y - b)^2 = R^2$，圆心为 (a, b)；半径为 R.

(2) 椭圆：

标准方程：$\dfrac{x^2}{a^2} + \dfrac{y^2}{b^2} = 1 (a > b > 0)$，中心为 $O(0, 0)$，顶点为 $(\pm a, 0)$，$(0, \pm b)$，焦点为 $(\pm c, 0)$；

标准方程：$\dfrac{x^2}{b^2} + \dfrac{y^2}{a^2} = 1 (a > b > 0)$，中心为 $(0, 0)$，顶点为 $(\pm b, 0)$，$(0, \pm a)$，焦点为 $(0, \pm c)$.

(3) 抛物线：

标准方程：$y^2 = 2px (p > 0)$，顶点为 $O(0, 0)$，开口向右，焦点为 $\left(\dfrac{p}{2}, 0\right)$；

标准方程：$y^2 = -2px (p > 0)$，顶点为 $O(0, 0)$，开口向左，焦点为 $\left(-\dfrac{p}{2}, 0\right)$；

标准方程：$x^2 = 2py (p > 0)$，顶点为 $O(0, 0)$，开口向上，焦点为 $\left(0, \dfrac{p}{2}\right)$；

标准方程：$x^2 = -2py (p > 0)$，顶点为 $O(0, 0)$，开口向下，焦点

为 $\left(0, -\dfrac{p}{2}\right)$.

(4) 双曲线：

标准方程：$\dfrac{x^2}{a^2} - \dfrac{y^2}{b^2} = 1 (a > 0, b > 0)$，中心为 $O(0,0)$，顶点为 $(\pm a, 0)$，焦点为 $(\pm c, 0)$；

标准方程：$\dfrac{x^2}{b^2} - \dfrac{y^2}{a^2} = 1 (a > 0, b > 0)$，中心为 $O(0,0)$，顶点为 $(0, \pm a)$，焦点为 $(0, \pm c)$.

附录 B

常用积分公式

一、含有 $ax+b$ 的积分（$a \neq 0$）

1. $\int \dfrac{\mathrm{d}x}{ax+b} = \dfrac{1}{a}\ln|ax+b| + C.$

2. $\int (ax+b)^\mu \mathrm{d}x = \dfrac{1}{a(\mu+1)}(ax+b)^{\mu+1} + C \quad (\mu \neq -1).$

3. $\int \dfrac{x}{ax+b}\mathrm{d}x = \dfrac{1}{a^2}(ax+b-b\ln|ax+b|) + C.$

4. $\int \dfrac{x^2}{ax+b}\mathrm{d}x = \dfrac{1}{a^3}\left[\dfrac{1}{2}(ax+b)^2 - 2b(ax+b) + b^2\ln|ax+b|\right] + C.$

5. $\int \dfrac{\mathrm{d}x}{x(ax+b)} = -\dfrac{1}{b}\ln\left|\dfrac{ax+b}{x}\right| + C.$

6. $\int \dfrac{\mathrm{d}x}{x^2(ax+b)} = -\dfrac{1}{bx} + \dfrac{a}{b^2}\ln\left|\dfrac{ax+b}{x}\right| + C.$

7. $\int \dfrac{x}{(ax+b)^2}\mathrm{d}x = \dfrac{1}{a^2}\left(\ln|ax+b| + \dfrac{b}{ax+b}\right) + C.$

8. $\int \dfrac{x^2}{(ax+b)^2}\mathrm{d}x = \dfrac{1}{a^3}\left(ax+b-2b\ln|ax+b| - \dfrac{b^2}{ax+b}\right) + C.$

9. $\int \dfrac{\mathrm{d}x}{x(ax+b)^2} = \dfrac{1}{b(ax+b)} - \dfrac{1}{b^2}\ln\left|\dfrac{ax+b}{x}\right| + C.$

二、含有 $\sqrt{ax+b}$ 的积分

10. $\int \sqrt{ax+b}\,\mathrm{d}x = \dfrac{2}{3a}\sqrt{(ax+b)^3} + C.$

11. $\int x\sqrt{ax+b}\,\mathrm{d}x = \dfrac{2}{15a^2}(3ax-2b)\sqrt{(ax+b)^3} + C.$

12. $\int x^2\sqrt{ax+b}\,\mathrm{d}x = \dfrac{2}{105a^3}(15a^2x^2 - 12abx + 8b^2)\sqrt{(ax+b)^3} + C.$

13. $\int \dfrac{x}{\sqrt{ax+b}}\mathrm{d}x = \dfrac{2}{3a^2}(ax-2b)\sqrt{ax+b} + C.$

14. $\int \dfrac{x^2}{\sqrt{ax+b}}\mathrm{d}x = \dfrac{2}{15a^3}(3a^2x^2 - 4abx + 8b^2)\sqrt{ax+b} + C.$

15. $\int \dfrac{\mathrm{d}x}{x\sqrt{ax+b}} = \begin{cases} \dfrac{1}{\sqrt{b}}\ln\left|\dfrac{\sqrt{ax+b}-\sqrt{b}}{\sqrt{ax+b}+\sqrt{b}}\right| + C, & b>0, \\ \dfrac{2}{\sqrt{-b}}\arctan\sqrt{\dfrac{ax+b}{-b}} + C, & b<0. \end{cases}$

16. $\int \dfrac{\mathrm{d}x}{x^2 \sqrt{ax+b}} = -\dfrac{\sqrt{ax+b}}{bx} - \dfrac{a}{2b}\int \dfrac{\mathrm{d}x}{x\sqrt{ax+b}}$.

17. $\int \dfrac{\sqrt{ax+b}}{x}\mathrm{d}x = 2\sqrt{ax+b} + b\int \dfrac{\mathrm{d}x}{x\sqrt{ax+b}}$.

18. $\int \dfrac{\sqrt{ax+b}}{x^2}\mathrm{d}x = -\dfrac{\sqrt{ax+b}}{x} + \dfrac{a}{2}\int \dfrac{\mathrm{d}x}{x\sqrt{ax+b}}$.

三、含有 $x^2 \pm a^2$ 的积分

19. $\int \dfrac{\mathrm{d}x}{x^2+a^2} = \dfrac{1}{a}\arctan \dfrac{x}{a} + C$.

20. $\int \dfrac{\mathrm{d}x}{(x^2+a^2)^n} = \dfrac{x}{2(n-1)a^2(x^2+a^2)^{n-1}} + \dfrac{2n-3}{2(n-1)a^2}\int \dfrac{\mathrm{d}x}{(x^2+a^2)^{n-1}}$.

21. $\int \dfrac{\mathrm{d}x}{x^2-a^2} = \dfrac{1}{2a}\ln\left|\dfrac{x-a}{x+a}\right| + C$.

四、含有 $ax^2+b(a>0)$ 的积分

22. $\int \dfrac{\mathrm{d}x}{ax^2+b} = \begin{cases} \dfrac{1}{\sqrt{ab}}\arctan\sqrt{\dfrac{a}{b}}x + C, & b>0, \\ \dfrac{1}{2\sqrt{-ab}}\ln\left|\dfrac{\sqrt{a}x-\sqrt{-b}}{\sqrt{a}x+\sqrt{-b}}\right| + C, & b<0. \end{cases}$

23. $\int \dfrac{x}{ax^2+b}\mathrm{d}x = \dfrac{1}{2a}\ln|ax^2+b| + C$.

24. $\int \dfrac{x^2}{ax^2+b}\mathrm{d}x = \dfrac{x}{a} - \dfrac{b}{a}\int \dfrac{\mathrm{d}x}{ax^2+b}$.

25. $\int \dfrac{\mathrm{d}x}{x(ax^2+b)} = \dfrac{1}{2b}\ln\dfrac{x^2}{|ax^2+b|} + C$.

26. $\int \dfrac{\mathrm{d}x}{x^2(ax^2+b)} = -\dfrac{1}{bx} - \dfrac{a}{b}\int \dfrac{\mathrm{d}x}{ax^2+b}$.

27. $\int \dfrac{\mathrm{d}x}{x^3(ax^2+b)} = \dfrac{a}{2b^2}\ln\dfrac{|ax^2+b|}{x^2} - \dfrac{1}{2bx^2} + C$.

28. $\int \dfrac{\mathrm{d}x}{(ax^2+b)^2} = \dfrac{x}{2b(ax^2+b)} + \dfrac{1}{2b}\int \dfrac{\mathrm{d}x}{ax^2+b}$.

五、含有 $ax^2+bx+c(a>0)$ 的积分

29. $\int \dfrac{\mathrm{d}x}{ax^2+bx+c} = \begin{cases} \dfrac{2}{\sqrt{4ac-b^2}}\arctan\dfrac{2ax+b}{\sqrt{4ac-b^2}} + C, & b^2<4ac, \\ \dfrac{1}{\sqrt{b^2-4ac}}\ln\left|\dfrac{2ax+b-\sqrt{b^2-4ac}}{2ax+b+\sqrt{b^2-4ac}}\right| + C, & b^2>4ac. \end{cases}$

30. $\int \dfrac{x}{ax^2+bx+c}\mathrm{d}x = \dfrac{1}{2a}\ln|ax^2+bx+c| - \dfrac{b}{2a}\int \dfrac{\mathrm{d}x}{ax^2+bx+c}$.

六、含有 $\sqrt{x^2+a^2}\ (a>0)$ 的积分

31. $\int \dfrac{\mathrm{d}x}{\sqrt{x^2+a^2}} = \operatorname{arsh}\dfrac{x}{a} + C_1 = \ln(x+\sqrt{x^2+a^2}) + C$.

32. $\int \dfrac{\mathrm{d}x}{\sqrt{(x^2+a^2)^3}} = \dfrac{x}{a^2\sqrt{x^2+a^2}} + C$.

33. $\int \dfrac{x}{\sqrt{x^2+a^2}} dx = \sqrt{x^2+a^2} + C.$

34. $\int \dfrac{x}{\sqrt{(x^2+a^2)^3}} dx = -\dfrac{1}{\sqrt{x^2+a^2}} + C.$

35. $\int \dfrac{x^2}{\sqrt{x^2+a^2}} dx = \dfrac{x}{2}\sqrt{x^2+a^2} - \dfrac{a^2}{2}\ln(x+\sqrt{x^2+a^2}) + C.$

36. $\int \dfrac{x^2}{\sqrt{(x^2+a^2)^3}} dx = -\dfrac{x}{\sqrt{x^2+a^2}} + \ln(x+\sqrt{x^2+a^2}) + C.$

37. $\int \dfrac{dx}{x\sqrt{x^2+a^2}} = \dfrac{1}{a}\ln\dfrac{\sqrt{x^2+a^2}-a}{|x|} + C.$

38. $\int \dfrac{dx}{x^2\sqrt{x^2+a^2}} = -\dfrac{\sqrt{x^2+a^2}}{a^2 x} + C.$

39. $\int \sqrt{x^2+a^2}\, dx = \dfrac{x}{2}\sqrt{x^2+a^2} + \dfrac{a^2}{2}\ln(x+\sqrt{x^2+a^2}) + C.$

40. $\int \sqrt{(x^2+a^2)^3}\, dx = \dfrac{x}{8}(2x^2+5a^2)\sqrt{x^2+a^2} + \dfrac{3}{8}a^4\ln(x+\sqrt{x^2+a^2}) + C.$

41. $\int x\sqrt{x^2+a^2}\, dx = \dfrac{1}{3}\sqrt{(x^2+a^2)^3} + C.$

42. $\int x^2\sqrt{x^2+a^2}\, dx = \dfrac{x}{8}(2x^2+a^2)\sqrt{x^2+a^2} - \dfrac{a^4}{8}\ln(x+\sqrt{x^2+a^2}) + C.$

43. $\int \dfrac{\sqrt{x^2+a^2}}{x} dx = \sqrt{x^2+a^2} + a\ln\dfrac{\sqrt{x^2+a^2}-a}{|x|} + C.$

44. $\int \dfrac{\sqrt{x^2+a^2}}{x^2} dx = -\dfrac{\sqrt{x^2+a^2}}{x} + \ln(x+\sqrt{x^2+a^2}) + C.$

七、含有 $\sqrt{x^2-a^2}\,(a>0)$ 的积分

45. $\int \dfrac{dx}{\sqrt{x^2-a^2}} = \dfrac{x}{|x|}\mathrm{arch}\dfrac{|x|}{a} + C_1 = \ln|x+\sqrt{x^2-a^2}| + C.$

46. $\int \dfrac{dx}{\sqrt{(x^2-a^2)^3}} = -\dfrac{x}{a^2\sqrt{x^2-a^2}} + C.$

47. $\int \dfrac{x}{\sqrt{x^2-a^2}} dx = \sqrt{x^2-a^2} + C.$

48. $\int \dfrac{x}{\sqrt{(x^2-a^2)^3}} dx = -\dfrac{1}{\sqrt{x^2-a^2}} + C.$

49. $\int \dfrac{x^2}{\sqrt{x^2-a^2}} dx = \dfrac{x}{2}\sqrt{x^2-a^2} + \dfrac{a^2}{2}\ln|x+\sqrt{x^2-a^2}| + C.$

50. $\int \dfrac{x^2}{\sqrt{(x^2-a^2)^3}} dx = -\dfrac{x}{\sqrt{x^2-a^2}} + \ln|x+\sqrt{x^2-a^2}| + C.$

51. $\int \dfrac{dx}{x\sqrt{x^2-a^2}} = \dfrac{1}{a}\arccos\dfrac{a}{|x|} + C.$

52. $\int \dfrac{dx}{x^2\sqrt{x^2-a^2}} = \dfrac{\sqrt{x^2-a^2}}{a^2 x} + C.$

53. $\int \sqrt{x^2-a^2}\,dx = \dfrac{x}{2}\sqrt{x^2-a^2} - \dfrac{a^2}{2}\ln\left|x+\sqrt{x^2-a^2}\right| + C.$

54. $\int \sqrt{(x^2-a^2)^3}\,dx = \dfrac{x}{8}(2x^2-5a^2)\sqrt{x^2-a^2} + \dfrac{3}{8}a^4\ln\left|x+\sqrt{x^2-a^2}\right| + C.$

55. $\int x\sqrt{x^2-a^2}\,dx = \dfrac{1}{3}\sqrt{(x^2-a^2)^3} + C.$

56. $\int x^2\sqrt{x^2-a^2}\,dx = \dfrac{x}{8}(2x^2-a^2)\sqrt{x^2-a^2} - \dfrac{a^4}{8}\ln\left|x+\sqrt{x^2-a^2}\right| + C.$

57. $\int \dfrac{\sqrt{x^2-a^2}}{x}\,dx = \sqrt{x^2-a^2} - a\arccos\dfrac{a}{|x|} + C.$

58. $\int \dfrac{\sqrt{x^2-a^2}}{x^2}\,dx = -\dfrac{\sqrt{x^2-a^2}}{x} + \ln\left|x+\sqrt{x^2-a^2}\right| + C.$

八、含有 $\sqrt{a^2-x^2}\,(a>0)$ 的积分

59. $\int \dfrac{dx}{\sqrt{a^2-x^2}} = \arcsin\dfrac{x}{a} + C.$

60. $\int \dfrac{dx}{\sqrt{(a^2-x^2)^3}} = \dfrac{x}{a^2\sqrt{a^2-x^2}} + C.$

61. $\int \dfrac{x}{\sqrt{a^2-x^2}}\,dx = -\sqrt{a^2-x^2} + C.$

62. $\int \dfrac{x}{\sqrt{(a^2-x^2)^3}}\,dx = \dfrac{1}{\sqrt{a^2-x^2}} + C.$

63. $\int \dfrac{x^2}{\sqrt{a^2-x^2}}\,dx = -\dfrac{x}{2}\sqrt{a^2-x^2} + \dfrac{a^2}{2}\arcsin\dfrac{x}{a} + C.$

64. $\int \dfrac{x^2}{\sqrt{(a^2-x^2)^3}}\,dx = \dfrac{x}{\sqrt{a^2-x^2}} - \arcsin\dfrac{x}{a} + C.$

65. $\int \dfrac{dx}{x\sqrt{a^2-x^2}} = \dfrac{1}{a}\ln\dfrac{a-\sqrt{a^2-x^2}}{|x|} + C.$

66. $\int \dfrac{dx}{x^2\sqrt{a^2-x^2}} = -\dfrac{\sqrt{a^2-x^2}}{a^2 x} + C.$

67. $\int \sqrt{a^2-x^2}\,dx = \dfrac{x}{2}\sqrt{a^2-x^2} + \dfrac{a^2}{2}\arcsin\dfrac{x}{a} + C.$

68. $\int \sqrt{(a^2-x^2)^3}\,dx = \dfrac{x}{8}(5a^2-2x^2)\sqrt{a^2-x^2} + \dfrac{3}{8}a^4\arcsin\dfrac{x}{a} + C.$

69. $\int x\sqrt{a^2-x^2}\,dx = -\dfrac{1}{3}\sqrt{(a^2-x^2)^3} + C.$

70. $\int x^2\sqrt{a^2-x^2}\,dx = \dfrac{x}{8}(2x^2-a^2)\sqrt{a^2-x^2} + \dfrac{a^4}{8}\arcsin\dfrac{x}{a} + C.$

71. $\int \dfrac{\sqrt{a^2-x^2}}{x}\,dx = \sqrt{a^2-x^2} + a\ln\dfrac{a-\sqrt{a^2-x^2}}{|x|} + C.$

72. $\int \dfrac{\sqrt{a^2-x^2}}{x^2}\,dx = -\dfrac{\sqrt{a^2-x^2}}{x} - \arcsin\dfrac{x}{a} + C.$

九、含有 $\sqrt{\pm ax^2+bx+c}\,(a>0)$ 的积分

73. $\displaystyle\int \frac{\mathrm{d}x}{\sqrt{ax^2+bx+c}} = \frac{1}{\sqrt{a}} \ln \left| 2ax+b+2\sqrt{a}\sqrt{ax^2+bx+c} \right| + C.$

74. $\displaystyle\int \sqrt{ax^2+bx+c}\,\mathrm{d}x = \frac{2ax+b}{4a}\sqrt{ax^2+bx+c} + \frac{4ac-b^2}{8\sqrt{a^3}} \ln \left| 2ax+b+2\sqrt{a}\sqrt{ax^2+bx+c} \right| + C.$

75. $\displaystyle\int \frac{x}{\sqrt{ax^2+bx+c}}\,\mathrm{d}x = \frac{1}{a}\sqrt{ax^2+bx+c} - \frac{b}{2\sqrt{a^3}} \ln \left| 2ax+b+2\sqrt{a}\sqrt{ax^2+bx+c} \right| + C.$

76. $\displaystyle\int \frac{\mathrm{d}x}{\sqrt{c+bx-ax^2}} = -\frac{1}{\sqrt{a}} \arcsin \frac{2ax-b}{\sqrt{b^2+4ac}} + C.$

77. $\displaystyle\int \sqrt{c+bx-ax^2}\,\mathrm{d}x = \frac{2ax-b}{4a}\sqrt{c+bx-ax^2} + \frac{b^2+4ac}{8\sqrt{a^3}} \arcsin \frac{2ax-b}{\sqrt{b^2+4ac}} + C.$

78. $\displaystyle\int \frac{x}{\sqrt{c+bx-ax^2}}\,\mathrm{d}x = -\frac{1}{a}\sqrt{c+bx-ax^2} + \frac{b}{2\sqrt{a^3}}\arcsin \frac{2ax-b}{\sqrt{b^2+4ac}} + C.$

十、含有 $\sqrt{\pm\dfrac{x-a}{x-b}}$ 或 $\sqrt{(x-a)(b-x)}$ 的积分

79. $\displaystyle\int \sqrt{\frac{x-a}{x-b}}\,\mathrm{d}x = (x-b)\sqrt{\frac{x-a}{x-b}} + (b-a)\ln\left(\sqrt{|x-a|}+\sqrt{|x-b|}\right) + C.$

80. $\displaystyle\int \sqrt{\frac{x-a}{b-x}}\,\mathrm{d}x = (x-b)\sqrt{\frac{x-a}{b-x}} + (b-a)\arcsin\sqrt{\frac{x-a}{b-x}} + C.$

81. $\displaystyle\int \frac{\mathrm{d}x}{\sqrt{(x-a)(b-x)}} = 2\arcsin\sqrt{\frac{x-a}{b-x}} + C \quad (a<b).$

82. $\displaystyle\int \sqrt{(x-a)(b-x)}\,\mathrm{d}x = \frac{2x-a-b}{4}\sqrt{(x-a)(b-x)} + \frac{(b-a)^2}{4}\arcsin\sqrt{\frac{x-a}{b-x}} + C \quad (a<b).$

十一、含有三角函数的积分

83. $\displaystyle\int \sin x\,\mathrm{d}x = -\cos x + C.$

84. $\displaystyle\int \cos x\,\mathrm{d}x = \sin x + C.$

85. $\displaystyle\int \tan x\,\mathrm{d}x = -\ln|\cos x| + C.$

86. $\displaystyle\int \cot x\,\mathrm{d}x = \ln|\sin x| + C.$

87. $\displaystyle\int \sec x\,\mathrm{d}x = \ln \left| \tan\left(\frac{\pi}{4}+\frac{x}{2}\right) \right| + C = \ln|\sec x+\tan x| + C.$

88. $\displaystyle\int \csc x\,\mathrm{d}x = \ln \left| \tan\frac{x}{2} \right| + C = \ln|\csc x-\cot x| + C.$

89. $\displaystyle\int \sec^2 x\,\mathrm{d}x = \tan x + C.$

90. $\displaystyle\int \csc^2 x\,\mathrm{d}x = -\cot x + C.$

91. $\int \sec x \tan x \, dx = \sec x + C.$

92. $\int \csc x \cot x \, dx = -\csc x + C.$

93. $\int \sin^2 x \, dx = \dfrac{x}{2} - \dfrac{1}{4} \sin 2x + C.$

94. $\int \cos^2 x \, dx = \dfrac{x}{2} + \dfrac{1}{4} \sin 2x + C.$

95. $\int \sin^n x \, dx = -\dfrac{1}{n} \sin^{n-1} x \cos x + \dfrac{n-1}{n} \int \sin^{n-2} x \, dx.$

96. $\int \cos^n x \, dx = \dfrac{1}{n} \cos^{n-1} x \sin x + \dfrac{n-1}{n} \int \cos^{n-2} x \, dx.$

97. $\int \dfrac{dx}{\sin^n x} = -\dfrac{1}{n-1} \cdot \dfrac{\cos x}{\sin^{n-1} x} + \dfrac{n-2}{n-1} \int \dfrac{dx}{\sin^{n-2} x}.$

98. $\int \dfrac{dx}{\cos^n x} = \dfrac{1}{n-1} \cdot \dfrac{\sin x}{\cos^{n-1} x} + \dfrac{n-2}{n-1} \int \dfrac{dx}{\cos^{n-2} x}.$

99. $\int \cos^m x \sin^n x \, dx = \dfrac{1}{m+n} \cos^{m-1} x \sin^{n+1} x + \dfrac{m-1}{m+n} \int \cos^{m-2} x \sin^n x \, dx$

$\qquad = -\dfrac{1}{m+n} \cos^{m+1} x \sin^{n-1} x + \dfrac{n-1}{m+n} \int \cos^m x \sin^{n-2} x \, dx.$

100. $\int \sin ax \cos bx \, dx = -\dfrac{1}{2(a+b)} \cos(a+b)x - \dfrac{1}{2(a-b)} \cos(a-b)x + C.$

101. $\int \sin ax \sin bx \, dx = -\dfrac{1}{2(a+b)} \sin(a+b)x + \dfrac{1}{2(a-b)} \sin(a-b)x + C.$

102. $\int \cos ax \cos bx \, dx = \dfrac{1}{2(a+b)} \sin(a+b)x + \dfrac{1}{2(a-b)} \sin(a-b)x + C.$

103. $\int \dfrac{dx}{a+b\sin x} = \dfrac{2}{\sqrt{a^2-b^2}} \arctan \dfrac{a\tan\frac{x}{2}+b}{\sqrt{a^2-b^2}} + C \quad (a^2 > b^2).$

104. $\int \dfrac{dx}{a+b\sin x} = \dfrac{1}{\sqrt{b^2-a^2}} \ln \left| \dfrac{a\tan\frac{x}{2}+b-\sqrt{b^2-a^2}}{a\tan\frac{x}{2}+b+\sqrt{b^2-a^2}} \right| + C \quad (a^2 < b^2).$

105. $\int \dfrac{dx}{a+b\cos x} = \dfrac{2}{a+b} \sqrt{\dfrac{a+b}{a-b}} \arctan \left(\sqrt{\dfrac{a-b}{a+b}} \tan \dfrac{x}{2} \right) + C \quad (a^2 > b^2).$

106. $\int \dfrac{dx}{a+b\cos x} = \dfrac{1}{a+b} \sqrt{\dfrac{a+b}{b-a}} \ln \left| \dfrac{\tan\frac{x}{2}+\sqrt{\frac{a+b}{b-a}}}{\tan\frac{x}{2}-\sqrt{\frac{a+b}{b-a}}} \right| + C \quad (a^2 < b^2).$

107. $\int \dfrac{dx}{a^2 \cos^2 x + b^2 \sin^2 x} = \dfrac{1}{ab} \arctan \left(\dfrac{b}{a} \tan x \right) + C.$

108. $\int \dfrac{dx}{a^2 \cos^2 x - b^2 \sin^2 x} = \dfrac{1}{2ab} \ln \left| \dfrac{b\tan x + a}{b\tan x - a} \right| + C.$

109. $\int x \sin ax \, dx = \dfrac{1}{a^2} \sin ax - \dfrac{1}{a} x \cos ax + C.$

110. $\int x^2 \sin ax \, dx = -\dfrac{1}{a} x^2 \cos ax + \dfrac{2}{a^2} x \sin ax + \dfrac{2}{a^3} \cos ax + C.$

111. $\int x\cos ax\,dx = \dfrac{1}{a^2}\cos ax + \dfrac{1}{a}x\sin ax + C$.

112. $\int x^2\cos ax\,dx = \dfrac{1}{a}x^2\sin ax + \dfrac{2}{a^2}x\cos ax - \dfrac{2}{a^3}\sin ax + C$.

十二、含有反三角函数的积分（其中 $a>0$）

113. $\int \arcsin\dfrac{x}{a}\,dx = x\arcsin\dfrac{x}{a} + \sqrt{a^2-x^2} + C$.

114. $\int x\arcsin\dfrac{x}{a}\,dx = \left(\dfrac{x^2}{2}-\dfrac{a^2}{4}\right)\arcsin\dfrac{x}{a} + \dfrac{x}{4}\sqrt{a^2-x^2} + C$.

115. $\int x^2\arcsin\dfrac{x}{a}\,dx = \dfrac{x^3}{3}\arcsin\dfrac{x}{a} + \dfrac{1}{9}(x^2+2a^2)\sqrt{a^2-x^2} + C$.

116. $\int \arccos\dfrac{x}{a}\,dx = x\arccos\dfrac{x}{a} - \sqrt{a^2-x^2} + C$.

117. $\int x\arccos\dfrac{x}{a}\,dx = \left(\dfrac{x^2}{2}-\dfrac{a^2}{4}\right)\arccos\dfrac{x}{a} - \dfrac{x}{4}\sqrt{a^2-x^2} + C$.

118. $\int x^2\arccos\dfrac{x}{a}\,dx = \dfrac{x^3}{3}\arccos\dfrac{x}{a} - \dfrac{1}{9}(x^2+2a^2)\sqrt{a^2-x^2} + C$.

119. $\int \arctan\dfrac{x}{a}\,dx = x\arctan\dfrac{x}{a} - \dfrac{a}{2}\ln(a^2+x^2) + C$.

120. $\int x\arctan\dfrac{x}{a}\,dx = \dfrac{1}{2}(a^2+x^2)\arctan\dfrac{x}{a} - \dfrac{a}{2}x + C$.

121. $\int x^2\arctan\dfrac{x}{a}\,dx = \dfrac{x^3}{3}\arctan\dfrac{x}{a} - \dfrac{a}{6}x^2 + \dfrac{a^3}{6}\ln(a^2+x^2) + C$.

十三、含有指数函数的积分

122. $\int a^x\,dx = \dfrac{1}{\ln a}a^x + C$.

123. $\int e^{ax}\,dx = \dfrac{1}{a}e^{ax} + C$.

124. $\int xe^{ax}\,dx = \dfrac{1}{a^2}(ax-1)e^{ax} + C$.

125. $\int x^n e^{ax}\,dx = \dfrac{1}{a}x^n e^{ax} - \dfrac{n}{a}\int x^{n-1}e^{ax}\,dx$.

126. $\int xa^x\,dx = \dfrac{x}{\ln a}a^x - \dfrac{1}{(\ln a)^2}a^x + C$.

127. $\int x^n a^x\,dx = \dfrac{1}{\ln a}x^n a^x - \dfrac{n}{\ln a}\int x^{n-1}a^x\,dx$.

128. $\int e^{ax}\sin bx\,dx = \dfrac{1}{a^2+b^2}e^{ax}(a\sin bx - b\cos bx) + C$.

129. $\int e^{ax}\cos bx\,dx = \dfrac{1}{a^2+b^2}e^{ax}(b\sin bx + a\cos bx) + C$.

130. $\int e^{ax}\sin^n bx\,dx = \dfrac{1}{a^2+b^2 n^2}e^{ax}\sin^{n-1}bx(a\sin bx - nb\cos bx) + \dfrac{n(n-1)b^2}{a^2+b^2 n^2}\int e^{ax}\sin^{n-2}bx\,dx$.

131. $\int e^{ax}\cos^n bx\,dx = \dfrac{1}{a^2+b^2 n^2}e^{ax}\cos^{n-1}bx(a\cos bx + nb\sin bx) + \dfrac{n(n-1)b^2}{a^2+b^2 n^2}\int e^{ax}\cos^{n-2}bx\,dx$.

十四、含有对数函数的积分

132. $\int \ln x \, dx = x \ln x - x + C$.

133. $\int \dfrac{dx}{x \ln x} = \ln |\ln x| + C$.

134. $\int x^n \ln x \, dx = \dfrac{1}{n+1} x^{n+1} \left(\ln x - \dfrac{1}{n+1} \right) + C$.

135. $\int (\ln x)^n \, dx = x (\ln x)^n - n \int (\ln x)^{n-1} \, dx$.

136. $\int x^m (\ln x)^n \, dx = \dfrac{1}{m+1} x^{m+1} (\ln x)^n - \dfrac{n}{m+1} \int x^m (\ln x)^{n-1} \, dx$.

十五、含有双曲函数的积分

137. $\int \sinh x \, dx = \cosh x + C$.

138. $\int \cosh x \, dx = \sinh x + C$.

139. $\int \tanh x \, dx = \ln \cosh x + C$.

140. $\int \sinh^2 x \, dx = -\dfrac{x}{2} + \dfrac{1}{4} \sinh 2x + C$.

141. $\int \cosh^2 x \, dx = \dfrac{x}{2} + \dfrac{1}{4} \sinh 2x + C$.

十六、定积分

142. $\int_{-\pi}^{\pi} \cos nx \, dx = \int_{-\pi}^{\pi} \sin nx \, dx = 0$.

143. $\int_{-\pi}^{\pi} \cos mx \sin nx \, dx = 0$.

144. $\int_{-\pi}^{\pi} \cos mx \cos nx \, dx = \begin{cases} 0, & m \neq n, \\ \pi, & m = n. \end{cases}$

145. $\int_{-\pi}^{\pi} \sin mx \sin nx \, dx = \begin{cases} 0, & m \neq n, \\ \pi, & m = n. \end{cases}$

146. $\int_{0}^{\pi} \sin mx \sin nx \, dx = \int_{0}^{\pi} \cos mx \cos nx \, dx = \begin{cases} 0, & m \neq n, \\ \pi/2, & m = n. \end{cases}$

147. $I_n = \int_{0}^{\frac{\pi}{2}} \sin^n x \, dx = \int_{0}^{\frac{\pi}{2}} \cos^n x \, dx$,

$I_n = \dfrac{n-1}{n} I_{n-2}$,

$I_n = \dfrac{n-1}{n} \cdot \dfrac{n-3}{n-2} \cdot \cdots \cdot \dfrac{4}{5} \cdot \dfrac{2}{3}$ （n 为大于 1 的正奇数），$I_1 = 1$；

$I_n = \dfrac{n-1}{n} \cdot \dfrac{n-3}{n-2} \cdot \cdots \cdot \dfrac{3}{4} \cdot \dfrac{1}{2} \cdot \dfrac{\pi}{2}$（$n$ 为正偶数），$I_0 = \dfrac{\pi}{2}$.

同步习题与总复习题参考答案

第1章 函数、极限与连续

同步习题 1.1

【基础题】

1. (1) $\{x \mid x \geqslant -2\}$; (2) $\{x \mid -4 \leqslant x \leqslant 4, x \neq 3\}$; (3) $\{x \mid x > 3 \text{ 或 } x < -1\}$.

2. (1) $y = \sqrt[3]{x+1}, x \in (-\infty, +\infty)$; (2) $y = \dfrac{1-x}{1+x}, x \in (-\infty, -1) \cup (-1, +\infty)$;
   (3) $y = x^2 - 1, x \in [0, +\infty)$.

3. (1) $y = \sin^2(x^3+1)$ 是由 $y = u^2, u = \sin v, v = x^3 + 1$ 复合而成;
   (2) $y = \arctan(2x+3)$ 是由 $y = \arctan u, u = 2x+3$ 复合而成.

4. 奇函数. 5. $[-2, 2]$.

【提高题】

1. (1) $[-\sqrt{10}, -3) \cup (3, \sqrt{10}]$; (2) $[-1, 1) \cup (1, 2]$.

2. $\dfrac{1+\sqrt{1+x^2}}{x}$. 3. $y = \dfrac{e^{x+2}-3}{5}$. 4. 奇函数. 5. 略.

同步习题 1.2

【基础题】

1. $0; 0; 0; 1; \infty; \infty; 1; \pi; 1$.

2. (1) $\lim\limits_{x \to 0} f(x) = 0$; (2) $\lim\limits_{x \to 1} f(x)$ 不存在.

3. D. 4. 0. 5. 0.

【提高题】

1. $\lim\limits_{x \to 0} f(x) = 1, \lim\limits_{x \to 0} g(x)$ 不存在.

2. C. 3. A. 4. $a = 1$.

同步习题 1.3

【基础题】

1. 4. 2. 4. 3. $\dfrac{3}{2}$. 4. 0. 5. $\dfrac{1}{4}$. 6. 1. 7. $\dfrac{1}{2}$. 8. 1. 9. -1. 10. $\dfrac{1}{4}$.

【提高题】

1. $a = 2, b = -8$.

2. (1) 3; (2) 2; (3) $\sqrt{5}$; (4) 0; (5) $\dfrac{1}{2}$; (6) 2.

同步习题 1.4

【基础题】

1. $\dfrac{5}{3}$. 2. $\dfrac{3}{2}$. 3. $\dfrac{3}{2}$. 4. e^6. 5. $e^{-\frac{1}{2}}$. 6. e^3. 7. $-\dfrac{2}{3}$. 8. $\dfrac{3}{2}$.

【提高题】

1. x. 2. e^2. 3. 3. 4. 1.

同步习题 1.5

【基础题】

1. (1) 8； (2) $(-\infty,-5),(-5,1),(1,+\infty)$；$x_1=-5,x_2=1$；$x_1=-5$；$x_2=1$；
(3) 可去.

2. 18.　3. 连续.

4. $x=1$ 为 $f(x)$ 的第一类可去间断点，$x=0$ 为 $f(x)$ 的第二类无穷间断点.

5. 略.

【提高题】

1. $x=0$ 是 $f(x)$ 的跳跃间断点；$x=1$ 是 $f(x)$ 的无穷间断点.

2. $a=2,b=3$.

3. $x_1=0$（第二类无穷间断点）；$x_2=1$（第一类可去间断点）；$x_3=2$（第二类无穷间断点）.

4. 略.

第1章　总复习题

一、1. $y=\mathrm{e}^u$、$u=\sin v$、$v=2x$.　2. $(-1,1)$.　3. 偶.　4. e^{-3}.　5. 9,3.
6. $x=3,x=-1$；$-1,x=3$.　7. 2.

二、1. C.　2. B.　3. A.　4. D.　5. D.　6. B.

三、1. e^{-5}.　2. $\dfrac{5}{6}$.　3. $-\dfrac{1}{4}$.　4. 6.　5. 4.　6. $\dfrac{6}{5}$.

四、略.

第2章　导数与微分

同步习题 2.1

【基础题】

1. (1) $-\dfrac{1}{x^2}$；　(2) $\dfrac{5}{6}x^{-\frac{1}{6}}$；　(3) $\dfrac{1}{2}x^{-\frac{1}{2}}$；　(4) $-2x^{-3}$.

2. 2；2.

3. (1) 2A；　(2) 2A.

4. (1) 切线方程 $y-9=-6(x+3)$，法线方程 $y-9=\dfrac{1}{6}(x+3)$；

(2) 切线方程 $y=1$，法线方程 $x=0$.

5. 连续可导.

【提高题】

1. $\dfrac{1}{2}$.　2. 5.

3. (1) 不可导；(2) 不可导.

4. $a=b=2, f'(x)=\begin{cases}2, & x\leqslant 1, \\ 2x, & x>1.\end{cases}$

同步习题 2.2

【基础题】

1. (1) $9x^2+3^x\ln 3+\dfrac{1}{x\ln 3}$；　(2) $\mathrm{e}^x(\sin x+\cos x)$；　(3) $\dfrac{1-2\ln x-x}{x^3}$；

(4) $\dfrac{x\cos\sqrt{x^2+1}}{\sqrt{x^2+1}}$.

2.(1) $\dfrac{1-x-y}{x-y}$； (2) $-\dfrac{e^y}{xe^y+1}$.

3.(1) $x-y+4=0$； (2) $(1+e)x-2y+2=0$.

4.(1) $y=a^n e^{ax}$； (2) $(-1)^{n-1}\dfrac{(n-1)!}{(1+x)^n}$.

【提高题】

1.(1) $y'=\dfrac{ye^{xy}-1}{1-xe^{xy}}=\dfrac{y(x+y)-1}{1-x(x+y)}$； (2) $y'=\dfrac{x+y}{x-y}$； (3) $y''(0)=e^{-2}$.

2.(1) $y''=2e^x(\sin x+\cos x)$； (2) $y''=e^x(x^2+4x+2)$； (3) $y''=\dfrac{x^2-2}{\sqrt{(1-x^2)^3}}$.

同步习题 2.3

【基础题】

1.(1) $\dfrac{1}{1+x^2}dx$； (2) $\dfrac{1}{5}dx$； (3) 0.01.

2.(1) $(2x\ln x+x)dx$； (2) $\dfrac{1-2x-x^2}{(x^2+1)^2}dx$； (3) $-e^{\cos x}\sin x dx$；

(4) $\dfrac{2x\cos[\ln(1+x^2)]}{1+x^2}dx$.

3.(1) $\dfrac{dy}{dx}=\dfrac{t-1}{t+1}$； (2) -1.

4. $0.628\ 3\ \text{cm}^2$.

【提高题】

1.(1) $\cos xe^{\sin x}dx$； (2) $[2x\sin e^x+x^2 e^x \cos e^x]dx$； (3) $\dfrac{dx}{2\sqrt{-x}\sqrt{x+1}}$；

(4) $\dfrac{xy-y}{x-xy}dx$； (5) $\dfrac{-2x-y^2}{2xy+2}dx$.

2. $y-a=1\cdot\left[x-a\left(\dfrac{\pi}{2}-1\right)\right]$.

第2章 总复习题

一、1. A. 2. D. 3. B. 4. C. 5. B. 6. B.

二、1. $y=2x-2$. 2. $(\alpha+\beta)A$. 3. $(1,-3)$. 4. $\dfrac{1}{2}$. 5. 0.

三、1. $5(x^3-x)^4(3x^2-1)$. 2. $\dfrac{1}{\sqrt{1+x^2}}$.

四、1. $\dfrac{2x+y}{3y^2-x}$. 2. $a=1, b=1$.

第3章 微分中值定理与导数的应用

同步习题 3.1

【基础题】

1.(1) $\dfrac{1}{2}$； (2) 2.

2.(1) $e-1$； (2) $\dfrac{3}{2}$.

【提高题】

1. 略. 2. 略.

同步习题 3.2

【基础题】

1. (1) 1； (2) $-\dfrac{3}{5}$； (3) ∞； (4) 1； (5) 1； (6) $\dfrac{1}{2}$； (7) 1； (8) e^{-1}； (9) 1.

2. 1.

【提高题】

(1) $\dfrac{1}{2}$； (2) 1； (3) $\dfrac{\sqrt{3}}{3}$； (4) $\dfrac{1}{2}$； (5) e^{-1}； (6) 1.

同步习题 3.3

【基础题】

1. (1) 在 $(-\infty,0)$ 和 $(2,+\infty)$ 内单调增加，在 $(0,2)$ 内单调减少；

   (2) 在 $(-1,0)$ 内单调减少，在 $(0,+\infty)$ 内单调增加.

2. (1) $f(0)=-27$ 是极大值，$f(6)=-135$ 是极小值；

   (2) $f(0)=0$ 是极大值，$f(1)=-\dfrac{1}{2}$ 是极小值.

3. (1) $f(-1)=f(3)=-12$ 是最小值，$f(-2)=f(4)=13$ 是最大值；

   (2) 最大值 $f(2)=1$，最小值 $f(0)=1-\dfrac{2}{3}\sqrt[3]{4}$.

4. 池底半径 $r=\sqrt[3]{\dfrac{150}{\pi}}$，高 $h=\sqrt[3]{\dfrac{1\,200}{\pi}}$.

5. 长 1.5 m，宽 1 m，面积 $\dfrac{3}{2}$ m².

【提高题】

1. 略.

2. $x=-\dfrac{1}{2}\ln 2$ 时，y 取极小值 $2\sqrt{2}$.

3. $a=2$，y 在 $x=\dfrac{\pi}{3}$ 处取得极大值.

同步习题 3.4

【基础题】

1. (1) 在 $\left(-\infty,\dfrac{2}{3}\right)$ 凹，在 $\left(\dfrac{2}{3},+\infty\right)$ 凸，拐点为 $\left(\dfrac{2}{3},\dfrac{16}{27}\right)$；

   (2) 在 $(-\infty,-1),(1,+\infty)$ 凸，在 $(-1,1)$ 凹，拐点为 $(-1,\ln 2)$ 和 $(1,\ln 2)$.

2. (1) $\dfrac{3}{5\sqrt{10}}$； (2) $\dfrac{e}{(e^2+1)^{\frac{3}{2}}}$.

3. $(2,-1)$； $R=\dfrac{1}{2}$.

【提高题】

1. 略.

2. 单调增加区间 $(-\infty,0),\left(\dfrac{2}{5},+\infty\right)$，单调减少区间 $\left(0,\dfrac{2}{5}\right)$；

   凸区间 $\left(-\infty,-\dfrac{1}{5}\right)$，凹区间 $\left(-\dfrac{1}{5},+\infty\right)$，拐点 $\left(-\dfrac{1}{5},-\dfrac{6}{5}\sqrt[3]{\dfrac{1}{25}}\right)$.

第 3 章 总复习题

一、1. 2. 2. $(-\infty,0]$，$[4,+\infty)$；$(0,4)$. 3. $-\dfrac{1}{\ln 2}$. 4. $x=\dfrac{3}{4}$. 5. $\dfrac{\sqrt{2}}{2}$.

二、1. C.   2. C.   3. A.   4. B.   5. B.

三、1. $\frac{1}{6}$.   2. 2.   3. 1.   4. $a=-1, b=0, c=3, y=-x^3+3x$.   5. 略.

6. 长,宽均为 a 时,造价最小.

第4章 不定积分

同步习题 4.1

【基础题】

1. (1) $\sin x - \cos x + C$, $-\cos x - \sin x + C$;   (2) $e^{-x} + C$, e^{-x};   (3) $\sin x \ln x \, dx$;

   (4) $x + C$.

2. (1) $3x + \frac{1}{4}x^4 + \frac{3^x}{\ln 3} + \arctan x + C$;   (2) $\frac{3^x e^x}{1+\ln 3} + C$;   (3) $\frac{x^3}{3} - x + \arctan x + C$;

   (4) $\frac{x^2}{2} - 6x + 12\ln|x| + \frac{8}{x} + C$;   (5) $-\frac{2}{x} - \arctan x + C$;   (6) $\frac{4}{7}x^{\frac{7}{4}} + 4x^{-\frac{1}{4}} + C$.

3. (1) $\tan x - x + C$;   (2) $\tan x + C$.

4. $f(x) = x^3 + C$, $f(x) = x^3 + 2$.

【提高题】

1. (1) $-\frac{x\sin x + \cos x}{x^2}$;   (2) $-4\sin 2x$;   (3) $-\frac{1}{x^2}$.

2. (1) $\frac{2^x e^{2x}}{\ln 2 + 2} + C$;   (2) $\frac{x^2}{2} - x + 3\arctan x + C$;   (3) $-\frac{1}{x} - \arctan x + C$;

   (4) $\sin x - \cos x + C$;   (5) $-\cot x + \csc x + C$;   (6) $-\cot x - \tan x + C$.

3. $-\frac{1}{x} - \arctan x + C$.

4. $-\frac{1}{3}(1-x^2)^{\frac{3}{2}} + C$.

同步习题 4.2

【基础题】

1. (1) $-\frac{1}{2}$;   (2) $\frac{1}{2}$;   (3) 2;   (4) $\frac{1}{2}$;   (5) $\frac{1}{3}\arctan\frac{x}{3} + C$;   (6) $\arcsin\frac{x}{2} + C$.

2. (1) $\frac{1}{18}(3x+1)^6 + C$;   (2) $\frac{1}{2}\cos(1-2x) + C$;   (3) $\frac{1}{2}\ln(x^2+4) + C$;

   (4) $\arcsin e^x + C$;   (5) $-\frac{1}{2\ln^2 x} + C$;   (6) $\frac{1}{3}\sin^3 x + C$;   (7) $\frac{1}{2}\sin(x^2-a^2) + C$;

   (8) $2\sqrt{e^x+1} + C$;   (9) $\frac{1}{6}e^{3x^2} + C$;   (10) $\arctan e^x + C$;

   (11) $-\sqrt{1-x^2} - \arcsin x + C$;   (12) $\ln|x| - \frac{1}{2}\ln(x^2+1) + C$.

3. (1) $2\sqrt{x} - 2\arctan\sqrt{x} + C$;   (2) $2\arctan\sqrt{x} + C$;   (3) $2\sqrt{x} - 4\sqrt[4]{x} + 4\ln(\sqrt[4]{x}+1) + C$;

   (4) $-2e^{-\sqrt{x}} + C$.

【提高题】

1. (1) $F(\ln x) + C$;   (2) $\frac{1}{2}\left(\frac{\cos x}{x}\right)^2 + C$;   (3) $\arcsin f(x) + C$;   (4) $-\frac{1}{f(x)} + C$.

2. (1) $e^{e^x} + C$;   (2) $\frac{1}{8}\ln\frac{x^8}{x^8+1} + C$;   (3) $\frac{3}{2}\ln|x| - \frac{1}{2}\ln|x+2| + C$;

   (4) $\frac{1}{2}\ln(x^2-2x+5) + \arctan\frac{x-1}{2} + C$;   (5) $\frac{1}{3}\sin^3 x - \frac{1}{5}\sin^5 x + C$;

(6) $\frac{1}{4}\tan^4 x + \frac{1}{2}\tan^2 x + C$ 或 $\sec^4 x + C$； (7) $\frac{2}{3}\sin^3 x + C$；

(8) $-\frac{\sqrt{1-x^2}}{x} + C$； (9) $-\frac{1-x^2}{x} + C$； (10) $\frac{1}{2}\left[\arctan x - \frac{x}{1+x^2}\right] + C$.

同步习题 4.3

【基础题】

1.(1) $x\ln x - x + C$； (2) $xe^x - e^x + C$； (3) $\frac{1}{x} - \frac{2}{x}\ln x + C$； (4) $\cos x - \frac{2}{x}\sin x + C$.

2.(1) $x^2 e^x - 2xe^x + 2e^x + C$； (2) $-(x+1)e^{-x} + C$； (3) $-x\cos x + \sin x + C$；

(4) $(x+1)\sin x + \cos x + C$； (5) $\frac{x^3}{3}\ln x - \frac{x^3}{9} + C$； (6) $-\frac{\ln x}{x} - \frac{1}{x} + C$；

(7) $x\arctan x - \frac{1}{2}\ln(x^2+1) + C$； (8) $\frac{x^3}{3}\arctan x - \frac{x^2}{6} + \frac{1}{6}\ln(x^2+1) + C$.

【提高题】

(1) $\frac{x^2}{2}\sin 2x + \frac{x}{2}\cos 2x - \frac{1}{4}\sin 2x + C$； (2) $\frac{x^2}{4} - \frac{x}{4}\sin 2x - \frac{1}{8}\cos 2x + C$；

(3) $\frac{x}{2}e^{2x} + \frac{1}{4}e^{2x} + C$； (4) $\frac{1}{2}(x^2-1)\ln(x^2-1) - \frac{1}{2}x^2 + C$；

(5) $\frac{x^2}{2}\ln^2 x - \frac{x^2}{2}\ln x + \frac{x^2}{4} + C$； (6) $\frac{x}{2}(\sin\ln x - \cos\ln x) + C$.

第4章 总复习题

一、1. B. 2. D. 3. C. 4. C. 5. A.

二、1. $\sqrt{x} + C$； 2. $\frac{1}{3}e^{3x} + C$； 3. $\tan x - x + C$； 4. 2； 5. $\ln(e^x+1) + C$.

三、1. $\tan x - \cot x + C$； 2. $\ln|\ln x| + C$； 3. $-\frac{1}{9}(5-3x^2)^{\frac{3}{2}} + C$；

4. $2\sqrt{x} - 2\ln|\sqrt{x}-1| + C$； 5. $-\sin\frac{1}{x} + C$； 6. $-\frac{\ln x}{x} + C$；

7. $-x\cot x + \ln|\sin x| + C$； 8. $\sqrt{x^2-1} - \arccos\frac{1}{x} + C$.

第5章 定积分

同步习题 5.1

【基础题】

1. 略.

2.(1) $\leqslant$； (2) $\geqslant$.

3.(1) $\frac{5}{2}$； (2) $\frac{1}{2} + \frac{\pi}{4}$； (3) $\frac{9}{2}\pi$； (4) 21.

4. $\frac{1}{e} \leqslant \int_0^1 e^{-x^2} dx \leqslant 1$.

5. $a = 0, b = 1$.

【提高题】

1.(1) $6 \leqslant \int_1^4 (x^2+1) dx \leqslant 51$；

(2) $\pi \leqslant \int_{\frac{\pi}{4}}^{\frac{5}{4}\pi} (1 + \sin^2 x) dx \leqslant 2\pi$.

2.(1) 6； (2) -2； (3) -3； (4) 5.

同步习题 5.2

【基础题】

1. (1) 0, 1； (2) $x\sin^2 x$.

2. (1) $4\dfrac{\ln x}{x}$； (2) $-x^2\sqrt{x+1}$.

3. (1) 1； (2) 2.

4. (1) $1-\dfrac{\pi}{4}$； (2) $\ln 2$.

【提高题】

1. (1) 1； (2) $-\dfrac{1}{6}$.

2. (1) $\dfrac{1-e^{-3\pi}}{3}$； (2) $\sqrt{2}-1$； (3) 4； (4) $\dfrac{\pi}{4}+1$； (5) $\dfrac{271}{6}$； (6) $\dfrac{\pi}{3a}$.

同步习题 5.3

【基础题】

1. (1) $2-\dfrac{\pi}{2}$； (2) $\dfrac{4}{3}\sqrt{2}-\dfrac{2}{3}$； (3) $\dfrac{1}{4}$； (4) $\pi-\dfrac{4}{3}$； (5) $\sqrt{2}(\pi+2)$； (6) $\dfrac{1}{6}$.

2. (1) $\pi-2$； (2) $\dfrac{1}{4}(e^2+1)$.

3. 2.

4. 略.

【提高题】

1. (1) $\dfrac{19}{3}$； (2) $4-4\ln 3$； (3) $1-\dfrac{\pi}{4}$； (4) $\dfrac{22}{3}$.

2. (1) $\dfrac{1}{2}(1-\ln 2)$； (2) $\dfrac{\pi}{4}$； (3) $\dfrac{3}{4}$.

同步习题 5.4

【基础题】

1. (1) $\dfrac{1}{2}$； (2) 2.

2. (1) 1； (2) 1； (3) -1； (4) π.

【提高题】

(1) $\dfrac{1}{24}$； (2) $\dfrac{1}{2}$； (3) $\dfrac{1}{2e}$； (4) $\dfrac{\pi}{2}$.

同步习题 5.5

【基础题】

1. (1) $\dfrac{1}{12}$； (2) $\dfrac{1}{2}+2\ln 2$； (3) $\dfrac{16}{3}$.

2. (1) 4π； (2) $\dfrac{\pi^2}{2}$.

3. (1) $\dfrac{1}{2}\pi$； (2) $\dfrac{1}{6}\pi$.

4. $\dfrac{64}{3}$.

5. 0.686 J.

6. $\dfrac{2}{3}a^3 \cdot 10^4$ N.

【提高题】

1.(1)5； (2)18； (3)$\dfrac{9}{2}$．

2.$\dfrac{128}{7}\pi$．

第5章 总复习题

一、1. B． 2. D． 3. C． 4. C． 5. A． 6. D．

二、1.$\sqrt{x}+C$； 2.$\dfrac{1}{3}\mathrm{e}^{3x}+C$； 3.4； 4.$\dfrac{1}{2}$．

三、1.$\ln\ln x+C$； 2.$-\dfrac{1}{9}(5-3x^2)^{\frac{3}{2}}+C$； 3.$-\sin\dfrac{1}{x}+C$；

4.$2\sqrt{x}+2\ln(\sqrt{x}-1)+C$； 5.$2-2\ln 2$； 6.$\arctan\mathrm{e}-\dfrac{\pi}{4}$； 7.$-\dfrac{4}{3}$；

8.$\dfrac{1}{4}(\mathrm{e}^2+1)$．

四、1.$\dfrac{32}{3}$； 2.$\dfrac{3}{10}\pi$．

第6章 常微分方程

同步习题 6.1

【基础题】

1.(1)(2)(5)是一阶线性微分方程； (4)(6)是二阶线性常系数方程．

2.(1)是解也是特解； (2)是解也是通解； (3)不是解；

(4)是解,不是通解也不是特解．

【提高题】

1.略． 2.能．

同步习题 6.2

【基础题】

1.(1)是可分离变量微分方程； (2)是一阶线性齐次方程也是可分离变量微分方程；

(3)是齐次型微分方程； (4)是一阶线性非齐次方程也是可分离变量微分方程；

(5)是一阶线性非齐次方程．

2.(1)$y=C\cdot\mathrm{e}^{x^3}$，$y*=2\cdot\mathrm{e}^{x^3}$； (2)$y=\mathrm{e}^{x^2}(x+C)$．

【提高题】

(1)$y=\dfrac{C}{\sqrt{1+x^2}}$； (2)$y=\mathrm{e}^x$； (3)$y=\mathrm{e}^{-\sin x}(x+C)$；

(4)$y=(x+1)^2\left[\dfrac{2}{3}(x+1)^{\frac{3}{2}}+\dfrac{1}{3}\right]$； (5)$y=\dfrac{1}{x}(\sin x-x\cos x+C)$．

同步习题 6.3

【基础题】

1.(1)$y=C_1\mathrm{e}^{-x}+C_2\mathrm{e}^{4x}$； (2)$y=C_1+C_2\mathrm{e}^{-x}$； (3)$y=C_1\cos x+C_2\sin x$．

2.(1)$y=C_1+C_2\mathrm{e}^{-x}+x^2-x$； (2)$y=-2+\mathrm{e}^{-x}+\mathrm{e}^x$．

【提高题】

1.(1) 是； (2) $y=C_1\mathrm{e}^{-x}+C_2\mathrm{e}^{-2x}$； (3) $y=\mathrm{e}^{-x}-\mathrm{e}^{-2x}$．

2.(1)$y=C_1\mathrm{e}^{2x}+C_2\mathrm{e}^{-2x}-\dfrac{1}{4}x\mathrm{e}^{-2x}$； (2)$y=C_1+C_2\mathrm{e}^{-9x}+\dfrac{1}{18}x^2-\dfrac{37}{81}x$；

(3) $y=(2+x)e^{\frac{-x}{2}}$； (4) $y=C_1 e^{-x}+C_2 e^{-4x}-\frac{1}{2}x+\frac{11}{8}$；

(5) $y=C_1 e^{-x}+C_2 e^{\frac{x}{2}}+e^x$.

同步习题 6.4

【基础题】

1. 50 s, 500 m.

2. 40 min.

3. $v(t)=\frac{mg}{k}\left(1-e^{-\frac{k}{m}t}\right)$，极限速度为 $\lim\limits_{t\to\infty}v(t)=\frac{mg}{k}$.

【提高题】

1. $P=0.3e^{-0.4t}$，此人胰脏不正常.

2. 约 3.9 kg.

3. $i=\sin 5t-\cos 5t+e^{-5t}$.

第6章 总复习题

一、1. B.   2. C.   3. D.   4. A.   5. C.

二、1. $y=Cx (C\in\mathbf{R})$.   2. $y=e^{-2x}+\frac{1}{2}$.   3. $y=(C_1+C_2 x)e^x (C_1,C_2\in\mathbf{R})$.

4. $y=C_1 e^{3x}+C_2 e^{-x}-x+1 (C_1,C_2\in\mathbf{R})$.

三、1. $y'+\frac{k}{V}y=\frac{ka}{100V}, y\big|_{t=0}=0$.

2. 减速伞的阻力系数 $k=4.5\times 10^6$ kg/h.

提示：$m\frac{dv}{dt}=-kv(t), v(t)=v_0\cdot e^{-\frac{k}{m}t}, s(t)=\frac{mv_0}{k}(1-e^{-\frac{k}{m}t}), v_0=v\big|_{t=0}=600$，

$m=4.5\times 10^3$ kg, $s\big|_{v=100}=500$，代入上述方程即得阻力系数；

轰炸机能安全着陆.

提示：将 $v_0=v\big|_{t=0}=700, m=9\times 10^3$ kg, $s\big|_{v=0}=1\ 400$ m<1 500 m.

第7章 向量代数与空间解析几何

同步习题 7.1

【基础题】

1. $M_x=(-1,-2,-3)$； $M_y=(1,2,-3)$； $M_z=(1,-2,3)$； $M_{xOy}=(-1,2,-3)$；

$M_{yOz}=(1,2,3)$； $M_{xOx}=(-1,-2,3)$； $M_0=(1,-2,-3)$.

2. 略.

3. $M_2=(6,2,7)$ 或 $M_2=(6,2,-5)$； $\left(5,-\frac{5}{2},4\right)$ 或 $\left(5,-\frac{5}{2},-2\right)$.

【提高题】

1. 略.

2. $(1,0,0)$ 或 $(-1,0,0)$.

同步习题 7.2

【基础题】

1. 3；$\left(\frac{1}{3},\frac{2}{3},-\frac{2}{3}\right)$.

2. $\pm\frac{\boldsymbol{a}}{|\boldsymbol{a}|}=\pm\frac{1}{\sqrt{3}}(1,1,1)$.

3. $\lambda=1$.

4. $\overrightarrow{AB}=(-2,2,4)$；$|\overrightarrow{AB}|=2\sqrt{6}$.

5. $\boldsymbol{a}=10 \cdot (-\boldsymbol{j})=-10\boldsymbol{j}$.

6. (1) $\text{Prj}_x\overrightarrow{AB}=1$，$\text{Prj}_y\overrightarrow{AB}=3$，$\text{Prj}_z\overrightarrow{AB}=1$；(2) $\overrightarrow{AB}=(1,3,1)$.

【提高题】

1. 证明 $\overrightarrow{AM}=\overrightarrow{MC}, \overrightarrow{BM}=\overrightarrow{MD}$，所以 $\overrightarrow{AD}=\overrightarrow{AM}+\overrightarrow{MD}=\overrightarrow{MC}+\overrightarrow{BM}=\overrightarrow{BC}$
$\overrightarrow{AD}$ 与 $\overrightarrow{BC}$ 平行且相等，结论得证.

2. (1) $(-2,0,5)$；(2) 5；(3) $\dfrac{4}{5},0,-\dfrac{3}{5}$.

3. $\text{Prj}_x\boldsymbol{d}=-6$；$\text{Prj}_y\boldsymbol{d}=9$；$\text{Prj}_z\boldsymbol{d}=1$.

4. $(\sqrt{2},\sqrt{2},\sqrt{2})$.

同步习题 7.3

【基础题】

1. 略.

2. 6；$-3\boldsymbol{i}+3\boldsymbol{j}$；$\dfrac{\sqrt{6}}{3}$.

3. $\left(-\dfrac{2}{\sqrt{14}},\dfrac{1}{\sqrt{14}},\dfrac{3}{\sqrt{14}}\right)$ 或 $\left(\dfrac{2}{\sqrt{14}},-\dfrac{1}{\sqrt{14}},-\dfrac{3}{\sqrt{14}}\right)$.

【提高题】

1. $S_{\triangle ABC}=\dfrac{\sqrt{35}}{2}$.

2. $S=10\sqrt{3}$.

3. $\angle ABC=\dfrac{\pi}{4}$.

同步习题 7.4

【基础题】

1. $3x-2y+z-11=0$.

2. $\dfrac{x-2}{2}=\dfrac{y-1}{-1}=\dfrac{z-3}{4}$.

3. $3y-z-2=0$.

4. 4.

5. $\theta=\dfrac{\pi}{4}$.

6. $\dfrac{x-2}{-5}=\dfrac{y-3}{11}=\dfrac{z}{7}$；$\begin{cases} x=2-5t, \\ y=3+11t, \\ z=7t. \end{cases}$

7. $\theta=\dfrac{\pi}{4}$.

【提高题】

1. $\dfrac{x-1}{3}=\dfrac{y-0}{1}=\dfrac{z+2}{-3}$.

2. $\varphi=\dfrac{\pi}{6}$.

3. $x+5y+z-1=0$.

4. $x-8y-13z+9=0$.

5.(1)平行； (2)垂直.
6.15.

同步习题 7.5

【基础题】

1. $(x-3)^2+(y+1)^2+(z-1)^2=21$.

2. $\dfrac{x^2}{a^2}-\dfrac{y^2+z^2}{c^2}=1$.

3.(1)椭球面； (2)球面； (3)双曲面； (4)抛物面； (5)双曲柱面.

【提高题】

1.(1)圆； (2)椭圆； (3)双曲线； (4)抛物线； (5)双曲线.

第7章 总复习题

一、1. $\arccos\dfrac{1}{2\sqrt{3}}$. 2. $\dfrac{2}{3}$. 3. -1. 4. $\dfrac{x-3}{2}=\dfrac{y-2}{4}=\dfrac{z-1}{3}$. 5. $\pm\dfrac{\sqrt{6}}{6}(1,-1,2)$.

6. $3y-2z=0$. 7. $10\boldsymbol{i}-8\boldsymbol{j}+3\boldsymbol{k}$. 8. $(x-1)^2+(y-3)^2+(z+2)^2=14$.

9. $\sqrt{14}$. 10. $\begin{cases} x=1-2t, \\ y=1+t, \\ z=1+3t. \end{cases}$ 11. $\dfrac{2}{3},-\dfrac{2}{3},\dfrac{1}{3}$.

二、1. C. 2. A. 3. B. 4. A. 5. C. 6. A. 7. B. 8. C. 9. D. 10. C.

三、1. $\boldsymbol{c}^0=\pm\dfrac{\boldsymbol{c}}{|\boldsymbol{c}|}=\pm\dfrac{1}{\sqrt{35}}(3,1,5)$. 2. $\dfrac{x-1}{3}=\dfrac{y+2}{-1}=\dfrac{z-0}{1}$.

3. $2x-2y+z-8=0$. 4. $-\dfrac{x}{2}=\dfrac{y-2}{3}=\dfrac{z-4}{1}$. 5. $2x+z-3=0$.

第8章 多元函数微积分

同步习题 8.1

【基础题】

1. $\dfrac{-1}{6},\dfrac{2x}{x^2-y^2}$.

2.(1) $D=\{(x,y)\mid y>0\}$；
  (2) $D=\{(x,y)\mid 1\leqslant x^2+y^2<9\}$.

3.(1) e^2； (2) 0.

4.(1)间断点 $(0,0)$,连续区间 $D=\{(x,y)\mid (x,y)\neq(0,0)\}$；
  (2)直线 $y=\pm x$ 上的点都是间断点,连续区间 $D=\{(x,y)\mid y\neq\pm x\}$.

【提高题】

1. $(x^2+y^2)e^{xy}$.

2.略.

同步习题 8.2

【基础题】

1.(1) $z'_x=-2y^2\sin 2x, z'_y=2y\cos 2x$； (2) $z'_x=20x^3y+20xy^3, z'_y=5x^4+30x^2y^2$.

2.(1) $8,7$； (2) $\dfrac{1}{2},1,\dfrac{1}{2}$.

3.(1) $z''_{xx}=12x^2-8y^2, z''_{xy}=z''_{yx}=-16xy, z''_{yy}=12y^2-8x^2$；
  (2) $z''_{xx}=y(y-1)x^{y-2}, z''_{xy}=z''_{yx}=x^{y-1}+yx^{y-1}\ln x, z''_{yy}=x^y(\ln x)^2$；
  (3) $z''_{xx}=0, z''_{xy}=z''_{yx}=-\dfrac{1}{y^2}, z''_{yy}=\dfrac{2x}{y^3}$.

4.(1) $dz = \left(y+\dfrac{1}{y}\right)dx + x\left(1-\dfrac{1}{y^2}\right)dy$; (2) $e^2(dx+2dy)$.

【提高题】

1.连续， 偏导存在， 不可微．

2.(1) $2y+3x^2$; (2) $kx^{ky-1}(1+ky\ln x)$; (3) $\arctan\dfrac{y}{x}+\dfrac{-x^3y+xy^3}{(x^2+y^2)^2}$.

3.(1) $(3x^2y^2+2xy^3)dx+(2x^3y+3x^2y^2)dy$; (2) $\dfrac{2}{1+(x^2+y^2)^2}(xdx+ydy)$.

同步习题 8.3

【基础题】

1.(1) $\dfrac{dz}{dt} = e^t(\cos t - \sin t) + \cos t$;

(2) $z'_x = e^{xy}[y\cos(x+y) - \sin(x+y)]$, $z'_y = e^{xy}[x\cos(x+y) - \sin(x+y)]$.

2.(1) $\dfrac{2x+y}{e^y-x}$; (2) 0.

3.(1) $z'_x = \dfrac{2z}{3z^2-2x}$, $z'_y = \dfrac{-1}{3z^2-2x}$; (2) $z'_x = \dfrac{ye^{-xy}}{e^z-2}$, $z'_y = \dfrac{xe^{-xy}}{e^z-2}$.

【提高题】

1.(1) $\dfrac{dz}{dt} = 3t^2 e^{t^3}$; (2) $\dfrac{\partial z}{\partial x} = -2x\cos 2y$, $\dfrac{\partial z}{\partial y} = 2x^2 \sin 2y$.

2.(1) $\dfrac{\partial z}{\partial x} = \dfrac{3x^2-z^3}{3xz^2-2yz}$, $\dfrac{\partial z}{\partial y} = \dfrac{z^2-1}{3xz^2-2yz}$; (2) $\dfrac{\partial z}{\partial x} = \dfrac{x}{ye^z-z}$, $\dfrac{\partial z}{\partial y} = \dfrac{-e^z}{ye^z-z}$;

(3) $\dfrac{\partial z}{\partial x} = \dfrac{yz}{\cos z - xy}$, $\dfrac{\partial z}{\partial y} = \dfrac{xz}{\cos z - xy}$; (4) $\dfrac{\partial z}{\partial x} = \dfrac{y^2}{e^z+\cos(y+z)}$, $\dfrac{\partial z}{\partial y} = \dfrac{2xy-\cos(y+z)}{e^z+\cos(y+z)}$.

同步习题 8.4

【基础题】

1.大， $\dfrac{1}{4}$.

2.(1) 极大值为 $f(3,2)=36$; (2) 极大值为 $f(0,0)=2$, 极小值为 $f(0,2)=-2$.

3.底半径点 $r = \sqrt[3]{\dfrac{1}{2\pi}}$, 高 $h = 2r = 2\sqrt[3]{\dfrac{1}{2\pi}}$.

【提高题】

1.(1) 极大值为 $f(-4,-2) = \dfrac{8}{e^2}$; (2) 极小值为 $f(0,3) = -9$.

2.极小值为 $\dfrac{3}{4}$.

3.当三个正数均为 $\dfrac{a}{3}$ 时, 其乘积最大, 最大值为 $\left(\dfrac{a}{3}\right)^3$.

同步习题 8.5

【基础题】

1. $\iint\limits_{D} \ln(x+y)d\sigma < \iint\limits_{D}[\ln(x+y)]^2 d\sigma$.

2. $\dfrac{2}{3}\pi a^3$.

3. $8 \leqslant \iint\limits_{D} \sqrt{a^2-x^2-y^2}\,d\sigma \leqslant 8\sqrt{2}$.

【提高题】

1.(1) $I_1 \geqslant I_2$; (2) $I_1 \geqslant I_2$; (3) $I_1 \geqslant I_2$.

2.(1) $6\pi \leqslant \iint\limits_{D}(x^2+y^2+1)\mathrm{d}\sigma \leqslant 15\pi$；　(2) $\dfrac{\pi^2}{96} \leqslant \iint\limits_{D}\sin(x+y)\mathrm{d}\sigma \leqslant \dfrac{\pi^2}{48}$．

同步习题　8.6

【基础题】

1.(1) $\displaystyle\int_{-1}^{0}\mathrm{d}x\int_{0}^{x+1}f(x,y)\mathrm{d}y+\int_{0}^{1}\mathrm{d}x\int_{0}^{1-x}f(x,y)\mathrm{d}y=\int_{0}^{1}\mathrm{d}y\int_{y-1}^{1-y}f(x,y)\mathrm{d}x$；

(2) $\displaystyle\int_{0}^{1}\mathrm{d}x\int_{-\sqrt{x}}^{\sqrt{x}}f(x,y)\mathrm{d}y+\int_{1}^{4}\mathrm{d}x\int_{x-2}^{\sqrt{x}}f(x,y)\mathrm{d}y=\int_{-1}^{2}\mathrm{d}y\int_{y^2}^{y+2}f(x,y)\mathrm{d}x$．

2.(1) $\displaystyle\int_{0}^{4}\mathrm{d}x\int_{\frac{x}{2}}^{\sqrt{x}}f(x,y)\mathrm{d}y$；　(2) $\displaystyle\int_{0}^{1}\mathrm{d}y\int_{\mathrm{e}^y}^{\mathrm{e}}f(x,y)\mathrm{d}x$．

3.(1) $\dfrac{9}{4}$；　(2) $\dfrac{1}{8}$；　(3) $-6\pi^2$．

【提高题】

1.(1) $(\mathrm{e}^2-\mathrm{e})^2$；　(2) $4\ln 2-\dfrac{3}{2}$；　(3) $\dfrac{1}{2}$；　(4) $\dfrac{64}{7}\sqrt{2}$．

2.(1) π；　(2) $\dfrac{32}{9}$；　(3) $\dfrac{1}{4}\pi^2$；　(4) $\dfrac{1}{16}\pi$．

第 8 章　总复习题

一、1. 2.　2. $D=\{(x,y)\mid 1<x^2+y^2\leqslant 4\}$．　3. $\dfrac{\partial z}{\partial x}=yx^{y-1}$．　$\dfrac{\partial z}{\partial y}=x^y\ln x$．

4. $\mathrm{d}z=y\ln y\cdot \mathrm{d}x+x(\ln y+1)\mathrm{d}y$．　5. $\dfrac{\partial z}{\partial x}=\dfrac{yz}{\mathrm{e}^z-xy}$，$\dfrac{\partial z}{\partial y}=\dfrac{xz}{\mathrm{e}^z-xy}$．

6. 驻点和偏导数不存在的点．　7. 6π．　8. $\displaystyle 2\pi\int_{1}^{2}rf(r)\mathrm{d}r$．

9. $3\cos(2x+3y)-6x\sin(2x+3y)$．　10. $\displaystyle\int_{0}^{1}\mathrm{d}y\int_{\sqrt{y}}^{1}f(x,y)\mathrm{d}x$．

二、1. D．　2. C．　3. C．　4. C．　5. D．　6. A．　7. B．　8. C．

三、1. $\mathrm{d}z=[3x^2y^4+(y+xy^2)\mathrm{e}^{xy}]\mathrm{d}x+[4x^3y^3+(x+x^2y)\mathrm{e}^{xy}]\mathrm{d}y$．

2.(1) 极大值为 $z(0,0)=1$；　(2) 在 $(0,2)$ 处取得极大值 -3．

3. $\dfrac{1}{6}(\mathrm{e}^{14}-\mathrm{e}^{13}-\mathrm{e}^{-4}+\mathrm{e}^{-5})$．　4. $(101\ln 101-100\ln 100-1)\pi$．

5. $\displaystyle\int_{0}^{4}\mathrm{d}x\int_{0}^{\sqrt{4x-x^2}}f(x,y)\mathrm{d}y$．

6. 最大值为 $u_{\max}=6^3\cdot 4^2\cdot 2=6\,912$．

第 9 章　无穷级数

同步习题　9.1

【基础题】

1.(1) $\dfrac{3}{2}$，1，$\dfrac{7}{10}$，$\dfrac{21}{101}$，$\dfrac{4n+1}{4n^2+1}$；　(2) $\dfrac{-1}{3}$，$\dfrac{1}{2}$，$\dfrac{-1}{2}$，$\dfrac{5}{257}$，$\dfrac{n}{1+2^{2n-2}}$．

2.(1) $(-1)^{n-1}\dfrac{n+1}{n}$；　(2) $\dfrac{1+2+\cdots+n}{2^{n-1}}$．

3.(1) 发散；　(2) 收敛；　(3) 发散．

【提高题】

1.(1) 发散；　(2) 发散；　(3) 收敛；　(4) 发散；　(5) 收敛；　(6) 收敛．

2. 收敛且和为 $\dfrac{3}{4}$．

同步习题 9.2

【基础题】

1. (1) 收敛； (2) 收敛； (3) 收敛.
2. (1) 收敛； (2) 发散； (3) 收敛.
3. (1) 条件收敛； (2) 绝对收敛； (3) 绝对收敛.

【提高题】

(1) 绝对收敛； (2) 条件收敛； (3) 发散.

同步习题 9.3

【基础题】

1. (1) $(-1,1)$； (2) $(-\infty,+\infty)$； (3) $(-1,1)$； (4) $(-3,3)$.

2. $\dfrac{1}{2}\ln\dfrac{1+x}{1-x}, x\in[-1,1)$；$\dfrac{\sqrt{2}}{2}\ln(1+\sqrt{2})$.

3. (1) $\ln 2 + \sum\limits_{n=1}^{\infty}\dfrac{(-1)^{n-1}}{n}\left(\dfrac{x}{2}\right)^n, x\in(-2,2]$；

   (2) $\sum\limits_{n=0}^{\infty}(-1)^{n-1}\dfrac{1}{(2n-1)!}\left(\dfrac{x}{3}\right)^{2n-1}, x\in(-\infty,+\infty)$.

【提高题】

(1) $R=\dfrac{1}{3}$，收敛域为 $\left[-\dfrac{1}{3},\dfrac{1}{3}\right)$；

(2) $R=2$，收敛域为 $[-1,3)$；

(3) 收敛半径为 ∞，收敛域为 $(-\infty,+\infty)$.

同步习题 9.4

【基础题】

1. (1) $f(x)=\dfrac{\pi}{2}-\dfrac{4}{\pi}\left(\cos x+\dfrac{1}{3^2}\cos 3x+\dfrac{1}{5^2}\cos 5x+\cdots\right), x\in(-\infty,+\infty)$；

   (2) $f(x)=-\dfrac{\pi}{4}+\dfrac{2}{\pi}\sum\limits_{n=1}^{\infty}\dfrac{\cos(2n-1)x}{(2n-1)^2}+\sum\limits_{n=1}^{\infty}\dfrac{(-1)^{n-1}}{n}\sin nx, x\neq(2k-1)\pi, k\in\mathbf{Z}$；

   (3) $x^2=\dfrac{\pi^2}{3}+4\sum\limits_{n=1}^{\infty}\dfrac{(-1)^n}{n^2}\cos nx, x\in(-\infty,+\infty)$；

   (4) $f(x)=\dfrac{\pi}{2}+\sum\limits_{n=1}^{\infty}\dfrac{(-1)^n}{n}\sin nx, x\neq(2k+1)\pi, k\in\mathbf{Z}.$

2. (1) $f(x)=4\sum\limits_{n=1}^{\infty}\dfrac{(-1)^n}{n}\sin nx, x\in(-\pi,\pi)$；

   (2) $f(x)=-\dfrac{1}{2}+\dfrac{6}{\pi}\sum\limits_{n=1}^{\infty}\dfrac{1}{2n+1}\sin(2n+1)x, x\in(-\pi,0)\cup(0,\pi).$

3. (1) $f(x)=\sum\limits_{n=1}^{\infty}\dfrac{2}{n\pi}[1-(-1)^n(\pi+1)]\sin nx, x\in(0,\pi)$；

   (2) $f(x)=\dfrac{4}{\pi}\sum\limits_{n=1}^{\infty}\dfrac{\cos(2n-1)x}{(2n-1)^2}, x\in[0,\pi].$

【提高题】

1. $f(x)=-\dfrac{\pi}{4}-\dfrac{2}{\pi}\left(\cos x+\dfrac{1}{3^2}\cos 3x+\dfrac{1}{5^2}\cos 5x+\cdots\right)+$
$\left(3\sin x-\dfrac{1}{2}\sin 2x+\dfrac{3}{3}\sin 3x-\dfrac{1}{4}\sin 4x+\cdots\right), x\neq k\pi(k\in\mathbf{Z}).$

2. (1) $f(x)=\dfrac{9\sqrt{3}}{\pi}\sum\limits_{n=1}^{\infty}\dfrac{(-1)^{n-1}n}{9n^2-1}\sin nx, x\in(-\pi,\pi)$；

(2) $e^x = \dfrac{e^\pi - e^{-\pi}}{\pi}\left[\dfrac{1}{2} + \sum_{n=1}^{\infty}\dfrac{(-1)^n}{n^2+1}(\cos nx - n\sin nx)\right], x \in (-\pi, \pi).$

3. $f(x) = \dfrac{1}{2} - \dfrac{4}{\pi^2}\sum_{n=1}^{\infty}\dfrac{1}{(2n-1)^2}\cos\dfrac{2n-1}{2}\pi x, x \in [0,2]$；

$f(x) = \dfrac{2}{\pi}\sum_{n=1}^{\infty}\dfrac{(-1)^{n-1}}{n}\sin\dfrac{n}{2}\pi x, x \in [0,2).$

第 9 章　总复习题

一、1. 0；　2. 1；　3. $p > 0$；　4. 周期延拓.

二、1. D；　2. B；　3. C；　4. A；　5. D.

三、1. 绝对收敛；　2. $\sum_{n=1}^{\infty} nx^n = \dfrac{x}{(1-x)^2}, \dfrac{3}{4}$；

3. $f(x) = \sum_{n=1}^{\infty}\dfrac{4}{n}(-1)^n \sin nx \ (-\pi < x \leqslant \pi).$

参 考 文 献

[1] 芬尼,韦尔,焦尔当诺.托马斯微积分(第10版)[M].叶其孝,王耀东,唐兢,译.北京:高等教育出版社,2003.
[2] 天津中德职业技术学院数学教研室.高等数学简明教程[M].北京:机械工业出版社,2003.
[3] 金路.微积分[M].北京:北京大学出版社,2006.
[4] 同济大学数学系.高等数学[M].7版.北京:高等教育出版社,2014.
[5] 刘书田,冯翠莲,侯明华.高等数学[M].2版.北京:北京大学出版社,2010.
[6] 吕同富.高等数学及应用[M].2版.北京:高等教育出版社,2012.
[7] 宋金丽,尹树国.高等数学[M].北京:中国铁道出版社,2012.
[8] 符云锦.拉普拉斯变换及其应用[M].哈尔滨:哈尔滨工业大学出版社,2015.